装备科技译著出版基金

星载和机载合成孔径雷达成像、校准与应用

Imaging from Spaceborne and Airborne SARs,
Calibration, and Applications

［日］岛田政信 著

邢世其 庞 礴 全斯农 代大海 译

国防工业出版社

·北京·

著作权合同登记　图字:01-2022-7137号

图书在版编目(CIP)数据

星载和机载合成孔径雷达成像、校准与应用/(日)岛田政信著;邢世其等译. —北京：国防工业出版社，2023.2

书名原文：Imaging from Spaceborne and Airborne SARs, Calibration, and Applications

ISBN 978-7-118-12817-8

Ⅰ.①星… Ⅱ.①岛…②邢… Ⅲ.①卫星载雷达—雷达成像—研究②机载雷达—雷达成像—研究 Ⅳ.①TN959.7②TN957.52

中国国家版本馆 CIP 数据核字(2023)第 032370 号

Imaging from Spaceborne and Airborne SARs, Calibration, and Applications by Masanobu Shimada
ISBN 978-1-138-19705-3

Copyright © 2019 Taylor & Francis Group, LLC.
All Rights Reserved. Authorized translation from the English language edition published by CRC Press, a member of the Taylor & Francis Group, LLC.
National Defense Industry Press is authorized to publish and distribute exclusively the Chinese (Simplified Characters) language edition. This edition is authorized for sale in the People's Republic of China only (excluding Hong Kong, Macao SAR and Taiwan). No part of this publication may be reproduced or distributed in any form or by any means, or stored in a database or retrieval system, without the prior written permission of the publisher.
Copies of this book sold without a Taylor & Francis sticker on the cover are unauthorized and illegal.
本书原版由 Taylor & Francis 出版集团旗下 CRC 出版公司出版，并经授权翻译出版。
版权所有，侵权必究。
本书中文简体字翻译版授权由国防工业出版社独家出版并仅限在中华人民共和国境内（不包括香港、澳门特别行政区及台湾地区）销售。未经出版者书面许可，不得以任何方式复制或抄袭本书的任何内容。
本书封面贴有 Taylor & Francis 公司防伪标签，无标签者不得销售。

※

国防工业出版社出版发行
（北京市海淀区紫竹院南路 23 号　邮政编码 100048）
北京龙世杰印刷有限公司印刷
新华书店经售

*

开本 710×1000　1/16　插页 21　印张 28¼　字数 608 千字
2023 年 2 月第 1 版第 1 次印刷　印数 1—1500　定价 189.00 元

（本书如有印装错误，我社负责调换）

国防书店：(010)88540777　　书店传真：(010)88540776
发行业务：(010)88540717　　发行传真：(010)88540762

前言

时光飞逝,2016年3月,我已61岁了。自2015年从日本宇宙航空研究开发机构(JAXA)退休以后,我在东京电机大学开始了第二段研究生涯。由于儿时对飞机和火箭有浓厚兴趣,我在京都大学主修了航空动力学,并在那里获得学士和硕士学位。1979年,即Seasat发射的后一年(虽然我当时还不知道其发射的重要意义),我加入日本空间局(又称日本国家空间发展局,NASDA),开始职业生涯。在那里,我离开了原先的研究领域,并被指派加入微波遥感研究小组工作。在这个小组,我研制出一种微波散射仪,并利用它对雷达后向散射和海面的风场矢量进行了研究。不幸的是,由于预算缩减,散射仪的研究被迫中止,我转而加入了NASDA地球观测中心负责接收站研发的小组。

在那里,我学习了很多关于空间遥感的知识,例如,如何在旋转的地球上确定卫星的位置,如何在地面站捕获一个快速运动的目标,如何从太空对旋转的地球进行观测,如何基于卫星观测生成图像,以及如何定义测量的几何精度和辐射精度等。时间来到20世纪80年代末,当时日本第一颗星载合成孔径雷达(SAR)(JERS-1)以及与SAR处理系统相关的工作正在开展中,其中SAR处理器的研制与大型计算机紧密联系在一起,当时,日本有6家生产大型计算机的公司来竞争研制SAR处理系统。我对SAR的研究始于20世纪90年代初,在NASA的喷气推进实验室(JPL)用 SIR-B 获取的亚马逊热带雨林数据对其俯仰天线方向图进行估计。这段研究经历使我对 SAR 成像,SAR 图像和小散射体之间的关系,以及相干斑噪声分布等有了很多认识。在当时(更甚于今日),JPL 堪称 SAR 研究的麦加圣地,有几位非常有名的学者都在此进行研究。JPL 提供了一个极好的研究环境,除了最高水平的开放讨论外,还有垒球比赛、山地徒步旅行这样的活动。

这些事情对我形成了很强的激励,当我 35 岁时,我开始了以后的研究生涯。我回到日本后,研究开始聚焦于如何在内存和硬盘都很有限的 Macintosh 计算机上编码 SAR 处理器。我始终保持信念要透过计算机编码理解仿真工作的本质。这也符合我在 JPL 的两位老板约翰·科兰德和安东尼·弗里曼的观点。约翰曾经告诉我,"理解数字信号处理是相当困难的。仿真可以使你有更深刻的理解,而编写仿真代码是达到那种理解的最佳和最便捷的途径。"受到他们的激励,从那时起我潜心这项研究长达 25 年。我编制的 SAR 处理器——Sigma SAR,成为了 JERS-1, ALOS 的标准处理器,并作为 JERS-1、ALOS、ALOS-2、Pi-SAR-L/L2 的研究处理器。

显然,我的研究涵盖了星载和机载 SAR 的精确成像,其中校准(包含极化校准)是其核心,而形变检测、森林分类、森林砍伐监测等应用研究等都是围绕其展开的。我们已经绘制了一幅全球森林砍伐图像,并研制了一套应急减灾处理系统。我很高兴可以和 SAR 这样一种在技术上不断发展且和地球文化的各种元素都有着千丝万缕联系的线性系统亲密工作很多年。在 20 世纪 90 年代,微波传感器(合成孔径雷达)还鲜有应用。如今,其用途已经如此广泛,这也让我非常乐见下一代 SAR

的研发。

本书总结了我在 JAXA 以及东京电机大学的研究,包括 SAR 产品生成的流算法及其端到端应用。我一直对写书很感兴趣,在收到我的老朋友 Jong-Sen Lee(李仲森)的邀请后,我决定写这本书。如果您读了这本书,我将感到非常荣幸。如果您发现书中有错误,请和我联系。

岛田政信 博士,教授

东京电机大学,科学与工程学院

2016 年 4 月 12 日

致谢

在写这本书时,我要特别感谢以下同事。首先,我要向日本宇宙航空研究开发机构(JAXA)的所有同事,特别是地球观测研究中心(EORC)的同事表示衷心的感谢:多野武夫博士、本冈武、大木正人、林正人、拉杰什·塔帕、尼古拉斯·朗普、纳木良、广藤长井和铃木镇一等。同时,我要衷心感谢东京电机大学的渡边真武博士以及克里斯蒂安·科亚马博士与我的合作。此外,我要向日本遥感技术中心的所有成员,特别是奥萨穆博士、野口秀树夫人、大崎隆弘、杉根先生以及石井庆子女士表示诚挚的谢意。我还要感谢新泻大学的山口吉雄教授,他给予了我支持并一直在极化方面的研究给我留下了深刻印象;感谢李仲森博士为我提供了写这本书的机会,以及他毕生的工作给我留下的科学印象;感谢东北伊利诺伊大学名誉教授 Wolfgang Boerner(沃尔夫冈·博纳),他一直支持我的研究事业,激励我对 SAR 的研究。我还要向 Anthony Freeman(安东尼·弗里曼)博士表示衷心的感谢,他教会了我 SAR 校准以及 SAR 图像是如何从理论上形成的。最后,我非常感谢我的妻子岛田早苗女士,她不仅在 SAR 方面支持我,更在生活的方面丰富了我的人生。

岛田政信，分别于1977年和1979年在京都大学获得航天工程专业学士和硕士学位。于1999年在东京大学获得电气工程专业博士学位。1979年加入日本国家空间发展局(NASDA，即日本宇宙航空研究开发机构JAXA的前身)并在那里主持研究项目34年。那期间，在3个主要领域取得重要成就：①传感器发展(Ku波段散射仪，L波段机载极化干涉SAR 1和2)；②SAR成像、干涉、极化、校准、图像拼接以及应用的算法研究；③主持了JERS-1 SAR的校准和验证(1992—1998)，JERS-1科学计划(全球雨林和北方森林测绘项目，基于SAR干涉的形变分布检测)，ALOS科学项目和PALSAR CALVAL，以及使用PALSAR/PALSAR2时间序列图像拼接的京都和Carbon原创项目。在他的成就中，最具有影响力的是用JERS-1 SAR干涉监测到了阪神地震，并得到了全球第一幅SAR拼接图像用于描述年度森林采伐变化，以及用ALOS/PALSAR ScanSAR获得了接近实时的森林采伐监视实验系统。

他当前的研究兴趣包括星载及机载SAR高分辨成像(PALSAR-2和Pi-SAR-L2)、校准及验证、极化SAR和干涉SAR应用、基于无人机SAR干涉的动目标指示。从2015年4月1日起，他开始担任东京电机大学的教授，同时担任JAXA的特邀研究员，以及山口大学的客座教授。从2018年初开始，在奈良女子大学担任讲师。

电子邮件：shimada@ g.dendai.ac.jp

目录

第 1 章　引言	001
1.1　背景	001
1.2　SAR 的发展历程	002
1.3　本书的主要内容	003
参考文献	004
第 2 章　SAR 系统导轮	006
2.1　引言	006
2.2　SAR 系统	006
2.3　系统框图	009
2.3.1　JERS-1 SAR(1992—1998)	010
2.3.2　ALOS/PALSAR(2006—2011)	011
2.3.3　ALOS-2/PALSAR-2(2014—)	012
2.3.4　Pi-SAR-L/L2(1997—)	013
2.4　硬件组件(发射机、接收机、天线、信号处理器)	013
2.5　星载系统和机载系统	013
2.5.1　JERS-1	014
2.5.2　ALOS/PALSAR	015
2.5.3　ALOS-2	016
2.5.4　Pi-SAR-L1/L2 系统	016
2.6　总结	016
参考文献	018
第 3 章　SAR 成像与分析	**020**
3.1　引言	020
3.2　电磁波在介质中的传播	020
3.2.1　脉冲的传输和接收	020

3.2.2　SAR 的空间构型 ································· 022
　　3.2.3　脉冲压缩(距离压缩) ··························· 024
　　3.2.4　方位向压缩 ····································· 027
　　3.2.5　分布式目标处理 ································· 032
　　3.2.6　频域处理 ······································· 035
　　3.2.7　频谱分析方法 ··································· 036
　　3.2.8　多普勒参数 ····································· 037
　　3.2.9　SAR 成像总结 ··································· 044
　　3.2.10　线性调频信号的产生 ···························· 046
3.3　合成孔径雷达成像方法 ································· 047
　　3.3.1　条带模式成像 ··································· 047
　　3.3.2　扫描 SAR 模式成像 ······························ 048
　　3.3.3　机载 SAR 成像 ·································· 050
3.4　合成孔径雷达几何和坐标系 ····························· 058
　　3.4.1　轨道表示 ······································· 058
　　3.4.2　合成孔径雷达坐标系 ······························ 058
3.5　归一化雷达截面及其他表达式 ··························· 061
3.6　后向散射系数和相干斑噪声的分布函数 ·················· 062
3.7　提高 SAR 图像质量的一些技术 ························· 065
　　3.7.1　双接收系统 ····································· 065
　　3.7.2　方位相位编码降低距离模糊度 ····················· 068
　　3.7.3　饱和校正 ······································· 070
3.8　SAR 图像质量 ··· 070
　　3.8.1　歧义 ··· 070
　　3.8.2　几何变形 ······································· 071
　　3.8.3　辐射畸变 ······································· 071
　　3.8.4　内部或外部干扰 ································· 072
3.9　SAR 处理流程 ··· 072
　　3.9.1　SAR 专门处理流程 ································ 072
　　3.9.2　SAR 成像到最终产品的一般处理流程 ··············· 072
3.10　总结 ·· 073
参考文献 ·· 073

第 4 章　SAR 相关功率的雷达方程——辐射测定 ············ 075

4.1　引言 ··· 075

- 4.2 SAR 成像理论 ·· 076
  - 4.2.1 假设 ·· 076
  - 4.2.2 SAR 原始数据的数学表示 ··· 077
  - 4.2.3 距离和方位向上的相关功率 ······································· 079
  - 4.2.4 SAR 相关功率的雷达方程 ·· 084
  - 4.2.5 几种真实 SAR 数据的表示方法 ···································· 086
- 4.3 参数分析 ·· 086
  - 4.3.1 饱和率 ·· 087
  - 4.3.2 相关功率和非相关功率的比较 ····································· 087
  - 4.3.3 模型和数据 S_a 的比较 ··· 089
  - 4.3.4 接收机增益和高斯功率 $2\delta^2$ ································ 089
- 4.4 JERS-1/SAR 数据的辐射校正 ··· 091
  - 4.4.1 饱和信号功率的辐射校正 ··· 091
  - 4.4.2 仿真 ·· 092
  - 4.4.3 对比 M-1、M-2 和 M-3 方法产生的图像 ···························· 094
  - 4.4.4 校正方法的优点和缺点 ··· 097
  - 4.4.5 在实际 SAR 中的应用 ·· 097
- 4.5 总结 ·· 097
- 附录 4A-1 ADC 冗余噪声 ·· 098
- 附录 4A-2 x_4 的期望 ··· 099
- 附录 4A-3 归一化标准差 ·· 100
- 附录 4A-4 ADC 输出功率(原始数据功率) ···································· 101
- 附录 4A-5 饱和度的测量值 $\overline{S}_a$ ································ 102
- 参考文献 ·· 102

第 5 章 ScanSAR 成像 104

- 5.1 导言 ·· 104
- 5.2 扇贝效应校正 ·· 105
  - 5.2.1 ScanSAR 成像 ·· 105
  - 5.2.2 时域多视与扇贝效应校正 ··· 108
  - 5.2.3 方位向天线方向图 ··· 109
  - 5.2.4 窗函数 ·· 110
  - 5.2.5 子带增益校准 ··· 110
- 5.3 子带拼接效应 ·· 111

XIII

5.3.1	步骤1：增益积累	111
5.3.2	步骤2：校正过估计和欠估计数据	112
5.3.3	步骤3：方位向的平滑	112

5.4 实验 113
    5.4.1 PALSAR/ScanSAR 113
    5.4.2 数据集和校准 114
    5.4.3 窗函数和AAP 115
    5.4.4 使用真实的ScanSAR数据对提出的方法进行验证 116
5.5 总结 121
参考文献 122

第6章 极化定标 124

6.1 引言 124
6.2 极化定标法的理论分析 128
    6.2.1 假设 128
    6.2.2 未经校准的散射矩阵的表达式 130
    6.2.3 协方差矩阵 131
    6.2.4 3个散射分量的协方差矩阵 132
    6.2.5 对密林散射模型的思考 133
    6.2.6 协方差矩阵分量的表示方法 134
6.3 极化定标法的解算过程 135
    6.3.1 信道失衡及其他一阶项 135
    6.3.2 失真矩阵的串扰 137
    6.3.3 噪声估算 139
    6.3.4 迭代过程 140
    6.3.5 本文所提出方法的特点 140
6.4 极化定标法的实验实例 140
6.5 分解模型的假设验证及稳定性分析 143
    6.5.1 对森林和地表测量的协方差矩阵的评估 143
    6.5.2 森林测得数据的反射互易性 145
    6.5.3 Freeman-Durden分解法的应用 145
    6.5.4 评估忽略HV底层的表面散射分量——数值及影响 145
    6.5.5 本文提出的方法的解的存在的稳定性 148
6.6 极化定标结果 150
    6.6.1 极化定标流程 150

		6.6.2 表面散射体的选择的比较性研究	151
		6.6.3 极化定标参数和时间序列分析	152
		6.6.4 极化定标参数的比较	155
		6.6.5 森林中的信号分解	159
6.7	小节讨论		161
		6.7.1 提出方法的比较分析	161
		6.7.2 作为参考的表面散射器	162
		6.7.3 串扰值	162
		6.7.4 森林特征	163
6.8	总结		164

附录 6A-1　Neumann 模型的体积协方差 … 164
附录 6A-2　森林协方差的经验确定 … 165
附录 6A-3　表面散射和理论的注意事项 … 167
参考文献 … 167

第 7 章　SAR 俯仰天线方向图——理论和实测结果　170

7.1	引言		170
7.2	理论表达式		170
7.3	SAR 的飞行 EAP 估计		172
	7.3.1	精度要求	172
	7.3.2	平均强度的误差标准	173
	7.3.3	数据的数值平均	175
7.4	分布式目标的筛选过程		176
	7.4.1	通过卡方检验进行相似性检验	176
	7.4.2	N_{rg} 的最小值	177
	7.4.3	N_{az} 和 I_a 的最小值	178
	7.4.4	仿真测试程序	179
7.5	每个条带的 SAR 相关强度模型		180
	7.5.1	天线方向图模型	181
	7.5.2	B 的最小值	181
7.6	最大似然估计及其解		182
7.7	高动态范围 SAR 的案例研究：SIR-B		183
	7.7.1	结论	185
	7.7.2	置信度	185
	7.7.3	天线方向图模型	185

    7.7.4 最佳图像数据 ·············· 186
    7.7.5 降噪效果 ················ 188
    7.7.6 天线波束宽度和天底偏角范围的关系 ·············· 188
    7.7.7 天线方向图拟合的可重复性 ················ 188
    7.7.8 比较 ················ 189
7.8 总结 ················ 190
附录 7A-1 部分相关样本的均值及其标准差 ·············· 191
参考文献 ················ 192

第 8 章 几何/正射校正和坡度构正 ·············· 194

8.1 引言 ················ 194
8.2 正投影几何变换 ················ 195
    8.2.1 距离向与方位向偏移 ················ 195
    8.2.2 位置推定 ················ 196
    8.2.3 范围缩放压缩 ················ 198
8.3 斜率校正和正射校正 ················ 199
    8.3.1 斜率校正 $\sigma - 0(\sigma^0)$ 和 $\gamma - 0(\gamma^0)$ ················ 199
    8.3.2 天线仰角方向图重新校正 ················ 201
    8.3.3 停留区辐照标准化 ················ 201
    8.3.4 基于 DEM 的 SAR 模拟图像 ················ 202
    8.3.5 过程描述 ················ 203
    8.3.6 正射校正和 DSSI 生成程序 ················ 203
8.4 实验与评估 ················ 205
    8.4.1 方位偏移的评估 ················ 205
    8.4.2 使用校准点进行地质精度评估 ················ 207
    8.4.3 辐照归一化和正射校正 ················ 212
8.5 讨论 ················ 215
    8.5.1 方位偏移和校正 ················ 215
    8.5.2 偏置调谐的校准 ················ 216
    8.5.3 用斜率校正法进行辐射校正 ················ 216
    8.5.4 对建议的 d 方法的评估 ················ 216
8.6 结论 ················ 217
附录 8A-1 准确的缩短预测 ················ 217
参考文献 ················ 218

第9章 辐射及几何校准 ··· 220

9.1 引言及校准方案 ··· 220
9.2 辐射测定与极化测量 ··· 221
9.2.1 SAR 图像表达 ··· 221
9.2.2 全极化表达式 ··· 222
9.2.3 机载天线校准 ··· 223
9.2.4 校准系数的测定 ··· 224
9.2.5 从 SAR 处理到 SAR 校准的表达式 ··· 225
9.3 几何校准 ··· 227
9.4 图像质量 ··· 228
9.4.1 原始数据 ··· 228
9.4.2 SLC 数据 ··· 229
9.5 校准源 ··· 231
9.5.1 人工校准源 ··· 231
9.5.2 亚马孙的天然森林 ··· 235
9.5.3 内部校准 ··· 236
9.6 现有 SAR 校准总结 ··· 237
9.6.1 JERS-1 SAR ··· 240
9.6.2 ALOS/PALSAR ··· 241
9.6.3 ALOS-2/PALSAR-2 ··· 243
9.6.4 Pi-SAR-L/Pi-SAR-L2 ··· 244
9.7 总结 ··· 244
参考文献 ··· 245

第10章 由运动目标引起的散焦和图像偏移 ··· 247

10.1 摘要 ··· 247
10.2 原理 ··· 247
10.2.1 坐标系统 ··· 247
10.2.2 接收信号 ··· 248
10.2.3 距离相关 ··· 250
10.2.4 方位相关 ··· 251
10.3 实验 ··· 254
10.3.1 频率调谐 ARC ··· 254
10.3.2 SAR 产品 ··· 254

10.3.3 实验描述 ··· 254

10.4 分析和讨论 ·· 257

    10.4.1 图像在方位和距离上的变化 ·· 257

    10.4.2 相关增益损失 ·· 258

    10.4.3 解决 ··· 259

    10.4.4 关于校准适用性的讨论 ·· 260

10.5 总结 ·· 262

参考文献 ·· 262

第 11 章 镶嵌和多时相 SAR 成像 ·· 264

11.1 引言 ·· 264

11.2 长条带 SAR 成像 ·· 264

    11.2.1 要求和困难之处 ·· 264

11.3 条带 SAR 成像 ··· 266

    11.3.1 条带 SAR 成像方法 ··· 266

    11.3.2 各种 PRF 的剥离处理 ··· 267

    11.3.3 多普勒参数 ·· 268

    11.3.4 图像生成的条件 ·· 269

    11.3.5 标准场景处理中的共同点 ·· 270

11.4 镶嵌 ·· 270

    11.4.1 一般方法 ·· 270

    11.4.2 强度归一化 ·· 272

    11.4.3 元数据 ··· 273

11.5 评估 ·· 274

    11.5.1 长条带成像 ·· 275

    11.5.2 正交校正 ·· 276

    11.5.3 镶嵌图像 ·· 277

11.6 大型镶嵌图像的生成与解译 ··· 283

    11.6.1 LANDSAT 和 PALSAR 镶嵌图像的比较 ···················· 284

    11.6.2 使用角反射器进行几何验证 ·· 285

11.7 讨论 ·· 286

    11.7.1 强度归一化 ·· 286

    11.7.2 长条拼接方法 ·· 286

    11.7.3 地理位置准确性 ·· 286

11.8 总结 ·· 287

附录 11A-1　边缘表示 · 287
附录 11A-2　重叠区域的图像选择和中心线确定 · 287
附录 11A-3　重叠区域内测试区的确定 · 288
参考文献 · 288

第 12 章　SAR 干涉 · 290

12.1　引言 · 290
12.2　SAR 干涉原理 · 290
 12.2.1　场景 · 290
 12.2.2　像素表达式 · 291
 12.2.3　互相关 · 294
 12.2.4　r_m-r_s 的安排以及理论干涉 SAR 相位 · 296
 12.2.5　沿航迹干涉 · 299
 12.2.6　干涉 SAR 相关 · 300
 12.2.7　地球物理学参数 · 301
12.3　处理流程 · 302
12.4　空间去相关及关键基线 · 303
12.5　精度要求 · 305
 12.5.1　差分干涉 SAR 的高程精度要求 · 305
 12.5.2　轨道精度要求 · 306
12.6　误差分析 · 306
 12.6.1　配准 · 307
 12.6.2　轨道误差校正（切轨及垂直速度分量）· 312
12.7　折射率变化导致的相移 · 312
 12.7.1　大气相位时延 · 313
12.8　解缠 · 315
 12.8.1　分支切割法 · 315
 12.8.2　最小二乘相位估计方法 · 316
12.9　相关性分析 · 317
12.10　大气超额路径延迟和轨道误差的修正 · 318
 12.10.1　相位模型 · 318
 12.10.2　轨道误差模型 · 319
 12.10.3　轨道误差及参数精度确定 · 320
 12.10.4　高阶校正 · 321
 12.10.5　验证 · 322

  12.10.6 讨论 ··· 328
  12.10.7 总结 ··· 331
 12.11 扫描 SAR-扫描 SAR 干涉 ··· 331
  12.11.1 引言 ··· 331
  12.11.2 处理 ··· 332
  12.11.3 处理参数 ··· 332
  12.11.4 结果 ··· 333
  12.11.5 评价及讨论 ··· 335
 12.12 时序干涉 SAR 堆积 ·· 336
  12.12.1 介绍 ··· 336
  12.12.2 用滑动窗实现堆积差分干涉 SAR ························· 337
  12.12.3 数据分析 ··· 337
  12.12.4 总结 ··· 341
 12.13 机载 SAR 干涉 ··· 341
  12.13.1 介绍 ··· 341
  12.13.2 相位差 ··· 341
 12.14 分析结果 ·· 342
 12.15 总结 ··· 345
 附录 12A-1 大气过剩路径延时 ·· 345

第 13 章 非理想因素(射频干扰及电离层影响) ································ 347

 13.1 引言 ··· 347
 13.2 射频干扰和陷波滤波 ··· 348
  13.2.1 不等关系 ··· 349
  13.2.2 功率谱及射频干扰抑制算法 ································· 349
 13.3 电离层的非理想性 ··· 355
  13.3.1 引言 ··· 355
  13.3.2 折射率 ··· 356
  13.3.3 电离层路径时延 ·· 356
  13.3.4 TEC 变化引起的距离漂移 ····································· 356
  13.3.5 多普勒波动引起的方位偏移 ································· 358
  13.3.6 闪烁 ··· 359
  13.3.7 闪烁频率 ··· 364
  13.3.8 法拉第旋转 ·· 366
 13.4 用干涉 SAR 和旋光法估算 TECU ·· 368

参考文献 · 370

第14章 应用 · 372

14.1 引言 · 372
14.2 应用参数 · 374
14.3 形变 · 374
14.4 森林 · 375
14.4.1 毁林检测 · 375
14.4.2 分类 · 376
14.4.3 预警探测 · 377
14.5 滑坡监测 · 378
14.5.1 介绍和户川村灾难 · 378
14.5.2 极化参数 · 379
14.6 极化数据 · 381
14.6.1 Pi-SAR-L2 数据 · 382
14.6.2 PALSAR-2 · 382
14.6.3 X 波段 SAR · 382
14.7 对比研究 · 382
14.8 评估与讨论 · 384
14.8.1 评估 · 384
14.8.2 讨论 · 385
14.9 检测性能的提升 · 386
14.10 总结 · 387

参考文献 · 387

第15章 森林图生成 · 389

15.1 引言 · 389
15.1.1 森林的重要性 · 389
15.1.2 获取森林/非森林图的需求 · 389
15.1.3 使用L波段SAR进行森林测绘和特征分析 · 390
15.1.4 ALOS极化SAR：全球观测和校准 · 391
15.1.5 FNF映射的潜力 · 391
15.2 镶嵌生成和FNF分类算法 · 392
15.2.1 可用的数据,数据预处理和镶嵌算法 · 392
15.2.2 导致FNF分类的方法 · 396

  15.2.3 FNF 经典算法和验证 …………………………………………… 407
15.3 结果 …………………………………………………………………………… 413
  15.3.1 森林和非森林地图 ………………………………………………… 413
  15.3.2 分类的准确性 ……………………………………………………… 417
15.4 讨论 …………………………………………………………………………… 419
  15.4.1 FNF 分类方法 ……………………………………………………… 419
  15.4.2 年度面积估算和趋势比较 ………………………………………… 421
15.5 总结和结论 …………………………………………………………………… 422
附录 15A-1:样品数量的要求,N ……………………………………………………… 423
参考文献 ………………………………………………………………………………… 423

第1章 引　言

1.1 背　景

全球变暖是人类面临的严重问题之一,人类应该为未来的生存采取行动。变暖是由于人类与自然的相互作用而发生的,自18世纪末工业革命以来,全球变暖正在加速。在过去的几十年里,对全球环境的理解增加了我们对自然多样性的认识,进而警告我们人类的行为对生活方式的影响。自20世纪70年代初以来(特别是1972年Landsat计划的发展),空天遥感技术的使用在很大程度上促进了我们对地球的理解。联合国气候变化框架公约(COP21)第21次缔约方大会达成的《巴黎协定》表明,世界已决定采取行动抗击日益增加的碳排放。因此,基于星载和/或机载设备的遥感技术在观测和测量地球表面组成、森林、海洋、海冰、自然灾害等方面发挥着重要作用。

在各种遥感传感器中,合成孔径雷达(SAR)具有最简单但最强大的功能,能够测量(地球上)目标的后向散射特性,以及目标与传感器之间的距离,并且具有高分辨率和高精度特点。知道并测量目标的后向散射特性可以识别该目标,并有助于解释目标。

全球环境变化,如气候变暖、臭氧消耗、自然灾害(洪水和飓风)和地震,要求我们对地球有一个全面的了解。地球是一个非常复杂的热力学生态系统,平衡着太阳能、辐射和居民的能源消耗。如果这些元素(即森林、沙漠、水、土地、冰和雪)之间的能量交互得到准确的表达,我们就可能会获得描述环境变化机理的一些关键因素的知识,这可能促进我们提出预防或延缓这些环境变化的方法。这些现象在不同的空间和时间尺度上几乎是随机发生的(几千米到几千千米,几秒到几年)。携带适当传感器的地球轨道卫星可能会探测到这些现象,因为它们的空间覆盖面很大并可频繁使用。使用相对较低频率的信号(即几百兆赫到几千兆赫)的主动微波仪器对于观测地球至关重要,因为这些信号是自己产生的,不依赖于阳光,并且可以直接携带地球表面的信息,而不受大气的影响。

　　SAR 是一种主动微波仪器,几乎在所有天气条件下都能进行高分辨率观测。SAR 观测基于地球上的目标对雷达发射信号的散射,通过散射信号与理想的 SAR 接收信号的最佳相关实现数米分辨率的高分辨率成像。这些相关信号(或简称 SAR 图像)包含目标、传播介质、SAR 与目标之间的距离以及 SAR 自身特性的信息。针对这些目标,如果 SAR 图像被很好建模,那么从 SAR 观测数据中就可以提取到目标自身信息。然而,有两个问题:第一个问题是如何很好地从 SAR 图像中消除 SAR 传感器自身特征,以及如何准确地确定目标的信号功率或后向散射系数;第二个问题是如何准确地建立每个目标的后向散射模型。第一个问题是所谓的 SAR 定标。由于对 SAR 图像进行错误定标会导致对目标的理解不正确,因此对 SAR 图像进行定标是非常重要的。

1.2　SAR 的发展历程

　　基于回波信号二维相关的高分辨率成像可以通过光学或数字方法来实现。SAR 成像原理最早是由 Wiley(1965)在 20 世纪 50 年代提出的,并在 20 世纪 50 年代末使用实验 SAR 设备和光学图像处理器进行了验证(Ulaby 等,1982)。数字化 SAR 处理及其应用是在 Wu(1976)提出一种有效的计算方法之后发展起来的。Wu 通过使用快速傅里叶变换(FFT)进行距离和方位相关处理(这种方法称为距离-多普勒法),降低了繁重的计算负担。SAR 成像算法以多种方式得到了发展,如距离-多普勒法、地震法(Caffirio 等,1991)和线性调频缩放法(Raney 等,1994)。所有这些算法都减少了可能的失真,并产生了更高的吞吐量。

　　Seasat 是第一颗拥有星载合成孔径雷达的卫星。它由美国宇航局喷气推进实验室(Jordan,1980)开发,1978 年作为一项"概念验证"任务与其他微波仪器一起被发射到 800km 的极地轨道上。这部 SAR 具有 30m 的方位分辨率(4 视),10m 斜距分辨率,工作在 L 波段,采用 HH 极化收发(水平发射和水平接收)、23°的固定天底偏角,拥有 100km 的成像宽度、12m×2m 的无源阵列天线、1000 W 的发射功率,支持地面数字数据生成的星载数据格式化器,支持重复轨道干涉。尽管 Seasat 任务在发射 3 个月后因动力装置故障而终止,但大多数 SAR 任务都成功了。海量数据的获取推动了 SAR 技术的进步,这不仅体现在传感器开发方面,而且体现在数字信号处理、数据解释和地球科学应用方面。继 Seasat 之后,1982 年的航天飞机成像雷达 SIR-A 和 1984 年的 SIR-B(Cimino 等,1986)促进了雷达科学的发展。欧洲资源探测卫星 ERS-1(1990)和 ERS-2(1995)上的 SAR(Joyce 等,1984)、日本地球资源卫星 JERS-1(1992)(Nemoto 等,1991;Yoneyama 等,1989)和 Radarsat

(1995)(Raney 等,1991;Ahmed 等,1990)则在不同的频率、极化方式和入射角度上得到灵活运用。为了提高在不同雷达参数下(同一时间、同一地点)的测量一致性,SIR-C/X-SAR(1994)(Jordan 等,1991;Huneycutt,1989)在后续的航天飞机任务中被发射升空。在两次为期 10 天的飞行任务中获得的 L/C/X 波段全极化宽入射角数据,数据覆盖了±60°纬度范围内 19%的地球表面 $10^8 km^2$。Almaz,俄罗斯的合成孔径雷达系统,工作在 S 波段。"阿波罗"17 号对月球表面的观测和麦哲伦 SAR 对金星的观测(Kwok 和 Johnson,1989;Ford 等,1989)是 SAR 技术在行星方面的应用(Way 和 Smith,1991)。

与 20 世纪 90 年代开发和推出更具可操作性的 SAR 系统相比,21 世纪的 SAR 功能和性能更加先进。由于 L 波段的信号穿透能力在探测地表变形和森林观测中的优势,L 波段的 SAR,如分别于 2006 年和 2014 年发射的 ALOS/ALOS-2,被用于地表监测。C 波段的合成孔径雷达,如 Envisat、Sentinel-1 和 RADARSAT-2 也已发射升空并用于地球监测。作为高频 SAR,在极地轨道上发射了 X 波段 SAR,如 TerraSAR-X、TanDen-X 和 COSMO-SkyMed。2000 年至 2010 年,SAR 在数字技术(如分布式发送-接收模块技术、与星地相对位置同步的系统驱动技术)和卫星在轨维护方面取得了重大进展。数字处理方法是应对迄今为止在 SAR 系统开发过程中遇到的相关问题的最先进的技术,尽管系统的设计和制造已经变得非常复杂。

1.3 本书的主要内容

本书包含了 SAR 的各类主题,特别是数据处理和利用。本书 15 章涵盖的主题包括 SAR 成像理论(条带成像模式和扫描 SAR 模式,ScanSAR)、辐射模型(包括饱和度和相干斑)、几何校正(包括正交和斜率校正)、用于数字地形模型(DTM)生成和地表形变检测的干涉 SAR 处理、对流层校正、大规模 SAR 雷达成像和 SAR 镶嵌以及应用研究(即森林观测和灾害观测)。

本章对 SAR 做了一个概述。第 2 章给出了 SAR 硬件的一般描述。第 3 章概述了 SAR 成像基础。第 4 章介绍了辐射模型。第 5 章介绍了扫描 SAR 成像。第 6 章介绍了极化定标。第 7 章介绍了天线方向图校准。第 8 章介绍了几何和正射校正。第 9 章介绍了 SAR 图像的校准。第 10 章讨论了运动目标的 SAR 成像。第 11 章讨论了大规模条带处理和拼接。第 12 章讨论干涉 SAR 处理。第 13 章讨论各种不规则 SAR 图像。第 14 章概述了森林观测和滑坡探测的应用,第 15 章包含了森林-非森林图的生成、结论和验证。

参考文献

Ahmed, S., Warren, H. R., Symonds, M. D., and Cox, R. P., 1990, "The Radarsat System," IEEE T. Geosci. Remote, Vol. 28, No. 4, pp. 598-602.

Caffirio C., Prati, C., and Rocca, F., 1991, "SAR Data Focusing Using Seismic Migration Techniques," IEEE T. Aero Elec. Sys., Vol. 27, No. 2, pp. 194-207.

Cimino, J. B., Elachi, C., and Settle, M., 1986, "SIR-B the Second Shuttle Imaging Radar Experiment," IEEE T. Geosci. Remote, Vol. GRS-24, No. 4, pp. 445-452.

Ford, J. P., Blom, R. G., Crisp, J. A., Elachi, C., Farr, T. G., Saunders, R. S., Theilig, E. E., Wall, S. D., and Yewell, S. B., 1989, "Spaceborne Radar Observations, A Guide for MagellanRadar - Image Analysis," NASA, Jet Propulsion Laboratory, California Institute of Technology, Pasadena, CA.

Huneycutt, B. L., 1989, "Spaceborne Imaging Radar-C Instrument," IEEE T. Geosci. Remote, Vol. 27, No. 2, pp. 164-169.

Jordan, R. L., 1980, "The SEASAT A Synthetic Aperture Radar System," IEEE J. Oceanic Eng., Vol. OE-5, No. 2, pp. 154-163.

Jordan R. L., Huneycutt, B. L., and Werner, M., 1991, "The SIR-C/X-SAR Synthetic Aperture Radar System," Proc. IEEE, Vol. 79, No. 6, pp. 827-838.

Joyce H., Cox, R. P., and Sawyer, F. G., 1984, "The Active Microwave Instrumentation for ERS-1," in Proc. IGARSS 84 Symp., Strasbourg, France, ESP SP-215, pp. 835-840.

Kwok R. and Johnson, W. T. K., 1989, "Block Adaptive Quantization of Magellan SAR Data," IEEE T. Geosci. Remote, Vol. 27, No. 4, pp. 375-383.

Nemoto Y., Nishino, H., Ono, M., Mizutamari, H., Nishikawa, K., and Tanaka, K., 1991, "Japanese Earth Resources Satellite-1 Synthetic Aperture Radar," Proc. IEEE, Vol. 79, No. 6, pp. 800-809.

Raney K., Luscombe, A. P., Langham, E. J., and Ahmed, S., 1991, "Radarsat," Proc. IEEE, Vol. 79, No. 6, pp. 839-849.

Raney R. K., Runge, H., Bamler, R., Cunning, I. G., and Wong, F. H., 1994, "Precision SAR Processing Using Chirp Scaling," IEEE T. Geosci. Remote, Vol. 32, No. 4, pp. 786-799.

Ulaby, F., Moore, R., and Fung, A., 1982, Microwave Remote Sensing: Active and Passive, Volume 1, Fundamentals and Radiometry, Addison-Wesley, Boston, MA, p. 8.

Way, J., and Smith, E. A., 1991, "The Evolution of Synthetic Aperture Radar Systems and their Progression to the EOS SAR," IEEE T. Geosci. Remote, Vol. 29, No. 6, pp. 962-985.

Wiley, C. A., "Pulsed Doppler Radar Methods and Apparatus," U. S. Patent 3,196,436. Field August 13, 1954, patented July 20, 1965.

Wu, C., 1976, "A Digital Approach to Produce Imagery from SAR Data," Paper No. 76-968, presented at the AIAA Syst. Design Driven by Sensors Conf. , Pasadena, Ca, October 18-20, 1976.

Yoneyama, K. , Koizumi, T. , Suzuki, T. , Kuramasu, R. , Araki, T. , Ishida, C. , Kobayashi, M. , and Kakuichi, O. , 1989, "JERS-1 Development Status," 40th Congress of the International Astronautical Federation, 1989, Beijing, China, IAF-89-118.

第2章
SAR系统导论

2.1 引言

自 20 世纪 50 年代诞生以来,SAR 系统随着硬件技术的快速发展和其他方面的技术进步而不断完善进步,同时为进行地球物理参数的测量,人们对 SAR 系统提出了更加精确化、定量化的要求,因此 SAR 系统及其处理算法愈加复杂难懂。为便于读者理解 SAR 系统的技术细节,本章以日本宇宙航空研究开发机构(JAXA)研发的 4 种 SAR 系统为例,对 SAR 的硬件系统进行介绍。

2.2 SAR 系统

SAR 在扫掠目标时,反复向目标发射微波信号(脉冲),并接收来自目标的后向散射信号(回波)。每个地面目标只要被 SAR 天线波束(及其定向灵敏度)所覆盖,即会受到 SAR 脉冲的照射。SAR 记录所有回波数据,作为目标对雷达波后向散射的相位历史。回波与参考信号在距离向和方位向二维相关生成高分辨率 SAR 图像,成像性能可以通过增加发射信号带宽以及 SAR 波束内雷达与目标相对运动产生的多普勒带宽而改善。通常,SAR 成像遵循在目标平面上的采样定理,并且成像幅宽和分辨率相互制约。

由于最近几十年来微波硬件技术的进步,采用频带分割技术,在垂直运动方向的平面内发射多个波束来进行宽测绘带成像。扫描合成孔径雷达(ScanSAR)可实现 350km 或 490km 的测绘带宽,数倍于普通的"条带"模式,并可使用双接收机。其 TR 组件实现了更高的信噪比成像,并抑制了空间放电现象。

SAR 系统大多搭载于有人飞行平台(如有人机)或无人飞行平台(如航天器或无人机)中。SAR 接收目标对雷达发射信号的回波(从原始数据中提取时间轨迹,并将其与参考信号进行相关处理,生成高分辨率的图像)。虽然还有一些 SAR 系统固定于地面来获取运动目标的特性,如飞行器的编队、旋转以及高分辨率成像等,但不同的 SAR 系统都需要通过雷达与目标之间的相对运动来工作。为了协调相对运动,SAR 需要精确测量与目标和雷达之间距离相对应的距离延迟。图 2-1 展示了 JAXA 从 20 世纪 90 年代到 21 世纪 10 年代开发的所有使用过或正在使用中的 SAR 系统。表 2-1 和表 2-2 分别展示了不同国家星载和机载 SAR 系统的代表性参数。

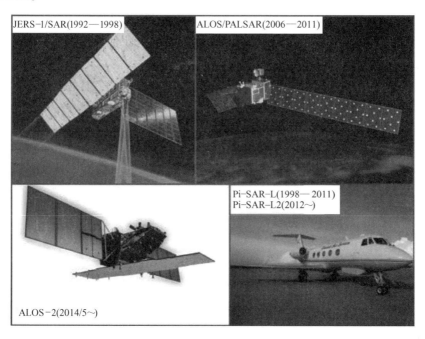

图 2-1 日本研发的 3 种星载 SAR 系统和 1 种机载 SAR 系统
（左上:JERS-1;右上:ALOS/PALSAR;左下:ALOS-2/PALSAR-2;
右下:机载 L 波段极化干涉 SAR(Pi-SAR-L)）(见彩插)

表 2-1 星载 SAR 系统

名称	任务时间	频段	极化方式	带宽/MHz	天底偏角/(°)	发射功率/W	工作模式-测绘带宽度/km	AD-(增益)
Seasat（NASA）	1978 年 6 月 28 日—1978 年 10 月 10 日	L	S(HH)	19	20	1k	条带-100	FM
SIR-A（NASA）	1981	L	S(HH)	6	47(机扫)	1k	条带-50	

（续）

名　称	任务时间	频段	极化方式	带宽/MHz	天底偏角/(°)	发射功率/W	工作模式-测绘带宽度/km	AD-(增益)
SIR-B（NASA）	1984	L	S(HH)	12	15~55（机械）	1.12k	条带-30~60	3~6bit
SIR-C（NASA）	1994	L-C	Quad		20~50（电扫）	4.4/1.2k	条带-聚束，ScanSAR-15~55	4bit
X-SAR（DLR-ASI）	1994	X	S(VV)	10~20	20~49（电动）	5k	条带-15~60	
ERS-1/2（ESA）	1990年7月17日	C	S(VV)	15.55	20	4.8k	条带-100	5I+5Q（MGC）
JERS-1（JAXA）	1992年2月11日—1998年10月12日	L	S(HH)	15（17.076）	35.2	325	条带-75	3I+3Q（AGC）
Radarsat-1（CSA）	1995	C	S(HH)	11.6, 17.3, 30.0	20~49	5k	条带-ScanSAR 100~500	4I+4Q（AGC）
Envisat-ASAR（ESA）	2000	C	D(HH+VV)	16	15~45		条带-ScanSAR 100~400	4I+4Q（BAQ）
ALOS-PALSAR（JAXA）	2006年1月24日—2011年5月12日	L	S, D, Q	28/14（32.0/16.0）	9.7~52	2k	条带-ScanSAR 70~350	5I+5Q（MGC）
Terra-SAR-X（DLR）	2007年6月15日—	X	Q	300			条带-ScanSAR-聚束 10~100	
Radarsat-2	2007年12月14日	C	Q	<100	10~60	1.65k~2.28k	条带-ScanSAR-聚束 10~100	
Sentinal-1A&B	2014年4月3日	C	HH+HV, VV+VH, HH	<100	20~46	~4.4k	条带+宽幅	10bit

（续）

名　称	任务时间	频段	极化方式	带宽/MHz	天底偏角/(°)	发射功率/W	工作模式-测绘带宽度/km	AD-(增益)
ALOS-2/PALSAR-2（JAXA）	2014年5月24日—	L	S-D-Q	84/42/28/14（103）	7~59	6k	条带-ScanSAR-聚束（50~350/490~25）	4I+4Q（AGC+ABQ）

来源：https://directory.eoportal.org/web/eoportal/satellite-missions/s/seasat

注：Q(Quad):全极化(HH + HV + VH + VV);D(Dual):双极化(HH + HV or VH + VV);S(Single):单极化(HH, HV, VH, VV);AGC:自动增益控制;MGC:人工增益控制

表2-2　机载SAR系统

名　称	任务时间	频段	极化方式	发射功率/W	带宽/MHz	工作模式-测绘带宽度	AD
UAVSAR（JPL）	2007年—	L	Q	3.1k	80	条带	12bit
Pi-SAR-L2（JAXA）	2012年	L	Q	3.5k	85	条带-20km	8I+8Q
Pi-SAR-2（NICT）	2008年	X	Q+干涉SAR	5k	500/300/150	条带-20km	8I+8Q
F-SAR（DLR）	2006年	X-C-S-L-P	Q	2.5/2.2/2.2/0.7/0.7k	800/400/300/150/100	条带-12.5km	8bit
RAMSES（ONERA）	2008年	P-L-S-C-X-Ku-Ka-w	Q		75/200/300/300/1200/1200/1200/500		

2.3　系统框图

　　一般来说，SAR由4个主要的子系统构成，即发射机、天线、接收机、信号处理器。我们从已经研发并投入使用的SAR系统中（表2-1和表2-2），选取日本研发的JERS-1 SAR、ALOS/PALSAR、ALOS-2/PALSAR-2、机载SAR（Pi-SAR-L2）4种SAR系统为例，介绍其传感器的功能和专长。这些L波段SAR的研发工作都始于20世纪90年代早期，其测量原理遵循时域和频域上的采样理论。图2-1和图2-2分别展示了JERS-1的概念图和简要的系统框图。接下来将对4种SAR系统的主要技术指标进行介绍。

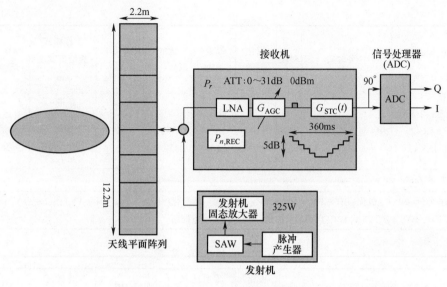

图 2-2 JERS-1 系统简要框图

2.3.1 JERS-1 SAR(1992—1998)

在 JERS-1 中,发射机生成调频(线性调频)脉冲串,功率可达 325W,脉冲宽度为 35μs。脉冲串是由脉冲发生器与声表面波(SAW)滤波器卷积得到的。脉冲重复频率(PRF)有 5 种,分别为 1505.8Hz、1530.1Hz、1555.2Hz、1581.1Hz 和 1606.0Hz,都可满足方位向多普勒带宽的要求。选择相对较小的 325W 发射功率是为了避免在 1300W 时天线边缘的放电现象(Nemoto 等,1991)。

该天线由 8 个 2.2m×2m 的子阵面组成,每个子阵面包含 128 个平面贴片,形成天线的空间定向增益,其中 HH 极化(水平发射和水平接收)产生的 3dB 的波束宽度,距离向为 5.4°,方位向为 0.98°。来自发射机的信号通过天线沿感兴趣的方向发射到太空。然后,天线接收到散射信号,并把它们交给接收机。天线沿轨道方向(卫星移动方向)长 12.2m,距离方向宽 2.2m,位于卫星主体的右侧。该大型天线通过弹簧和卷簧的三步动作在太空展开部署,然而,JERS-1 在早期曾因发射后的天线展开问题延误了其观测工作。

接收机使用低噪声放大器(LNA)放大接收到的信号,并使用相干振荡器的输出对其进行解调(降频转换),以便后续在信号处理器中处理该信号。以很短时间间隔对信号电平进行监测,并通过控制衰减器(自动增益控制 AGC)将信号电平调整为大约 0dBm。应用了灵敏度时间控制(STC)以消除观察窗(360μs)内由天线俯仰方向图和时间变化引起的信号功率变化。值得注意的是,由于较低的信噪比,

AGC 和 STC 使得校准更加困难。

信号处理器将输入信号分为 I、Q 两路。Q 路的相位经过移相器后比 I 路提前 90°。信号以 17.076MHz 的采样频率实现 3 位数字化。JERS-1 最初旨在通过使用基本 SAR 系统在山区寻找油田。SAR 卫星未采用偏航导引技术,因此,在卫星绕地球飞行的过程中,多普勒频率的变化范围很大(约±2000Hz)。

2.3.2 ALOS/PALSAR(2006—2011)

ALOS/PALSAR(先进陆地观测卫星/L 波段相控阵合成孔径雷达)是继 JERS-1 之后的第二代 L 波段相控阵 SAR,采用了多项先进技术(Itoh 等,2001)。

(1)数字化的线性调频信号发生器通过数模(DA)转换器来产生稳定的模拟线性调频信号。

(2)配备有 80 个 5 位移相器的 TR 组件(TRM),可在窄波束宽度下产生最大 2000W 的发射功率,能快速改变波束指向,在进行 ScanSAR 模式和条带模式成像时避免空间放电。

(3)通过收发 H 和 V 极化发射波而实现极化观测。

(4)通过偏航导引技术将多普勒中心始终设置为零频附近。

(5)通过 GPS 卫星进行时间同步。

此外,PALSAR 在人工增益控制(MGC)模式下运行,并且未应用灵敏度时间控制(STC)模式,因此接收信号不会因数字单元(如 STC)的增益快速变化导致相位变化而失真。图 2-3 给出 ALOS/PALSAR 的简化框图。

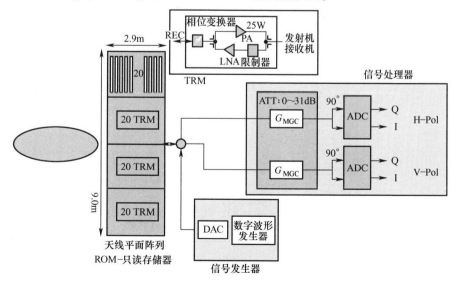

图 2-3 PALSAR 系统简要框图

2.3.3 ALOS-2/PALSAR-2(2014—)

ALOS-2/PALSAR-2 是继 ALOS/PALSAR 之后的 L 波段 SAR,它采用了以下先进技术(Kankaku 等,2014)。

(1) 以较低的脉冲重复频率实现的双接收系统,其脉冲重复频率约为单个接收机所需频率的一半,从而允许相对较宽的成像范围,同时在采样定理约束下保持距离和方位向的高分辨率。

(2) 方位向相位编码技术,通过正负线性调频变化和伪随机化的 $0\sim\pi$ 相移,以抑制 10dB 量级的距离模糊。

(3) TR 组件数量从 80 个增加到 180 个,发射功率从 25W 增大到 30W,从而使得聚束模式、条带模式、ScanSAR 模式下,天线可以实现方位向和距离向波束控制和 6000W 发射功率。

(4) 两种采用分块自适应量化(BAQ)和降频分块自适应量化的数据压缩方法。

(5) 使用由 GPS 系统支持的恒星跟踪器系统和自主轨道控制系统进行精确的姿态控制,以保持半径为 500m 的轨道走廊,重访周期 14 天。

总体来说,较高的发射功率和 628km 的较低轨道高度使信噪比得以改善。PALSAR-2 的框图如图 2-4 所示。

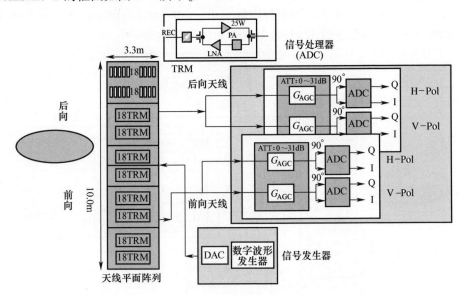

图 2-4 PALSAR-2 系统简要框图

2.3.4　Pi-SAR-L/L2(1997—)

研发该机载 L 波段 SAR 意在探索 JERS-1 之后的星载 SAR 系统的研究方向。第一代 SAR 于 1997 年至 2012 年之间运行,第二代 SAR 于 2012 年开始运行。该 SAR 系统被设计成最稳定的机载 SAR 系统,其主要特性包括(Shimada 等,2013):

(1) 配备两个 8bit 模数转换器的全极化 SAR;
(2) 高精度的惯性导航系统(INS);
(3) 高发射功率(3500W);
(4) 装载于湾流-Ⅱ型喷气式飞机上(图 2-5)。

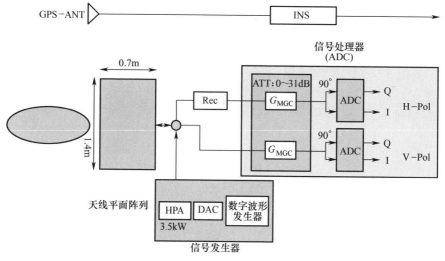

图 2-5　Pi-SAR-L2 系统简要框图

2.4　硬件组件(发射机、接收机、天线、信号处理器)

图 2-6 以 ALOS/PALSAR 为例,展示了硬件组件的部分照片(原文图片标注有误)。

2.5　星载系统和机载系统

JERS-1、ALOS 和 ALOS-2 3 种星载 SAR 系统分别在 20 世纪 90 年代、21 世纪

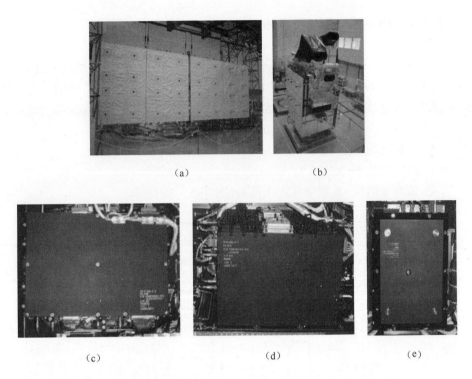

图 2-6 ALOS/PALSAR 部分硬件
(a)天线;(b)卫星;(c)发射机;(d)接收机;(e)信号处理器。(见彩插)

00 年代和 10 年代制造,Pi-SAR 系统则于 1997 年开始运行。它们的性能差异非常明显,尤其是在授时、轨道精度、操纵以及姿态保持和姿态确定方面。以下对每个系统进行介绍,表 2-1(星载)和表 2-2(机载)对其进行了概述。

2.5.1 JERS-1

在 JERS-1 系统中,授时和数据依赖于内部晶体振荡器,其稳定性尚不明确。但已知其计时精度为 2^{-5}s,通常每月偏移 2s。为使卫星运行与地面参考系统保持一致,必须对卫星时间进行校准。首先,测量卫星经过鸠山地面站时的卫星时间与距离内仪表组时间编码-A(IRIG-A)的差值,然后向卫星上传授时修正命令。每周进行一次轨道维护,主要是通过调整高度(通过加速、抬升来修正由高度下降带来的空气阻力所引起的轨道高度变化),并通过对距离和速度的测量、建模来确定轨道。轨道定位不够准确——地理位置误差超过 100m。在使用数字高程模型(DEM)或地面控制点之前,需要对几何应用程序进行几何校准。

使用传统的滚动俯仰偏航估计器保持卫星姿态,未采用偏航导引技术。天线方向图方位指向保持在90°,围绕卫星顺时针转动(图2-7)。

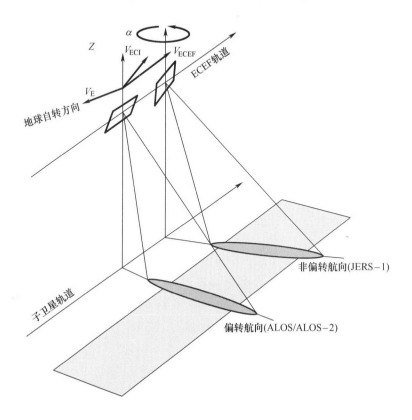

图 2-7 具备偏航导引和不具备偏航导引的观测
ECI—地心惯性。

2.5.2 ALOS/PALSAR

卫星时间通过 GPS 卫星授时与 GPS 时间相同步,计时精度比 JERS-1 显著提升,误差远低于 1μs(JERS-1 计时精度为 $10^{-6} \sim 10^{-5}$ s)。通过 3 种方式来确定轨道:①使用 GPS 位置信息,误差在几十米;②使用 L1 和 L2 载频与针对电离层延迟矫正的 IGS 数据同步并进行后处理得到的精确位置信息来确定轨道,达到了 3Sigma 为 30cm 以内的定位精度,达到了激光测距的水平;③使用 S 波段载波与建模技术进行传统的距离和速度测量,来确定轨道。第二种方法被建议用于 PALSAR 成像和进一步分析。由于在时间和定位技术上的重大改进,ALOS/

PALSAR 的图像在聚焦、辐射和定位方面的表现明显改善,图像精度显著提高。

根据轨道跌落测量和估计,每周或每两周进行一次轨道维护。操作指南中没有涉及倾角操纵,因此倾角略有下降。倾角的校正每两年半进行一次,因此干涉基线在校正时变化明显——特别是在高纬度地区。

ALOS 使用精确的恒星追踪器进行姿态测量,三轴的测量精度都在 $2.0×10^{-4°}$ 以内。ALOS 采用偏航导引技术,其偏航角缓慢变化以抵消波束照射位置的局部速度,从而将多普勒中心频率置零,改善成像。

2.5.3 ALOS-2

ALOS-2 与 ALOS 相同,都采用 GPS 进行授时和定位,并采用了偏航导引技术。尽管由于未在卫星上安装激光反射器而限制了对其实际精度的检验,但由差分干涉测量的结果以及 GPS 接收器通道数的增加可以推断,其位置精度有所提高。

ALOS-2 始终自动检测其是否在轨道的各个位置都处于距标称轨道 500m 以内的"走廊"中,否则对其高度、倾斜度进行调整,因此其轨道保持情况较好,水平和垂直变化分别距标称小于 400m 和 100m,并且对倾角也进行了校正维护。因此,ALOS-2 轨道误差较小,适合开展干涉合成孔径雷达(InSAR)相关任务。

2.5.4 Pi-SAR-L1/L2 系统

格鲁曼公司的湾流-Ⅱ喷气式飞机(G-Ⅱ)最初为 Pi-SAR-L1 系统的载机,后来也用于 Pi-SAR-L2 系统。通常情况下,其飞行高度超过 12000m,那里的湍流远小于低海拔地区,因此更适合于高质量 SAR 成像。尽管最近流行采用较小的飞机(包括无人机)进行机载遥感测量,但 G-Ⅱ的超稳定的运动统计数据使其非常适合 Pi-SAR-L2 标准观测以及实验性的运动飞机挑战。G-Ⅱ带有由 Applanix 公司制造的惯性测量单元(IMU),定位的后处理精度可达 2cm。该系统也采用 GPS 授时。飞机相关信息汇总在表 2-2 中。

2.6 总结

本章对 JAXA 开发的 3 种星载和 1 种机载 SAR 系统的硬件组成进行了概述。表 2-3 列出了其详细信息。

表 2-3 JAXA 研发的 SAR 系统详细信息

项 目	JERS-1/SAR	ALOS/PALSAR	ALOS-2/PALSAR-2	G-Ⅱ/Pi-SAR-L2 (L1)
工作高度	568 km	691.5km	628km	6~12km
地速	6.9km/s	6.7km/s	6.8km/s	200~250m/s
轨道	周期 44 天寿命 649 个周期	周期 46 天寿命 671 个周期	周期 14 天寿命 207 个周期	—
倾角	97.67°	98.16°	97.92°	
定位精度	RARR	GNSS(L1 和 L2 频段),10cm	GNSS(L1 和 L2 频段),<10cm	INS-POS610(L1 和 L2 频段),2cm
授时	内部晶振与 IRIG-A 校准授时	GPS 同步	GPS 同步	GPS 同步
姿态	CO_2 传感器	恒星追踪器	恒星追踪器	内部导航系统
质量	1350kg	4000kg	2000kg	≈500kg(SAR)
偏航导引	否	是	是	是 偏航角<19°
太阳能供电	2000 W (工作寿命之初)	7000W (工作寿命之初)	5300W (工作寿命结束)	—
发射机	固态功率放大器,325W	80 个 TR 组件,2.0kW	180 个 TR 组件,6.0kW	3.5kW
天线尺寸	方位向 11.92m,距离向 2.2m	方位向 8.9m,距离向 2.9m	10m×3.5m	1.4m×0.7m
工作频率	1275.0MHz	1270.0MHz	1215~1300MHz	1215~1300MHz
带宽	15.0MHz	28.0MHz,14.0MHz	84/42/28/14MHz	85/50(50/25)MHz
采样频率	17.076MHz	32.0MHz,16.0MHz	104.8/52.4/34.9/17.5MHz	100.0(62.175)MHz
脉冲宽度	35.0μs	27.0μs	18.5~76.3μs	28μs
工作模式和极化方式	条带	条带(FBS,FBD,Pol);ScanSAR(单极化)	条带(UB,HB,FB,Quad);ScanSAR(双极化);聚束(单极化)	条带(Pol)
波束数量	1	18(条带)+ScanSAR(3,4,5)	24(条带:UB+HB),22(条带:FB)+ ScanSAR(5×4+7×3),14(聚束)	1
模数转换器	I-Q,3bit	I-Q,5bit	8I + 8Q 压缩至 4I + 4Q	8I + 8Q

(续)

项 目	JERS-1/SAR	ALOS/PALSAR	ALOS-2/PALSAR-2	G-Ⅱ/Pi-SAR-L2（L1）
测绘带宽度	最大 75km	75km-条带 350km-ScanSAR	50km/70km-条带 350~490km-ScanSAR 25km-聚束	20km(15km)
增益控制方式	AGC（MGC）	MGC	AGC	MGC
脉冲重复频率	1505.8Hz， 1530.1Hz， 1555.2Hz， 1581.1Hz， 1606.0Hz	<2700Hz	1000~2500Hz	500~600Hz （400~500Hz）
极化方式	HH	HH，HH+HV，Quad	HH，HH+HV，Quad	Quad
天底偏角	35.1°	9.7°~50.7°	7.3°~58.8°	0°~70°
分辨率（方位向/距离向）/m	6/10(条带)	5/5(条带) 25/10(ScanSAR)	5/1.72(条带) 1/1.72(聚束) 25/5(ScanSAR)	0.8/1.72(0.8/3)
线性调频信号	D	D	UD，APC	D(UD)-(D)
实验模式			简缩极化(条带和 ScanSAR)	检索计划
NESZ(Spec)	-18dB	-25dB	-29dB	-35dB
干涉 SAR 轨道维护	高度校正，倾角未校正	高度每两周校正一次，倾角每2.5年校正一次	自动进行高度和倾角校正 轨道走廊<500m	GPS 校正 轨道走廊<5m

D：负扫频线性调频；UD：正负斜率线性调频；APC：方位向相位编码；
FBS：单极化精细波束；FBD：双极化精细波束；UB：超精细波束；HB：高灵敏波束；FB：精细波束。
括号内为接收机的次要工作模式：
RARR：距离和速度；GNSS：全球卫星导航系统；INS：惯性导航系统

参考文献

Ito, N., Hamazaki, T., and Tomioka, K., 2001, "ALOS/PALSAR Characteristics and Status,"

Proc. of the CEOS SAR Workshop, Tokyo, pp. 191-194.

Kankaku Y., Sagisaka, M., and Suzuki, S., 2014, "PALSAR-2 Launch and Early Orbit Status," Proc. of the Geoscience and Remote Sensing Symposium (IGARSS), 2014 IEEE International, pp. 3410-3412.

Nemoto Y., Nishino H., Ono M., Mizutamari H., Nishikawa K., and Tanaka K., 1991, "Japanese Earth Resources Satellite-1 Synthetic Aperture Radar," Proc. of the IEEE, Vol. 79, No. 6, pp. 800-809.

Shimada M., Kawano, N., Watanabe, M., Motohka, T., and Ohki, M., 2013, "Calibration and Validation of the Pi-SAR-L2", Proc. of the APSAR2013, Tsukuba, pp. 194-197.

第3章
SAR成像与分析

3.1 引言

与合成孔径雷达系统的发展类似，成像算法也有了显著的发展。这主要是因为用户的需求变得更加详细和定量，以获得更精确和可靠的地球物理参数测量。图 3-1 描述了合成孔径雷达成像的示意过程，它将来自单个小天线的未聚焦的原始数据转换为来自合成的大尺寸天线的聚焦的高分辨率数据。在图 3-1 中，上面两幅图是点目标模拟的例子，下面两幅是真实成像。成像地点位于夏威夷岛的南部，包含科纳、基拉韦厄和莫纳罗亚山，图像由 PALSAR FBS（单极化精细波束）通过连续照射成像得到。图像包含许多有助于理解土地及其变化的信息。为了解释 SAR 成像，本章将涉及几个基本而重要的问题，如成像原理、成像算法、雷达后向散射系数的定义及其与 SAR 图像的关系、坐标系、成像类型、星载和机载成像阐述以及应用。有许多参考书可以帮助我们理解 SAR 成像（Curlander 和 McDonough，1991；Jin 和 Wu，1984；Smith，1990；Bamler，1992；Raney 等，1994；等等）。

3.2 电磁波在介质中的传播

3.2.1 脉冲的传输和接收

当电磁波满足

$$\mu\varepsilon \frac{\partial^2 E(r,t)}{\partial t^2} - \frac{\partial^2 E(r,t)}{\partial r^2} = 0 \qquad (3.1)$$

电磁波就会在介质中传播。式中：t 是时间；r 是距原点距离；E 是电场；ε 和 μ 是自由空间的发射率与介电常数。该方程的解可由沿 r 的正方向和 r 的负方向传播

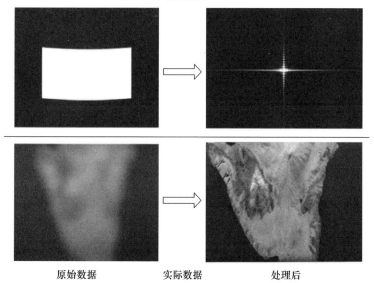

图 3-1 （顶部）模拟数据和（底部）夏威夷岛实际数据的 SAR 成像示例。底部图像是基于 ALOS / PALSAR 的观察结果

的两个波的线性相加得到：

$$E(r,t) = a \cdot \exp\{(kr - \omega t)j\} + b \cdot \exp\{(kr + \omega t)j\} \quad (3.2)$$

式中：k 是波数（$2\pi/\lambda$）；ω 是角频率（$2\pi f$）；λ 是波长；a 和 b 是常数；$kr - \omega t$ 是正向传播的波的相位，表示一个相位以光速正向传播，$c = 1/\sqrt{\varepsilon\mu}$（图 3-2(a)）。

下面我们只考虑雷达发射脉冲在正方向上的传播，并且脉冲在很短的时间跨度内具有相对较大的幅度。图 3-2(b)（右上角）显示了雷达系统的工作流程，该系统使用脉冲与距离"r"的目标进行通信。在图像中，左三角形代表天线，白色矩形代表雷达发射的朝右边方向传播的脉冲，左侧的黑色矩形代表目标返回的脉冲。

SAR 雷达脉冲可表示为

$$f(t) = a \cdot \Pi\left(\frac{t}{\tau/2}\right) \exp(2\pi f_0 tj) \quad (3.3)$$

$$\Pi(x) = \begin{cases} 1, & |x| \leq 1 \\ 0, & |x| > 1 \end{cases} \quad (3.4)$$

式中：a 是振幅；f_0 是载频；t 是时间；j 是虚数符号；τ 是脉冲宽度。在 τ 内，函数 $\Pi(\cdot)$ 为 1，否则为 0。

我们考虑一个信号从离开雷达，到抵达距离为 r 的目标，再到返回雷达的全过

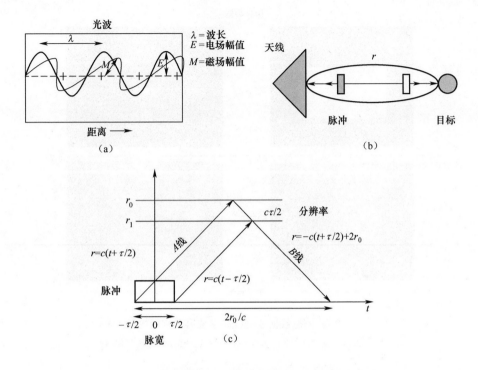

图 3-2 (a)电磁波在介质中的传播、(b)信号收发模型，
以及(c)脉冲雷达的距离和时延关系

程,然后导出最终的距离分辨率。

图 3-2(c)中,脉冲在 $t=-\tau/2$ 到 $t=\tau/2$ 时间内发射,雷达接收目标返回的信号。从发射前沿($t=-\tau/2$)发出的信号,沿着 A 线传播接近目标:$r=c(t+\tau/2)$。然后,它沿着 B 线传播返回雷达:$r=-c(t+\tau/2)+2r_0$。所有后面的信号都遵循与发射后沿($t=\tau/2$)信号相似的过程。有些在抵达 r_0 处的目标后继续前进,但有些抵达比 r_1 还近的目标后返回,并可能在第一个信号从 r_0 返回的时候同时到达雷达。总而言之,存在距离不确定性,如下式所示：

$$\delta r = r_0 - r_1 = \frac{c\tau}{2} \tag{3.5}$$

选择 JERS-1 SAR 的脉冲宽度 $\tau = 15\mu s$,此时距离不确定度为 2.25km。

3.2.2 SAR 的空间构型

在进行成像之前,我们应该更多讨论有关 SAR 成像几何和 SAR 照射区的问题。图 3-3 给出了简化的 SAR 成像几何:卫星移动,SAR 随后继续发射雷达脉冲,并且该脉冲照射位于地球 (r,x) 处的目标。虽然在现实中,许多小型散射体和目标分布在地球表面,但我们在这里对问题进行简化,使目标成为一个点:点目标。

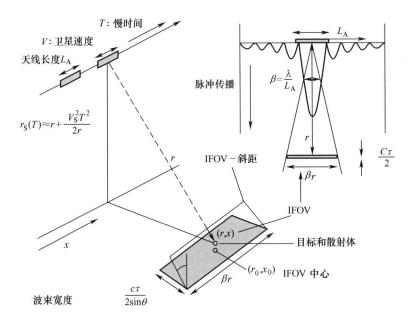

图 3-3 SAR 天线和照射到地球表面的发射脉冲

为了接收到来自目标的散射信号,有两个分别对应方位向和距离向上信号接收的重要参数——方位天线方向图和接收窗口。

3.2.2.1 天线

依据天线方向可粗略地辨别出目标的方位。合成孔径雷达天线由方位向大小为 L_A,距离大小为 L_R 的平面阵列表示,由于天线方向图的存在,它对地表的照射具有强烈的方向性,其模型为

$$G(\phi,\phi) = G_0 \left| \frac{\sin\{a(\theta-\theta_0)\}}{a(\theta-\theta_0)} \right| \left| \frac{\sin\{b(\phi-\phi_0)\}}{b(\phi-\phi_0)} \right| \quad (3.6)$$

式中:G_0 是峰值增益;θ 是下视角;ϕ 是方位角,带有下标 0 的值对应天线视线方向。天线的主波束可由高斯函数近似:

$$G(\theta,\phi) = G_0 \exp\left[-4\ln2\left\{ \left(\frac{\theta-\theta_0}{\theta_{BW}}\right)^2 + \left(\frac{\phi-\phi_0}{\phi_{BW}}\right)^2 \right\} \right] \quad (3.7)$$

$$\phi_{BW} = \lambda/L_R, \theta_{BW} = \lambda/L_A \quad (3.8)$$

式中：ϕ_{BW} 和 θ_{BW} 分别是方位向与距离向的波束宽度。

根据 SAR 观测场景，对一个瞬时视场（IFOV），雷达脉冲沿着波束指向打在地面上，覆盖方位向和距离向分别为 $r_0\lambda/L_A$ 和 $c\tau/2$ 的区域。脉冲以 $c/\sin\theta_I$ 的光速沿距离向上移动，后续的脉冲以卫星的地速在方位向上产生一系列 IFOV。

3.2.2.2 接收窗口

对采样窗口内的回波信号，以采样率 f_{sample} 进行检测和模数（AD）转换，距离向信号采集的时间参考是脉冲发射前沿，通过图 3-4 可正确测量往返延迟：

$$t_i = \frac{n}{f_{PRF}} + \frac{i}{f_{sample}} + \Delta t_{OFF} \tag{3.9}$$

式中：n 是延迟脉冲数；f_{PRF} 是脉冲重复频率；i 是采样点序号；Δt_{OFF} 代表脉冲前沿与采样窗口开始时间之间的时间偏移。因此，r_0 为

$$r_0 = ct_i/2 \tag{3.10}$$

这里有两个符号 r 和 r_0。应当注意，r 是地球上的目标点与卫星之间的精确距离，r_0 是卫星与 IFOV 或相关像素的中心位置之间的距离，该距离会逐步变化。区分这两个距离很重要，这将在以下各节中进行说明。

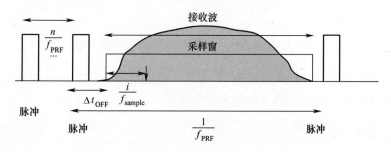

图 3-4　SAR 发送和接收信号的采样序列

3.2.3　脉冲压缩（距离压缩）

对于回波信号，以 L 波段 SAR 为例，接收信号的载频高达 1.2GHz，因此必须将信号下变频，否则无法处理该信号。将接收信号与发射信号混频使其具有时间不变性和对距离" r "的依赖性。

设发射信号为

$$f_t = a \cdot \exp(2\pi f_0 tj) \tag{3.11}$$

那么，距离为 r 的目标回波信号可表示为

$$f_r = a \cdot \exp\left\{2\pi f_0 \left(t - \frac{2r}{c}\right) j\right\} \tag{3.12}$$

将两个信号混频,接收信号变为于距离有关的函数:

$$f_r \cdot f_t^* = a \cdot \exp\left\{2\pi f_0 \left(t - \frac{2r}{c}\right) j\right\} \cdot \exp(-2\pi f_0 t j) = a \cdot \exp\left(-\frac{4\pi f_0 r}{c} j\right) \tag{3.13}$$

这个操作可保持 $\tau c/2$ 的分辨率不变。式中:后缀 r 和后缀 t 分别表示发送和接收;f_0 表示载频;* 表示复共轭。

接下来,我们选择分析调频线性信号,这种信号的相位在脉冲持续时间内与时间成二次函数关系,通常被用作 SAR 发射信号。与式(3.11)相似,我们对发送、接收及其混频过程进行了分析,并表示为

$$f_t(t) = a \cdot \Pi\left(\frac{t}{\tau/2}\right) \exp\left\{2\pi\left(f_0 t + \frac{k}{2} t^2\right) j\right\} \tag{3.14}$$

$$f_r(t) = a \cdot \Pi\left(\frac{t - 2r/c}{\tau/2}\right) \exp\left\{2\pi (f_0 \cdot (t - 2r/c) + \frac{k}{2}(t - 2r/c)^2) j\right\} \tag{3.15}$$

$$f_r \cdot f_t^* = a \cdot \Pi\left(\frac{t - 2r/c}{\tau/2}\right) \exp\left\{2\pi\left(-f_0 \frac{2r}{c} + \frac{k}{2}\left(t - \frac{2r}{c}\right)^2\right) j\right\} \tag{3.16}$$

式(3.16)的指数包含了距离 r 和线性调频信号自身特性。

下面通过距离向相关接收对接收到的信号进行聚焦:

$$h(t) = \int_{-\tau/2}^{\tau/2} f(t') \cdot g^*(t + t') dt' \tag{3.17}$$

式中:h 是输出;f 是接收信号;g 是参考信号。

原则上,接收信号是发射信号的时移乘以自由空间衰减和目标后向散射。但是,也可能会发生一些更复杂的相位调制,并与目标、大气和电离层的传播介质发生相互作用。

通过将发射信号作为参考,我们可以计算相关性(距离压缩):

$$\begin{aligned}
P(t') &= \int_{-\infty}^{\infty} S_r(t) \cdot S_{r,\text{ref}}^*(t + t') dt \\
&= \int_{2r/c - \tau/2}^{2r/c + \tau/2} \Pi\left(\frac{t - 2r/c}{\tau/2}\right) \Pi\left(\frac{t + t' - 2r/c}{\tau/2}\right) \exp\left\{-j2\pi\left(\frac{k}{2}\left(t - \frac{2r}{c}\right) t' + \frac{k}{2} t'^2\right)\right\} dt
\end{aligned} \tag{3.18}$$

$$S_r(t) = a \cdot \Pi\left(\frac{t - 2r/c}{\tau/2}\right) \exp\left\{2\pi\left(-f_0 \frac{2r}{c} + \frac{k}{2}\left(t - \frac{2r}{c}\right)^2\right) j\right\} \tag{3.19}$$

$$S_{r,ref}(t+t') = a \cdot \Pi\left(\frac{t+t'-2r/c}{\tau/2}\right)\exp\left\{2\pi\left(-f_0\frac{2r}{c}+\frac{k}{2}\left(t+t'-\frac{2r}{c}\right)^2\right)j\right\}$$

(3.20)

式中：k 是线性调频斜率 $k = B_c/\tau$，τ 是脉冲宽度；B_c 是发射信号带宽。式(3.18)可表示为

$$\begin{aligned}P(t') &\approx \exp\left(-\frac{4\pi r}{\lambda}j\right)\int_{2r/c-\tau/2}^{2r/c+\tau/2}\exp\left\{-j2\pi kt'\left(t-\frac{2r}{c}\right)\right\}dt\\ &= \exp\left(-\frac{4\pi r}{\lambda}j\right)\left[\exp\left\{-j2\pi kt'\left(t-\frac{2r}{c}\right)\right\}/(-j2\pi kt')\right]_{2r/c-\tau/2}^{2r/c+\tau/2}\\ &= \frac{\sin\{\pi B_c t'\}}{\pi B_c t'}\tau\exp\left(-\frac{4\pi r}{\lambda}j\right)\end{aligned}$$

(3.21a)

式中：t' 按式(3.9)逐步变化，只有位于 $ct'/2$ 附近的散射体才可见。令 r 为雷达到散射体的距离，r_0 为到像素中心的距离，并且 $t' = 2(r-r_0)/c$，距离相关性可表示如下：

$$\begin{aligned}P(t') &\approx \frac{\sin\{2\pi B_c(r-r_0)/c\}}{2\pi B_c(r-r_0)/c}\tau\exp\left(-\frac{4\pi r}{\lambda}j\right)\\ &= \mathrm{sinc}\left(\pi\frac{r-r_0}{c/2B_c}\right)\tau\exp\left(-\frac{4\pi r}{\lambda}j\right)\end{aligned}$$

(3.21b)

取绝对值，我们有

$$|P(r)| = \mathrm{sinc}\{a(r-r_0)\}\tau \tag{3.22}$$

$$a = \frac{2\pi B_c}{c} \tag{3.23}$$

式(3.21b)的第二个等式中使用了 sinc 函数。同样，应注意，r 是卫星到点目标的距离，r_0 是卫星到像素中心的距离。

因此，距离相关后的幅度被高度锐化(高分辨率)，并且相位被保持为与原始数据相同。式(3.22)为相关(压缩)信号的距离维响应，并给出了目标亮度与距离的关系。

将分辨率(ρ)定义为使信号峰值强度降低 3dB 的空间或时间宽度：

$$\frac{\sin(ar_1)}{ar_1} = \frac{\sin(ar_2)}{ar_2} = \frac{\sin(a\rho/2)}{a\rho/2} = \frac{1}{2} \tag{3.24}$$

最后，得到以下解：

$$\rho = r_2 - r_1 = \frac{c}{2B_c} \tag{3.25}$$

式中：r_1 和 r_2 分别是满足 3dB 的波束宽度的较近的和较远的距离。这表明，通过相关处理将 $c\tau/2$ 的原始数据分辨率显著提高到了 $c/2B_c$，脉冲压缩比（PCR）被定义为分辨率提高因子：

$$\text{PCR} = \frac{c\tau}{2} \Big/ \frac{c}{2B_c} = \tau B_c \qquad (3.26)$$

图 3-5 显示了对 14、28、42 和 85MHz 带宽典型 L 波段信号的响应。

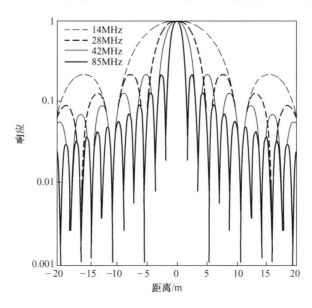

图 3-5　在 4 个带宽（85MHz、42MHz、28MHz 和 14MHz）上的脉冲响应函数

Pi-SAR-L2 的原始数据压缩和从 τ 到 $1/B_c$ 的时间分辨率提升如图 3-6 所示。

3.2.4　方位向压缩

方位向的照射（驻留）时间取决于卫星（地面）速度，方位天线波束宽度和波束控制机制。如果选择条带 SAR 模式（请参见 3.3 节），雷达在观察过程中不会改变视线方向，则方位向停留时间或合成孔径时间 T_A 将由下式给出：

$$T_A = \frac{r\lambda}{LV_s} \qquad (3.27)$$

这是方位向天线 3dB 波束宽度的持续时间。式中：V_s 是卫星地面速度。图 3-7 显示了一个观测场景，在卫星扫掠过程中，SAR 方位角对目标进行了 7 次观测，其中点散射体位于 (r,x)，每个观测点的距离不同。

由于距离压缩数据保持了卫星与目标在 T_A 上的距离，因此可以利用该相位上

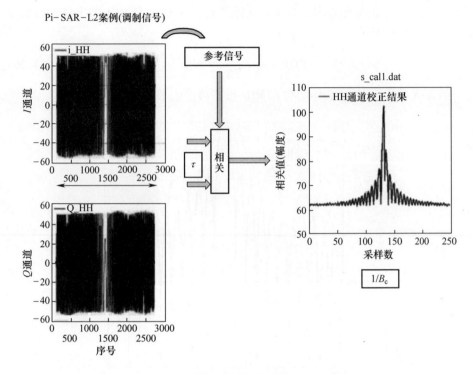

图 3-6 脉冲压缩

的相关性。

从现在开始,我们使用 r_s 代表散射体与卫星之间的距离,根据式(3.28a)所示的轨道数据和目标位置来计算其随时间变化特性:

$$r_s = \sqrt{r^2 + (V_s T)^2} \qquad (3.28\text{a})$$

式中:r 为卫星与目标之间的最近距离。当波束宽度足够小时,根号内的第二项远小于第一项,利用泰勒展开将其近似为 T 的二次函数。它也可以通过扩展到像素中心的距离 r_0 来近似:

$$\begin{aligned} r_s &\approx r + \frac{V_s^2}{2r} T^2 \\ &\approx r + \frac{V_s^2}{2r_0} T^2 \end{aligned} \qquad (3.28\text{b})$$

在这里,我们做了如下简化,即当卫星绕地球运行时,天线波束正好指向绕 z 轴旋转 90°的方向,此时产生的多普勒频率为零,如图 3-7 所示的偏航导引情况(3.4.2 节给出了坐标系和卫星方向的定义)。式(3.28b)的第二个等式意味着距

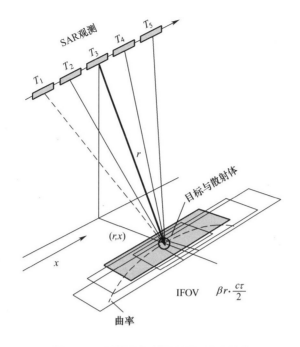

图 3-7 卫星通过时的目标和脉冲照射

离的时间依赖性可以由像素中心表示,并可以通过多普勒频率或多普勒线性调频脉冲精确建模,如 3.2.8 节所述。

图 3-8 给出了距离 r_s 在距离(垂直)-方位(水平)平面上的变化,其中垂直实线(L_1)表示 T_1 时刻的距离,实线(L_2)表示相应实际距离,实线(L_3)是距离在数

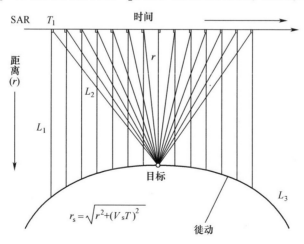

图 3-8 迁移曲线,其中水平轴为方位向时间,垂直轴为倾斜距离坐标

据平面中的弯曲轨迹,这条线称为迁移曲线,对迁移数据重新调整是 SAR 成像中必须要做的。

通过在式(3.28b)中增加一个与 T 成正比的项,可以将它扩展到非零多普勒情形。使用此方法,我们对式(3.16)的原始数据重写如下,其中使用 λ 代替了 c/f_0,即

$$f(t,T) = a\Pi\left(\frac{t - 2r_s/c}{\tau/2}\right)\Pi\left(\frac{T}{T_A/2}\right)\exp\left\{2\pi\left(-\frac{2r_s}{\lambda} + \frac{k}{2}\left(t - \frac{2r_s}{c}\right)^2\right)j\right\} \quad (3.29)$$

式(3.29)中指数的第一项可以由下式给出

$$f(T) = \exp\left\{-\frac{4\pi}{\lambda}\left(r + \frac{V_s^2}{2r_0}T^2\right)j\right\} \quad (3.30)$$

式(3.29)可被重写为

$$f(t,T) = a\Pi\left(\frac{t - 2r_0/c}{\tau/2}\right)\Pi\left(\frac{T}{T_A/2}\right)\exp\left\{2\pi\left(-\frac{2r}{\lambda} + \frac{k}{2}\left(t - \frac{2r}{c}\right)^2 - \frac{V_s^2}{\lambda r_0}T^2\right)j\right\} \quad (3.31)$$

其中第二个指数(T 的二次函数项)未使用式(3.29)进行拓展,因为该项仅持续一个脉冲持续时间,并且不会对 T 产生影响。式(3.31)包含两个关于变量 t 和 T 的二次函数,其系数因子分别为 $k/2$ 和 $V_s^2/\lambda r_0$。当 $V_s = 7.0\text{km/s}, \lambda = 23\text{cm}, r = 700\text{km}$ 时,这两个因子具有完全不同的量级,分别是 10^{12} 和 10^2 时,因此,即使在同一时间坐标中,也将它们作为不同的过程分别处理。在这种情况下,t 仅在脉内有效,而 T 在数秒内有效。因此,"t" 和 "T" 分别称为"快时间"和"慢时间"。

针对 ALOS-2/PALSAR 模拟了距离随合成孔径时间的变化特性,图 3-9(a) 中给出了距离在 4s 时间内的变化,图 3-9(b) 中的余弦分量是其中 0.8s 的放大部分;在此期间距离变化 140m,相位余弦变化与图 3-7 的距离压缩相同,唯一的区别是时间尺度;

经过如式(3.31)的距离压缩后,我们得到

$$f_R(r_0,T) \approx a\text{sinc}\left(\pi\frac{r - r_0}{c/2B_c}\right)\Pi\left(\frac{T}{T_A/2}\right)\exp\left\{2\pi\left(-\frac{2r}{\lambda} + \frac{V_s^2}{r_0\lambda}T^2\right)j\right\} \quad (3.32)$$

对于 T_0 时刻附近的 T,可以采用与之前距离压缩相同的方式实现合成孔径时间(T_A)内沿慢时间 T 的相关处理:

$$h(r_0,T) = \int_{-T_A/2}^{T_A/2} f(T') \cdot g^*(T + T')\,dT'$$

$$\approx a \cdot \text{sinc}\left(\pi\frac{r - r_0}{c/2B_c}\right)\exp\left(-\frac{4\pi r}{\lambda}j\right)\int_{-T_A/2}^{T_A/2}\exp\left\{2\pi\left(\frac{V_s^2}{r_0\lambda}T^2\right)j\right\}$$

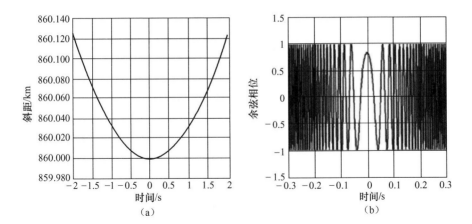

图 3-9 假定 ALOS／PA LSA R 轨道,在合成孔径时间内(4s),距离(a)和相位(b)的变化
(a)SAR 与目标之间距离的时间变化;(b)相位变化的时间余弦。

$$\exp\left\{-2\pi\left(\frac{V_s^2}{r_0\lambda}(T+T')^2\right)j\right\}dT'$$

$$= a \cdot \text{sinc}\left(\pi \frac{r-r_0}{c/2B_c}\right)\exp\left(-\frac{4\pi r}{\lambda}j\right)\int_{-T_A/2}^{T_A/2}\exp\left\{-2\pi\left(\frac{V_s^2}{r_0\lambda}(2TT'+T'^2)\right)j\right\}dT'$$

$$\approx a \cdot \text{sinc}\left(\pi \frac{r-r_0}{c/2B_c}\right)\exp\left(-\frac{4\pi r}{\lambda}j\right)\left[\frac{\exp\left\{-2\pi\left(\frac{V_s^2}{r_0\lambda}(2TT')\right)j\right\}}{-2\pi\left(\frac{V_s^2}{r_0\lambda}(2T)\right)j}\right]_{-T_A/2}^{T_A/2}$$

$$= a \cdot \text{sinc}\left(\pi \frac{r-r_0}{c/2B_c}\right)T_A \frac{\sin 2\pi\left(\frac{V_0^2}{r_0}T_A T\right)}{2\pi\left(\frac{V_0}{r_0}T_A T\right)}\exp\left(-\frac{4\pi r}{\lambda}j\right)$$

$$= a \cdot \text{sinc}\left(\pi \frac{r-r_0}{c/2B_c}\right)T_A \cdot \text{sinc}\left(2\pi \frac{V_s}{L_A}r\right)\exp\left(-\frac{4\pi r}{\lambda}j\right) \quad (3.33)$$

在此,假设所有距离压缩后的数据都在迁移曲线上被重新排列。我们在式(3.33)中使用了式(3.28b)的第二个等式。这种方式就是时域处理,时域处理阐明了方位相关的物理含义。

如果令 $T = (x-x_0)/V_s$,则可以得到点目标的二维响应:

$$h(r,x) = a \cdot \text{sinc}\left(\pi \frac{r-r_0}{c/2B_c}\right)T_A \cdot \text{sinc}\left(\pi \frac{x-x_0}{L_A/2}\right)\exp\left(-\frac{4\pi r}{\lambda}j\right) \quad (3.34)$$

因此,二次函数中类似的相位变化能够导致方位向压缩。

在式(3.34)中,距离和方位向(分辨率为 ρ_r 和 ρ_a)的分辨率为

$$\rho_r = \frac{c}{2B_c}$$
$$\rho_a = \frac{L_A}{2} \quad (3.35)$$

因此,如表 3-1 所列,通过两个一维相关处理提高了 SAR 图像的分辨率(迁移曲线将在 3.2.8.4 节中讨论)。图像的像素间距为

$$s_r = \frac{c}{2f_{sample}}$$
$$s_a = \frac{v_g}{f_{PRF}} \quad (3.36)$$

式中:s_r 和 s_a 分别是距离向和方位向的像素间距。针对以上分析,我们可以理解为一个像素包含一个散射体,而像素强度仅依赖于目标相对像素中心的偏移。相位由点目标与雷达的距离,而不是像素中心与雷达的距离决定。图 3-10(a)给出了像素中点目标的示意图。

表 3-1 改善分辨率

	原始数据	相关后	SPECAN
距离向分辨率	$\frac{c\tau}{2}$	$\frac{c}{2B}$	$\frac{c}{2B}$
方位向分辨率	$\frac{r\lambda}{L_A}$	$\frac{L_A}{2}$	$\frac{f_{PRF} v_g}{N_{az} f_{DD}}$
距离间距	$\frac{c}{2f_{sample}}$	$\frac{c}{2f_{sample}}$	$\frac{c}{2f_{sample}}$
方位间距	$\frac{v_g}{f_{PRF}}$	$\frac{v_g}{f_{PRF}}$	$\frac{f_{PRF} v_g}{N_{az} f_{DD}}$

3.2.5 分布式目标处理

在现实中,有许多散射体分布在地面上的不同位置,从而构成了一个 SAR 像素单元,像素大小假定为距离和方位各数米。在被雷达波束照射后,散射体依据方向敏感性对信号进行二次发射。

雷达接收到的后向散射电磁波主要受到方位向天线方向图加权,其次受到了距离向天线方向图的加权。雷达接收到的后向散射信号(下变频后)是所有散射

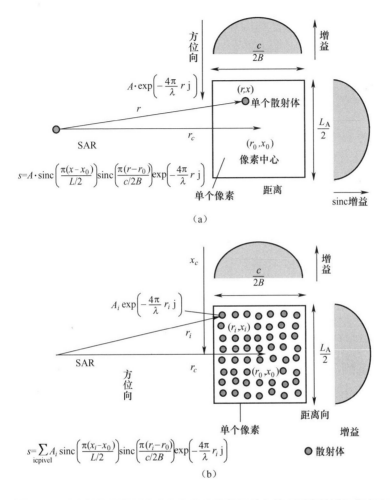

图 3-10 (a)分辨率单元格中包含单个散射的单个外观图像的详细信息和
(b)SAR 图像像素的分布式目标表达式

体回波的线性叠加：

$$f(t) = \sum_{i=0}^{N} a_i \Pi\left(\frac{t - 2r_{si}/c}{\tau/2}\right) \exp\left\{2\pi\left(-f_0 \frac{2r_{si}}{c} + \frac{k}{2}\left(t - \frac{2r_{si}}{c}\right)^2\right)j\right\} \quad (3.37)$$

式中：i 是散射体序号；a_i 是散射幅度。应当指出，其中散射体在距离向的分布范围很大，不受分辨率的限制。

利用式(3.37)所示的距离相关操作得出

$$f_R(r_0) = \sum_{i=0}^{N} a_i \cdot \mathrm{sinc}\left(\pi \frac{r_{si} - r_0}{c/2B_c}\right) \exp\left\{2\pi\left(-f_0 \frac{2r_{si}}{c}\right)j\right\} \quad (3.38)$$

式中:第 i 个散射体到雷达的距离为 r_i;r_0 是与雷达采样数据相对应的距离。

在采样窗口内,被天线方向图和脉宽调制的所有散射信号以式(3.38)所述方式被接收。经过处理后,目标响应数据被加权叠加在采样距离处,加权由雷达分辨率和斜距差决定。这就是距离压缩过程,实际上就是简单、线性地将对散射信号进行复数求和。这一点对于解释合成孔径雷达图像和干涉合成孔径雷达是非常重要的。

分辨率 ρ 取决于雷达系统的带宽,对 L 波段 SAR 分别为 10.7m(14MHz)、5.4m(28MHz)、3.6m(42MHz)和 1.72m(85MHz)。分辨率与雷达波长无关。一个分辨单元内提取的信号是该单元所有散射体散射的。通常,分辨单元的大小大于雷达波长。一个分辨单元包含大量散射体,并且散射的信号分量由所有单个分量的线性叠加组成。

根据式(3.28b),有

$$r_{si} \approx r_i + \frac{V_s^2}{2r_0}T^2 \tag{3.39}$$

将式(3.39)插入式(3.38),得到

$$f_R(r_0) \approx \sum_{i=0}^{N} a_i \cdot \text{sinc}\left(\pi \frac{r_i - r_0}{c/2B_c}\right) \exp\left\{2\pi\left(-\frac{2r_i}{\lambda} + \frac{V_s^2}{r_0\lambda}T^2\right)j\right\} \tag{3.40}$$

在时域做相关,有

$$\begin{aligned} h(r_0, x_0) &= \int_{-T_A/2}^{T_A/2} f(T') \cdot g^*(T + T') dT' \\ &= \int_{-T_A/2}^{T_A/2} \sum_{i=0}^{N} a_i \cdot \text{sinc}\left(\pi \frac{r_i - r_0}{c/2B_c}\right) \exp\left\{2\pi\left(-\frac{2r_i}{\lambda} + \frac{V_s^2}{r_0\lambda}T^2\right)j\right\} \\ &\quad \exp\left\{-2\pi\left(\frac{V_s^2}{r_0\lambda}(T + T')^2\right)j\right\} dT' \\ &= \sum_{i=0, i \in \text{Cell}}^{N} a_i \cdot \text{sinc}\left(\pi \frac{r_i - r_0}{c/2B_c}\right) \cdot \text{sinc}\left(\pi \frac{x_i - x_0}{L_A/2}\right) \exp\left(-\frac{4\pi r_i}{\lambda}j\right) \end{aligned}$$
(3.41)

图 3-10(b)给出像素单元的结构示意图,所有散射体独立地对该像素的散射做出贡献,体现在散射系数和由距离引起的散射相位中。合成的结果是所有点目标回波的线性求和。SAR 图像的表现在很大程度上取决于散射体的数量和分布函数。

实际上,雷达接收机是噪声源之一:热噪声源。在噪声等效的信号灵敏度下,热噪声会降低合成孔径雷达的成像性能。因此,真实的 SAR 图像模型为

$$S(r_0,x_0) = \sum_{i=0}^{N} a_i \cdot \text{sinc}\left(\pi \frac{r_i - r_0}{c/2B_c}\right) \cdot \text{sinc}\left(\pi \frac{x_i - x_0}{L_A/2}\right) \exp\left(-\frac{4\pi r_i}{\lambda}j\right) + N \tag{3.42}$$

上面所说的就是时域处理方法,即使在平台失速情况下,时域处理也很好地体现了方位相关的物理意义。时域处理流程总结在图3-11中。

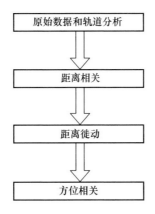

图3-11 SAR成像的简化流程图

3.2.6 频域处理

相关(或卷积)可在时域和频域之间转换。下面考虑在频域中做相关,以获得更高的处理效率(快速处理)。根据时频对等性,有

$$\int_{-\infty}^{\infty} [f(T')]_M \cdot g^*(T+T') dT' = \int_{-\infty}^{\infty} [F(\omega)]_M \cdot G^*(\omega) e^{j\omega T} \tag{3.43}$$

式中:$F(\omega)$、$G(\omega)$、$[\ ]_M$ 分别是 $f(t)$、$g(t)$ 的频谱和迁移曲线。

为了实现频域相关,我们需要对卫星与目标之间的距离迁移,进行时域和频域转换。被观测目标的距离曲线为

$$r_s = r + \frac{V_s^2}{2r_0}T^2 + O(T^3) \tag{3.44}$$

这就是距离弯曲或偏移(图3-8)。需要使用sinc插值或傅里叶移位方法,对邻近的距离对齐数据进行重采样,最后基于重采样数据进行方位压缩。使用快速傅里叶变换(FFT)的插值更精确,但要牺牲处理成本。

通常,r 可以在方位时间 $T = T_0$ 处进行泰勒展开,例如:

$$r_s = r + \dot{r}_s(T-T_0) + \frac{1}{2}\ddot{r}_s(T-T_0)^2 + \frac{1}{2\times 3}\dddot{r}_s(T-T_0)^3 + \cdots \tag{3.45}$$

插入式(3.38)的指数项,有

$$\exp\left(-\frac{4\pi r_s}{\lambda}j\right) = \exp\left(-j\frac{4\pi}{\lambda}\left(r + \dot{r}_s(T-T_0) + \frac{1}{2}\ddot{r}_s(T-T_0)^2 + \frac{1}{6}\dddot{r}_s(T-T_0)^3\right)\right)$$

$$= \exp\left(-j2\pi\left(-\frac{2}{\lambda}r + f_D(T-T_0) + \frac{1}{2}f_{DD}(T-T_0)^2 + \frac{1}{6}f_{DDD}(T-T_0)^3\right)\right)$$

(3.46)

式中:f_D 是多普勒;f_{DD} 是多普勒调频率;f_{DDD} 是三阶导数。SAR 成像的重要影响因素包括距离和方位多普勒依赖性、多普勒调频率、三阶导数等。在后续章节,我们将推导多普勒频率和多普勒调频率。

3.2.7 频谱分析方法

除了时域和频域处理之外,还经常使用频谱分析方法(SPECAN),尤其是在扫描合成孔径雷达(ScanSAR)成像中。

如果我们将 $f(T)$ 表示为完成距离压缩和距离迁移的数据:

$$f(T) = \sum_{i \in \text{Cell}} \exp\left(j2\pi\left(-\frac{2}{\lambda}r_i + f_D(T-T_i) + \frac{1}{2}f_{DD}(T-T_i)^2\right)\right) \quad (3.47)$$

参考信号为

$$f_A(T) = \exp\left(j2\pi\left(-\frac{2}{\lambda}r_0 + f_D T + \frac{1}{2}f_{DD}T^2\right)\right) \quad (3.48)$$

将两个信号相乘得到

$$f(T)f_R^*(T) = \sum_{i \in \text{Cell}} \exp\left(j2\pi\left(-\frac{2}{\lambda}r_i + f_D(T-T_i) + \frac{1}{2}f_{DD}(T-T_i)^2\right)\right)$$

$$\exp\left(j2\pi\left(-\frac{2}{\lambda}r_0 + f_D T + \frac{1}{2}f_{DD}T^2\right)\right)$$

$$= \sum_{i \in \text{Cell}} \exp\left(j2\pi\left(-\frac{2}{\lambda}\Delta r_i + f_D(-T_i) + \frac{1}{2}f_{DD}(2TT - T_i^2)\right)\right)$$

(3.49)

式中:$\delta r_i = r_i - r_0$,该方程的 FFT 为

$$\int_{-T_A/2}^{T_A/2} f(T) e^{-2\pi fTj} dT$$

$$= \sum_{i \in \text{Cell}} \int_{-T_A/2}^{T_A/2} \exp\left(j2\pi\left(-\frac{2}{\lambda}\Delta r_i + f_D(-T_i) + \frac{1}{2}f_{DD}(2TT - T_i^2)\right)\right) \exp(-j2\pi fT) dT$$

$$= \sum_{i \in \text{Cell}} A_i \int_{-T_A/2}^{T_A/2} \exp(-\text{j}2\pi(f_{\text{DD}}TT_i))\exp(-\text{j}2\pi fT)\,\text{d}T$$

$$= \sum_{i \in \text{Cell}} A_i \int_{-T_A/2}^{T_A/2} \exp(-\text{j}2\pi(f_{\text{DD}}T_i + f)T)\,\text{d}T$$

$$= \sum_{i \in \text{Cell}} A_i T_A \text{sinc}\left(\frac{\pi(f_{\text{DD}}T_i + f)}{1/T_A}\right) \tag{3.50}$$

这意味着散射体的频率分量 f 在 $-T_i f_{\text{DD}}$ 处具有峰值,分辨率为 $1/T_A$,相应的几何分辨率可通过乘以 $-v_g/f_{\text{DD}}$ 得到

$$\rho_{\text{Az}} = \frac{v_g}{T_A f_{\text{DD}}} = -\frac{f_{\text{PRF}} v_g}{N_{\text{az}} f_{\text{DD}}} \tag{3.51}$$

数据间距与分辨率相同

$$s_{\text{Az}} = \frac{v_g}{T_A f_{\text{DD}}} = -\frac{f_{\text{PRF}} v_g}{N_{\text{az}} f_{\text{DD}}} \tag{3.52}$$

式中: v_g 是地面速度。同样,雷达脉冲串的方位向长度为

$$L = s_{\text{Az}} N_{\text{az}} = -\frac{f_{\text{PRF}} v_g}{f_{\text{DD}}} \tag{3.53a}$$

式中: L 包含合成孔径长度,有效方位向长度应为

$$L' = -\left(\frac{f_{\text{PRF}}}{f_{\text{DD}}} + \frac{N_{\text{az}}}{f_{\text{PRF}}}\right)v_g \tag{3.53b}$$

表 3-1 对 SPECAN 的分辨率进行了总结。

3.2.8 多普勒参数

3.2.8.1 多普勒频率

距离测量和多普勒频率测量是 SAR 成像和目标定位的关键。本节将介绍多普勒频率测量及其模型。

理论上,多普勒频率可表示为

$$f_D = \frac{2}{\lambda}(\boldsymbol{u}_s - \boldsymbol{\omega} \times \boldsymbol{r}_p) \cdot \frac{(\boldsymbol{r}_p - \boldsymbol{r}_s)}{|\boldsymbol{r}_p - \boldsymbol{r}_s|} \tag{3.54}$$

式中: $\boldsymbol{u}_s$ 是卫星速度矢量; $\boldsymbol{\omega}$ 是地球自转角速度; $\boldsymbol{r}_p$ 是地球上的目标矢量; $\boldsymbol{r}_s$ 是卫星位置矢量;×是矢量积。这些矢量中,速度和位置矢量可能用地心惯性(ECI)坐标表示,叉乘项是因为从 ECI 到地固地心坐标系(ECEF)坐标(以前称为地心旋转坐标,或 ECR 坐标)的转换而产生的,其中坐标轴以地球的平均转速($\boldsymbol{\omega}$)绕地球

南北极旋转。

位置矢量 r_p 可以通过迭代求解下式得到

$$r_p = r \cdot aE_rE_pE_y + r_s \tag{3.55}$$

$$r = \left(\frac{n}{f_{PRF}} + \frac{i}{f_{sample}} + \Delta_{off}\right)\frac{c}{2} \tag{3.56}$$

$$\left(\frac{x_p}{R_a}\right)^2 + \left(\frac{y_p}{R_a}\right)^2 + \left(\frac{z_p}{R_b}\right)^2 = 1 \tag{3.57}$$

式中：E_r、E_p 和 E_y 分别是横滚角、俯仰和偏航的欧拉矩阵（包括转向角）；a 是在天线波束平面中的视线单位矢量；n 是脉冲序号；i 是数据的采样序号；f_{PRF} 是脉冲重复频率；f_{sample} 是 AD 采样率；Δ_{off} 是脉冲前沿与采样窗口开始时间之间的时间差；x_p、y_p 和 z_p 是 r_p 的组成部分；R_a 和 R_b 分别是赤道和极地半径。

横滚、俯仰和偏航（角度）是来自卫星姿态传感器的测量数据。一旦知道了这些值，根据上述方程式就可以确定目标点（图 3-12）。

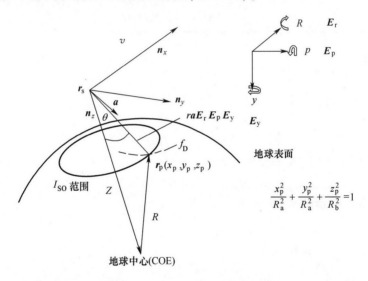

图 3-12 多普勒频率和目标点

然而，它们的精度不足以确定雷达视线矢量所需的精度。在这种情况下，可以使用距离多普勒方法确定目标区域，该方法要求预先确定多普勒频率，可以通过迭代求解等式（3.55）、式（3.56）和式（3.57）得到，其中多普勒中心频率 f_D 在 SAR 成像中是预先确定的。多普勒频率与距离和方位有关。当目标在一个场景中分布不均匀时（即海洋图像中的许多小岛），多普勒频率通常与式（3.54）不同，如 20 世纪 90 年代或 21 世纪初在 JERS-1 甚至 ALOS 中所看到的那样。

3.2.8.2 多普勒频率测量

1) 杂波锁

如果 SAR 观测的是亚马孙雨林或均匀海域,那么原始数据或距离压缩数据的方位向频谱能够展现方位向天线方向图。该方向图是关于多普勒频率的函数,频谱峰值给出了多普勒中心频率或方位波束指向,而多普勒中心频率是 SAR 聚焦成像所需要的重要参数。下面考虑该参数的估计问题。首先,信号的方位傅里叶变换可以写成

$$\int_{-\infty}^{\infty} A(T) \exp\left(\left(-\frac{4\pi r_0}{\lambda} + 2\pi f_D T + \pi f_{DD} T^2\right) j\right) \exp(-j\omega T) dT \quad (3.58)$$

指数中的第一项是一个常数,忽略后可以写成

$$\propto \int_{-\infty}^{\infty} A(T) \exp((2\pi f_D T + \pi f_{DD} T^2 \omega T) j) dT \quad (3.59)$$

因此,信号的傅里叶变换也可表示为

$$= \int_{-\infty}^{\infty} A(T) \exp(\pi f_{DD} T^2 j) \exp(-(\omega - 2\pi f_D) T j) dT$$
$$\propto \overline{A}(\omega - 2\pi f_D) \quad (3.60)$$

$\overline{A}(\ )$ 是前两项 $A(T)\exp(\pi f_{DD}T^2 j)$ 的功率谱,其峰值位置给出了多普勒中心频率的最佳估计 f_D。图 3-13(a) 和 (b) 中的两个示例给出了近距离和远距离的多普勒频率,两处距离相距 50km。细忙线是测量的数据,实线表示它们的移动平均值。两者在方位向上表现出相似性,而相似度随距离的增加而减小。多普勒中心频率可由峰值估计得到,根据经验建模为距离的函数:

$$f_D = a + b \cdot r + c \cdot r^2 + 高阶项 \quad (3.61)$$

式中: a、b 和 c 是常数。图 3-13(c) 和 (d) 比较了两个 SAR:JERS-1 SAR 和 ALOS/PALSAR 的多普勒频率的距离依赖特性。

2) 自适应方法

考虑到随机过程的功率谱和自相关之间的关系,前面的讨论可以推广到更一般的情况(Madsen,1989)。一般地,方位频谱可以写为

$$W(f) = W(f - f_D) \quad (3.62)$$

式中: W 是数据的方位功率谱; f 是频率; f_D 是多普勒中心频率。SAR 信号通常被认为是随机过程,其功率谱和自相关之间存在一个表达式:

$$W(f) = \int R(t) \exp(-2\pi f t j) dt \quad (3.63)$$

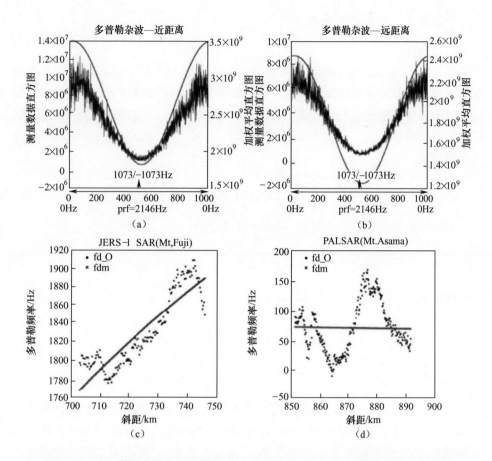

图 3-13 功率谱的多普勒频率依赖性:(a)近距离模式和(b)远距离模式。忙线是测量数据,实线是加权平均值。多普勒中心频率的斜距依赖性:(c)JERS-1 SAR 和 (d)ALOS／PALSAR。fd_O 是观测数据,fdm 是多普勒模型

$$R(t) = \int h(t')h^*(t+t')\,\mathrm{d}t' \tag{3.64}$$

式中:R 是自相关函数;h 是复原始数据。式(3.63)告诉我们

$$R(t) = \exp(2\pi f_{\mathrm{D}}\mathrm{j}) \cdot R_0(t) \tag{3.65}$$

后缀为 0 的自相关为参考,因此有

$$R_0(k) = E\{h_0(k+m)h_0^*(m)\} \tag{3.66}$$

$$\overline{f}_{\mathrm{D}} = \frac{1}{2\pi kT}\arg(\overline{R}_h(k)) \tag{3.67}$$

对于这些理论基础,有两个数据选择和两个数据使用方法,形成 4 种组合。在数据选择方面,可以使用原始数据或距离压缩数据。在数据使用方法方面,可以按

照原样使用数据,也可以选择使用数据的符号,如果实部或虚部大于0.0,则符号为1.0,否则,它将是-1.0。后者就是所谓的符号函数。使用符号函数更适合于估计 f_D ,即使对于内海区域经常观察到的非均匀数据也是如此。此外,通过对解缠多普勒频率 f_D 经验建模,在最小二乘意义下可以更准确地估计多普勒频率,特别是对于 JERS-1/SAR 和 RADARSAT-1 等非偏航导引卫星。

3.2.8.3 多普勒调频率

接下来,我们将得出多普勒调频率及其高阶导数。使用与多普勒估计时相同的坐标系,雷达到目标的视线矢量如下:

$$r = r_p - r_s \tag{3.68}$$

式中:r_p 是到点 p 的目标矢量;r_s 是卫星位置矢量。将距离 r 表示为

$$r_s \equiv |r| \tag{3.69}$$

关于多普勒时间的 n 阶导数可表示如下:

$$f_{nD} = -\frac{2}{\lambda} \frac{d^n}{dt^n} |r| \tag{3.70}$$

我们使用"点"标记来表示下式中的 n 阶导数:

$$\dot{r}_s = \frac{d}{dt}(r \cdot r)^{1/2} = (r \cdot r)^{1/2}(r \cdot \dot{r}) = a_1^{-1/2} \cdot a_2 \tag{3.71}$$

这里定义

$$\begin{aligned} a_1 &\equiv r \cdot r \\ a_2 &\equiv r \cdot \dot{r} \end{aligned} \tag{3.72}$$

同样,二阶和三阶导数,可如下所示:

$$\begin{aligned} \ddot{r}_s &= -a_1^{-3/2} a_2^2 + a_1^{-1/2}(a_3 + a_4) \\ a_3 &= \dot{r} \cdot \dot{r} \\ a_4 &= r \cdot \ddot{r} \\ \dddot{r}_s &= 3a_1^{-5/2} a_2^3 - 3a_1^{-3/2} a_2(a_3 + a_4) + a_1^{-1/2}(3a_5 + a_6) \\ a_5 &= \ddot{r} \cdot \dot{r} \\ a_6 &= r \cdot \dddot{r} \end{aligned} \tag{3.73}$$

应当注意,用"点"表示的导数仅作用在 ECI 中。接下来,我们在 ECEF 中用 r_R 和在 ECI 中用 r_I 表示地球上的同一点,它们之间的联系如下:

$$\begin{aligned} r_R &= A \cdot r_I \\ A &= \begin{pmatrix} \cos\omega t & \sin\omega t & 0 \\ -\sin\omega t & \cos\omega t & 0 \\ 0 & 0 & 1 \end{pmatrix} \end{aligned} \tag{3.74}$$

式中：ω 是地球自转的角速度；t 是两坐标系中的时间差。然后有

$$r_I = A^{-1} \cdot r_R \tag{3.75}$$

对地表固定目标,导数可表示为

$$\dot{r}_I = \dot{A}^{-1} \cdot r_R$$

$$\dot{A}^{-1} = \omega \begin{pmatrix} 0 & -1 & 0 \\ 1 & 0 & 0 \\ 0 & 0 & 0 \end{pmatrix} = \omega E_1 \tag{3.76}$$

令 $t = 0$,以同样的方式,可得到二阶导数

$$\ddot{r}_I = \ddot{A}^{-1} \cdot r_R$$

$$\ddot{A}^{-1} = \omega^2 \begin{pmatrix} -1 & 0 & 0 \\ 0 & -1 & 0 \\ 0 & 0 & 0 \end{pmatrix} = \omega^2 E_2 \tag{3.77}$$

因此,式(3.68)的一阶和二阶导数可以表示如下：

$$\dot{r} = \dot{A}^{-1} \cdot r_{pR} - \dot{r}_{sI} \tag{3.78}$$

$$\ddot{r} = \ddot{r}_{pI} - \ddot{r}_{sI} = \ddot{A}^{-1} \cdot r_{pR} - \ddot{r}_{sI} \tag{3.79}$$

近来的新技术能够提供给定时间的精确状态矢量 x-y-z 和速度,或者如JERS-1一样使用距离和距离变化率测量 r_{pR} 和 $\dot{r}_{sI}$；这样就可以确定式(3.78)。剩下的就是式(3.79)中的 r_{sI} 加速度了。该分量可以通过插值法或高次多项式逼近法对状态矢量进行数值微分得到,但除了以下介绍的方法外,没有人给出准确的加速度。

该方法基于位势函数下的牛顿运动方程。地球位势由 180 阶球函数精确模拟,其中最大的分量是 J_0 和 J_2 项,分别表示地球的总质量和地球的椭圆形分量。位势函数(V)可以表示为

$$V = \frac{GM}{R}\left\{1 + C_2 \frac{R_a^2}{R^2} P_2(\sin\phi)\right\} \tag{3.80}$$

式中：$GM = 398600.5 \text{km}^3 \cdot \text{s}^{-2}$；$R$ 是卫星和地球中心之间的距离；$C_2 = -1.082637032 \times e^{-3}$；$\phi$ 是赤经(纬度)；P_2 是二阶 Legendre 函数。在 x-y-z 坐标系,对势函数进行微分,我们得到(Hagiwara,1982)

$$\ddot{r}_{sI} = -\nabla V = -\frac{GM}{R^3}\begin{pmatrix} x \cdot \left(1 - \frac{3C_2 R_a^2}{2R^2}\left(1 - \frac{5z^2}{R^2}\right)\right) \\ y \cdot \left(1 - \frac{3C_2 R_a^2}{2R^2}\left(1 - \frac{5z^2}{R^2}\right)\right) \\ z \cdot \left(1 - \frac{3C_2 R_a^2}{2R^2}\left(3 - \frac{5z^2}{R^2}\right)\right) \end{pmatrix} \tag{3.81}$$

$$\nabla \equiv \left(\frac{\partial}{\partial x} \quad \frac{\partial}{\partial y} \quad \frac{\partial}{\partial z}\right)$$

这样就可以确定等式(3.79)。这一节的重点是,多普勒线性调频率 f_{DD} 和高阶导数(SAR 聚焦最重要参数)可以由位势函数的高阶导数与测量的状态矢量(位置和速度矢量)精确计算得到。高精度的状态矢量可通过改进 GPS 技术获得,位势函数的理论则在 20 世纪 90 年代末已得到突破。

3.2.8.4 时域和频域迁移

迁移或距离弯曲是时域和频域处理中的一个关键点,它可以表示为在给定多普勒和多普勒调频率下,质点在距离-多普勒或方位-时间平面上的行为。

迁移的微分方程为

$$\ddot{r}_s = -\frac{\lambda}{2} f_{DD} \tag{3.82}$$

我们将其积分两次,得到以下结果:

$$\dot{r}_s = -\frac{\lambda}{2} f_{DD} T + C \tag{3.83}$$
$$r = -\lambda f_{DD} T^2 + CT + D$$

初始条件 $T = 0$,则有

$$\dot{r}_s = -\frac{\lambda}{2} f_D \tag{3.84}$$
$$r = r_0$$

接下来,可以确定未知参数:

$$C = -\frac{\lambda}{2} f_D \tag{3.85}$$
$$D = r_0$$

然后,时域迁移曲线可表示为

$$r = -\lambda f_{DD} T^2 + \frac{\lambda}{2} f_D T + r_0 \tag{3.86}$$

对频域中的迁移曲线分析始于多普勒频率和多普勒线性调频脉冲关系:

$$f = f_{DD} T + f_D \tag{3.87}$$

将式(3.87)插入式(3.86),得到

$$r = -\lambda f_{DD} \left(\frac{f - f_D}{f_{DD}}\right)^2 + \frac{\lambda}{2} f_D \frac{f - f_D}{f_{DD}} + r_0 \tag{3.88}$$

这就是频域中的迁移曲线。这两个表达式可以选择性地用于 SAR 成像。因此,频域中的 SAR 处理可以总结如下:

$$h(r,T) = \int_{-\infty}^{\infty} \left[F(r,\omega) \right]_{M(r,\omega)} \cdot G^*(r,\omega) e^{j\omega T} d\omega$$

(3.89)

$$G(\omega) = \int_{-\infty}^{\infty} g(T) e^{-j\omega T} dT$$

式中: $g(T)$ 是合成孔径期间的相位历史; $[\ ]_{M(r,\omega)}$ 是在 r、ω 坐标处通过插值进行的迁移操作。

3.2.9 SAR 成像总结

我们可以将 SAR 处理总结如下。
(1) 原始数据:

$$S_r(t) = S_t\left(-\frac{4\pi r}{\lambda}\right) A_{att} \exp(-j\delta) \tag{3.90}$$

(2) 距离相关:

$$\begin{aligned} S_{rc}(r_0) &= \frac{1}{\tau} \int_{-\tau/2}^{\tau/2} S_r(t+t') S_t^*(t') dt' \\ &= \mathrm{sinc}\left(\frac{\pi(r'-r_0)}{c/2B_c}\right) \exp\left\{-j\left(\frac{4r'}{c}f_0\pi + \delta\right)\right\} A_{att} \end{aligned} \tag{3.91a}$$

(3) 方位相关:

$$S_{rca}(r_0, x_0) = \mathrm{sinc}\left(\frac{\pi(r-r_0)}{c/2B_c}\right) \mathrm{sinc}\left(\frac{\pi(x-x_0)}{L/2}\right) \exp\left(-\frac{4\pi r}{\lambda}j\right) A_{att} e^{-j\delta}$$

(3.91b)

这意味着,位于 (r,x) 的点目标和位于 (r_0, x_0) 的基准目标得到压缩。综上所述,相关后的 SAR 图像可以以两种方式表示:单个散射点或分布式目标。

3.2.9.1 单个散射点

只有一个散射点(一个目标点):

$$S_{ra}(r_0, x_0) = \tau T_A A(r_i, x_i) \mathrm{sinc}\left(\frac{\pi(r_i - r_0)}{c/2B_c}\right) \mathrm{sinc}\left(\frac{\pi(x_i - x_0)}{L/2}\right) \exp\left(-\frac{4\pi r_i'}{\lambda}j\right) + N$$

(3.92)

式中: r 是 SAR 到散射体的距离; x 是方位角坐标; r_0 是像素中心的距离; x_0 是像

素中心的方位角坐标。

3.2.9.2 分布式目标

对于分布式目标：

$$S_{\text{ra}}(r_0, x_0) = \tau T_A \sum_{i=0}^{N} A(r_i, x_i) \text{sinc}\left(\frac{\pi(r_i - r_0)}{c/2B_c}\right) \text{sinc}\left(\frac{\pi(x_i - x_0)}{L_A/2}\right) \exp\left(-\frac{4\pi r_i}{\lambda}\text{j}\right) + N$$
(3.93)

式中：后缀 i 表示第 i 个散射体。

因此，SAR 图像一个像素由像素内所有散射体的线性叠加组成。成像流程可以概括为图 3-14 中所示的 5 个独立过程。

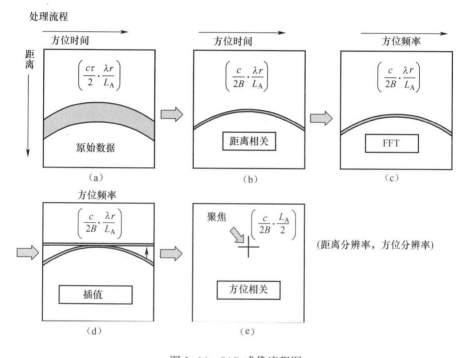

图 3-14 SAR 成像流程图

(a)原始数据；(b)距离相关；(c)方位 FFT；(d)迁移过程；
(e)方位相关（每个步骤的距离和方位分辨率显示在括号中）。

该流程概述的是距离多普勒成像方法，这种方法因为易于理解而被广泛使用。但在大带宽或大多普勒条件下，会产生偏差（波束偏差），并可能导致 SAR 图像散焦。最近已经实现了其他方法，如 CS 或 RMA。分辨率单元中各散射体行为是相似的，像素中包含了该分辨单元内所有散射体的距离信息。图像的相位只与 SAR 到所有散射体的距离向位置有关，而方位向位置只体现在加权函数中。这是 SAR

成像或者 SAR 图像的一个特点。图像的相位可用于 SAR 干涉测量,这将在第 12 章中描述。

同样,图 3-1 显示了仿真点目标数据和真实数据的回波及 SAR 成像结果,真实数据来源有 ALOS/PALSAR 对夏威夷岛的观测。图中,左侧是压缩之前数据,右侧是成像后数据。

表 3-1 总结了通过相关性和 SPECAN 提高分辨率的方法。

式(3.92)和式(3.93)表明,SAR 脉压后幅度增益等于脉冲宽度(τ)乘以合成孔径时间(T_A),功率增益是$(\tau T_A)^2$。噪声与参考函数不相关,但会获得功率增益 τT_A,这将在第 4 章中介绍。

3.2.10 线性调频信号的产生

在本节中,我们介绍线性调频信号的产生。当前,线性调频信号的产生已经非常精确,记录在只读存储器(ROM)上的数字信号可以反复输出并转换成模拟信号,而不会产生任何退化。首先,线性调频信号是用短脉冲激励声表面波滤波器;然后,利用电磁波在不同深度传播速度不同来产生的。低频信号在较深的位置以较慢的速度传播,而高频信号在较浅的位置以较快的速度传播。基于能量守恒,脉冲被转换为具有较低幅度的线性调频信号。经过放大后的线性调频信号,被雷达发射出去,然后 SAR 雷达接收到散射信号,并利用脉冲压缩将其再转化为原始脉冲。图 3-15 给出了线性调频信号产生的原理框图。

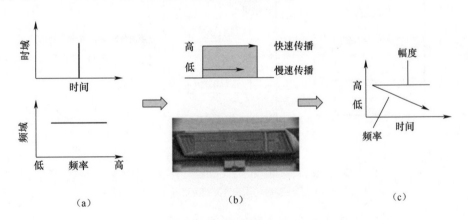

图 3-15 线性调频信号发生器

(a)短脉冲时域表示(上)和频域表示(下);(b)信号被吸收声表面波上,声表面波允许表面上的高频分量以更快的速度传播,而较低分量在深处以较慢的速度传播;
(c)结果是高频成分的输出早,而低频分量输出晚,进而产生线性调频信号。

3.3 合成孔径雷达成像方法

表 3-2 给出机载 SAR 和星载 SAR 成像模式。传感器载体有卫星和飞机两种，包括无人机。大多 SAR 都有条带模式、扫描模式和聚束模式三种成像模式。本书将重点描述前两种，同时对 ScanSAR 工作原理进行简要介绍。

表 3-2　航天器和飞行器的 SAR 成像模式识别

载具	条带	扫描	聚束
卫星	×	×	×
飞行器	×	—	—

3.3.1　条带模式成像

这种成像方法通常用于条带观测数据(图 3-16(a))。根据目标区域的多普勒频率带宽，选择一个或者多个 PRF 参数，利用雷达波束对 50~75km 幅宽区域进行连续照射，然后对原始数据进行二维或二次一维压缩。利用多个 PRF 参数对长条带的无间隙成像方法将在第 11 章中讨论。

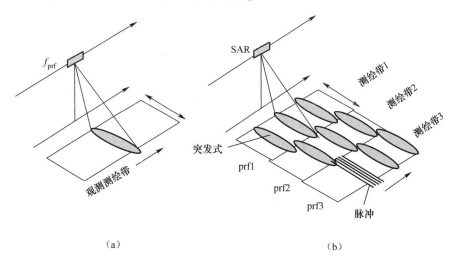

图 3-16　(a)条带 SAR 成像模式和(b)扫描 SAR 成像模式

3.3.2 扫描 SAR 模式成像

ScanSAR 模式在 20 世纪 90 年代得到实验验证,并于 90 年代末在大多数 SAR 中得到实现。该模式之所以可实现,是因为 20 世纪 90 年代以后所有 SAR 都使用了带移相器的天线阵列(如 RADARSAT-1)或有源阵列。这种模式下,天线波束被周期性激活,雷达按照顺序激活每个波束,波束持续时间数百毫秒,然后迅速切换到相邻的波束,最终以牺牲分辨率为代价,扩大测绘带宽。

ScanSAR 在距离向上有好几个波束。每个波束可以连续发射 N 个脉冲,这样一个短时间连续观测称作 Burst。每个波束的工作过程是相同的,但是发射的脉冲数可能不一样,所有波束都激活一遍后,返回到第一个波束。这样一个完整的过程称作一个周期。由于 ScanSAR 数据在合成孔径长度内的脉冲数比条带模式少,因此成像和辐射测量方法有所不同(图 3-16(b))。

ScanSAR 成像包括距离相关、迁移校正和方位相关(Cumming 和 Wong,2005),共有两种方位相关的方法:利用 SPECAN 对每个 Burst 数据成像,或者使用本章前面介绍的方法对多个 Burst 数据进行全孔径成像。与相关处理不同的是,SPECAN 处理包含了 SAR 数据和参考函数的混频以及 FFT 两部分。混频实现目标位置到频率的转换,FFT 把数据转化为图像。处理流程如图 3-17 所示,细节在下一节中讨论。

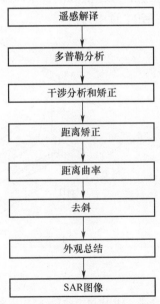

图 3-17　SPECAN SAR 成像流程图

3.3.2.1 距离相关

在距离相关中,有

$$g = f \oplus f_{r,ref} = F_r^{-1}(F_r(f) \cdot F_r(f_{r,ref}) \cdot W_r) \tag{3.94}$$

$$f_{r,ref} = \exp\left\{-2\pi j\left(\frac{k}{2}t^2\right)\right\} \tag{3.95}$$

式中:f 是原始数据;$f_{r,ref}$ 是参考信号;$F_r(f)$ 是距离向的傅里叶变换;W_r 为距离向的窗函数;$\oplus$ 表示相关处理;k 为调频斜率;t 表示快时间;g 为距离相关信号。

3.3.2.2 距离迁移

在距离迁移中,有

$$g'(T) = F^{-1}(F_a(g) \cdot F_a(C) \cdot W_a) \tag{3.96}$$

式中:$F_a(g)$ 是方位向的傅里叶变换;C 是距离多普勒平面的距离弯曲;W_a 是方位向的窗函数;g' 是 T 内的距离弯曲信号。

3.3.2.3 SPECAN

在 SPECAN 中,有

$$g'' = F_a^{-1}\left(\int_{-T_a/2}^{T_a/2} g'(T) \cdot f_{a,ref}^*(T) dT\right) \tag{3.97}$$

$$f_{a,ref} = \exp\left\{-2\pi j\left(\frac{f_{DD}}{2}T^2 + f_D T\right)\right\} \tag{3.98}$$

式中:$f_{a,ref}$ 为方位向参考函数;f_{DD} 为多普勒调频斜率(Hz/s);f_D 为多普勒频率(Hz);T 为方位向时间;g'' 为最终输出。这里,在去斜处理过程中,采用 Chirp-Z 变换代替 FFT 以获得更高的分辨率。ScanSAR 的扇形波束特性应通过多视处理修正。

图 3-18 给出了利用 SPECAN 实现 ScanSAR 成像的原理框图。Burst1 对应一个较大的成像区域 A,图中该区域以实线为边界;Burst2 覆盖区域 B,并沿着运动方向移动,移动量 $-f_{prf}v_g/f_{DD}$;Burst3 对区域 C 执行相同的操作。因此,地表可以被移动的 Burst 图像重复覆盖。右上角的图像显示了 10 个矩形区域的 Burst 图像,每个矩形图像都沿着运动方向移动。对所有 Burst 图像中像素进行配准,形成最终的 ScanSAR 图像,如图 3-18 右下角的图像所示。

这种成像模式有 3 个大问题:扇贝效应、截断噪声和横穿波束的条纹噪声。本书将在第 5 章详细介绍 ScanSAR 成像。

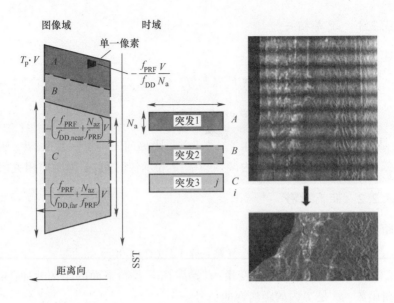

图 3-18　ScanSAR 成像处理原理图（见彩插）

3.3.3　机载 SAR 成像

JAXA 机载 SAR（PI-SAR-L2，在 2012 年替换了 PI-SAR-L）飞行高度为 6000～12000m，采用 L 波段左侧视成像，持续观测时间约为 10min（如果存储容量允许可能有更长的持续时间），其他参数如表 2-3 所列。PI-SAR-L2 典型的成像模式是全极化条带模式，此外，作为补充还有扫描成像和紧凑极化条带模式。由于风速影响，PI-SAR-L2 以及大多数机载 SAR 难以做到沿直线飞行。图 3-19（a）绘出了机载 SAR 观测几何，其中实线和实线覆盖区分别表示实际飞行航迹、机下航迹和观测区；虚线分别表示理想（直线飞行情况）航迹、机下航迹和观测区。这表明，飞机航迹会随着时间波动，但航天器航迹非常稳定，这是它们之间最大的区别。图 3-19（b）显示了 PI-SAR-L 一条真实航迹及其平均直线航迹，真实航迹偏离平均航迹在垂直方向有 300cm，水平方向有 75cm，远大于雷达波长 23.6cm（L 波段）。由于机下航迹是弯曲的，并且载机地速也随时间变化，因此尽管脉冲重复周期恒定，雷达在地平面上的采样并不均匀。之所以还能够正常采集数据，是因为雷达 PRF 设置得比 IFOV 的多普勒带宽高得多，并且满足采样定理，这样通过插值或傅里叶移位方法能够对数据进行重建，达到像理想直线飞行情形一样。

对这种"非均匀采样的 SAR 数据"，有两种成像方法：时域处理方法和频域处理方法。前者处理负担大，后者在距离和方位上进行数据重建。

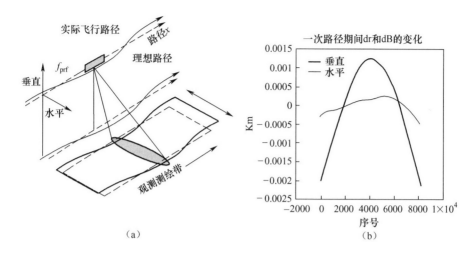

图 3-19 (a)机载 SAR 的观测示意图(实线和实线覆盖区域为实际航迹、机下点航迹与观测区域;虚线和虚线覆盖区域为理想航迹与观测区域);(b)PI-SAR-L 飞行轨迹的垂直和水平波动,其中水平波动是平行于地球表面的波动,垂直波动是天顶方向的波动

3.3.3.1 时域处理

所谓时域处理,可以简单地描述为沿着飞行航迹对所有距离压缩的数据进行积累,如图 3-20 所示。如果目标点用 r_p 表示,脉冲发射 T 时刻 SAR 的位置用 $r_s(T)$ 表示,则回波在 $-2r/c$ s 后被接收。SAR 在图 3-20(a)所示的曲线轨迹上飞行,只要 SAR 天线波束停留在目标上,就可以连续接收来自目标的信号。C_2 是数据平面(距离-时间坐标)中的轨迹,如图 3-20(b)所示。

以 f_{sample} 采样率采集信号。相应的数据接收时间为 T_4,此时距离为

$$r = |r_{s,4} - r_p| \tag{3.99}$$

相应的数据被记录在第 n 个采样点,即

$$n = \left[\frac{2r}{c} f_{sample}\right] \tag{3.100}$$

式中:[ ]表示取整。更准确地说,数据存在于该像素中 Δi 位置处:

$$\Delta i = \frac{2r f_{sample}}{c} - n \tag{3.101}$$

因此,对分数时间 Δi 处的采样数据,可以通过 CC、sinc 或 FFT 方法插值得到,或者通过简单的相位筛选得到。下面我们介绍 FFT 插值方法。设 $f(t)$ 代表距离压缩后数据,$F(\cdot)$ 为 FFT,$F^{-1}(\cdot)$ 为逆 FFT,根据频谱移动定理,能够得到 Δi 分数坐标处数据的恰当估计:

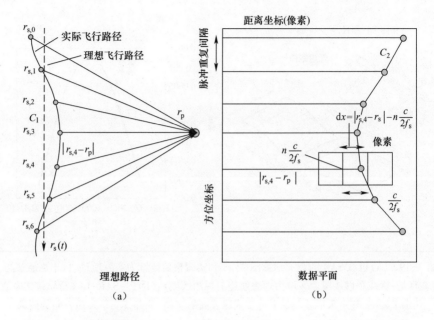

图 3-20 时域相关概念。(a)机载 SAR 从上到下飞行,从左侧以恒定的脉冲重复频率发射脉冲观测目标。相应的方位距离平面如(b)所示

$$f(i - \Delta i) = F^{-1}\{e^{j\omega\Delta i}F(f(i))\} \tag{3.102}$$

然后,方位相关可以表示为

$$P_{i,j} = \sum_{k=0}^{N-1} f(r_k) e^{\frac{4\pi r_k}{\lambda}} \tag{3.103}$$

式中:N 代表合成孔径采样数。通过这种方式对所有的像素进行相关处理需要很大的计算量。当轨道信息准确时,这种方法可以生成高质量的 SAR 图像。

3.3.3.2 频域处理

在频域中处理可以更加高效。在预先完成距离相关后,数据可以两种方式进行重建,如同 SAR 以恒定速度在直线上飞行一样,进而可以应用距离-多普勒类成像算法,相应的处理流程如下(图3-21)。

(1) 理想轨道准备。确定一个理想的飞行通道,该通道高度为 h,呈曲线状,平行于地球椭球面,或确定一条连接实际飞行通道入口和出口的直线。两者均以最小二乘法确定(图 3-19(a)中 x 线为理想路径)。

(2) 距离重排。针对每一个脉冲,计算目标与实际轨道、理想轨道之间的距离,插值 Δr 表示插值:

$$\Delta r_{i,j} = |r_{s,j} - r_{i,j}| - |\overline{r}_{s,j} - r_{i,j}| \tag{3.104}$$

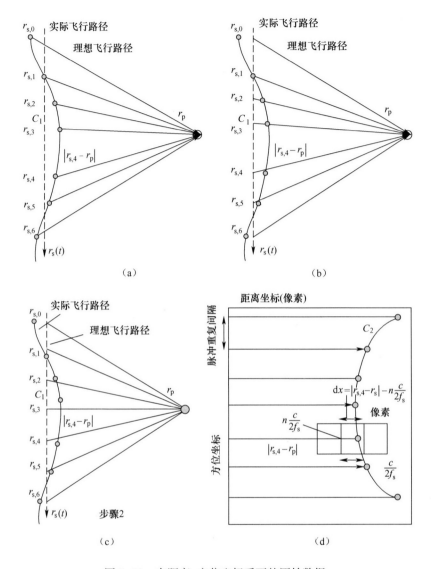

图 3-21 在距离-方位坐标系下的原始数据

(a)原始数据状态；(b)根据平均轨道和实际轨道的距离差,在距离向对数据重排(平移和旋转)；
(c)数据方位重排,重排后如同恒定地速；(d)重建数据,此时重建同星载 SAR 一样。

式中：$\bar{r}_{s,j}$ 是理想的路径。然后利用插值或者 FFT 对数据进重采样。使用以下 FFT 方法对数据进行移位：

$$f(i - \Delta i) = F^{-1}\{e^{j\omega\Delta i} \cdot F(f(i))\}$$
$$\Delta i = 2\Delta r_{i,j} f_s \quad (3.105)$$

式中:i 是序号;Δi 是移位小数(实数);$F(\cdot)$ 是 FFT。对雷达视线上的所有像素,即当前脉冲所有接收数据,都需要计算式(3.104)。

(3) 方位排列。将上述数据按方位向重新排列,使地表均匀采样。通过求解非线性方程,得到等间距方位采样点与实际采样点之间的关系:

$$\frac{L}{N}i = \sum_{j=0}^{i-1} \hat{\boldsymbol{v}}_I \cdot \boldsymbol{v}(j) \tag{3.106}$$

$$L = \sum_{j=0}^{N-1} \hat{\boldsymbol{v}}_I \cdot \boldsymbol{v}(j) \tag{3.107}$$

式中:L 是地面理想轨迹长度;N 是采样脉冲数;$\boldsymbol{v}(j)$ 是在脉冲发射时刻的速度矢量;$\hat{\boldsymbol{v}}_I$ 是理想单位速度矢量。方位重新排列也使用插值或 FFT 变换。详细过程如图 3-22 所示。这种重新排列数据的操作称为运动补偿。

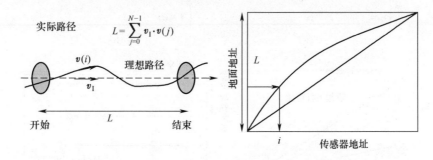

图 3-22 方位运动补偿修正系数。左图显示了投射在地表的轨迹总长度,右图显示了给定的地表点(均匀分布)与方位采样或者脉冲序号之间的映射关系

方位压缩采用在条带模式成像中引入的方法,其中多普勒调频斜率为

$$f_{DD} = -\frac{2}{\lambda} \frac{\overline{v}^2}{r} \tag{3.108}$$

图 3-23 给出了对 2016 年 8 月 26 日 X 波段 SAR 观测到的日本宫城县内陆地区数据的三个处理实例,如(a)中所示的时域处理、(b)中的带运动补偿的频域处理以及(c)中无运动补偿的频域处理。图 3-24 给出了(a)中飞行轨迹相应的 dr/dB 变化和(b)中星下轨迹的变化曲线,其中总飞行距离为 1.6km。该图像是在相对稳定的条件下获得的,其中方位最大像素错位为 4 个像素,dr/dB 偏差为 ±30~50cm 的偏差。

3.3.3.3 机载 SAR 和综合导航系统

为了完全重建机载 SAR 数据,必须有高精度的状态矢量。GPS 数据可提供精确的状态矢量,但更新频率太低,无法满足数据插值的实时性需求。为此,要使用

图 3-23 (a)时域处理、(b)有运动补偿的频域处理和(c)无运动补偿的频域处理

综合了可进行位置和速度测量的 GPS、三轴加速度计和陀螺仪的集成导航系统(INS),以 PRF 频率精确生成状态矢量。图 3-25 显示了在 Pi-SAR-L1 上运用的 INS 系统的框图,其中 INS 由利顿航空产品公司(加利福尼亚州伍德兰山)于 1989 年制造。

由于加速度计敏感于图 3-25 所示的三轴运动,我们得到决定惯导输出的运动方程:

$$A_2(t) = M_2^{-1}(A_m - N \cdot M_0 \cdot g_0 + a) + \omega \times v_{\mathrm{ECR}} \quad (3.109)$$

$$M_2^{-1} = M_\lambda^{-1} \cdot M_\varphi^{-1} \cdot M_\chi^{-1} \cdot M_\mathrm{r}^{-1} \cdot M_\mathrm{p}^{-1} \cdot M_\mathrm{y}^{-1} \quad (3.110)$$

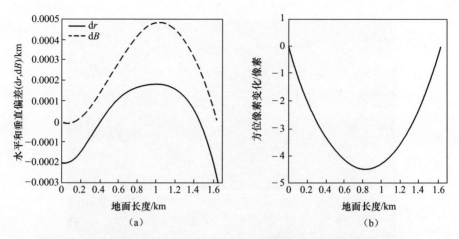

图 3-24 （a）轨道的垂直和水平偏差和（b）用于线性化方位数据的重建因子

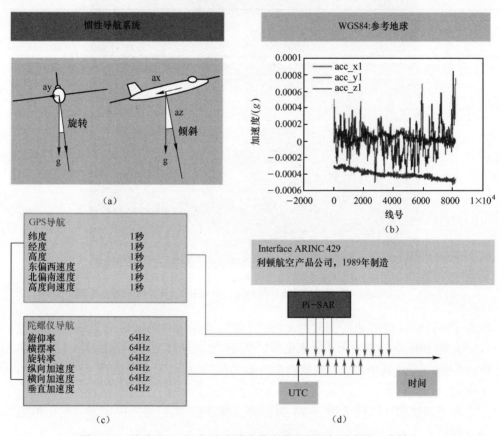

图 3-25 湾流Ⅱ（GⅡ）加速度计安装在带有样品加速度的三个轴上。
结合 GPS 系统和 INS 系统的惯性测量单元（IMU）的时序框图
（a）安装在飞机上的三个加速度计可以检测与俯仰和横滚有关的重力；（b）原始加速度；
（c）使用时间（即协调世界时（UTC））连接 GPS、INS 和 SAR 数据。（见彩插）

$$\overline{v}(t) = \int_0^t A_2(t') \mathrm{d}t' + v_0 + b \qquad (3.111)$$

$$\overline{r}(t) = \int_0^t \overline{v}(t') \mathrm{d}t' + r_0 + c \qquad (3.112)$$

式中：A_m 为加速度；N 为法矢量；M_0 为与入射角相关的矩阵；g_0 为重力矢量；M_λ、M_φ、M_χ、M_r、M_p、M_y 分别为顺时针方向测量的经度旋转矩阵、纬度旋转矩阵、方位旋转矩阵、横摇、俯仰和偏航旋转；$\overline{v}(t')$ 为平均速度；$\overline{r}(t)$ 为位置估计；a、b 和 c 分别表示加速度、速度和位置的未知偏移量。通过最小化 GPS 和模型之间的速度、位置残差，可以估计出三个未知数。

这个可以泰勒展开为

$$E(a,b,c) = \sum \{r_i - r(t|a,b,c)\}^2 + \{V_i - V(t|a,b)\}^2 \to \min \qquad (3.113)$$

该式可通过迭代求解。部分结果显示在图 3-26 中，即

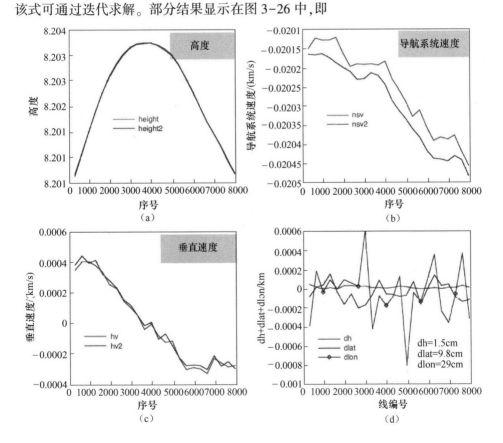

图 3-26 重新生成模型值和 GPS 测量值的比较（见彩插）
(a) 高度；(b) 导航系统速度；(c) z 速度；(d) 位置总误差。

$$M_{i,j} \cdot \Delta a_j = N_i \qquad (3.114)$$

$$\begin{cases} M_{i,j} = \dfrac{\partial^2 E}{\partial a_i \partial a_j} = 2 \displaystyle\sum_{l=1,3, i=1,9, j=1,9} \left(\dfrac{\partial \overline{r}_l}{\partial a_i} \cdot \dfrac{\partial \overline{r}_l}{\partial a_j} + \dfrac{\partial v_l}{\partial a_i} \cdot \dfrac{\partial v_l}{\partial a_j} \right) \\ N_i = \dfrac{\partial E}{\partial a_i} = -2 \displaystyle\sum_{l=1,3, i=1,9} \left\{ (r_l - \overline{r}_l) \dfrac{\partial \overline{r}_l}{\partial a_i} + (v_l - \overline{v}_l) \dfrac{\partial \overline{v}_l}{\partial a_i} \right\} \end{cases} \qquad (3.115)$$

3.4 合成孔径雷达几何和坐标系

3.4.1 轨道表示

地球上(和空间)所有物体的状态矢量(位置和速度)都在国际地球参考框架(ITRF)中描述,该框架是统一的时空坐标系,最初建立于1992年,并于2014年更新(http://itrf.ensg.ign.fr)。这个框架提供了以下信息。

时间坐标采用GPS时间坐标,也就是国际原子时(TAI),并与世界统一时间坐标(即UTC)协调闰秒。SAR数据中的时间码是由GPS周和GPS秒表示的,并被转换为UTC坐标。GPS时间被记录在SAR遥测数据中。

在空间坐标方面,ITRF由太阳坐标、ECI坐标和ECEF坐标组成,考虑了地球的旋转、进动和章动。特别地,卫星运动由ECEF坐标表示。2002年,日本大地测量系统采用世界大地测量系统代替东京基准。在此之前,卫星状态矢量由ECEF和ECI坐标组成。卫星运动用ECI坐标系描述,并由ECR坐标转换。卫星状态矢量由6个分量和时间表示,总结如下。

(1) 20世纪90年代。(x,y,z,v_x,v_y,v_z,t):x、y、z 在ECEF中;v_x、v_y、v_z 在ECI中;t 在UTC中。每1min生成一张图像,每张图像包含28个元素,使用Hermite插值可无误差表达为

$$v_{ECR} = v_{ECI} + \omega \times r_s \qquad (3.116)$$

这是ECEF和ECI对速度的换算公式。用于位置和速度的其他坐标系还不清楚。

(2) 21世纪初。卫星位置完全取决于ITRF,其所有元素都用ECR表示,时间坐标与GPS卫星同步并转换为UTC时间,ALOS和ALOS-2都是这样做的。UAVSAR和PI-SAR-L1/L2使用实时动态(RTK)定位和精确的状态矢量(图3-27)。

3.4.2 合成孔径雷达坐标系

SAR坐标系基于以下前提。

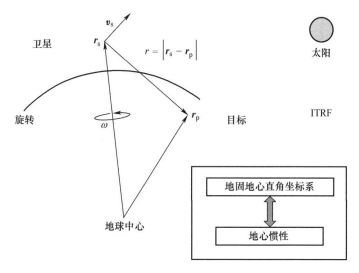

图 3-27 多普勒相关值的计算(见彩插)

（1）合成孔径雷达沿着一个近似圆形的轨道绕地球赤道飞行。

（2）地球表面由地球椭球体(即大地参考系 1980 或 GRS80)表示,SAR 图像是在该椭球体上的投影。

（3）地球表面由地形、大地水准面和地球椭球面综合建模。

（4）为了使卫星移动方向的左右两侧的 SAR 图像都能够被处理（图 3-28），本书中距离向定义为 x 正方向,方位向为 y 方向。下面开始讨论 SAR 坐标系。

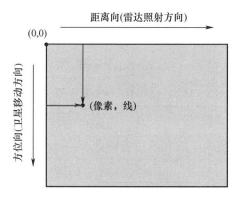

图 3-28 合成孔径雷达坐标系

3.4.2.1 轨道坐标系

在轨道坐标系中：

(1) z 轴,指向地球赤道的轨道数据(Z)的$-z$方向;
(2) x' 轴,ECI 中的 vx 方向;
(3) y 轴,由 $z-x'$ 确定的右手系方向;
(4) x 轴,由 $z-y$ 确定的右手系方向。

因为 $R-P$ 很小,利用泰勒展开,最终 $x-y-z$ 坐标相当于 $R-P-Y$ 坐标的欧拉旋转。赤道上空的偏航角将在±4°以内,极地地区的偏航角将在0°以内:

$$\begin{aligned} \boldsymbol{n}_z &= -\frac{z}{|z|} \\ \boldsymbol{n}'_x &= -\frac{\boldsymbol{v}}{|\boldsymbol{v}|} \\ \boldsymbol{n}_y &= \boldsymbol{n}_z \times \boldsymbol{n}'_x \\ \boldsymbol{n}_x &= \boldsymbol{n}_y \times \boldsymbol{n}_z \end{aligned} \tag{3.117}$$

式中:$\boldsymbol{n}_x$、$\boldsymbol{n}_y$、$\boldsymbol{n}_z$ 和 $\boldsymbol{n}_x'$ 是单位矢量。接下来,每个轴的欧拉旋转可表示为

$$\boldsymbol{n}'_b = \boldsymbol{M}_Y \boldsymbol{M}_P \boldsymbol{M}_R \cdot \boldsymbol{n}_b$$

$$\boldsymbol{M}_R = \begin{pmatrix} 1 & 0 & 0 \\ 0 & \cos R & \sin R \\ 0 & -\sin R & \cos R \end{pmatrix}$$

$$\boldsymbol{M}_P = \begin{pmatrix} \cos P & 0 & \sin P \\ 0 & 1 & 0 \\ -\sin P & 0 & \cos P \end{pmatrix} \tag{3.118}$$

$$\boldsymbol{M}_Y = \begin{pmatrix} \cos Y & -\sin Y & 0 \\ \sin Y & \cos Y & 0 \\ 0 & 0 & 1 \end{pmatrix}$$

式中:$\boldsymbol{n}_b$、$\boldsymbol{n}'_b$ 是在欧拉旋转之前和欧拉旋转之后的视线矢量;R、P 和 Y 分别是滚动角、俯仰角和偏航角。

3.4.2.2 地表

地球椭球体 GRS80 可以用以下模型表示:

$$\frac{x^2}{R_a^2} + \frac{y^2}{R_a^2} + \frac{z^2}{R_b^2} = 1 \tag{3.119}$$

式中:$R_a = 6378.137 \text{km}$;$R_b = 6356.7523141 \text{km}$;扁率 $(R_a - R_b)/R_a = 1/298.257222101$。

3.5 归一化雷达截面及其他表达式

SAR 测量目标的雷达后向散射系数,即归一化雷达横截面或 NRCS(3.120)(Ruck 等,1970;乌拉比等,1982)。假定电磁波从 ϕ_i、θ_i 方向入射到面积为 A 的区域上(图3-29),那么,雷达后向散射系数可以理解为目标在 ϕ_s 和 θ_s 方向上单位立体角内的散射能量与均匀散射时单位立体角散射能量的比值:

$$\mathrm{NRCS}(\phi_s,\theta_s;\phi_i,\theta_i) = \frac{R^2\langle|E_s(\phi_s,\theta_s)|^2\rangle}{\frac{\langle|E_i(\phi_i,\theta_i)|^2\rangle}{4\pi}A} \tag{3.120}$$

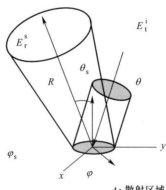

A:散射区域

图 3-29 归一化雷达横截面的定义(来波从右上方入射,然后散射回右上方向)

式中:E_s 为距离目标 R 处的散射电场;E_i 为目标的入射电场;$\theta_i(\theta_s)$ 为入射波(散射波)的入射角;$\phi_i(\phi_s)$ 为入射波(散射波)的方位角。这和天线方向图定义类似,天线辐射的方向敏感度是用均匀辐射条件下的能量作的归一化。尽管不同的目标情况不同,但一般来说前向散射($\phi_i = \phi_s + \pi, \theta_i = \theta_s$)的强度最大,而后向散射并不是最大的(图 3-30)。

亚马逊雨林可以被认为是一个完全分布的目标,因而,散射方向性与入射角无关。理论上,后向散射系数可以通过如下方式计算,即认为所有入射能量在半球内均匀散射,除非发生吸收,相应的归一化雷达截面可以表示为

$$\mathrm{NRCS}_{\mathrm{forest}} = 10\lg\frac{1}{2\pi} = -7.9\mathrm{dB} \tag{3.121}$$

式中:2π 是半球对应的立体角。起初,亚马逊森林的 NRC 实测值与理论值相当。然而,更详细的分析表明实测值要更大一些,这意味着均匀散射可能只在比半球小

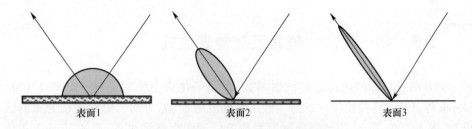

图 3-30　不同粗糙度目标散射特性

的立体角内发生。

NRCS 有多种表示方式,如后向散射系数和 σ^0。除此之外,还有两个关于 $A\cos\theta$ 和 $A\sin\theta$ 而不是 A 的表达式。如图 3-31 所示,这取决于这个散射面是平行于地表、垂直于入射波方向、还是平行于入射波方向。两个表达式为

$$\gamma^0 = \frac{\sigma^0}{\cos\theta} \quad (3.122)$$

$$\beta^0 = \frac{\sigma^0}{\sin\theta} \quad (3.123)$$

在森林监测中,最好使用 γ^0,这样可以把地形调制予以校正。

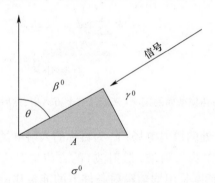

图 3-31　3 个后向散射系数对应坐标

3.6　后向散射系数和相干斑噪声的分布函数

一般情况下,SAR 的带宽小于 85MHz,天线长度不大于 10m,像素尺寸为几米,像素内散射体数达到几百个以上。这种条件下,每个像素的分布式目标可近似表示为

$$x = \sum_{i=0}^{N-1} \text{sinc}(r_i - r_0) \cdot A_i \exp(\phi_i \cdot j) \quad (3.124)$$

$$\phi_i = -4\pi r_i / \lambda \quad (3.125)$$

式中：r_i 是卫星与第 i 个散射体之间的距离；r_0 是到像素中心的距离；A_i 是第 i 个散射体的振幅；ϕ_i 是其相位。因为每个散射体距离的分布是随机的，所以 ϕ_i 服从均匀分布。虽然有一些分布函数，如二项分布、泊松分布、正态分布、威布尔分布和瑞利分布等，但是当 N 很大时，忽略式(3.124)中 sinc 函数的影响，可认为 x 服从复高斯分布：

$$p(x,y) = \frac{1}{2\pi\sigma^2} \exp\left(-\frac{x^2 + y^2}{2\sigma^2}\right) \quad (3.126)$$

式中：x 和 y 是 x 的余弦与正弦分量；σ 是标准差。由该分布函数可转化得到幅度和相位的分布，如下所示：

$$p(A,\phi) = \frac{A}{2\pi\sigma^2} \exp\left(-\frac{A^2}{2\sigma^2}\right)$$

$$p(A) = \begin{cases} \frac{A}{2\pi\sigma^2} \exp\left(-\frac{A^2}{2\sigma^2}\right), & A \geq 0 \\ 0, & A < 0 \end{cases} \quad (3.127)$$

$$p(\phi) = \frac{1}{2\pi}$$

此外，如果我们计算功率的分布，则可以得到以下指数分布函数：

$$p(p) = \frac{1}{\bar{p}} \exp\left(-\frac{p}{\bar{p}}\right) \quad (3.128)$$

这里我们用 $\bar{p}$ 表示平均功率。这表明单视复数据(SLC)的幅度服从瑞利分布，相位服从均匀分布。一幅合成孔径雷达图像，尤其是 SLC 或更低视数图像，由于幅度分布的原因，常常看起来有很多噪声，称为相干斑噪声。为了提高解译精度，有时需要减小或消除相干斑噪声。

为了降低相干斑噪声，通常会进行多视求和。现在已有许多自适应相干斑滤波器。但是，这里我们考虑简单的平均滤波器(box car 滤波器)。两个变量之和的交叉分布函数可计算如下(Papoulis,1977;Ulaby 等,1982)：

$$z = x_1 + x_2$$

$$p(z) = \int_{-\infty}^{\infty} p(x_1) p(z - x_1) \mathrm{d}x_1 \quad (3.129)$$

$$p(x) = \frac{1}{u} \exp\left(-\frac{x}{u}\right)$$

式中：x_1 和 x_2 是独立同分布变量；z 是它们的和；u 是平均值。因此，双视后的分布函数可表示为

$$p(z) = \frac{2^2 \cdot z}{\overline{z}^2} e^{-2\frac{z}{\overline{z}}} \qquad (3.130)$$

我们可以这样不断计算直到总的视数达到 N。N 视图像的强度服从以下分布：

$$p(z_N) = \frac{N^N \cdot z_N^{N-1}}{(N-1)! \cdot \overline{z_N}^N} e^{-2\frac{z_N}{\overline{z_N}}} \qquad (3.131)$$

式中：$\overline{z_N}$ 是 N 视图像强度的平均值，即 N 乘以复单视像素功率（$\overline{z_N} = N \cdot \overline{z_1}$）。图像像素幅度方差与均值平方之比为

$$RA = \frac{\overline{x^2}}{\overline{x}^2} = \frac{N+1}{N} \qquad (3.132)$$

式(3.131)是自由度为 $2N$ 的卡方分布函数，由中心极限定理可知，N 较大时，其逼近正态分布。图 3-32 给出了关于 SIR-B L 波段实测数据的实例，其中三视和四视图像与真实的 SAR 数据基本一致。

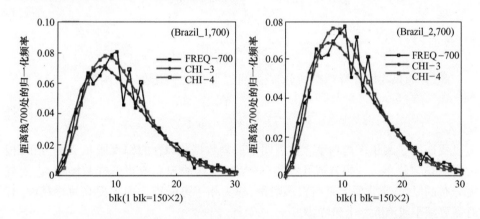

图 3-32 亚马逊地区 SAR-B 数据的柱状图（FREQ-700 是第 700 行的测量直方图，CHI-3 是三视相加的卡方分布，CHI-4 是四视相加的卡方分布）

像素强度分布的概率密度函数依赖于像素中的散射体数量。即便对于一个均匀目标，假定像素内包含大量具有相同散射幅度的随机分布散射体，像素强度分布也和相干斑一样。散射体的数量取决于目标的特性和 SAR 的分辨率。如果像素由一个强散射体和若干弱散射体构成，像素强度分布式可能并不随机，此时散射特性只依赖于强散射体。高分辨率使得像素内散射体的数量减少，对应的分布式函数不再是正太分布，而是韦布尔分布或者二项分布。接收机热噪声和 SAR 信号不

相关,但是其能量也混合在 SAR 图像中。热噪声被理解为如下的小颗粒的布朗运动:

$$n = A_N \exp(\phi_N \cdot j) \quad (3.133)$$

式中:ϕ_N 服从均匀分布;A_N 服从瑞利分布。多视数据具有类似于式(3.131)的函数形式。当热噪声弱于目标的 SAR 图像时,可以忽略不计。热噪声的分布与相干斑类似。

3.7 提高 SAR 图像质量的一些技术

ALOS-2/PALSAR-2 是第三代 JAXA 合成孔径雷达,其能够实现宽条带和低模糊度的高分辨成像。其中主要有两个改进:双接收系统和方位相位编码。

3.7.1 双接收系统

高分辨率成像可以通过大带宽和相应的 AD 采样率来实现。采样定理是为了保证信号性质不被改变从而 SAR 数据可以无损重建。带宽为 B 的信号至少需要以 $2B$ 采样率采样。方位分辨率理论上是方位天线长度的½,PRF 应大于相应的多普勒带宽。在 ALOS/PALSAR 时代,天线分时用于收发,这种做法是比较有利的。高分辨率是近年 SAR 系统发展的重要目标。通过增加雷达信号带宽就可容易提升距离高分辨。但是方位高分辨率却并不容易,由于更大的多普勒带宽需要更高的 PRF,会导致成像幅宽变窄。为了解决这一难题,双接收系统(DRS)(见第2章)诞生了。

DRS 是 Papoulis 提出的广义多重采样的一种应用,但 Papoulis 没有给出实现算法。Brown(1981)是第一个给出具体实现算法的人,Krieger 等(2004)对其修改并用在卫星上。DRS 也被用在 Radarsat-2、Terrasar-X 和 Cosmo SkyMed 上。

在该系统中,每个通道接收一半带宽的回波信号,信号"欠采样",处理后的图像存在严重模糊。但是,由于每个通道的方位角略有分离,算法通过组合两个通道的数据来重建"全采样"数据。

图 3-33 给出了信号重构的原理。两个接收机的传输函数分别是 H_1 和 H_2,并按照采样间隔 T 对原始信号 $x(T)$ 进行采样,采样数据通过两个重构滤波器(p_1 和 p_2)处理,最后对处理结果相加得到完全采样信号 $x_a(T)$。信号重构在频域表示为

$$H(\omega) \cdot Y(\omega) = R(\omega) \quad (3.134)$$

式中:H 是两个接收机的传输函数;Y 是双接收机的响应函数;R 是条件。这些都是复变量。z_1 和 z_2 都是欠采样的,x_a 是重建并采样的。滤波器核心如下:

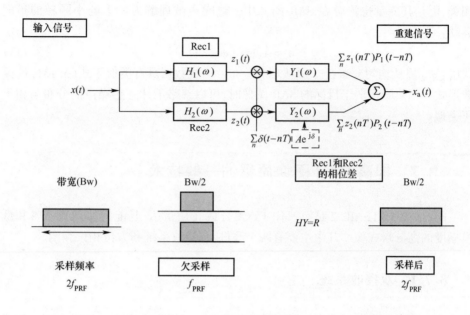

图 3-33 信号重构结构图

$$Y_1(f) = \begin{cases} \dfrac{e^{\frac{j\pi\Delta x_1^2}{2\lambda r_0}+\frac{j\pi\Delta x_1 f}{v}}}{1-e^{\frac{j\pi PRF(\Delta x_2-\Delta x_1)}{v}}}, & -PRF<f<0 \\ \dfrac{e^{\frac{j\pi\Delta x_1^2}{2\lambda r_0}+\frac{j\pi\Delta x_1 f}{v}}}{1-e^{\frac{j\pi PRF(\Delta x_1-\Delta x_2)}{v}}}, & 0<f<PRF \end{cases} \quad Y_2(f) = \begin{cases} \dfrac{e^{\frac{j\pi\Delta x_2^2}{2\lambda r_0}+\frac{j\pi\Delta x_2 f}{v}}}{1-e^{\frac{j\pi PRF(\Delta x_1-\Delta x_2)}{v}}}, & -PRF<f<0 \\ \dfrac{e^{\frac{j\pi\Delta x_2^2}{2\lambda r_0}+\frac{j\pi\Delta x_2 f}{v}}}{1-e^{\frac{j\pi PRF(\Delta x_2-\Delta x_1)}{v}}}, & 0<f<PRF \end{cases}$$

(3.135)

式中：Δx_1 和 Δx_2 是天线 1 与天线 2 在方位向上的相对位置；v 是卫星速度；PRF 是单接收机的脉冲重复频率。

下面讨论 PALSAR-2，其在大多数模式下都采用 DRS。整个重建过程包含如下几个步骤：①利用 chirp 信号进行原始数据距离压缩；②在方位向，每隔一个脉冲补一个零，然后按照全多普勒带宽进行方位 FFT；③乘以重建滤波器；④方位 IFFT。然后，方位向"全采样"数据就在时域中创建了。R-D 算法将距离迁移过程嵌入到步骤③之后。额外的处理成本并不是什么问题。

这两个接收机彼此存在差异，需要进行相位和幅度校准；两个接收机的输出幅度被均衡；相位定标是在近海地区选择强目标，通过使该目标成像方位模糊度最小而获得最佳补偿相位的估计。图 3-34 给出了 PALSAR-2 对北海道的成像结果，信号带宽 42MHz，双极化成像（实线表示 HH，虚线表示虚线 HV）。当补偿相位为

−135.0°(HH 通道)和 95.0°(HV 通道)时,成像模糊度达到最小。图中右侧是未校准的图像,从中可以看到其中油藏图像出现方位模糊,而左侧图像对这一模糊进行抑制。图 3-35 给出了利用 PALSAR-2 超精细成像模式获取的伊豆-大岛火山图像。左侧图像未经校准,出现严重模糊,右侧图像为校准后图像。从中我们再次证实了校准和 DRS 的有效性。

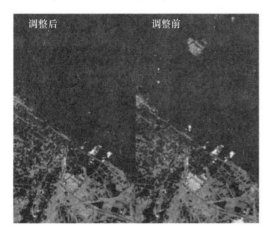
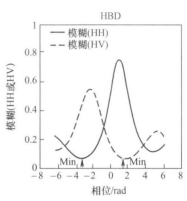

图 3-34 高灵敏度双(HBD)模式的相位校准

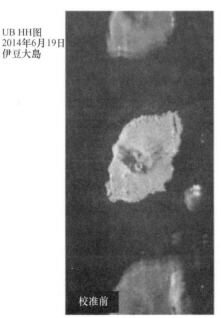
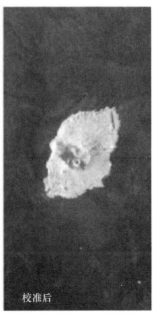

图 3-35 双接收机系统的改进

3.7.2 方位相位编码降低距离模糊度

星载SAR相邻脉冲的天线波束照射到邻近区域后散射回来的信号对当前脉冲信号造成污染,形成了距离模糊(RA)。距离模糊本质上取决于合成孔径雷达距离向天线方向图。大多数SAR由平面阵列天线组成,PALSAR拥有sinc状天线俯仰方向图,覆盖70km条带。线性调频信号距离压缩后不够尖锐,不足以完全抑制距离模糊。图3-36描述了第 n 个波束如何受到 $n-1$ 个和 $n+1$ 个波束的污染,它们的距离相关功率可以由下式给出

$$F_R(t) = \sum_{k=-1}^{1} G_R\left(t - \frac{n}{f_{PRF}} - \frac{i}{f_{sample}}\right) f_R\left(t - \frac{n}{f_{PRF}} - \frac{i}{f_{sample}}\right) \oplus f_R^*(t') \\ \approx \sum_{k=-1}^{1} G_R\left(t - \frac{n}{f_{PRF}} - \frac{i}{f_{sample}}\right) \tag{3.136}$$

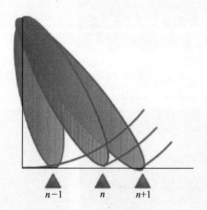

图3-36 3个相邻脉冲的位置

第一项是期望波束,第二项和第三项不是期望的波束。如果定义 h 为卫星高度,n 为延迟脉冲的数目,那么,3个连续脉冲的离底角(off-nadir angle)分别为

$$\theta_{off+k} = \arccos\left(\frac{(R+h)^2 + \left(r_s + k\frac{c}{2f_{PRF}}\right)^2 - R^2}{2\left(r_s + k\frac{c}{2f_{PRF}}\right) - (R+h)}\right) \tag{3.137}$$

$$r_s = \frac{c}{2}\left(i + \frac{n}{f_{PRF}} + \Delta t_{off}\right)$$

式中:$k = -1, 0, 1$。代入 $h = 628 \text{km}$,$f_{PRF} = 2000 \text{Hz}$,主波束中像素的离底角与前后一个脉冲的离底角相差近似为5°。虽然大部分天线波束宽度为5°,但较大的信号

分量仍可能泄漏到主波束,这取决于像素的位置。

通过交替改变调频信号的调频方向,向上调频和向下调频,并且采用 $0-\pi$ 的随机相位偏移,可以显著改变组合中不同脉冲的距离压缩处理增益,进而降低距离模糊。这种方法例子有 4 种组合。下面是使用适当的 chirp 信号进行距离压缩后的表达式:

$$F_R(t,m) = \sum_{k=-1}^{1} G_R\left(t - \frac{n+k}{f_{PRF}} - \frac{i}{f_{sample}}\right) f_{R,m+k}\left(t - \frac{n+k}{f_{PRF}} - \frac{i}{f_{sample}}\right) \oplus f_{R,m}^*(t')$$
$$\approx G_R\left(t - \frac{n}{f_{PRF}} - \frac{i}{f_{sample}}\right) \tag{3.138}$$

式中:f_{R1}、f_{R2} 和 f_{R3} 是散射信号,分别对应目标脉冲、前一个脉冲和后一个脉冲的传输序列。

让我们看一下图像示例。图 3-37(a)给出了距离模糊 PLASAR 图像,特别是远距离端,图像对应日本千叶县长西半岛的沿海地区。PLASAR 仅使用向下调频信号,天线俯仰波束宽度为 5°。几个垂直的短线就是距离模糊。图 3-37(b)所示的俄罗斯堪察加半岛图像在该半岛附近存在严重模糊,模糊图像距离该半岛只有一个脉冲对应距离。

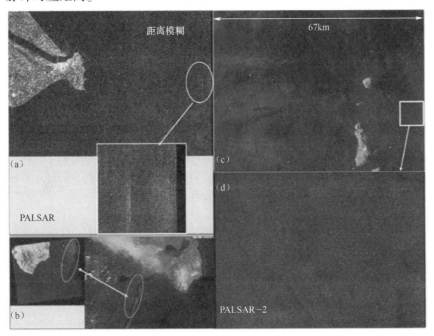

图 3-37 PALSAR 和 PALSAR-2 海岸区域图像
(a)具有距离模糊的 PALSAR 远距图像;(b)俄罗斯堪察加半岛的 PALSAR 严重模糊图像;
(c)日本东京新岛的 PALSAR-2 全幅图像;(d)无模糊远距放大图像。

PALSAR-2 采用方位向相位编码(APC)方法,交替发射上下调频信号,并对发射信号进行 0-π 随机相位偏移;适当提取强 chirp 信息,完全抑制了模糊,如图 3-37(c)和(d)所示,从而验证了 APC 的有效性。

3.7.3 饱和校正

SAR 数据存在一定饱和,随着时间的推移和技术革命,数据的相位和幅度特性已尽可能被保持下来,饱和比例有所下降。饱和度校正可以简单地在处理过程中实现。该方法将在第 4 章中描述。

3.8 SAR 图像质量

SAR 成像质量存在一些问题,表现为模糊(距离和方位相位)、几何失真、辐射失真、来自内部和外部干扰(射频干扰、电离层干扰等)以及相干斑噪声。

3.8.1 歧义

合成孔径雷达完全依赖于观测 IFOV 的采样定理,f_{PRF} 完全超过了 f_{sample} 的多普勒带宽和距离带宽。但是,剩余方位天线方向图导致的多普勒带宽过大被截断,并被处理为欠采样数据。此组件显示为模糊图像(噪声)。我们考虑这样一个点目标,它位于方位角方向很远的地方,信号与距离相关。这种目标的距离压缩信号表示为

SAR 需要完全满足 IFOV 采样定理的约束,f_{PRF} 要大于方位多普勒带宽,f_{sample} 要大于距离向信号带宽。但是天线方向图旁瓣引起的剩余方位多普勒带宽信号会发生折叠并作为欠采样数据被处理,并表现为模糊图像。考虑一个位于方位向远端的点目标信号,其脉冲压缩后的信号可表示为

$$f(r_s) \approx a\,\text{sinc}\left(\frac{\pi(r_s - r_{s0})}{1/2B}\right)\exp\left\{-2\pi\left(\frac{2r_s}{\lambda} + f'_{DD}T^2\right)j\right\} \quad (3.139)$$

$$f'_{DD} = -\frac{4\pi}{\lambda r_s}V^2 \quad (3.140)$$

展开后

$$\begin{aligned} r_s &= \sqrt{r^2 + (V_s T + L_x)^2} \\ &\approx r + \frac{V_s T + L_x}{2r_0} \end{aligned} \quad (3.141)$$

参考信号对应 $T=0$ 的最近目标，与之前一样：

$$f'_{DD} = -\frac{4\pi}{\lambda r_0}V_s^2 \qquad (3.142)$$

这两个 f_{DD} 差异很大，它们的方位相关性应该是模糊的。此外，方位压缩针对的是距离迁移后的数据。如果信号按照 PRF 折叠并在偏移时对齐，则数据仍将得到相关。所有多普勒频率超过 PRF/2 的不希望的信号分量均被折叠在方位频带内(增加一个 PRF 或者减少一个 PRF)，尽管不能获得完美压缩，但是仍可以得到相关。

因此，f_{PRF} 是模糊频率，而 $-f_{PRF}/f_{DD}$ 对应的时间偏移。方位向的位置偏移由下式给出

$$-\frac{f_{PRF}}{f_{DD}}v_g \qquad (3.143)$$

3.8.2 几何变形

众所周知，有 3 种几何变形，即透视收缩、叠掩和阴影，将在下面的章节中讨论。

3.8.2.1 透视收缩

所有非零高度的目标都被移到了最低点，这是因为 SAR 成像是在保持目标距离不变的条件下将目标投影到地球椭球体上。

3.8.2.2 叠掩

透视收缩使目标接近星下点。这意味着目标高度越高，在 SAR 图像上的距离就越近。目标越高，与相邻的较低高度目标相比，它离星下点就越近。这种投影顺序的变化称为叠掩。大量散射体集中在叠掩点上，会导致雷达后向散射变得非常强。

3.8.2.3 阴影

在这种情况下，目标区域由于遮挡而没有被雷达波束照射到。高山和遥远地区经常被遮挡。

3.8.3 辐射畸变

辐射畸变是由像素区域的畸变引起的。雷达散射截面定义为单位面积的雷达

后向散射。这样的单元面积是受到地表地形的严重调制。针对地表散射的归一化将在第 8 章中讨论。

3.8.4 内部或外部干扰

有几种内部和外部干扰,如射频干扰、电离层干扰、大气干扰、饱和噪声、热噪声等。这也会降低 SAR 图像的质量。第 13 章将描述例子及其理论背景。

3.9 SAR 处理流程

3.9.1 SAR 专门处理流程

SAR 流程如图 3-38 所示,对应的是 ALOS-2/PALSAR-2 系统。该过程包括对 SAR 原始数据的重建以及所有必要的校准和校正。

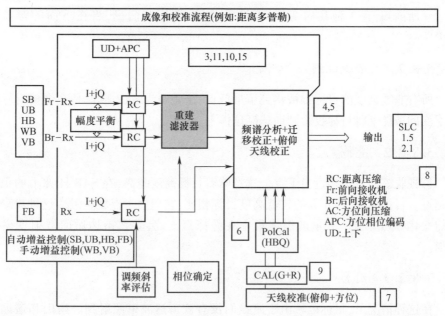

图 3-38 PALSAR-2 数据的一般处理流程(方框内的数字表示每个主题对应的章号)

3.9.2 SAR 成像到最终产品的一般处理流程

图 3-39 给出了 SAR 成像和校准的一般流程。

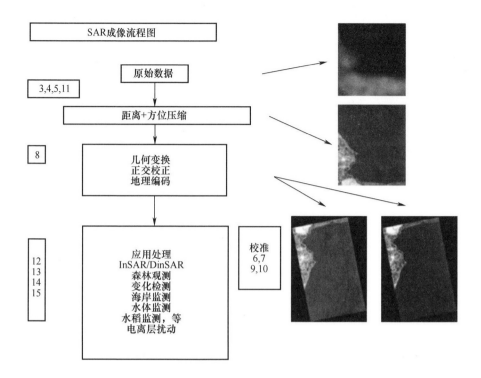

图 3-39 合成孔径雷达处理专门流程图(方框内数字表示每个主题的相应章号)

3.10 总结

本章介绍并简要讨论了合成孔径雷达成像与分析的基本概念。

参考文献

Bamler, R., 1992, "A Comparison of Range-Doppler and Wavenumber Domain SAR Focusing Algorithms,"*IEEE T. Geosci. Remote*, Vol. 30, No. 4, pp. 706–713.

Brown, J. L., 1981, "Multi-Channel Sampling of Low-Pass Signals,"*IEEE T. Circuits Syst.*, Vol. CAS-28, No. 2, pp. 101–106.

Cumming, I. G. and Wong, F. G., 2005, *Digital Processing of Synthetic Aperture Radar*, Artech House, Norwood, MA, pp. 369–423.

Curlander, J. C. and McDonough, R., 1991, *Synthetic Aperture Radar: Systems and Signal*

Processing, Wiley, Hoboken, NJ.

Hagiwara, Y., 1982, *Introduction to Geodetics* (in Japanese), University of Tokyo, PC.

Jin, M. Y. and Wu, C., 1984, "A SAR Correlation Algorithm Which Accommodates Large-Range Migration," *IEEE T. Geosci. Remote*, Vol. GE-22-6, pp. 592-597.

Krieger G., Gebert, N., and Moreira, A., 2004, "SAR Signal Reconstruction From Non-Uniform Displaced Phase Centre Sampling," *Proceedings of IGARSS '04, 2004 IEEE International Geoscience and Remote Sensing Symposium*, Anchorage, AK, September 20-24, 2004, http://dx.doi.org/10.1109/IGARSS.2004.1370674

Madsen, S., 1989, "Estimating the Doppler Centroid of SAR Data," *IEEE T. Aero. Elec. Sys.*, Vol. 25, No. 2, pp. 134-140, http://dx.doi.org/10.1109/7.18675

Papoulis, A., 1977, "Part Three: Data Smoothing and Spectral Estimation," *Signal Analysis*, McGraw-Hill, New York.

Raney, R. K., Runge, H., Bamler, R., Cunning, I. G., and Wong, F. H., 1994, "Precision SAR Processing Using Chirp Scaling," *IEEE T. Geosci. Remote*, Vol. 32, No. 4, pp. 786-799.

Ruck, G. T., Barrick, D. E., Stuart, W. D., and Kric, C. K., 1970, *Radar Cross Section Handbook*, Volume 2, Plenum, New York, pp. 588.

Smith, A. M., 1990, "A New Approach to Range-Doppler SAR Processing," *Int. J. Remote Sens.*, Vol. 12, No. 2, pp. 235-251.

Ulaby, F., Moore, R., and Fung, A., 1982, *Microwave Remote Sensing, Active and Passive, Volume II: Radar Remote Sensing and Surface Scattering and Emission Theory*, Addison-Wesley, Boston, pp. 767-779.

第4章
SAR相关功率的雷达方程——辐射测定

4.1 引言

只要信号在 SAR 的动态范围内,SAR 成像就是一个非饱和的线性过程。当信号超过模数转换器动态范围或者已经饱和时,SAR 成像会对相关信号和噪声进行不同程度的放大,从而降低相关功率。本章将介绍 SAR 成像是如何积累一个分辨单元内分布的散射体,以及它是如何减少相关功率的。在考虑饱和噪声、数/模转换器噪声以及热噪声的情况下,本章给出 SAR 成像雷达方程。此外,推导实孔径雷达(RAR)、条带 SAR 和扫描 SAR(ScanSAR)3 种模式下的雷达方程(本章后面将比较条带 SAR 和扫描 SAR 模式,参见图 4-1),提出了一种辐射校正方法来恢复降低的相关性,该方法对距离相关或原始信号放大 $1/(1-饱和率)$ 倍(Shimada,1999a)。

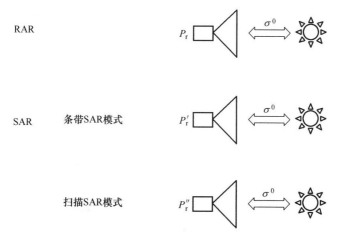

图 4-1　3 种测量 σ^0 的方法

4.2 SAR 成像理论

4.2.1 假设

从数据接收和数字化的角度来看,SAR 由 3 个单元组成:低噪声放大器(LNA)、中频放大器和数/模转换器(ADC)(图 4-2)。低噪声放大器将天线信号放大到中间功率水平的,同时也会产生热噪声。中频放大器将低噪声放大器的输出调整到最终电平,在该电平中能够通过人工或者自动控制的方法来选择增益。值得注意的是,中频放大器的噪声会远远小于热噪声。冗余和饱和的噪声可能会在数/模转换器中产生,这是模拟输入和数字输出信号之间的区别。虽然冗余噪声仅发生在输入信号处于数/模转换器的动态范围之内,但是当输入信号超过该范围,饱和噪声就会产生。因此存在冗余噪声和饱和噪声互补的情况。

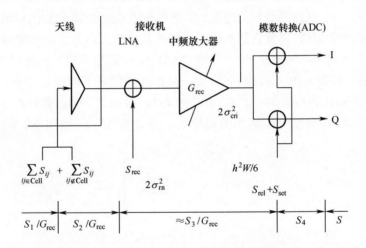

图 4-2 SAR 的简化框图(LNA 和 ADC 会产生高斯噪声,饱和噪声 S_4 在 ADC 中产生)

在一个 SAR 观测场景内,移动的平台会发射一系列电磁脉冲到目标上。然后这些脉冲被目标散射,散射信号被 SAR 接收。在脉冲发射到接收的每个过程中,存在 3 种类型的调制:第一种是由于 SAR 与散射体之间的相对运动产生的相位渐变;第二种是散射体的反射率对脉冲振幅的调制;第三种是散射体复反射率对脉冲产生的快速相位调制。由于每种调制都是线性过程,因此,在雷达照射区域上的所有散射体的散射信号总和即为 SAR 将接收的信号。散射体在空间上呈现出随机分布的态势,所以散射信号能够被近似为一个随机过程。要注意的是,接收信号在空间上是一平稳和独立的高斯过程,热噪声则在时间维上是一个平稳的高斯过程。

对于数/模转换器和接收机,我们有如下假设。

(1) 数/模转换器有一个量化间隔 h 以及饱和水平 $C = h * 2^{(L-1)}$,这里的 L 表示转换器的位数。

(2) 数/模转换器会产生冗余噪声和饱和噪声,前者是高斯过程,其均值为零,后者的情况将在本章后面讨论。

(3) 接收机是一种线性仪器,不产生任何非线性噪声。

(4) 低噪声放大器产生高斯热噪声。

4.2.2 SAR 原始数据的数学表示

根据图 4-3,数/模转换器输出的瞬时 SAR 原始数据能够表示为

$$S = \sqrt{G_{\text{rec}}(t_r, t_a)} \cdot \sum_{i,j \in \text{Cell}} S_{ij} + \sqrt{G_{\text{rec}}(t_r, t_a)} \cdot \sum_{i,j \notin \text{Cell}} S_{ij} + \sqrt{G_{\text{rec}}(t_r, t_a)} \cdot S_{\text{rec}} + S_{\text{rd}} + S_{\text{sat}} \quad (4.1)$$

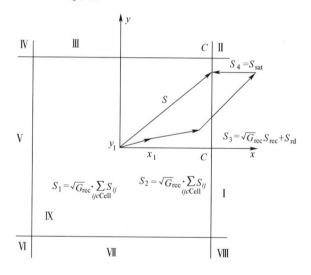

图 4-3 AD 转换坐标系。S_1、S_2、S_3 和 S_4 分别是来自同一个分辨单元的放大信号、分辨单元外的放大信号、放大后的热噪声、ADC 冗余噪声和 ADC 饱和噪声。C 是最大输入电压。ADC 饱和噪声在 Ⅰ ~ Ⅸ 的每个区域不同

其中

$$S_{ij} = a_{ij} \exp(j\delta_{ij}) \exp\left[2\pi j \left(\frac{k_r}{2} t_r^2 + \frac{k_a}{2} t_a^2\right)\right] \quad (4.2)$$

是从瞬时视场(Instantaneous Field of View,IFOV)中的第 ij 个散射体接收到的信号;$G_{rec}(t_r,t_a)$ 是接收机在方位向时间 t_a 上的增益,信号在距离向传输和接收的时间为 t_r;S_{rec} 是接收机的热噪声;S_{rd} 表示数/模转换器的冗余噪声;S_{sat} 则是饱和噪声;k_a 和 k_r 分别是方位向和距离向的调频斜率;a_{ij} 表示从第 ij 个散射体接收到的信号振幅;δ_{ij} 表示第 ij 个散射体的相位,该参数中含有目标与平台之间的距离信息,同时也包含目标的物理特性(图4-4)。式(4.1)右边的第一项综合了所有在同一个分辨单元内的散射信息。如果我们只关注单个分辨单元内的散射情况,则其余的4项均可看做是非相关的部分或者说噪声。第二项、第三项和第四项都是二维的高斯信号,它们的方差分别是放大后的信号、放大后的热噪声和数/模转换器的冗余噪声。第五项表示具有未知分布函数的非线性噪声。

根据上一节的假设,式(4.1)可以重新写为

$$S = \sum_{i=1}^{4} S_i \tag{4.3}$$

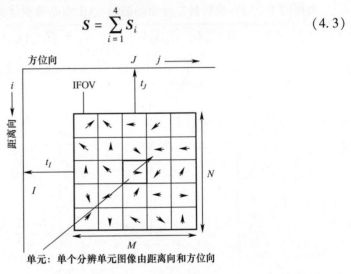

图4-4 SAR成像的坐标系以及照射区域的组成。瞬时视场(IFOV)在方位向和距离向上的像素数量分别为 M 和 N。如箭头所示,这里每个像素点均可代表一个不同的散射体

其中 S_1 是来自同一个分辨单元的放大后的相关信号;它在 $x-y$ 坐标系内的分量为 (x_1,y_1);其功率 P_1 是通过信号-杂波比(Signal to Clutter Ratio,SCR)和平均背景功率 a_d^2 描述的。对每一个分辨单元,有

$$S_1 \equiv \sqrt{G_{rec}(t_r,t_a)} \sum_{ij \in \text{Cell}} S_{ij} \tag{4.4}$$

$$P_1 = a_d^2 \cdot \text{SCR} \cdot G_{rec} \tag{4.5}$$

$$\text{SCR} \equiv \frac{\sum_{ij \in \text{Cell}} a_{ij}^2}{a_d^2} \tag{4.6}$$

S_2 是来自 IFOV 的已放大的非相关信号,不包括 S_1。该信号功率 $2\delta_n^2$,能够通过参数 M 和 N 描述,它们是 IFOV 的大小除以方位和距离向上的像素间距得到的值:

$$S_2 \equiv \sqrt{G_{\text{rec}}(t_r, t_a)} \sum_{ij \notin \text{Cell}} S_{ij} \tag{4.7}$$

$$2\delta_n^2 = a_d^2 \cdot (MN - 1) \cdot G_{\text{rec}} \tag{4.8}$$

S_3 是放大的热噪声和 ADC 冗余噪声的综合,它的高斯分量和功率分别为 (x_3, y_3) 与 $2\delta_{\text{rn}}^2$,即

$$S_3 = \sqrt{G_{\text{rec}}(t_r, t_a)} \cdot S_{\text{rec}} + S_{\text{rd}} \tag{4.9}$$

$$2\delta_{\text{rn}}^2 \approx 2\delta_{\text{rn0}}^2 \cdot G_{\text{rec}}(t_r, t_a) + \frac{h^2}{6} W \tag{4.10}$$

式(4.10)中的 $2\delta_{\text{rn0}}^2$ 是热噪声功率,等号右边第二项即为 ADC 冗余噪声,它取决于 ADC 的输入功率(具体情况在附录 4A-1 中介绍)。W 为一个权重因子。结合式(4.5)、式(4.8)以及式(4.10),原始数据的信噪比可以表示为

$$\text{SNR} = \frac{(MN - 1 + \text{SCR}) \cdot a_d^2 \cdot G_{\text{rec}}}{2\delta_{\text{rn}}^2 \cdot G_{\text{rec}} + \frac{h^2}{6} W} \approx \frac{(MN) \cdot a_d^2 \cdot G_{\text{rec}}}{2\delta_{\text{rn}}^2} \tag{4.11}$$

在通常情况下,信号-杂波比(SCR)值小于 10000。这条准则同样适用于最明亮的目标存在时。M 和 N 值通常是几百到 1000,甚至可能更大。因此,式(4.11)中的近似是有效的。当 ADC 饱和噪声 S_4 的分量 (x_4, y_4) 为实数 x 和虚数 y 时,$S_1 + S_2 + S_3$ 的分量将会超过最高电压值 C。饱和噪声 S_4 是一种非平稳噪声,因为它是由平稳噪声 S_3 和时间相关信号 $S_1 + S_2$ 驱动的。

4.2.3 距离和方位向上的相关功率

4.2.3.1 模型表达的一般方法

SAR 成像是指在方位向和距离向上对增益不同的信号进行相关处理。ADC 中的饱和度会影响两个维度的相关性,从而导致振幅和相位信息的丢失。式(4.1)的相关性可表示如下:

$$S_C(t', t'') = \sum_{m=1}^{4} S_{\text{cra},m}(t', t'') \tag{4.12}$$

$$S_{\text{cra},m}(t', t'') \equiv S_m \oplus g_r^* \oplus g_a^*$$

$$= \frac{1}{\Delta \tau \Delta T} \int_{-T/2}^{T/2} \int_{-T/2}^{T/2} \sqrt{G_{\text{rec}}(t_1 + t', t_2 + t'')} \frac{S_m(t_1 + t', t_2 + t'')}{\sqrt{G_{\text{rec}}(t_1 + t', t_2 + t'')}} g_r^*(t_1) g_a^*(t_2) \, dt_1 dt_2$$

$$= \frac{\overline{\sqrt{G_{\text{rec}}(t',t'')}}}{\Delta\tau\Delta T} \int_{-T/2}^{T/2}\int_{-T/2}^{T/2} \frac{S_m(t_1+t',t_2+t'')}{\sqrt{G_{\text{rec}}(t_1+t',t_2+t'')}} g_r^*(t_1) g_a^*(t_2) dt_1 dt_2 \quad (4.13)$$

$$\overline{\sqrt{G_{\text{rec}}(t',t'')}} = \frac{1}{\Delta\tau\Delta T}\int_{-T/2}^{T/2}\int_{-T/2}^{T/2}\sqrt{G_{\text{rec}}(t_1+t',t_2+t'')}\,dt_1 dt_2 \quad (4.14)$$

$$g_r(t) = \begin{cases} \exp(-2\pi\mathrm{j}\frac{k_r}{2}t^2), & |t|\leq \tau/2 \\ 0, & \text{其他} \end{cases} \quad (4.15\text{a})$$

$$g_a(t) = \begin{cases} \exp(-2\pi\mathrm{j}\frac{k_a}{2}t^2), & |t|\leq T/2 \\ 0, & \text{其他} \end{cases} \quad (4.15\text{b})$$

在以上的公式中，S_C 是 SAR 的相关输出；g_r 和 g_a 分别为距离向和方位向的参考函数；* 表示复共轭；⊕ 是相关运算符；τ 和 T 分别为距离向和方位向上的相关持续时间；$\Delta\tau$ 和 ΔT 分别是距离向和方位向上的采样间隔时间；$S_{\text{cra},m}$ 是接收机增益归一化后的第 m 个信号的 SAR 相关输出。$G_{\text{rec}}(\,)$ 与参考函数不相关，因此以时间 t' 和 t'' 为中心的接收机增益滑动平均值能够从积分式中取出。在这之后，剩余的项几乎是和接收机增益分离的；(t_1,t') 和 (t_2,t'') 分别是距离和方位向上的时间。要注意，这里为简单起见，忽略了方位向上的曲率。

这里的 S_3 是静态高斯的，S_2 在空间上是高斯的，但在时间上是相关的；S_4 和 S_C 均是随机过程；我们希望由 P_C 表示的 S_C 有两个期望：① S_3 的期望是固定的，不受 S_1+S_2 影响；② 对 S_2 来说，有期望：

$$P_C(t',t'') = \langle S_C(t',t'') \cdot S_C^*(t',t'') \rangle = \sum_{m=1}^{4}\sum_{n=1}^{4} \langle S_{\text{cra},m}(t',t'') \cdot S_{\text{cra},n}^*(t',t'') \rangle \quad (4.16)$$

式中：$\langle\cdot\rangle$ 是之前提到的两步期望运算。此后，在本文中，"期望"一词就是这个意思。注意：S_2 和 S_3 在本质上是不同的过程；S_2 与 SAR 的参考信号相关；S_3 是白噪声；引入 R_{mn} 作为 S_m 和 S_n^* 互相关函数的期望；用 P_{mn} 表示的 $S_{\text{cra},m}$ 和 $S_{\text{cra},n}^*$ 互相关函数为（Papoulis, 1977）：

$$P_{mn}(t',t'') \equiv \langle S_{\text{cra},m}(t',t'') \cdot S_{\text{cra},n}^*(t',t'') \rangle$$

$$= \frac{\overline{\sqrt{G_{\text{rec}}(t',t'')}}^2}{(\Delta\tau\Delta T)^2}\int_{-T/2}^{T/2}\int_{-T/2}^{T/2}\int_{-\tau/2}^{\tau/2}\int_{-\tau/2}^{\tau/2} R_{mn}(t_1+t',t_2+t',t_3+t'',t_4+t'') g_r^*(t_1) g_r(t_2) g_a^*(t_3) g_a(t_4) dt_1 dt_2 dt_3 dt_4 \quad (4.17)$$

$$R_{mn}(t_1,t_2,t_3,t_4) = \frac{\langle S_m(t_1,t_2) \cdot S_n^*(t_3,t_4) \rangle}{G_2 \cdot G_4} \quad (m,n\geq 2) \quad (4.18)$$

在式(4.18)中,有 $G_2 \equiv \sqrt{G_{\rm rec}(t_2)}$,$G_4 \equiv \sqrt{G_{\rm rec}(t_4)}$。在计算该期望时,需要 m,$n \geq 2$。在下文的推导中,除非特别重要,否则,不写入变量 t_1、t_2、t_3 和 t_4。SAR 的相关功率可以通过逐项计算得到。

4.2.3.2 P_{11} 的计算

在本节的计算中,首先有

$$\begin{aligned}
\boldsymbol{R}_{11} &= \frac{\boldsymbol{S}_1 \cdot \boldsymbol{S}_1^*}{G_2 \cdot G_4} \\
&= \sum_i \sum_j a_{ij} \exp\left(2\pi{\rm j}\frac{k_{\rm r}}{2}(t_1 - t_i)^2 + 2\pi{\rm j}\frac{k_{\rm a}}{2}(t_2 - t_j)^2 + {\rm j}\delta_{ij}\right) \\
&\quad \cdot \sum_k \sum_l a_{kl} \exp\left(2\pi{\rm j}\frac{k_{\rm r}}{2}(t_3 - t_k)^2 - 2\pi{\rm j}\frac{k_{\rm a}}{2}(t_4 - t_l)^2 + {\rm j}\delta_{kl}\right)
\end{aligned} \tag{4.19}$$

式中:t_i 和 t_j 分别是距离向和方位向上的时延。由于 S_1 不依赖 S_2 和 S_3,因此不做期望处理。将式(4.19)代入式(4.17),可以得到

$$\begin{aligned}
P_{11} &= \frac{\overline{\sqrt{G_{\rm rec}(t', t'')}}^2}{(\Delta\tau\Delta T)} \sum_i \sum_j \sum_k \sum_l a_{ij} a_{kl} \tau^2 T^2 \frac{\sin\{\pi k_{\rm r}\tau(t_i + t')\}}{\pi k_{\rm r}\tau(t_i + t')} \cdot \\
&\quad \frac{\sin\{\pi k_{\rm r}\tau(t_k + t')\}}{\pi k_{\rm r}\tau(t_k + t')} \cdot \frac{\sin\{\pi k_{\rm a}T(t_j + t'')\}}{\pi k_{\rm a}T(t_j + t'')} \cdot \frac{\sin\{\pi k_{\rm a}T(t_j + t'')\}}{\pi k_{\rm a}T(t_j + t'')} \cdot \\
&\quad \exp\left(2\pi{\rm j}\frac{k_{\rm r}}{2}(t_i^2 - t_k^2) + 2\pi{\rm j}\frac{k_{\rm a}}{2}(t_j^2 - t_l^2) + {\rm j}(\delta_{ij} - \delta_{kl})\right)
\end{aligned} \tag{4.20}$$

当 $k = i$ 并且 $l = j$ 时,有

$$P_{11} = \overline{\sqrt{G_{\rm rec}}}^2 \sum_i \sum_j a_{ij}^2 (MN)^2 \left[\frac{\sin\{\pi k_{\rm r}\tau(t_i + t')\}}{\pi k_{\rm r}\tau(t_i + t')}\right]^2 \left[\frac{\sin\{\pi k_{\rm a}\tau(t_j + t'')\}}{\pi k_{\rm a}\tau(t_j + t'')}\right]^2 \tag{4.21}$$

t_i 和 t_j 分别在 t' 和 t'' 附近分布,使用 SCR 可将式(4.12)修改为

$$P_{11} = \overline{\sqrt{G_{\rm rec}}}^2 {\rm SCR} \cdot a_{\rm d}^2 \cdot (MN)^2 \cdot D \tag{4.22}$$

$$D = \sum_i \sum_j \left[\frac{\sin\{\pi k_{\rm r}\tau(t_i + t')\}}{\pi k_{\rm r}\tau(t_i + t')}\right]^2 \left[\frac{\sin\{\pi k_{\rm a}\tau(t_j + t'')\}}{\pi k_{\rm a}\tau(t_j + t'')}\right]^2 \bigg/ \sum_i \sum_j 1 \tag{4.23}$$

式中:D 是用来形成分辨单元的加权函数。

4.2.3.3 $P_{14} + P_{41}$ 的计算

由于 S_1 不是一个随机过程,因此 $R_{14} + R_{41}$ 能够写为

$$R_{14} + R_{41} = \frac{S_1 \cdot \langle S_4^* \rangle + \langle S_4 \rangle \cdot S_1^*}{G_2 \cdot G_4} \tag{4.24}$$

$$\langle S_4^* \rangle = \langle x_4 \rangle - j\langle y_4 \rangle \tag{4.25}$$

$$\langle x_4 \rangle = \frac{C - x_1}{2}\mathrm{Erfc}\left(\frac{C - x_1}{\sqrt{2}\sigma}\right) - \frac{C + x_1}{2}\mathrm{Erfc}\left(\frac{C + x_1}{\sqrt{2}\sigma}\right)$$
$$- \frac{\sigma}{\sqrt{2\pi}}\exp\left[-\frac{(C - x_1)^2}{2\sigma^2}\right] - \frac{\sigma}{\sqrt{2\pi}}\exp\left[-\frac{(C + x_1)^2}{2\sigma^2}\right] \tag{4.26}$$

$$\mathrm{Efrc}(x) = \frac{2}{\sqrt{\pi}}\int_x^\infty \exp(-t^2)\mathrm{d}t \tag{4.27}$$

在附录 4A-2 中给出了 $\langle x_4 \rangle$ 和其他期望的具体推导;通过替换 $\langle x_4 \rangle$ 中的 x_1 为 y_1 就能够得到 $\langle y_4 \rangle$。Erfc( ) 是高斯互补误差函数;因为 $\langle x_4 \rangle$ 中的 x_1 远小于 C ,所以 $\langle x_4 \rangle$ 可以在 x_1 处进行泰勒展开,其一阶混合项为

$$\langle x_4 \rangle \approx E \cdot x_1 \tag{4.28}$$

$$E \equiv - \mathrm{Erfc}\left(\frac{1}{\sqrt{2}\eta}\right) \tag{4.29}$$

上式中的 $\eta = \sigma/C$。式(4.25)可写为如下的相关形式:

$$\langle S_4^* \rangle = E \cdot S_1^* \tag{4.30}$$

更进一步,式(4.17)可重新写为

$$R_{14} + R_{41} = 2 \cdot E \cdot R_{11} \tag{4.31}$$

最终,我们可以得到

$$P_{14} + P_{41} = 2a_d^2 \cdot \mathrm{SCR} \cdot (MN)^2 \cdot D \cdot E \cdot \overline{\sqrt{G_{\mathrm{rec}}}}^2 \tag{4.32}$$

由饱和引起的相关功率的降低能够在式(4.32)中清楚地表示。E 中包含的负号来自于 S_4 并且是合理的,原因在于该过程是瞬时的。在饱和过程中产生的 S_4 通常位于 $S_1 + S_2 + S_3$ 的负方向;S_3 是具有零均值的高斯过程;S_4 关于 S_3 的期望与 $-S_1$ 成比例关系,其中的比例因子与饱和度有关。

4.2.3.4 P_{44} 的计算

S_4 由确定分量和随机分量组成。随机分量可以使得 R_{44} 仅在 $t_1 = t_3$ 和 $t_2 = t_4$ 附近表现为 delta 函数。确定分量的行为与 S_4 的平方相同,因为除了在 $t_1 = t_3$ 和 $t_2 = t_4$ 之外,$S_4(t_1, t_2)$ 和 $S_4^*(t_3, t_4)$ 彼此独立。R_{44} 由下式给出

$$R_{44}(t_1,t_2,t_3,t_4) = \frac{\langle \boldsymbol{S}_4 \cdot \boldsymbol{S}_4^* \rangle (t_1,t_2,t_3,t_4)}{G_2 G_4} +$$

$$\frac{\langle \boldsymbol{S}_4 \cdot \boldsymbol{S}_4^* \rangle |_{t_1=t_3,t_2=t_4}}{G_2 G_4} \delta(t_1 - t_3) \delta(t_2 - t_4)$$

$$= E^2 \cdot R_{11} + \frac{\langle \boldsymbol{S}_4 \cdot \boldsymbol{S}_4^* \rangle |_{t_1=t_3,t_2=t_4}}{G_2 G_4} \delta(t_1 - t_3) \delta(t_2 - t_4)$$

(4.33)

然后,给出期望的功率:

$$P_{44} = \overline{\sqrt{G_{\text{rec}}}}^2 \left\{ E^2 \cdot \text{SCR} \cdot a_\text{d}^2 (MN)^2 \cdot D + \frac{\langle x_4^2 \rangle + \langle y_4^2 \rangle}{G_{\text{rec}}} (MN) \right\} \quad (4.34)$$

4.2.3.5 剩余项的计算

与前面几项的推导类似,剩余项为

$$P_{12} + P_{21} = 0 \quad (4.35)$$

$$P_{24} + P_{42} = 0 \quad (4.36)$$

$$P_{32} + P_{23} = 0 \quad (4.37)$$

$$P_{34} + P_{43} = 2 \frac{\langle x_3 x_4 \rangle + \langle y_3 y_4 \rangle}{G_{\text{rec}}} (MN) \overline{\sqrt{G_{\text{rec}}}}^2 \quad (4.38)$$

$$P_{13} + P_{31} = 0 \quad (4.39)$$

$$P_{22} = 0 \quad (4.40)$$

$$P_{33} = \frac{2\sigma_{\text{rn}}^2}{G_{\text{rec}}} (MN) \overline{\sqrt{G_{\text{rec}}}}^2 \quad (4.41)$$

4.2.3.6 相关功率的主要影响因素

重新排列式(4.22)、式(4.32)和式(4.34)来挖掘式(4.41)中的信息,使用 $\langle x_3 x_4 \rangle$、$\langle x_4^2 \rangle$、$\langle y_3 y_4 \rangle$ 和 $\langle y_4^2 \rangle$,得到 P_C 的表达式为

$$P_\text{C} = \left\{ (MN)^2 \cdot \text{SCR} \cdot a_\text{d}^2 \cdot D \cdot V + (MN) \frac{2\sigma^2}{G_{\text{rec}}} U \right\} \overline{\sqrt{G_{\text{rec}}}}^2$$

(4.42)

$$= (MN)^2 a_\text{d}^2 \cdot (\text{SCR} \cdot D \cdot V + Q \cdot U) \overline{\sqrt{G_{\text{rec}}}}^2$$

$$V = (1 + E)^2 \quad (4.43)$$

$$U = \frac{1 + 2E}{1 + \text{SNR}} - \left(1 + \frac{1}{\eta^2}\right) \cdot E - \sqrt{\frac{2}{\pi}} \frac{1}{\eta} \exp\left(-\frac{1}{2\eta^2}\right) \quad (4.44)$$

$$2\sigma^2 = a_\text{d}^2 (MN) G_{\text{rec}} Q \quad (4.45)$$

$$S_a = \text{Erfc}\left(\frac{1}{\sqrt{2}\eta}\right) \tag{4.46}$$

$$Q = 1 + \text{SNR}^{-1} \tag{4.47}$$

在以上公式中，S_a 指的是饱和率（稍后描述）；D 是目标处理效率，对于点目标来说，该值为 1.0，分布式目标的处理效率为 0.73。式（4.42）中有 3 个重要参数：V、U 和 σ/C。V 是分辨单元的相关信号饱和所引起的相关增益损失；U 是分辨单元之外的非相关信号、热噪声和 ADC 冗余噪声造成的相关增益损失；σ/C 是 ADC 输入功率和饱和电平的比值，也称为"ISL"。ISL 取决于信噪比（SNR）、接收机增益（G_{rec}）和目标亮度（$a_d^2 MN$）。信噪比取决于 G_{rec}、$a_d^2 MN$、热噪声和 ADC 量化间隔等因素。因此，可以加速 ISL 取决于接收机增益和目标亮度。

式（4.42）表示在 SAR 图像中，每个像素点的功率来自同一分辨单元内所有散射体散射信号的相关功率、在同一个 IFOV 内但不在该分辨单元中的其余散射体散射信号的非相关功率、热噪声和 ADC 冗余噪声；饱和现象将相关功率和非相关功率分别以 V 和 U 的比例降低；相关功率的增益损失取决于 ISL，但是不取决于每个像素自身的信号—杂波比（SCR）。

4.2.3.7　ADC 无差错情况的一致性

本节中考虑 ADC 不产生饱和或者冗余噪声的情况。这时，原始数据由来自感兴趣的分辨单元、背景信号和热噪声组成。删除式（4.42）中与饱和度相关的项后可以得到

$$P_C = (MN)^2 a_d^2 \cdot \left(\text{SCR} \cdot D + \frac{Q}{1+\text{SNR}}\right)\sqrt{G_{\text{rec}}}^2 \tag{4.48}$$

这个结果与 Freeman 和 Curlander 在 1989 年得到的结果是一致的。

4.2.3.8　相关信号功率的标准差

相关功率标准差的期望在附录 4A-3 中进行了详细推导。相关信号功率的归一化标准差 K_{PC} 即为标准差 σ_{PC} 和平均功率 P_C 的比值：

$$K_{PC} = \frac{\sigma_{PC}}{P_C} = \frac{[Q^2 \cdot U^2/4 + 2 \cdot \text{SCR} \cdot U \cdot V \cdot Q]^{1/2}}{\text{SCR} \cdot D \cdot V + Q \cdot U} \tag{4.49}$$

4.2.4　SAR 相关功率的雷达方程

在背景功率为 a_d^2 情况下，雷达方程为

$$a_d^2 = \frac{P_t G_0^2 G_{\text{ele}}^2 \lambda^2}{(4\pi)^3 R^4} \sigma^0 \frac{\delta_a \delta_r}{\sin\theta} L \tag{4.50}$$

式中：P_t 为传输功率；G_0 为天线的单项峰值增益；G_{ele} 为天线单项仰角增益；λ 为波长；R 为距离向上的斜距；σ^0 为归一化雷达散射截面；δ_r 和 δ_a 分别为距离向与方位向的像素间距；θ 为局部入射角；L 为系统损耗。通常情况下，不独立数据 N_L 以非相干形式求和以抑制相干斑噪声，这称为视和。结合式（4.42），得到广义的 SAR 相关功率雷达方程：

$$P_C = (MN)^2 \frac{P_t G_0^2 G_{ele}^2 \lambda^2}{(4\pi)^3 R^4} N_L \sigma^0 \frac{\delta_a \delta_r}{\sin\theta} \cdot L \cdot (SCR \cdot D \cdot V + Q \cdot U) \overline{\sqrt{G_{rec}}}^2$$

(4.51)

该式经常被用作 SAR 校准的基础，它同时给出了相关信号功率、目标散射特性和雷达参数之间的关系。当 P_C 由短整数表达时（如 16 位），它能够转换为

$$DN_{PC} = C_f \cdot N_L (MN)^2 \frac{P_t G_0^2 G_{ele}^2 \lambda^2}{(4\pi)^3 R^4} \sigma^0 \frac{\delta_a \delta_r}{\sin\theta} \cdot L \cdot (SCR \cdot D \cdot V + Q \cdot U) \overline{\sqrt{G_{rec}}}^2$$

(4.52)

式中：DN_{PC} 是相关功率的数位；C_f 是转换因子。在式（4.52）中，未知参数是斜距的函数或常数。

4.2.4.1 常数

参数 P_t、MN、δ_a、δ_r、λ、C_f、N_L 和 L 都与雷达系统及处理器有关。其中一些可以从雷达发射升空之前获得地面测量估计，然而，在轨道上运行时，传感器的特性可能会逐渐变化从而使得估计值不再准确。

4.2.4.2 斜距的函数

天线的仰角模式（G_{ele}）和斜距（R）会在扫描带上变化，因此必须得到它们的精确值用以校准 SAR。斜距（R）的确定需要准确测得雷达发射和接收之间的时延。天线仰角模式可以通过两种方法测定：一种是通过在雷达扫描条带中布置具有已知雷达散射截面值的若干目标，并使用它们导出该模式；另一种是使用具有相同归一化雷达散射截面的自然目标。亚马孙雨林数据可用于后一种方法，该方法将在第 7 章中讨论。

4.2.4.3 校准方法

在精确确定 G_{ele} 和 R 后，剩下的问题是如何确定其他未知参数。如果我们将 P_t、MN、λ、δ_r、δ_a 和 L 设定为具有一定代表性的值（如地面测量值），则可以调整 C_f

使得大多数 DN 适合雷达的动态范围并且将 DN 和 σ_0 关联。DN 和 σ_0 之间的转换关系将在第 9 章中讨论。

4.2.5　几种真实 SAR 数据的表示方法

本文基于式(4.51)总结了几种真实 SAR 数据的表示方法。对于在扫描带上保持相同方位向分辨率的雷达,其多普勒带宽是恒定的。这就意味着方位向相关数(M)和斜距(R)成比例关系,并且能够由卫星地面速度(V_g)、脉冲重复频率(PRF)、方位向分辨率的理论值(ρ_a)和波长(λ)表示。距离向相关数(N)由雷达参数、脉冲持续时间(τ)和采样频率(f_{sample})确定:

$$M = \frac{\text{PRF}}{2V_g \rho_a} \lambda R \tag{4.53}$$

$$N = \tau \cdot f_{\text{sample}} \tag{4.54}$$

如果我们使用散射系数(γ^0)而不是 σ^0,则相关信号功率的最终表达式变为

$$P_C = \left(\tau f_{\text{sample}} \frac{\text{PRF}}{2V_g \rho_a} \lambda \right) \frac{P_t G_0^2 G_{\text{ele}}^2 \lambda^2}{(4\pi)^3} N_L \frac{\gamma \cot\theta}{R^2} \cdot \delta_a \delta_r L \cdot (\text{SCR} \cdot D \cdot V) \overline{\sqrt{G_{\text{rec}}}}^2$$

$$+ \left(\tau f_{\text{sample}} \frac{\text{PRF}}{2V_g \rho_a} \lambda \right) \frac{\overline{\sqrt{G_{\text{rec}}}}^2}{G_{\text{rec}}} R N_L 2\delta_{\text{rn}}^2 (1 + \text{SNR}) \cdot U$$

$$\tag{4.55a}$$

在不考虑信号饱和的情况下,可以导出更简洁的结果:

$$P_C = \left(\tau f_{\text{sample}} \frac{\text{PRF}}{2V_g \rho_a} \lambda \right)^2 \frac{P_t G_0^2 G_{\text{ele}}^2 \lambda^2}{(4\pi)^3} N_L \frac{\gamma \cot\theta}{R^2} \cdot \delta_a \delta_r L \cdot (\text{SCR} \cdot D) \overline{\sqrt{G_{\text{rec}}}}^2$$

$$+ \left(\tau f_{\text{sample}} \frac{\text{PRF}}{2V_g \rho_a} \lambda \right) \frac{\overline{\sqrt{G_{\text{rec}}}}^2}{G_{\text{rec}}} R N_L 2\delta_{\text{rn}}^2$$

$$\tag{4.55b}$$

4.3　参数分析

在式(4.42)的相关功率模型中,U 和 V 表示功率减少量。为了恢复无饱和情况下信号的功率,U 和 V 应当尽可能由饱和条件下的 σ/C 参数评估并表出。本节主要讨论饱和率、ADC 输出功率和相关信号功率之间的比较关系并使用 JERS-1/SAR 条件与数据模型对这 3 个参数进行分析比较。这里仅考虑 3 位的 ADC。

4.3.1 饱和率

为了定量地表达"饱和"这个概念,引入 S_a 作为饱和率。该参数能够在除了区域Ⅸ外(图4-3)的所有ADC变换区域内作为 $S_1 + S_2 + S_3$ 的 x 或者 y 分量存在。由于分布函数 $P(x_1 + x_2)$ 和 $P(x_3)$ 是高斯函数,故得到 x 分量的饱和率为

$$\text{饱和率} = \int_{-\infty}^{\infty} P(x_1 + x_2) \left\{ \int_{C_{AD} - x_x - x_2}^{\infty} + \int_{-\infty}^{-C_{AD} - x_1 - x_2} P(x_3) \mathrm{d} x_3 \right\} \mathrm{d}(x_1 + x_2) \quad (4.56)$$
$$= \mathrm{Erfc}\left(\frac{1}{\sqrt{2}\eta}\right)$$

该参数已经作为 S_a 在式(4.42)中引入。由于两个 ADC 具有相同的特性,因此它们的饱和率相同。图4-5 显示了饱和率与 σ/C 之间的关系。饱和率仅在 $\sigma/C > 0.4$ 时增加。JERS-1/SAR 数据总是略微饱和,S_a 范围为 4%~5%,$\sigma/C = 0.5$(Shimada 等,1993;Shimada 和 Nakai,1994)。

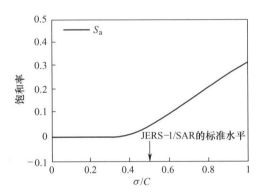

图4-5 饱和率与 σ/C 的关系。饱和率随着 $\sigma/C > 0.4$ 而增加。对饱和率为 4%~5%的 JERS-1/SAR 数据来说,$\sigma/C = 0.5$

4.3.2 相关功率和非相关功率的比较

在这里重要的是知道在一定的信噪比和饱和度情况下相关/非相关功率之间的依赖关系。这些功率比,如 $(1 + \mathrm{SNR}^{-1}) U/(\mathrm{SCR} \cdot D \cdot V)$,是在 SCR = 1,10,100 和 SNR = 5dB,10dB,20dB 的条件下计算得到的。SCR = 1 对应具有相似亮度的广大区域;SCR ≥ 100 对应亮点目标(如部署在暗目标上的角反射器);对于陆地而

言,信噪比通常为 20dB(JERS-1/SAR 的噪声等效 σ^0 为-20.5dB,并且陆地的 σ^0 范围为-10~0dB)(Nemoto 等,1991)。图 4-6 表明,在给定的范围 η 内,相关功率大小总是超过非相关功率;随着信噪比的增加,相关功率变得比非相关功率更具优势。典型功率比列于表 4-1。从该表中可知,非相关功率约为 SCR=1,SNR=5dB,$\sigma/C=0.5$ 时相关功率的 30%。在 SNR=20dB,$\sigma/C=0.8$ 时,非相关功率约为相关功率的 15%。因此,非相关功率是不可忽略的。ADC 输出功率(P_{raw})的期望与 P_C 的推导方法相同(见附录 4A-4),这里直接给出公式:

$$P_{\text{raw}} = 2\sigma^2 \left\{ 1 - \frac{E}{\eta^2} - \sqrt{\frac{2}{\pi}} \frac{1}{\eta} \exp\left(-\frac{1}{2\eta^2}\right) + \frac{\text{SCR}}{(MN)}(1 - 2S_a) \right\} \quad (4.57)$$

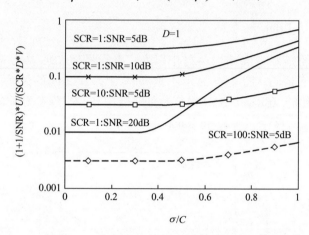

图 4-6 非相关和相关信号功率的比值与饱和度、信杂波比、信噪比之间的依赖关系
(此图中 SCR=1、10、100,SNR=5dB、10dB、20dB。它表明相关功率在饱和度较低
($\sigma/C<0.5$)时更多地超过非相关功率,在较为饱和($\sigma/C>0.5$)时,该比值较小)

表 4-1 非相关和相关功率之比的典型值

编号	SNR	$\sigma/C=0.5$	$\sigma/C=0.8$
1	5dB	33%	47%
2	10dB	11%	24%
3	20dB	2%	15%

参数 $\Delta P_{\text{raw}} = P_{\text{raw}}/2\sigma^2$ 和 $\Delta P_C = P_C/\{(MN)^2 \cdot a_d^2 \cdot \text{SCR} \cdot D\}$ 能够衡量原始数据功率(P_{raw})和 SAR 图像功率(P_C)在 ISL 上相关增益损耗的依赖关系。图 4-7 表明,随着 ISL 的增加,这两种功率会降低,并且 SAR 图像功率比原始数据功率降低更多(例如,在 $\sigma/C=0.8$,SCR=1 时,ΔP_C 约为-2dB,ΔP_{raw} 约为 0.6dB;在 $\sigma/C=0.5$,ΔP_C 约为-0.4dB,ΔP_{raw} 约为 0.2dB);随着 SCR 的增加,SAR 图像功率

逐渐接近最终曲线。

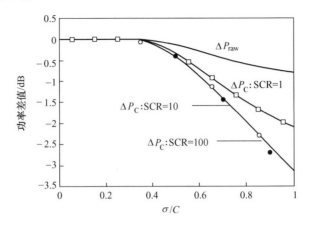

图 4-7 原始数据功率和 SAR 图像功率对饱和度的依赖性（随着饱和度的增加，相关功率随着 SCR 的降低而降低。在这种变化中，原始数据功率降低是最少的）

4.3.3 模型和数据 S_a 的比较

两个饱和的原始数据区域在富士山南部和日本别府市西部。表 4-2 显示了饱和率和原始数据功率的评估结果。如图 4-8 所示，当 AGC 监测窗口观察海洋时对整个范围内的段进行取平均操作，测量的饱和率（附录 4A-5）最差达到 19%。当数据未饱和或者略微饱和时，AGC 值范围为 0~9dB；当信号严重饱和时，AGC 为 0dB。注意：AGC 值是接收机中的衰减。图 4-9 是测量数据和模型数据的饱和率与 P_{raw}/h^2 关系曲线。实线表示模型中中频放大器的 AGC 输出被控制为 4dBm（图 4-2）。白色圆圈表示别府市的测量值，黑色三角形表示富士山地区的测量值。测量数据很符合模型中饱和率和原始数据功率之间的关系。

表 4-2　JERS-1/SAR 数据评估

编号	地区	纬度	经度	行号	列号	日期	评价
1	富士	33.32°	138.57°	65	241	1995.9.7	发射功率 325W
2	别府	33.25°	131.5°	78	245	1995.11.3	发射功率 325W

4.3.4 接收机增益和高斯功率 $2\delta^2$

JERS-1/SAR 接收机提供两种增益选择模式：人工增益控制（MGC）和自动增

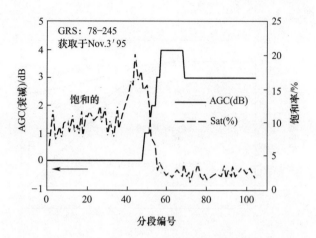

图 4-8　富士山地区的 AGC 和饱和模式之间的关系(当 AGC 监测海阳市,AGC 值下降到零并且饱和度上升)

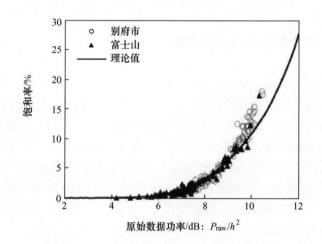

图 4-9　使用 JERS-1/SAR 观察到的别府市图像数据对饱和率模型进行比较

益控制(AGC)。在 MGC 中,增益是恒定的。在 AGC 模式中,每 64 个脉冲增益就会重新选择,这是为了保持 ADC 输入功率在 1dB 的步长中近似等于 $2\sigma_{cri}^2$。使用高斯方法 [·],可将噪声功率表示为

$$2\sigma^2 = (MN)a_d^2 \cdot Q \cdot 10^{0.1 \cdot IG_{rec}} \tag{4.58}$$

$$IG_{rec} = \left[10\lg\left\{ \left(2\sigma_{cri}^2 - \frac{h^2}{6}W(\sigma_{cri})\right) \Big/ \left[(MN)a_d^2 + 2\sigma_{rn}^2\right] \right\} \right] \tag{4.59}$$

4.4 JERS-1/SAR 数据的辐射校正

4.4.1 饱和信号功率的辐射校正

由于 U 和 V 对 SNR 和 SCR 的依赖特性不同,因此无法从 SAR 图像功率中减去非相关信号功率来精确估计接收信号功率。在饱和严重的情况下(表 4-1 中 σ/C 为 0.8,SNR = 20dB)能够接受的误差容限为 15%,这时,我们可以定义经饱和度修正的 SAR 图像功率:

$$P'_C = \frac{P_C}{V} = (MN)^2 a_d^2 \text{SCR} \cdot D \cdot \left(1 + \frac{1 + \text{SNR}^{-1}}{\text{SCR} \cdot D} \frac{U}{V}\right) \\ \approx (MN)^2 a_d^2 \text{SCR} \cdot D \quad (4.60)$$

式中: V 的确定需要饱和率的实测值。如果 $\sigma/C = 0.5$ 且 SNR = 20dB,则最终的修正值是有效的。如果我们简单地将上述校正应用于 SAR 图像功率(仅考虑由 G_{rec} 产生),则 S_a 可能不会与 SAR 图像功率精确配准并且产生伪像。这是因为原始数据和 SAR 图像之间的位置匹配取决于雷达处理器的设计,尤其是方位向的参考功能。即使能够配准,在每个像素位置上的 S_a 经过插值处理后也可能导致伪像的产生。

我们的建议是在 SAR 进行相关处理期间将校正因子与接收机增益校正进行卷积。这种方法称为 M-1 方法(校正流程见图 4-10):

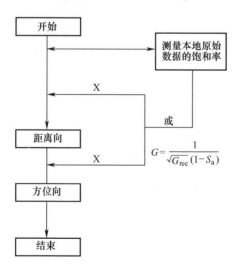

图 4-10 M-1 校正法流程图

$$(\text{M}-1) \qquad P'_C \propto f'_C \cdot f'^{*}_C \qquad (4.61)$$

$$f'_C = \left\{ \left(\sum_{m=1}^{4} f_m \oplus g^{*}_r \right) \cdot G_c \right\} \oplus g^{*}_a \text{ 或 } \left\{ \left(\sum_{m=1}^{4} f_m \right) \cdot G_c \oplus g^{*}_r \right\} \oplus g^{*}_r \qquad (4.62)$$

$$G_c = \frac{1}{\sqrt{G_{rec}} \cdot (1 - S_a)} \qquad (4.63)$$

在以上的公式中，P'_C 和 f'_C 分别是饱和度校正后的 SAR 图像功率及其复杂形势的表达式。为了进行深入比较，我们定义了两个简单的校正方法，即 M-2 和 M-3：

$$(\text{M}-2) \qquad G_{cr} \approx \frac{1}{\sqrt{G_{rec}}} \qquad (4.64)$$

$$(\text{M}-3) \qquad G_{cr} \approx 1 \qquad (4.65)$$

M-1 方法需要测量 S_a 和接收机增益 G_{rec}，并且可能需要更多的执行时间和更高的精度。M-2 方法仅校正接收机增益，不能对饱和度进行充分校正。M-3 方法无法对接收机增益进行校正(如 AGC)。

4.4.2 仿真

为了研究 MGC 和 AGC 模式下 M-1 方法和 M-2 方法(表4-3)无饱和 SAR 图像功率，我们进行了仿真。在该仿真中 SCR 为 1、10 和 1000。图 4-11 和图 4-12 分别为在 MGC 和 AGC 情况下的仿真结果。

表 4-3 仿真条件

编号	条件	描述
1	ADC	3 位 ADC，$h = 0.128V, C = 0.512V$
2	$\overline{SNR}$	20dB
3	MGC	增益为常数 $G_{rec} = 0$dB
4	AGC	以 1dB 为步长选择接收机增益，以保持 ADC 输入功率小于 0dBm
5	阻抗	50Ω
6	SCR	1,10,100,1000

(1) MGC。通常，误差随着 ISL 的增加而增加。在 M-2 方法中，正常的 JERS-1/SAR 条件导致-0.4dB 的误差；当饱和率为 20%（$\sigma/C = 0.8$）时，误差在-2dB 左右。即使在 SCR=1 时，M-1 方法也能够成功地进行饱和校正，在饱和率为 20%时的误差为 0.5dB。

(2) AGC。它与 MGC 有几点不同。首先，M-2 将误差降低到小于 0.3dB 并产生锯齿图案，这是由 AGC 阶梯式操作所引起的。其次，无论 SCR 如何，M-1 方

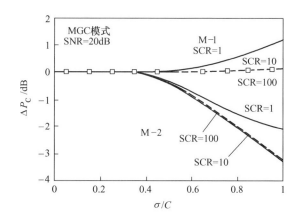

图 4-11 在 MGC 模式下获取的数据饱和度校正误差
（在饱和度较高的区域中 M-1 方法的误差小于 M-2 方法）

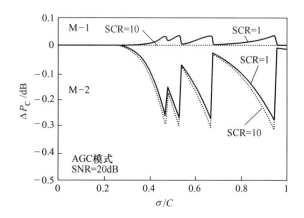

图 4-12 在 AGC 模式下得到的数据饱和度校正误差(M-1 方法产生的误差小于 M-2 方法。
两种方法产生的误差均比 MGC 中的小,并且在高 σ/C 值情况下误差保持不变)

法几乎完美地在饱和度校正中取得成功(SCR=1 时误差约为 0.04dB)。

由 M-1 方法校正的 SAR 图像的功率饱和度归一化标准差（$K_{PC}s$）如图 4-13 和图 4-14 所示。在 MGC 情况下(图 4-13),校正误差随着 SCR 减小和饱和度的增加而增加。这是因为非相关功率是由随机过程产生的,因为 SCR=1, K_{PC} 可能逐渐接近 1.0。AGC 情况(图 4-14)显示出校正误差不依赖于 σ/C。逐步渐变的趋势是 AGC 增益变化导致的。在 $\sigma/C=0.5$ 时,MGC 和 AGC 才会产生相同的 K_{PC} 值。高于该输入电平时,MGC 变得不准确,但是 AGC 仍然是准确的。

由此我们可以得出结论,对 AGC 和 MGC 情况来说,M-1 方法对饱和 SAR 数

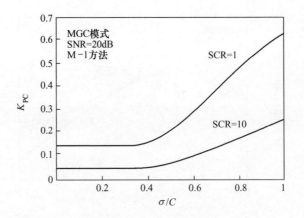

图 4-13 MGC 模式下 M-1 方法功率估计精度

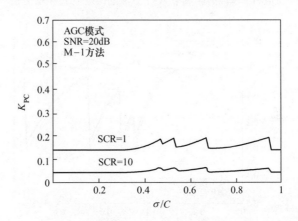

图 4-14 AGC 模式下 M-1 方法功率估计精度

据的校正结果比 M-2 方法更加准确。M-1 和 AGC 条件的组合最适合于饱和度的校正,并且 M-1 方法在饱和率为 20%,SCR = 1 时的校正精度为 0.04dB。该方法在高 SCR 的情况下的误差较小。

4.4.3 对比 M-1、M-2 和 M-3 方法产生的图像

在一张长为 40km(南)、宽为 6.1km(东)包含日本富士山的图像中,北部为非饱和区域,南部为饱和区域。我们使用了 M-1、M-2 和 M-3 方法进行了校正。从图 4-15(a)、(b)、(c)中可以看出,它们的视觉感依次增强。和图 4-8 结果相同,图像右半部分以 20% 的最大速率饱和,左半部分不饱和(2.5% 左右)。由于该图

同时包含了高饱和区域和正常强度区域,所以该图是评估校正方法的优良范例。在图4-15(c)中,由于原始数据完全饱和,富士山南部地区显得十分明亮。

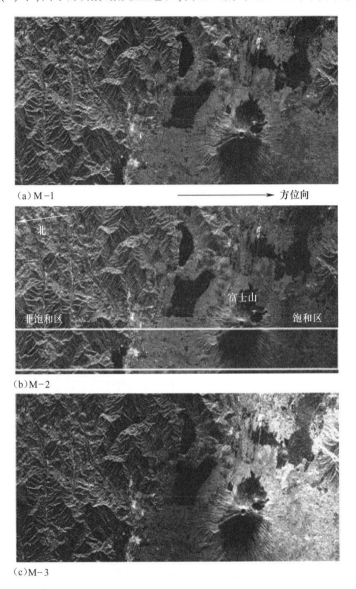

图4-15　富士山地区范围为45km×22.5km的SAR的图像(图(a)、(b)和(c)分别由M-1、M-2和M-3方法校正得到)

在图4-15(b)中,M-2方法使山的北侧比南侧更亮。M-1方法能够在图4-15(a)中均匀地校正亮度。图4-16和图4-17为别府和富士山地区沿雷达运动轨道方向矩形区域(图 4-15(b)中的矩形方框,方位向 8 个像素,距离向 320 个像素)的功率强度平均值计算结果。由于校准仪器未部署在饱和和非饱和区域,因此我们不能讨论辐射校正精度(如 Gray 和 Ulander 等在 1990 年和 1991 年所述),但是可以假设饱和区域和非饱和区域的平均归一化雷达散射截面是相同的。由此可以得出结论:M-1 方法能够恢复饱和图像。相比之下,M-2 方法将别府地区和富士山地区图像分别校正 1dB 和 2dB("欠校正"表示饱和区域的校正图像比非饱和区域暗)。M-3 无法校正饱和度或者 AGC。

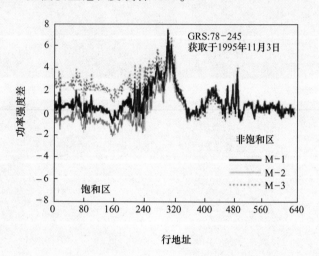

图 4-16 别府地区 SAR 图像平均功率分布

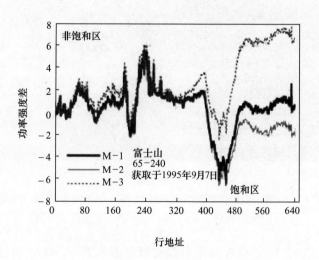

图 4-17 富士山地区 SAR 图像平均功率分布

4.4.4 校正方法的优点和缺点

我们现在总结 M-1 方法和 M-2 方法的优点和缺点。
1. M-1 方法(所提出的方法)
优点:
能够校正由饱和造成的明亮目标功率损耗,具体情况取决于 SNR 和 SCR;
能够以 0.6dB 的精度校正杂波,在饱和率为 20% 的情况下随机误差能够达到 1.7dB。
缺点:
需要对图像进行饱和度测量,并且对计算资源的要求较高;
该方法不适用于极高饱和度的情况(分母为零时)。
2. M-2 方法(现有方法)
优点:
操作简便。
缺点:
无法校正饱和引起的功率损耗,并且沿方位向留下强度渐变痕迹;
在饱和率为 20% 时估计得到的 σ^0 具有 1.5dB 的误差,杂波的随机误差为 1.7dB;
对明亮目标来说,在饱和率为 20% 时估计得到的 σ^0 具有 2.0dB 的误差并且随机误差较小。

4.4.5 在实际 SAR 中的应用

在 20 世纪 90 年代,饱和度是 SAR 图像质量下降的关键问题之一。JERS-1/SAR 有时在复杂区域会记录下具有高饱和度的数据值,其中岛屿、海洋和 AGC 监测窗口偶尔会相互关联。具有 MGC 模式的 ERS-1 卫星中的有源微波仪器(Active Microwave Instrument ,AMI)在探测具有强风的海洋时会达到饱和状态。在 21 世纪,由于数据压缩方法得到了充分发展,饱和率急剧下降。在日本的 L 波段 SAR 中,由于 MGC 增益已选择最优值,ALOS/PALSAR 平均会遇到几个百分比的饱和。ALOS-2/PALSAR-2 表现出相当低的饱和度值,这将在第 9 章中讨论。可能未来的 SAR 系统不再需要饱和度校正。

4.5 总结

在本章中,我们推导了在真实噪声条件下的 SAR 图像强度雷达方程,针对条带 SAR 和 ScanSAR 给出了归一化雷达散射截面积的表达式，得到了 SAR 原始数据强度，并且对它们进行了比较。在这些量化模型的基础上，我们提出了一种饱和 SAR 图像的辐射校正方法。该方法恢复了由原始数据饱和所降低的相关功率。本章也给出了恢复后的信号功率期望模型及其归一化标准差，该标准差是作为饱和率的函数而存在的。通过对图像中的饱和率进行重新分布，就能够对距离向和方位向上的相关进行校正。使用 JERS-1/SAR 饱和数据进行的仿真结果说明，本章中提出的方法能够校正饱和度。

附录 4A-1　ADC 冗余噪声

ADC 冗余噪声为

$$\sigma_{\text{ADC}}^2 = \langle (X_{\text{ADC}} - X)^2 \rangle \tag{4A-1.1}$$

式中

$$X_{\text{ADC}} = \left[\frac{X}{h} + 0.5\right] \cdot h \tag{4A-1.2}$$

是 ADC 的输出；X 为 ADC 的输入电压；h 是 ADC 转换间隔；$[\ ]$ 是截断运算符；$\langle\ \rangle$ 是期望。功率为 $2\sigma^2$ 的高斯信号是输入。可以针对每个 ADC 间隔对上述表达式进行计算。在间隔为 2^L 上的积分给出了 ADC 冗余噪声的最终表达式：

$$\begin{aligned}\sigma_{\text{ADC}}^2 &= \frac{\sigma^2}{2}\text{Erfc}\left(-\frac{2^{L/2} \cdot h}{\sqrt{2}\sigma}\right) \\ &- \sqrt{\frac{2}{\pi}}\frac{h\sigma}{2}\sum_{i=-2^{L/2}}^{2^{L/2}-1}\left\{\exp\left(-\frac{(i+1)^2 h^2}{2\sigma^2}\right) + \exp\left(-\frac{i^2 h^2}{2\sigma^2}\right)\right\} \\ &+ \frac{h^2}{2}(2^L + 0.5)\text{Erfc}\left(-\frac{2^{L/2} \cdot h}{\sqrt{2}\sigma}\right) \\ &+ \frac{h^2}{2}\sum_{i=-2^{L/2}}^{2^{L/2}-1}\left\{i \cdot \text{Erfc}\left(\frac{i \cdot h}{\sqrt{2}\sigma}\right) + (i+1)\text{Erfc}\left(\frac{(i+1) \cdot h}{\sqrt{2}\sigma}\right)\right\}\end{aligned} \tag{4A-1.3}$$

我们可以定义一个加权因子：

$$W = \sigma_{\text{ADC}}^2 \cdot \frac{12}{h^2} \tag{4A-1.4}$$

该因子能够对正态分布的不饱和信号进行方差归一化处理。图 4A-1 是 3 位 ADC 的输入功率和加权因子 W 所构成的曲线。该图说明，输入功率小于 9dBm 时，W 超过 1.0；在 P_{in} 超过 5dBm 是，W 小于 1.0。

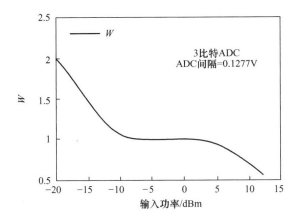

图 4A-1　加权因子 W 相对于 ADC 的输入功率变化曲线

附录 4A-2　x_4 的期望

x_4 的期望为

$$\langle x_4 \rangle = \int_{-\infty}^{\infty} F(x_1, x_2) \cdot P(x_2) \mathrm{d}x_2 \quad (4A\text{-}2.1)$$

$$F(x_1, x_2) = \int_{C-x_1-x_2}^{\infty} (C - x_1 - x_2 - x_3) P(x_3) \mathrm{d}x_3$$
$$+ \int_{-\infty}^{-C-x_1-x_2} (-C - x_1 - x_2 - x_3) P(x_3) \mathrm{d}x_3 \quad (4A\text{-}2.2)$$

$$P(x_2) = \frac{1}{\sqrt{2\pi}\sigma_n} \exp\left(-\frac{(x_2)^2}{2\sigma_n^2}\right) \quad (4A\text{-}2.3)$$

$$P(x_3) = \frac{1}{\sqrt{2\pi}\sigma_{rn}} \exp\left(-\frac{(x_3)^2}{2\sigma_{rn}^2}\right) \quad (4A\text{-}2.4)$$

$$\begin{aligned} 2\sigma^2 &= 2\sigma_n^2 + 2\sigma_{rn}^2 \\ &= 2\sigma_{rn}^2(\mathrm{SNR} + 1) \end{aligned} \quad (4A\text{-}2.5)$$

逐项计算得到

$$F(x_1,x_2) = \frac{C-x_1-x_2}{2}\text{Erfc}\left(\frac{C-x_1-x_2}{\sqrt{2}\sigma_{\text{rn}}}\right) - \frac{C+x_1+x_2}{2}\text{Erfc}\left(\frac{C+x_1+x_2}{\sqrt{2}\sigma_{\text{rn}}}\right)$$
$$-\frac{\sigma_{\text{rn}}}{\sqrt{2\pi}}\exp\left\{-\frac{(C-x_1-x_2)^2}{2\sigma_{\text{rn}}^2}\right\} - \frac{\sigma_{\text{rn}}}{\sqrt{2\pi}}\exp\left\{-\frac{(C+x_1+x_2)^2}{2\sigma_{\text{rn}}^2}\right\}$$
(4A-2.6)

式(4A-2.1)说明 $x_2 + x_3$ 是在 x_2 和 x_3 的卷积函数中分布的变量。式(4A-2.1)可化简为

$$\langle x_4 \rangle = \frac{C-x_1}{2}\text{Erfc}\left(\frac{C-x_1}{\sqrt{2}\sigma}\right) - \frac{C+x_1}{2}\text{Erfc}\left(\frac{C+x_1}{\sqrt{2}\sigma}\right)$$
$$-\frac{\sigma}{\sqrt{2\pi}}\exp\left\{-\frac{(C-x_1)^2}{2\sigma^2}\right\} - \frac{\sigma}{\sqrt{2\pi}}\exp\left\{-\frac{(C+x_1)^2}{2\sigma^2}\right\}$$
(4A-2.7)

可以得到一个类似的表达式：

$$\langle x_4^2 \rangle = \frac{1}{2}\{(C-x_1)^2 + \sigma^2\}\text{Erfc}\left(\frac{C-x_1}{\sqrt{2}\sigma}\right) + \frac{1}{2}\{(C+x_1)^2 + \sigma^2\}\text{Erfc}\left(\frac{C+x_1}{\sqrt{2}\sigma}\right)$$
$$-\frac{\sigma}{\sqrt{2\pi}}\left\{(C-x_1)\exp\left(-\frac{(C-x_1)^2}{2\sigma^2}\right) + (C+x_1)\exp\left(-\frac{(C+x_1)^2}{2\sigma^2}\right)\right\}$$
$$\approx (C^2 + \sigma^2) \cdot \text{Erfc}\left(\frac{C}{\sqrt{2}\sigma}\right) - \sqrt{\frac{2}{\pi}}C\sigma\exp\left(-\frac{C^2}{2\sigma^2}\right)$$
(4A-2.8)

$\langle x_3 x_4 \rangle$ 为

$$\langle x_3 x_4 \rangle = \int_{-\infty}^{\infty} P(x_2) \cdot G(x_1, x_2) \text{d}x_2$$

$$G(x_1, x_2) = -\frac{\sigma_{\text{rn}}^2}{2}\left\{\text{Erfc}\left(\frac{C-x_1-x_2}{\sqrt{2}\sigma_{\text{rn}}}\right) + \text{Erfc}\left(\frac{C+x_1+x_2}{\sqrt{2}\sigma_{\text{rn}}}\right)\right\}$$

通过数值仿真能够得到

$$\langle x_3 x_4 \rangle \approx -\frac{\sigma^2}{1+\text{SNR}}\text{Erfc}\left(\frac{C}{\sqrt{2}\sigma}\right)$$
(4A-2.9)

附录 4A-3 归一化标准差

归一化标准差 K_{PC} 为

$$K_{\mathrm{PC}} \equiv \frac{\sqrt{V_{\mathrm{PC}} - P_{\mathrm{C}}^2}}{P_{\mathrm{C}}} \quad (4\mathrm{A}\text{-}3.1)$$

相关信号 f 的四阶矩用 V_{PC} 表示,并由下式给出

$$\begin{aligned}V_{\mathrm{PC}} &= \langle (\boldsymbol{S}_{\mathrm{C}} \cdot \boldsymbol{S}_{\mathrm{C}}^*)^2 \rangle \\ &= \sum_{m=1}^{4}\sum_{n=1}^{4}\sum_{k=1}^{4}\sum_{l=1}^{4} \langle \boldsymbol{S}_{\mathrm{cra},m} \cdot \boldsymbol{S}_{\mathrm{cra},n}^* \cdot \boldsymbol{S}_{\mathrm{cra},k} \cdot \boldsymbol{S}_{\mathrm{cra},l}^* \rangle \end{aligned} \quad (4\mathrm{A}\text{-}3.2)$$

式(4A-3.2)是将 256(=4×4×4×4) 项求和来得到相关信号功率平方的期望。使用以下的两个条件可将 K_{PC} 按式(4.31)计算:

$$x_1 \approx y_1 \approx 0 \quad (4\mathrm{A}\text{-}3.3)$$

$$\begin{aligned}\langle x_1 x_2 x_3 x_4 \rangle &= \langle x_1 \rangle \langle x_2 \rangle \langle x_3 \rangle \langle x_4 \rangle \\ &+ \langle x_1 \rangle \langle x_2 x_3 x_4 \rangle \delta(t_2 - t_3)\delta(t_3 - t_4) + \cdots \\ &+ \langle x_1 x_2 \rangle \langle x_3 x_4 \rangle \delta(t_2 - t_1)\delta(t_4 - t_3) + \cdots \\ &+ \langle x_1 x_2 x_3 x_4 \rangle \delta(t_1 - t_2)\delta(t_2 - t_3)\delta(t_3 - t_4) \\ &+ \langle x_1 \rangle \langle x_3 \rangle \langle x_3 x_4 \rangle \delta(t_3 - t_4) + \cdots \end{aligned} \quad (4\mathrm{A}\text{-}3.4)$$

附录 4A-4 ADC 输出功率(原始数据功率)

与 4.2 节中的 $\boldsymbol{R}_{mn}$ 计算方法相同,由 P_{raw} 表示的原始数据功率可分两步获得

$$\begin{aligned}P_{\mathrm{raw}} &\approx \langle \boldsymbol{S}_4 \cdot \boldsymbol{S}_4^* \rangle \\ &= \langle \boldsymbol{S}_1 \cdot \boldsymbol{S}_1^* \rangle + \langle \boldsymbol{S}_2 \cdot \boldsymbol{S}_2^* \rangle + \langle \boldsymbol{S}_3 \cdot \boldsymbol{S}_3^* \rangle + \langle (\boldsymbol{S}_1 \cdot \boldsymbol{S}_2)^* \rangle \\ &+ \langle (\boldsymbol{S}_2 \cdot \boldsymbol{S}_3)^* \rangle + \langle (\boldsymbol{S}_1 \cdot \boldsymbol{S}_3)^* \rangle \end{aligned} \quad (4\mathrm{A}\text{-}4.1)$$

$$\langle \boldsymbol{S}_1 \cdot \boldsymbol{S}_1^* \rangle = \langle x_1^2 \rangle + \langle y_1^2 \rangle = G_{\mathrm{rec}} a_{\mathrm{d}}^2 \cdot \mathrm{SCR} \quad (4\mathrm{A}\text{-}4.2)$$

$$\langle \boldsymbol{S}_2 \cdot \boldsymbol{S}_2^* \rangle = \langle x_2^2 \rangle + \langle y_2^2 \rangle = 2\sigma^2 \quad (4\mathrm{A}\text{-}4.3)$$

$$\langle \boldsymbol{S}_3 \cdot \boldsymbol{S}_3^* \rangle = \langle x_3^2 \rangle + \langle y_3^2 \rangle \quad (4\mathrm{A}\text{-}4.4)$$

$$\begin{aligned}\langle (\boldsymbol{S}_1 \cdot \boldsymbol{S}_2)^* \rangle &= \langle \boldsymbol{S}_1^* \cdot \boldsymbol{S}_2 + \boldsymbol{S}_1 \cdot \boldsymbol{S}_2^* \rangle = \langle 2x_1 \langle x_2 \rangle + 2y_1 \langle y_2 \rangle \rangle \\ &= \langle 2x_1 0 + 2y_1 0 \rangle = 0 \end{aligned} \quad (4\mathrm{A}\text{-}4.5)$$

$$\langle (\boldsymbol{S}_2 \cdot \boldsymbol{S}_3)^* \rangle = \langle \boldsymbol{S}_2^* \cdot \boldsymbol{S}_3 + \boldsymbol{S}_2 \cdot \boldsymbol{S}_3^* \rangle = 2\langle x_2 x_3 \rangle + 2\langle y_2 y_3 \rangle \quad (4\mathrm{A}\text{-}4.6)$$

$$\langle (\boldsymbol{S}_1 \cdot \boldsymbol{S}_3)^* \rangle = \langle \boldsymbol{S}_1^* \cdot \boldsymbol{S}_3 + \boldsymbol{S}_1 \cdot \boldsymbol{S}_3^* \rangle = \langle 2x_1 \langle x_3 \rangle + 2y_1 \langle y_3 \rangle \rangle \quad (4\mathrm{A}\text{-}4.7)$$

在式(4A-4.1)的右侧中,第一项、第二项和第三项是正的,第五项是负数,这

是因为 x_3 和 x_2 互为相反数。同样地,由于 x_1 和 x_3 也互为相反数,因此,第六项也是负的。由此可见,饱和度降低了非饱和 ADC 的输出功率(Shimada 等,1993;Nemoto 等,1991)。最后,我们得到

$$P_{\text{raw}} = 2\sigma^2 \left\{ 1 - \frac{E}{\eta^2} - \sqrt{\frac{2}{\pi}} \frac{1}{\eta} \exp\left(-\frac{1}{2\eta^2}\right) + \frac{\text{SCR}}{(MN)} (1 - 2 \cdot S_a) \right\}$$

(4A-4.8)

附录 4A-5 饱和度的测量值 $\overline{S}_a$

实际饱和率 $\overline{S}_a$ 可以按照如下方法从原始数据中得到。首先将图像分割为许多小块,每个小块的大小为 512(距离向)×64(方位向)。之后针对每个小块计算归一化直方图,即 $h_m[i]$,i 的范围从 0 到 7。$i = 1 \sim 6$ 时,该直方图是高斯分布的。可以得到如下等式:

$$\int_{0.5}^{6.5} \frac{1}{\sqrt{2\pi}\sigma} \exp\left\{-\frac{(x-\mu)^2}{2\sigma^2}\right\} dx = \sum_{i=1}^{6} h_m[i] \quad (4A-5.1)$$

这里的 μ 可通过测量得到,σ 值可以使用迭代方法确定。最终得到的饱和率测量值为

$$\overline{S}_a = 1 - \int_{-0.5}^{7.5} \frac{1}{\sqrt{2\pi}\sigma} \exp\left\{-\frac{(x-\mu)^2}{2\sigma^2}\right\} dx \quad (4A-5.2)$$

参考文献

Freeman, A. and Curlander, J. C., 1989, "Radiometric Correction and Calibration of SAR Images," *Photogramm. Eng. Rem. S.*, Vol. 55, No. 9, pp. 1295-1301.

Gray, A. L., Vachon, P. W., Livingstone, E., and Lukowski, T. I., 1990, "Synthetic Aperture Radar Calibration Using Reference Reflectors," *IEEE Trans. Geosci. Rem. Sens.*, Vol. 28, No. 3, pp. 374-383.

Nemoto, Y., Nishino, H., Ono, M., Mizutamari, H., Nishikawa, K., and Tanaka, K., 1991, "Japanese Earth Resources Satellite-1 Synthetic Aperture Radar," *Proc. of the IEEE*, Vol. 79, No. 6, pp. 800-809.

Papoulis, A., 1977, "Part Three: Data Smoothing and Spectral Estimation," *Signal Analysis*, McGraw-Hill, New York.

Shimada, M., Nagai, T., and Yamamoto, S., 1991, "JERS-1 Operation Interface Specification,"

JAXA internal document, HE-89033, Revision-3, Tokyo, Japan.

Shimada, M., Nakai, M., and Kawase, S., 1993, "Inflight Evaluation of the L-band SAR of JERS-1," *Can. J. Remote Sens.*, Vol. 19, No. 3, pp. 247-258.

Shimada, M. and Nakai, M., 1994, "Inflight Evaluation of L Band SAR of Japanese Earth Resources Satellite-1," *Adv. Space Res.*, Vol. 14, No. 3, pp. 231-240.

Shimada, M., 1999a, "Radiometric Correction of Saturated SAR Data," *IEEE T. Geosci. Remote*, Vol. 37, No. 1, pp. 467-478.

Shimada, M., 1999b, "A Study on Measurement of Normalized Radar Cross Section of Earth Surfaces by Spaceborne Synthetic Aperture Radar," PhD Thesis, University of Tokyo.

Ulander, L. M. H., 1991, "Accuracy of Using Point Targets for SAR Calibration," *IEEE T. Aero. Elec. Sys.*, Vol. 27, No. 1, pp. 139-148.

第5章
ScanSAR成像

5.1 导言

近年来,大多数的 SAR 都配备了 3 种成像模式:聚束式、条带式和扫描式(ScanSAR)。新的雷达系统充分利用了数字和雷达技术的大带宽、多极化和收发模块。与条带模式不同,ScanSAR 间歇地激活每个波束将脉冲分散到多个波束中,结果表明,ScanSAR 成像效果更好。与条带模式相比,ScanSAR 配备了更宽的条带,可在 300~500km 的范围内成像,并且缩短了电磁波发射到接受的时延,从而提高图像分辨率和图像质量(Cumming 和 Wong,2005)。ScanSAR 的图像质量问题可由 3 种类型的伪像表示:①方位向上的周期性的伪像,称为扇贝效应;②方位向上的截断噪声;③相邻子带之间的条纹现象,称为子带拼接效应。

第一种残留的伪像是由实际方位向天线方向图(Azimuth Antenna Pattern,AAP)和模型不匹配引起的,而其他伪像是由多普勒中心频率不准确或过低信噪比(SNR)条件下 AAP 对噪声的调制引起的(Bamler 1995;Leung 等,1996)。如果噪声电平较低、SAR 数据的饱和率不太高且多普勒频率可以被准确估计,则可以抑制扇贝效应(Jin,1996)。已经有学者对扇贝效应的抑制进行了研究(Bamler,1995;Hawkins 和 VA chon,2002)。Blamer(1995)提出了一种算法,该算法通过对不同视角进行求和来产生最佳权重函数,从而抑制扇贝效应。Vigneron(1994)评估了逆天线方向图方法并得出结论:信噪比较高时,可以有效抑制扇贝效应的形成。

亚马孙雨林数据具有不受入射角影响的均匀后向散射特性,是 SAR 校准定标中极好的参考目标(Shimada,2005),并作为主要的校准源广泛用于 SAR 校准(即距离天线方向图(Range Antenna Pattern,RAP)的估计、检测辐射校准精度和传感器稳定性的评估)(Shimada 等,2009;Srivastava 等,2001;Rosich 等,2004;Shimada,2009)。然而,在扇贝效应抑制和 AAP 估计方面,学者们尚未彻底研究清楚。尽管已经发现了扇贝效应产生的根本原因并且有一个复杂的处理算法可以使用,但可使用亚马孙雨林数据或构建校正算法来实现一个更简单的处理算法。在本章中,我们会介绍一种仅使用亚马孙雨林数据(即不使用地面上测量得到的天线方向图或在卫星经过时使用地面上接收器测量的天线方向图)估算 ScanSAR 的 AAP 和最小化扇贝效应的新方法。

第二个伪像来自于频谱边缘的信号截断。为了满足奈奎斯特定理,可以通过增加 PRF 来解决这一问题,从而使被照区域的多普勒带宽能够被完全覆盖。然而,PRF 的选择和每个波束内的脉冲数有时会受到 SAR 系统的限制。例如,先进陆地观测卫星(Advanced Land-Observing Satellite, ALOS)上的 L 波段相控阵 SAR (Phased-Array L-band Synthetic Aperture Radar, PALSAR)偶尔会使用五个波束探测 350km 的成像条带而忽略了图像质量(Shimada 等,2007、2009)。因此,我们建议使用带宽限制的方法。

对于第三种伪像(即子带拼接效应),本书介绍一个为 Radarsat-1 和 ENVISAT 开发的具有代表性的校正方法。在给出每个多波束的距离天线图(RAP)的条件下,该方法主要利用两个相邻子带的重叠区域来更新横滚角和与具有距离依赖特性的增益校正(RDGC)(Bast 和 Cumming, 2002;Dragosevic, 1999;Hawkins 等, 2001)。作为一种替代方法,我们采用一种动态平衡方法,在重叠区域局部均衡强度,而在高信噪比区域保持图像强度(即在距离和方位角方向上基于最小二乘思想的子带中心)。该方法已通过 JERS-1 SAR 数据进行了验证(Shimada 和 Isoguchi,2002),并得以优化来抑制相邻子区域的强度不连续。在本章中,我们提出了一种新的 ScanSAR 图像校正方法(Shimada,2009)。

5.2 扇贝效应校正

5.2.1 ScanSAR 成像

我们考虑 ScanSAR 的 N 个子带,雷达每个脉冲(Burst)含有 N_{az} 个脉冲,脉冲重复频率为 f_{PRF},多普勒调频率是 f_{DD},发射重复周期为 T_{SCAN},卫星地面速度为 v_g。如第 3 章所述,图 5-1 描述了在时域多个 Burst 之间的几何关系:①多个 Burst 在时间上的重复关系;②Burst(聚焦图像);③地面距离。Burst、Burst 间隔以及方位向分辨率的关系如下。

(1) 方位向像素间距为

$$-\frac{f_{PRF}}{f_{DD} \cdot N_{az}} v_g \tag{5.1}$$

(2) 方位向图像长度为

$$-\frac{f_{\text{PRF}}}{f_{\text{DD}} \cdot N_{\text{az}}} N_{\text{az}} v_g - \frac{N_{\text{az}}}{f_{\text{PRF}}} v_g = -\left(\frac{f_{\text{PRF}}}{f_{\text{DD}}} + \frac{N_{\text{az}}}{f_{\text{PRF}}}\right) v_g \tag{5.2}$$

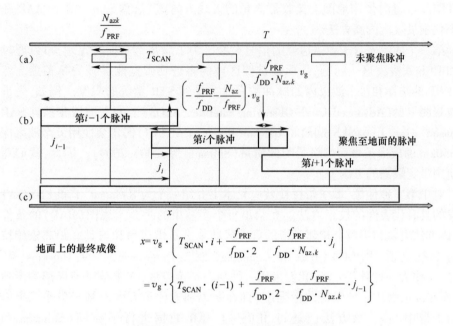

图 5-1 适用于 ScanSAR 处理的坐标系
(a)脉冲的时域间隔(或者从参考点计算的距离);(b)聚焦图像的位置和时间关系;(c)ScanSAR 图像的时间关系。

(3) Burst 重复周期对应的地表距离为

$$T_{\text{SCAN}} \cdot v_g \tag{5.3}$$

式(5.1)表示采样频率分辨率乘以每个多普勒调频率下的地面速度。式(5.2)表示总的方位向地面长度减去合成孔径长度。式(5.3)表示两个 Burst 之间的方位向距离。

考虑其中任一个子带,经距离压缩和谱分析(Spectral Analysis, SPECAN)处理后的第 k 个子带第 i 个 Burst 的图像的方位特性可以由以下公式表示。此后,文中出现的"Burst"一词即表示聚焦后的 Burst。首先,每个像素几何分布可表示为

$$X_{i,j}^k = i \cdot T_{\text{SCAB}} \cdot v_g + x_{i,j}^k \tag{5.4}$$

$$x_{i,j}^k = \frac{f_{\text{PRF},k}}{f_{\text{DD}}} \frac{v_g}{2} - \frac{f_{\text{PRF},k} \cdot v_g}{f_{\text{DD}} \cdot N_{\text{az},k}} j_{i,k} \quad (j_b \leq j_{i,k} \leq j_e) \tag{5.5}$$

$$T_{\text{SCAN}} = \sum_{k=1}^{N_{\text{SCAN}}} \frac{N_{\text{az},k}}{f_{\text{PRF},k}} \tag{5.6}$$

式中：$x_{i,j}^k$ 是一个 Burst 内沿轨道的相对方位坐标；$X_{i,j}^k$ 是沿轨道的方位向坐标。另外，N_oise 表示噪声；i 表示 Burst 序号；$j_{i,k}$ 表示第 i 个聚焦图像中的相对图像位置；T_SCAN 表示所有子带扫描时间周期，也可定义为循环周期；N_SCAN 是能够覆盖整个 ScanSAR 子带的子带数或波束数；$f_{\text{PRF},k}$ 是第 k 个子带的脉冲重复频率或方位向处理带宽；f_DD 表示多普勒调频率（Hz/s）；v_g 是卫星地面速度；S_a 是原始数据的饱和率（Shimada，1999）。

根据图 5-1 所示，每个 Burst 都有自己的方位向图像长度 $-f_\text{PRF} v_g / f_\text{DD}$，其方位向分辨率可由 $-f_\text{PRF} v_g / N_{\text{az},k} f_\text{DD}$ 给出。在式（5.5）中，j_b 和 j_e 表示在 SPECAN 处理中好的数据点，大约占 FFT 中点数的 90%。

接下来，SAR 图像的辐射测量可以由式（5.7）表示。这个方程与条带模式下的式（4.55）相似，只是 R 的指数是 4。这种差异使得在条带模式下具有恒定的多普勒带宽，而 SPECAN 能够保持恒定的方位向积累时间，即

$$P_r(X_{i,j}^k) = G_p \frac{P_t G_a^2(X_{i,j}^k) G_r^2 \lambda^2}{(4\pi)^3 R^4} \frac{1}{1-S_a} \sigma^0 \frac{\rho_r \rho_a}{\sin\theta} N_{\text{az},k}^2 N_\text{rg}^2 + G_p N_\text{oise} N_{\text{az},k} N_\text{rg}$$

(5.7)

式中：P_r 是图像功率；P_t 是发射功率；$G_a(\phi_a)$ 是单向 AAP，它取决于方位角 ϕ_a 以及相对距离 $x_{i,j}^k$；$G_r(\varphi_\text{off})$ 是单向 RAP，它取决于天底偏角 φ_off；λ^2 是波长；R 表示斜距；σ^0 表示目标归一化散射截面；$N_{\text{az},k}$ 表示第 k 个子带的发射脉冲数；N_rg 是距离向参考信号的采样数；ρ_r 是距离分辨率（其值是光速除以 2 倍的发射信号带宽）；ρ_a 是方位向分辨率（其值为方位向天线长度乘以 PRF 再除以 2 倍的多普勒带宽）；θ 表示入射角；G_p 是独立于方位向和距离向参数的 SAR 处理器增益。

式（5.7）表示聚焦图像的功率。等号右边平方项 $N_{\text{az},k}^2 N_\text{rg}^2$ 产生的原因为回波与参考信号相关是以电压计算的，而功率是电压的平方。等号右边第二项中 $N_{\text{az},k} \cdot N_\text{rg}$ 的意义是：虽然噪声和参考信号不相关，但是平均噪声功率会被放大，增益为 $N_{\text{az},k} \cdot N_\text{rg}$（Shimada，1999；Freeman 和 Crulander，1989；Curlander 和 McDonough，1991）。

为了校正由原始数据饱和引起的增益损失，饱和比 S_a 定义为最低有效位（Least Significant Bit，LSB）和最高有效位（Most Significant Bit，MSB）的数据与数据总量之比。该参数在式（5.7）中出现一次的原因是 SPECAN SAR 成像包含距离相关过程（Shimada，1999）（见第 4 章）。在这种情况下，P_r 与斜距的 4 次方成反比，因为在整个扫描幅宽内，SPECAN 去斜积分时间是恒定的。

如式（5.7）所示，SAR 图像与目标 NRCS 成正比。由此我们可以引入一个从 P_r 推导出的与 σ^0 相关的参数 S_r 来讨论与校准有关的过程。通常，噪声项不容忽视。当我们讨论低噪声 SAR 时，噪声可以忽略不计，例如 PALSAR 的噪声等效 σ^0

为-34dB(Shimada 等,2009)。S_r 正比于 σ^0,可写为

$$S_r(X_{i,j}^k)(\approx \sigma^0) \equiv \frac{(4\pi)^3 R^4}{P_t G_a^2(X_{i,j}^k) G_r^2 \lambda^2} \frac{(1-S_a)\sin\theta}{N_{az}^2 N_{rg}^2 \rho_r \rho_a} \left\{ \frac{P_r(X_{i,j}^k)}{G_p} \right\} \quad (5.8)$$

此后,我们的讨论将集中在第 k 个子带上,因此上标 k 将被省略。

5.2.2 时域多视与扇贝效应校正

由于式(5.7)中的输出序列在每个子带每个 Burst 的最大脉冲数内被截断,因此可以通过在时间(或空间)域内插值并求和来得到多视数据。视数(NL)是指对特定时间或空间中的样本中进行求和的次数,其公式为

$$NL = \left(\frac{f_{PRF}}{-f_{DD}} - \frac{N_{az}}{f_{PRF}} \right) \cdot \frac{1}{T_{SCAN}} \quad (5.9)$$

我们使用 FFT 输出全部点数。在实际处理中,NL 变为整数,并且对较好的输出点求和。利用这个表达式,求得多视功率的表达式为

$$\overline{S}_r(X) = \sum_{j=1}^{NL} S_r(x_j) \quad (5.10)$$

式(5.10)具有周期性,这是由于 $G_a(x)$ 是周期性的并且数据在移位后求和。此时,这种周期性会导致扇贝效应,这在 SPECAN 算法中是众所周知的。

5.2.2.1 方法-1

Bamler(1995)讨论了扇贝效应的修正。如果雷达信号的信噪比高且天线方向图准确稳定,那么,利用 AAP 时域滑动对每个功率进行归一化,可校正该周期性引起的功率偏差,即

$$\overline{S}_{r,1} = \frac{1}{NL} \sum_{j=1}^{NL} \frac{S_r(x_j)}{G_a^2(x_j)} \quad (5.11)$$

在这种情况下,我们将该方法称为逆天线方向图法或者简称为方法-1。然而,使用该方法进行归一化可能会不稳定,因为分母(天线方向图)的估计结果可能是错误的,或者是因为多普勒参数估计错误而引起了图像轻微偏移。

5.2.2.2 方法-2

该归一化方法能够抑制功率偏差,因为分子和分母中的积分可能抵消,即使二者都受到天线方向图误差的影响:

$$\overline{S}_{r,2}(X) = \frac{\sum_{j=1}^{NL} S_r(x_j)}{\sum_{j=1}^{NL} G_a^2(x_j)} \quad (5.12)$$

5.2.2.3 方法-1 和方法-2 的仿真研究

我们提出了一种新的校正方法,并将其称为方法-2。我们首先通过仿真来比较两种方法的差异,这里的天线方向图有偏差。对于特定的 Burst,我们有以下的 ScanSAR 图像:

$$S_r(x) = A\, \tilde{G}_a^2(x - \delta, \varepsilon) \quad (5.13)$$

$$\tilde{G}_a^2(x - \delta, \varepsilon) = [1 - \{1 - G_a(x - \delta)\}(1 - \varepsilon)]^2$$
$$\approx (1 - 2\varepsilon)G_a^2(x) + 2\varepsilon G_a(x) + 2\delta \dot{G}_a(x) \quad (5.14)$$

式中:A 是常数;x 是第 i 个 Burst 中的角度或轨道距离;$\tilde{G}_a^2$ 是真实的双程 AAP;$\dot{G}_a$ 是其导数。真实的天线方向图在方位向上有值为 δ 的偏移,并且与 x 有相关的增益偏差,该值在峰值为 0,在边缘处为 ε。

将式(5.13)代入式(5.11)和式(5.12),得到

$$\overline{S}_{r,1}(X) \approx \frac{1}{NL} A \sum_{j=1}^{NL} \left(1 - 2\varepsilon + \frac{2\varepsilon}{G_a(x)} + \frac{2\delta \dot{G}_a}{G_a^2(x)}\right) \quad (5.15)$$

$$\overline{S}_{r,2}(X) \approx A \left\{ 1 - 2\varepsilon + 2\varepsilon \frac{\sum_{j=1}^{NL} G_a(x)}{\sum_{j=1}^{NL} G_a^2(x)} + 2\delta \frac{\sum_{j=1}^{NL} \dot{G}_a(x)}{\sum_{j=1}^{NL} G_a^2(x)} \right\} \quad (5.16)$$

从这些表达式中可以看出,两种模型在 $\varepsilon = 0$ 和 $\delta = 0$ 处结果一样准确。式(5.15)在某些 x 处是不连续的,这是因为虽然 $1/G_a$ 随着 x 变化,但总是由相同的 NL 进行归一化。式(5.16)的误差较小,原因在于 NL 能被天线方向图的总和代替,并且能和场景中 $\dot{G}_a$ 总和抵消。式(5.11)易受到 AAP 误差的影响,不建议在实际中使用。式(5.12)通过把 AAP 作为加权函数可使误差最小化。在后面的部分中,我们将使用实际数据来研究和确认误差值。

5.2.3 方位向天线方向图

如前所述,方位向天线方向图(AAP)是很重要的,必须准确计算。AAP 可以

通过以下两种方式得到:①测量地面接收机接收的功率(Shimada 等,2003)并将时间转换为方位角;②使用亚马孙雨林的 SAR 图像进行估计。尽管功率测量是间歇性的,但是第一种方法提供了相对简单获取 AAP 的方法。然而,为了使它能适应成像处理器,需要准确地确定 SAR 系统和处理器的底噪。噪声估计的不确定性可能会造成另一个误差源。相比之下,第二种方法考虑了噪声电平。

亚马孙雨林被广泛认为是一个与时间无关的均匀目标,并且后向散射与入射角无关。因此,亚马孙雨林数据经常被用于确定 SAR 的辐射方向图 RAP(Shimada 和 Freeman,1995)。我们在亚马孙雨林数据的基础上使用第二种方法确定 AAP。距离压缩信号去斜处理后的频谱给出了噪声条件下的目标方位响应。沿距离向对响应信号作平均后得到 AAP 为

$$G_a(x) = \overline{g'(x)} = \sum_{i=0}^{M-1} a_i x^i \quad (5.17)$$

式中:$\overline{g'(x)}$ 代表平均输出,第二行等式是其方位向坐标 x 的近似多项式;M 是指数项的最大值。

5.2.4 窗函数

有时需要加权或者加窗来限制信号带宽和抑制旁瓣。如果采样频率不够高,则必须选择合适的窗函数。在几种可选用的窗函数中,Kaiser 窗性能是较为突出的:

$$W_i = \frac{I_0(\pi\alpha\sqrt{1-(2k/N_{az}-1)^2})}{I_0(\pi\alpha)}, 0 \leq K \leq N_{az}-1 \quad (5.18)$$

式中:I_0 为一阶贝塞尔函数;α 是描述带内陡度的参数;K 是窗口中的相对位置参数;N_{az} 是窗口尺寸,

将式(5.18)应用于距离多普勒处理的成像中,式(5.12)能更有效地抑制扇贝效应。窗函数能够减少由于 PRF 小于 SAR 多普勒带宽而造成的信号截断噪声。

5.2.5 子带增益校准

天线峰值增益和 SAR 接收机衰减器在卫星发射之前已进行了地面校准,但是在投入实际运用前必须更新,因为 SAR 对外部环境敏感,大多数星载系统在飞行过程中进行校准。可以基于以下假设确定波束之间的增益差异:对于亚马孙雨林,每个子带的代表性 γ^0 值(在波束中心)应该是相同的。因此,每个子带的增益偏

差 ΔA_k 为

$$\Delta A_k = \frac{\dfrac{\overline{S}_k}{\cos\theta_k}}{\displaystyle\sum_{k=1}^{N_{\text{SCAN}}} \dfrac{\overline{S}_k}{\cos\theta_k}} \tag{5.19}$$

5.3 子带拼接效应

子带拼接效应(Inter-scan Banding, ISB)通常表现为两个相邻子带的图像边界处存在强度差异。这可能发生在任何地方——即使 RAP 被精确计算出来——并且可能归因于 RAP 的时变特性以及背景噪声和背景强度的变化。最合理的解释是:SAR 图像由目标的后向散射系数构成,而后向散射系数经天线方向图放大,由于背景噪声的不同,根据亚马孙雨林数据计算得到的 RAP 也会不同。因此,即便是在它们的特征已知的情况下,这二者都无法完美校准。

我们描述的方法是一种动态平衡方法,由以下三步组成:①建立累积乘因子以消除两个相邻子带的强度差异;②参考校正后的 ScanSAR 数据在距离向上重新校正欠校正和过校正数据;③假设所有的 RAP 和子带间的增益误差都已利用亚马孙雨林与条带数据确定,进而在方位向上平滑第②步得到多项式系数。

5.3.1 步骤1:增益积累

图 5-2 说明了处理方法。在感兴趣 k 个子带中,相邻子带的重叠区域功率比为 $g_l(R)$,累积功率比为 $G_k(R)$。二者可写为

$$g_l(R) = \frac{s_{L=1,\text{near}}(R)}{s_{l,\text{far}}(R)} \tag{5.20}$$

$$G_k(R) = \prod_{l=1}^{k} \langle g_l(R) \rangle \tag{5.21}$$

式中:k 是感兴趣的子带;l 是 k 个子带中的子序号;后缀 near(far)表示在近(远)距离内区域的重叠;$\langle \rangle$ 表示方位向小区域的移动平均值;$\prod_{l=1}^{k}$ 表示满足整数条件的任意分量之间的乘法。

利用前面的函数,可以对每个像素值进行校正以消除条带,如下所示:

$$S_{k,j} = G_k(R) s_{k,j} \tag{5.22}$$

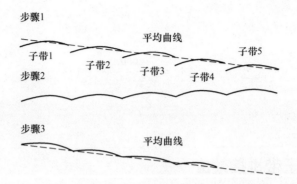

图 5-2 子带拼接效应校正示意图(在步骤 1 中,ScanSAR 强度数据可通过斜距的二次多项式进行建模。在步骤 2 中,子带 2 的近端数据和子带 1 远端数据之间通过乘因子而连续化。同样,子带 3 的近端数据和子带 2 的远端数据通过乘因子而连续化。这样处理一直到子带 5。在步骤 3 中需要旋转数据之间的连接线,使其中心轴与步骤 1 的中心轴对齐)

式中:$S_{k,j}$ 是中间校正后的像素值;$s_{k,j}$ 是校正前的像素值。这里包括了方位向上从近距离到远距离的传播误差校正。

5.3.2 步骤 2:校正过估计和欠估计数据

假设子带之间的增益偏差可根据式(5.19)很好地校准,子带中间区域的平均功率(即 SNR 足够高)应该与子带序号无关。对于任何子带,距离依赖校正因子 $G_k(R)$ 对于任何子带都应该近似为 1,并且可通过 m 阶多项式 $g_c(R)$ 来抑制其与 1 的偏差:

$$g_c(R) = \sum_{l=0}^{m} a_l \cdot R^l \tag{5.23}$$

式中:a_l 是多项式系数;R 为斜距。最终的校正函数可表示为

$$\tilde{g}_c^k(R) = \frac{G_k(R)}{g_c(R)} \tag{5.24}$$

使用这些函数,转换可表示为

$$S_{k,j} = \tilde{g}_c^k(R) \cdot s_{k,j} \tag{5.25}$$

5.3.3 步骤 3:方位向的平滑

在步骤 3 中,我们对步骤 2 中获得的系数进行平滑处理。我们选择了基于中值滤波器的滑动平均法。

最终,与动态平衡相关的误差($\varepsilon_{\text{error}}$)可用最小平方误差的形式表示为

$$\varepsilon_{\text{error}} = 10 \cdot \lg \sqrt{\left(\frac{G_k(R)}{g_c(R)}\right)^2} \qquad (5.26)$$

在这种情况下,针对所有距离单元进行计算,得到式(5.26)中的误差。

5.4 实验

我们使用 PALSAR/ScanSAR 数据来验证本文提出的方法。下面是 PALSAR/ScanSAR 的简要说明。

5.4.1 PALSAR/ScanSAR

PALSAR/ScanSAR 的带宽为 14MHz 或者 28MHz,极化方式为 HH 或者 VV。14MHz 模式称为 WB1,通常用于标准观测,成像条带为 350km,三视或更多视。28MHz 模式称为 WB2,是为 ScanSAR 和 ScanSAR 干涉测量而设计。表 2-3 中简要给出了 ScanSAR 的技术指标。表 5-1 所列表示的是子带数。

表 5-1　PALSAR 和 ScanSAR 的视角点分布情况

扫描次数	长/短突发工作模式	突发次数 视角点数目
3	短	247, 356, 274 6.54, 9.73, 7.42
4	短	247, 356, 274, 355 4.82, 7.13, 5.44, 7.12
5	短	247, 356, 274, 355, 327 3.6, 5.35, 4.08, 5.34, 5.03
3	长	480, 698, 534 3.21, 3.94, 3.01
4	长	480, 698, 534, 696 2.35, 2.89, 2.20, 2.82
5	长	480, 698, 534, 696, 640 1.85, 2.27, 1.73, 2.21, 2.13

注:所有突发数字的接收窗口为 12~13

PALSAR 能够连续工作 70min,约占一个轨道周期的 70%。PALSAR 天线长度短于 JERS-1 SAR 的天线长度。由于天线长度(8.9m)和卫星高度(即 691.5km),

PRF 半轨道周期内可以改变 7 次(即从北极到南极,反之亦然),采样窗口开始时间(Sampling Window Start Time, SWST)至少每 30s 变化 1 次。PRF 和 SWST 的变化在所有波束之间是不同步的。因此,必须对所有波束的同 PRF 和不同帧数据进行同步。ALOS 以偏航导引模式运行,其多普勒频率独立于纬度参数且能调整。在过去的 3 年中,已成功地进行了校准和验证(Shimada 等,2009)。

5.4.2 数据集和校准

在本评估研究中,我们使用亚马孙热带雨林地区几个 ScanSAR 数据集,其相关参数如表 5-2 所列。数据是 2006—2007 年 3 个不同时间段从均匀森林区域获得的。因为亚马孙雨林地区有两个季节,即 11 月至 4 月的雨季和 5 月至 10 月的旱季,因此我们努力从这两个季节中获取近乎相等的数据。

表 5-2 用于分析的 ScanSAR 数据集

编号	观测日期	纬度/(°)	经度/(°)
1	2006 年 11 月 24 日	-5.35868	-67.37804
2	2006 年 11 月 24 日	-2.87441	-66.84801
3	2007 年 1 月 9 日	-2.87888	-66.87921
4	2007 年 1 月 9 日	-5.35855	-67.41248
5	2007 年 7 月 12 日	-2.87004	-66.86024
6	2007 年 7 月 12 日	-5.36289	-6.739107
7	2007 年 7 月 12 日	-7.84948	-67.94334

必须首先确定每个波束的增益偏差,才能对本文提出的子带校正方法进行验证。这里使用式(5.19)和表 5-2 列出的亚马孙雨林数据来计算所有波束的增益偏差,如表 5-3 所列。表中数据表明,在 2006 年 8 月 7 日 SAR 接收机衰减设置更改后,ScanSAR 的增益特性可能略有变化,这使得系统饱和率有所降低,而此前数据的饱和率较高。这两行数据显示出了有关变化,特别是对于 2 号、3 号、4 号和 5 号波束。

表 5-3 扫描中的增益偏差

扫描编号	1	2	3	4	5
ΔA_a/dB	0.21	1.18	0.89	1.59	1.10X
ΔA_a/dB	0.16	0.34	-0.61	0.33	-0.19

注:后缀"a"指的是 2006 年 8 月 7 日之后收集的数据,后缀"b"是指在该日期之前收集的数据。在 2006 年 8 月 7 日,接收机衰减器稍有调整,以改变数据的饱和率

5.4.3 窗函数和 AAP

AAP 取决于式(5.18)中的窗函数。我们提出了两种方向图：一种是通过矩形窗获得的；另一种是使用 $a = 0.7$ 的恺撒窗得到的。两种方向图如图 5-3 所示。x 轴用每个 Burst 的最大脉冲数 $N_{az,k}$ 进行了归一化。在图 5-3 中，波束 1 和 3 在曲线末端呈现小幅上升的趋势，这表示信号被截断。

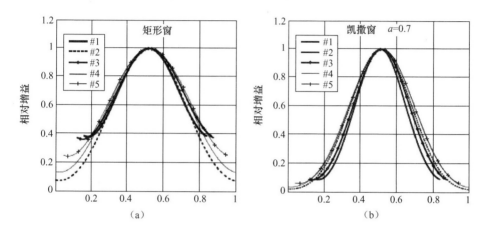

图 5-3 根据亚马孙雨林数据计算的方位向天线方向图
(a)使用矩形窗计算结果；(b)使用恺撒窗计算结果 ($a = 0.7$)。

PRF 随着从 ALOS 上的实时 GPS 接收器获得的卫星高度变化而变化。表 5-4 列出了 PALSAR/ScanSAR 的典型 PRF 值，分别对应 2006 年 4 月 18 日对日本北海道、亚马孙雨林和美国的成像数据。两个波束 1 和 3 略微欠采样，同时波束 2、4 和 5 过采样。两个欠采样波束由于信号截断引起方位向模糊。抑制方位向伪影的最佳方法是增加 PRF，但使用公式(5.18)中的窗函数进行带宽限制是另一种可行的方案。

表 5-4 WB1 5SCAN 处典型 PRF 观测值　　　　　　单位：Hz

扫描编号	1	2	3	4	5
北海道	1694	2375	1718	2164	1923
亚马孙雨林	1677	2352	1700	2141	1901
路易斯安娜	1686	2358	1709	2150	1912
富山	1689	2364	1712	2155	1916
注：所有扫描的多普勒带宽为 1700Hz					

5.4.4 使用真实的 ScanSAR 数据对提出的方法进行验证

5.4.4.1 扇贝效应校正

首先我们仿真研究两种方法(方法-1 和方法-2)对参数误差的敏感程度。因多普勒参数估计错误导致的误差不在讨论之列。我们只考虑估计的 AAP 和真实 AAP 的差异(即 $\varepsilon = 0.05$ 和 $\delta = 0.0$),以研究式(5.15)和式(5.16)的性能。使用 PALSAR/ScanSAR 的真实 AAP 进行仿真,结果如图 5-4,其中实线是真实方向图,虚线是有误差的方向图。图 5-5 说明我们所提出的方法(即方法-2,实线)没有错误,并且很好地校正了扇贝效应;方法-1 不能校正扇贝效应,如虚线所示仍表现出周期性强度扰动。

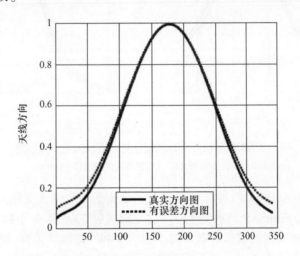

图 5-4 真实的方位向天线方向图(实线)和有误差的方位向天线方向图(虚线)
(垂直天线方向图中的乘性误差为 5%)

接下来,我们利用 PALSAR/ScanSAR 实测数据进行验证,该数据对应日本富士山湾的非均匀区域。利用 5 号波束观测该区域,PRF 足够高,完全满足覆盖多普勒带宽所需(表 5-4)。图 5-6 给出了两种方法校正扇贝效应结果对比。方法-1 图像中,在海湾处存在沿方位向的严重的扇贝效应干扰;方法-2 图像中,根本不存在这种现象。显然,方法-2 显著提高了图像质量。

5.4.4.2 图像中的信号截断和方位向误差的减少

我们使用两个窗函数来生成两幅图像,并且研究窗函数如何降低信号截断的

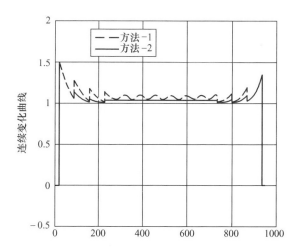

图 5-5 两种扇贝效应校正方法的比较(方法-1(虚线)不能纠正数据随时间变化化; 方法-2(实线)抑制了天线方向图的变化。这里的仿真参数为 $f_{DD} = -490.2\text{Hz/s}$, $f_{PRF} = 1923\text{Hz}, T_{SCAN} = 0.7891, N_{az} = 342, \varepsilon = 0.05, \delta = 0.0$)

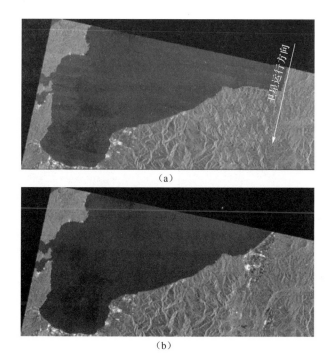

图 5-6 日本富士山湾地区扇贝效应处理结果
(a)方法-1 结果;(b)方法-2 结果。

影响并改善图像质量。我们选择亚马孙雨林作为均匀目标,而北海道沿海地区的图像经常出现方位模糊,因而我们选择其作为非均匀目标。

（1）亚马孙雨林。如图 5-7(a)和(b)所示,两个窗函数都表现出了理想的响应,因此没有观察到任何反常情况。由于带内抑制而导致的功率降低需要在 NRCS 计算阶段进行校正。

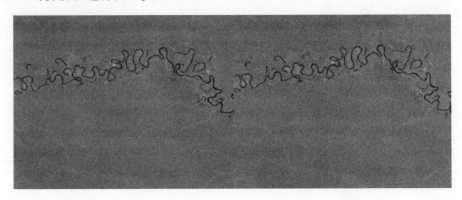

图 5-7　水平宽度为 130km 的亚马孙雨林地区的 ScanSAR 图像
（由于使用了窗函数,因此图像中没有任何垂直条纹）

（2）北海道海湾。图 5-8 显示了北海道地区的图像。经矩形窗处理的图像在沿海地区出现了高度模糊,尤其是在椭圆中的 3 号光束中。这种现象出现的原因是 3 号波束的 PRF 不够高。因此,高频分量边缘响应和噪声基底混在一起,并且截断信号呈现为方位模糊。经 Kaiser 窗处理的图像没有出现方位向模糊,这是因为来自窗函数的加权抑制了信号的截断现象,但方位向的分辨率可能会略微降低。

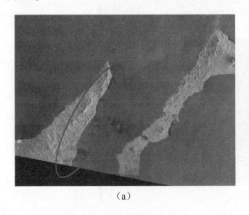
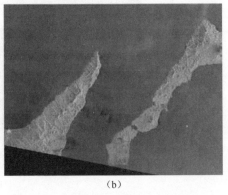

(a)　　　　　　　　　　　　(b)

图 5-8　使用两种不同窗函数处理的日本北海道以东地区的 ScanSAR 图像,水平宽度为 130km。出现在(a)的椭圆中的知床半岛以南的方位向模糊可以由窗函数来校正,因此在(b)中不可见

5.4.4.3 子带拼接效应的校正

图 5-9 给出了两个实例,阐述累计增益校正值和归一化因子之间得差随距离变化特性。亚马孙雨林是均匀目标的例子,日本地区是非均匀目标的实例。亚马孙实例说明增益差是具有五个峰值的三角波函数;日本地区的增益在整个轨道上呈现出不均匀的分布。表 5-5 和图 5-10 总结了式(5.26)的平均增益校正误差。4 个样本的平均误差为 0.0054,其标准差为 0.00034。该校正方法提供了足够精确的增益校正。

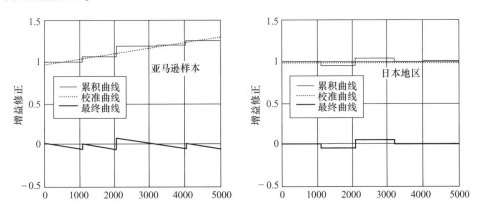

图 5-9 两种情况下扫描间去条纹过程的样本,左侧为亚马孙雨林样本,右侧为日本地区数据样本。每张图中都有 3 条校正曲线:累积曲线为细实线,校准曲线为细虚线,距离向的最终校正曲线为粗实线

表 5-5 子带拼接误差

场景	平均误差	标准差
日本	0.0040	0.00039
亚马孙	0.0040	0.00022
亚马孙 2	0.0060	0.00019
海冰	0.0075	0.00047
平均值	0.00540	0.00034

图 5-11 对比了采用本书校正方法处理的北欧地区图像和未校正图像。校正后的图像质量得到了显著的改善;事实上,看不到沿轨道方向的条纹。

图 5-12 中给出了从 4 个地区获得的代表性 ScanSAR 图像:非洲撒哈拉沙漠、亚马孙雨林、北海道沿海地带以及南极洲。每个地区的图像大小均为 350km×350km。所有图像均使用 SPECAN 和本文提出的校正方法进行处理。正如

Shimada 等介绍的那样(2009),我们可以确认这些非均匀和均匀的图像中均没有伪影,辐射精度和几何精度也符合要求。

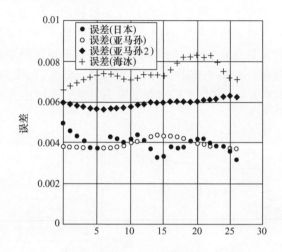

图 5-10 四个图像的子带归一化平均误差

图 5-11 北欧 PALSAR/ScanSAR 图像子带拼接效果比较
(a)校正前;(b)校正后。

5.4.4.4 扇贝效应校正算法的简易实现

总而言之,5.2 节和 5.3 节给出了扇贝效应校正方法的主要部分。使用亚马孙雨林数据确定5.3节和5.4节中的AAP并使用式(5.12)将其运用于多视图像,使得扇贝效应校正变得简单而稳定。这个算法的实现很容易,但是要注意5.5节中介绍的子带间增益偏差校准预处理是必要的。

图5-12 使用文中提出算法处理的PALSAR/ScanSAR图像
(a)撒哈拉沙漠;(b)亚马孙雨林;(c)北海道沿海地区;(d)南极洲。

5.5 总结

在本章中,我们提出了一种新方法来纠正扇贝效应、方位模糊以及子带拼接效应,这些都是经常出现在ScanSAR图像中的伪像。具体而言,纠正扇贝效应的方法是基于亚马孙雨林数据估计AAP并将AAP用于多视处理中的加权求和。这一理论已经通过数学仿真和PALSAR/ScanSAR实测数据处理进行了验证。

参考文献

Bamler, R., 1995, "Optimum Look Weighting for Burst-Mode and ScanSAR Processing," *IEEE T. Geosci. Remote*, Vol. 33, No. 3, pp. 722-725.

Bast, D. C. and Cumming, I. G., 2002, "RADARSAT ScanSAR Roll Angle Estimation," *Proc. IGARSS*, Vol. 1, Toronto, ON, Canada, June 24-28, 2002, pp. 152-154.

Cumming, I. G. and Wong, F. G., 2005, *Digital Processing of Synthetic Aperture Radar Data*, Artech House, Norwood, MA, pp. 369-423.

Curlander, J. C. and McDonough, R., 1991, *Synthetic Aperture Radar, Systems and Signal Processing*, Wiley, Hoboken, NJ, 1991.

Dragosevic, M. V. and Davidson, G. E., 2000, "Roll Angle Measurement and Compensation Strategy for RADARSAT ScanSAR," ESA SP-450, *Proc. of the CEOS SAR Workshop*, Toulouse, France, October 26-29, 1999, pp. 545-549.

Freeman, A. and Curlander, J. C., 1989, "Radiometric Correction and Calibration of SAR Images," *Photogramm. Eng. Rem. S.*, Vol. 55, No. 9, pp. 1295-1301.

Hawkins, R. K. and Vachon, P., 2002, "Modeling SAR Scalloping in Burst Mode Products from RADARSAT-1 and ENVISAT," ESA SP-526, *Proc. of CEOS Working Group on Calibration and Validation*, London, September 24-26, 2002.

Hawkins, R. K., Wolfe, J., Murnaghan, K., and Jefferies, W. C., 2001, "Exploring the Elevation Beam Overlap Region in RADARSAT-1 ScanSAR," *Proc. of the CEOS Calibration Working Group on Calibration and Validation*, Tokyo, April 2-5, 2001, pp. 77-83.

Jin, M., 1996, "Optimal Range and Doppler Centroid Estimation for a ScanSAR System," *IEEE T. Geosci. Remote*, Vol. 34, No. 2, pp. 479-488.

Leung, L., Chen, M., Shimada, J., and Chu, A., 1996, "RADARSAT Processing System at ASF," *Proc. Of IGARSS' 96, International Geoscience and Remove Sensing Symposium*, Lincoln, NE, May 27-31, 1996.

Rosich, B., Meadows, P. J., and Monti-Guarnieri, A., 2004, "ENVISAT ASAR Product Calibration and Product Quality Status," *Proc. CEOS SAR Workshop*, Ulm, Germany, May 27-28, 2004.

Shimada, M., 1993, "An Estimation of JERS-1's SAR Antenna Pattern Using Amazon Rainforest Images," *Proc. 1993 SAR Calibration Workshop* (CEOS SAR CAL/VAL), Noordwijk, The Netherlands, September 20-24, 1993, pp. 185-208.

Shimada, M., 1999, "Radiometric Correction of Saturated SAR Data," *IEEE T. Geosci. Remote*, Vol. 37, No. 1, pp. 467-478.

Shimada, M., 2005, "Long-Term Stability of L-band Normalized Radar Cross Section of Amazon Rainforest Using the JERS-1 SAR," *Can. J. Remote Sensing*, Vol. 31, No. 1, pp. 132-137.

Shimada, M., 2009, "A new method for correcting SCANSAR scalloping using forest and inter SCAN banding employing dynamic filtering," *IEEE Trans. GRS*, Vol. 47, No. 12, pp. 3933-3942.

Shimada, M. and Freeman, A., 1995, "A Technique for Measurement of Spaceborne SAR Antenna Patterns Using Distributed Targets," *IEEE T. Geosci. Remote*, Vol. 33, No. 1, pp. 100-114.

Shimada, M. and Isoguchi, O., 2002, "JERS-1 SAR Mosaics of Southeast Asia Using Calibrated Path Images," *Int. J. Remote Sensing*, Vol. 23, No. 7, pp. 1507-1526.

Shimada, M., Isoguchi, O., Tadono, T., and Isono, K., 2009, "PALSAR Radiometric and Geometric Calibration," *IEEE T. Geosci. Remote*, Vol. 47, No. 12, pp. 3915-3932.

Shimada, M., Tanaka, H., Tadono, T., and Watanabe, M., 2003, "Calibration and Validation of PALSAR (II) Use of Polarimetric Active Radar Calibrator and the Amazon Rainforest Data," *Proc. IGARSS 2003, International Geoscience and Remote Sensing Symposium*, Vol. 2, Toulouse, France, July 21-25, 2003, pp. 1842-1844.

Shimada, M., Watanabe, M., Moriyama, T., Tadono, T., Minamisawa, M., and Higuchi, R., 2007, "PALSAR Radiometric and Geometric Calibration (in Japanese)," *J. Remote Sens. Soc. Japan*, Vol. 27, No. 4, pp. 308-328.

Srivastava, S. K., Hawkins, R. K., Banik, B. T., Adamovic, M., Gray, R., Murnaghan, K., Lukowski, T. I., and Jefferies, W. C., 2001, "RADARSAT-1 Image Quality and Calibration—A Continuing Success," *Adv. Space Res.*, Vol. 28, No. 1, pp. 99-108.

Vigneron, C., 1994, "Radiometric Image Quality Improvement of ScanSAR Data," Thesis of B. Eng. (High Distinction), Carleton University.

第6章
极化定标

6.1 引言

极化 SAR 由两路正交极化发射机和两路接收机组成。它利用接收的极化数据来测量目标的散射特性。发射机和接收机之间存在差异,接收数据会受到这种差异的影响。为了充分利用(未校准的)数据,必须进行极化定标。

极化 SAR 的信号流图如图 6-1 所示。从图片的左侧起,原信号被功分器和环行器分成两路:位于上方的 H 传输路径和位于下方的 V 传输路径。图中展示的是 H-V 线极化 SAR,而右-左旋极化 SAR 与此类似。在实际运用中,由于信号之间互相干扰,同时发射双极化信号是相当困难的。取而代之的是,发射机交替产生两路极化信号(如 H-V-H-V 等),相应的信号传输路径由上-下-上-下切换。由于 H 和 V 两个支路传输路径长度的差异以及天线的差异,致使两路信号具有不同的衰减,导致信道失衡 f_1 以及从 H 到 V(V 到 H)的极化串扰 $\delta_1(\delta_2)$。最终天线辐射电场的两个极化分量 E_H 和 E_V 之间的振幅和相位略有不同。

从回波信号接收的过程中可以发现,接收机特性的差异也会造成串扰和信道失衡,4 个接收分量均受到这些差异的影响。为了得到正确的散射矩阵,需要对数据进行校正。

极化定标算法的研究始于 20 世纪 80 年代末的美国和加拿大,当时极化 SAR 首次出现在飞机和航天器上(Freeman,1992;Freeman 等,1992)。受各种因素的影响,极化定标需要确定 10 个未知的发射和接收特性参数,包括串扰、信道失衡和噪声水平等。这些未知参数具有不同的数量级且是复数。当考虑更多未知数时,其解会变得更不稳定。即使使用多个校准器或散射特性已知的自然目标,极化定标依然难以实现。需要指出的是,对目标雷达横截面的绝对定标与极化定标完全不同。

极化定标有两个目标。首先是确定两个 2×2 极化失真矩阵(PDM),该矩阵利

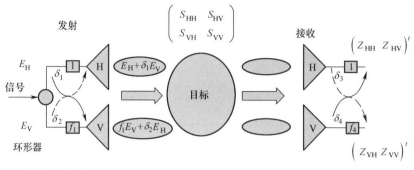

图 6-1 在极化 SAR 中混合极化收发模式以及极化定标是必要的,以及图中的符号的含义

用信道失衡和串扰来刻画发射和接收之间的极化传输特性。第二个目标是利用 PDM 对未校准的极化 SAR 数据进行校准。本章的核心目的在于准确算出 PDM,这也是我们所指出的极化定标算法的第一目标。对其而言,发射 PDM 和接收 PDM 都可以由一个信道失衡和两个串扰项刻画。

表 6-1 总结了迄今为止所有的极化定标方法。这些具体方法通常基于下列假设及校准器。

假设 1:雷达互易性。当 SAR 使用无源天线时,如 JERS-1 SAR 和 Pi-SAR-L/L2,其发射和接收特性相同,发射和接收过程的失真矩阵也相同。新研的 SAR 可以迅速改变天线波束的俯仰角和方位角方向,实现宽幅观测(ScanSAR 模式)和高分辨率观测(聚束模式)。这是通过收发(TR)组件(TRM)和移相器来实现的,每个收发模块通常由许多收发独立单元和移相单元组成,每个单元都具有低发射功率的特点,从而避免了空间放电现象。因此,现代 SAR(2010 年以后制造启用的)不适用于本条假设。

假设 2:反射对称性。当考虑均匀目标的微波反向散射时,共极化散射分量与交叉极化散射分量不相关,如 $\langle S_{HH}S_{HV}^* \rangle = \langle S_{HH}S_{VH}^* \rangle = \langle S_{VV}S_{HV}^* \rangle = \langle S_{VV}S_{VH}^* \rangle = 0$。其中 S_{ij} 是第 ij 个极化(复)散射系数,$\langle \rangle$ 是求平均值的运算符,后缀 i 是接收极化,后缀 j 是发射极化。这种定义方式易于进行矩阵计算。需要注意的是,共极化意味着发射分量和接收分量具有相同的极化 HH 和 VV,而交叉极化表示不同的极化,如 HV 和 VH。基于这一假设,可以简化协方差矩阵的计算。其他对称包括旋转对称和方位对称(Nghiem 等,1992;Yueh 等,1994)。反射对称性假设在被很多极化定标方法中采用。

假设 3:散射互易性。即所有自然目标的交叉极化散射的值都是相同的($S_{HV} = S_{VH}$)。该条假设应用于所有使用自然目标的极化定标算法。此假设使得等式变得更加简单。

假设4:校准器。角反射器由2个或3个正方形或三角形的金属平面组成,每个平面的尺寸大于10个波长。由于它们的雷达散射截面积是已知的,因此,它们经常被用于绝对定标和极化定标。此外,还有可生成特定散射矩阵的人工目标,即有源雷达校准器。

表6-1总结了所有的极化定标方法的提出者、使用条件和具体内容。由此可见,大多数极化定标方法都有两个假设,即反射对称性和散射互易性,并且使用了角反射器尤其是三面角角反射器,以确定未知的信道失衡参数。这些方法也反映出每个时代SAR的特点。例如,Van Zyl(1990)使用雷达互易假设(基于无源天线的极化SAR)简化了雷达系统,即认为发射和接收极化失真特性相同。基于满足反射对称、互易条件的去极化目标(如粗糙表面或被植被轻微覆盖的目标)和三面角角反射器迭代计算确定PDM。

表6-1 极化定标方法和相关假设

极化定标方法	数据表示	定标仪器	假 设
Freeman(1992)	散射矩阵	极化有源校准器(PARC)	无(PARC放置角度的重要性)
Freeman 等(1992)	散射矩阵	三面角角反射器 二面角角反射器	交叉极化的对称性
Van Zyl(1990)	协方差矩阵	粗糙表面+三面角角反射器	反射对称性 散射互易性 雷达互易性
Quegan(1994)	协方差矩阵	粗糙表面+三面角角反射器	反射对称性 散射互易性
Kimura(2009)	散射矩阵 方位角	城市区域	反射对称性 散射互易性
Ainsworth 等(2006)	散射矩阵 方位角	自然目标	散射互易性
Fujita 和 Murakami(2005), Takeshiro 等(2009)	散射矩阵	相位保持角反射器 相位变化角反射器	雷达互易性
Touzi 和 Shimada(2009)	散射矩阵	角反射器	散射互易性 交叉极化的对称性 方位对称性
Shimada(2011)	协方差矩阵	森林+三面角角反射器	反射对称性 散射互易性

下方还列出了一些其他方法。

(1) Freeman 等(1992)提出了两种方法:一种是基于极化有源校准器(PARC

生成的几种不同的散射矩阵;另一种是基于三面角角发射器的对称交叉分量(Klein,1992)。

(2) Van Zyl(1990)采用了雷达互易性、散射互易性、反射对称性和一个三面角角反射器。

(3) Quegan(1994)只利用了自然目标的反射对称性,更多的是利用三面角角反射器。他提出了一种迭代估计极化失真矩阵的方法,适用于非互易雷达系统,如PALSAR、TerraSAR-X、RADARSAT-2 和 SIR-C(空间成像雷达),这些系统由大量的发射-接收组件(即 TRM)组成,使用去极化目标和角反射器来满足反射对称性。

(4) Kimura(2009)提出了一种新的极化定标方法,该方法基于建筑目标的极化取向角保持特性,并且利用了目标散射对称特性。

(5) Ainsworth 等(2006)还提出了一种新的极化定标方法,该方法对极化失真矩阵进行迭代求解,只采用散射互易性作为极化系统的约束。

(6) Fujita 和 Murakami(2005)以及 Takeshiro 等(2009)使用了三面角角反射器和极化选择角反射器实现定标。

(7) Ridha 和 Shimada(2009)改进了 Van Zyl 和 Freeman 方法,以准确估计天线的串扰。

(8) Shimada(2011)的方法基于亚马孙丛林的反射对称性和散射互易性,并且考虑到信号在森林中传播具有极化依赖特性,而使用了一个角反射器目标。

极化定标方法也反映了极化 SAR 的特点和它的发展进程。2006 年投入使用的 ALOS/PALSAR 是世界上第一个实用的 L 波段极化 SAR,其极化定标采用的是 Quegan 的方法(Shimada 等,2009;Moriyama 等,2007)。

大多数使用自然目标的极化定标方法采用了反射对称性的假设,这意味着,目标共极化(以下简称 Cpol)和交叉极化散射(以下简称 Xpol)没有相关性,由此简化了之后的方程运算。Nghiem 等(1992)从理论上研究了反射对称性和其他对称性(即旋转和方位角对称性),阐明了协方差矩阵可以由三个集合平均数来表示(即 HH×VV、HV×HV 和 VV×VV,每个都由 HH×HH 归一化),其形式取决于对称性的类型。Van Zyl(1990)基于喷气推进实验室(JPL)的多频机载合成孔径雷达(AIR-SAR)数据,研究了海面、砍伐后的森林和未砍伐森林的协方差矩阵。对于加利福尼亚州的 ShastaTrinity 国家森林,他认为,森林树冠可由大量随机取向的细圆柱体所近似,HH×VV 和 HV×HV 趋于相等。

平坦地形上的雨林(如亚马孙和刚果盆地)后向散射与均匀目标类似,经常被用作星载 SAR 的稳定校准目标。此类目标具有与入射角无关的后向散射系数(即 gamma-naught)和去极化特性,这种特性可能是由大量随机分布的小散射体(即树冠冠层、树叶、树枝、地面以上的低矮植被和树干)所形成。它们已被地球观测卫星委员会(CEOS)SAR 工作小组采纳为标准目标,并经常用于估计 SAR 的天线俯仰方向图（Shimada 和 Freeman, 1995; Zink 和 Rosich, 2002; Shimada 等, 2009; Lukowski 等, 2003; Attema 等, 1997; Cote 等, 2005）。但是，除了在 RADARSAT-2 的 C 波段 SAR 的准备性研究中，雨林数据并不经常被用作极化定标数据源（Luscomb, 2001）。对于 C 波段或更高频率而言，能够穿透树冠的雷达信号很少，或者没有，因此利用共极化分量进行通道均衡可以简化极化定标过程。对于 L 波段或更低的频率，信号穿透森林的能力与极化有关，这可能会带来问题。森林数据还可能有一个缺点，即体散射目标可能等效为一个串扰源。

学者们提出了一些相干或者非相干极化分类方法（Krogager, 1990; Cloude 和 Pottier, 1996; Yamaguchi 等, 2005; Freeman, 2007）。Krogager（1990）提出了一种相干极化分解方法，该方法将数据分解为奇数反射、偶数反射和螺旋反射目标。Freeman 和 Durden（1998）提出了一种非相干目标分解方法，通过将散射功率分成三分量（即体散射、偶次散射和表面散射）来进行地物分类。他们还表明，密林中的 L 波段后向散射主要由体散射和偶次散射组成，表面散射可以忽略不计。Freeman（2007）还建立了一个双散射分量模型，减少了求解的奇异性。Neumann 等（2009、2010）使用具有方向随机性的球形和椭圆形散射体对森林散射特性进行建模。

本章介绍非相干目标分解方法在雨林极化 SAR 协方差数据上的应用，并建立极化定标方程，这一方程与极化失真矩阵关系紧密。为了估计极化失真矩阵，我们还将介绍相应的非线性方程的求解方法。

这里，我们使用雨林中极化 SAR 的数据作为极化相关信号的穿透主体。该方法需要图像中的两个目标：一个是体积散射目标；另一个是表面散射目标。理想情况下，后者应该是一个三面角角反射器，每个极化分量都有一个已知的复合背散射系数。作为第二种方案，我们通过实验从自然目标（如全球粗糙表面和更广泛的森林地区）中寻找可能的校准源，在无法使用人工目标的情况下，可以替代三面角目标的表面散射来确定通道失衡（Shimada, 2011）。

6.2 节和 6.3 节中推导了基于森林极化 SAR 数据的极化定标方法，6.4 节概述了极化定标实验。在 6.5 节中对所提方法的假设条件进行了验证，并评估了解的稳定性。6.6 节将利用所提方法开展极化定标，并将结果与 Quegan 的结果进行比较。最后，我们在 6.7 节和 6.8 节中分别进行了讨论和总结。

6.2 极化定标法的理论分析

6.2.1 假设

在以下小节中，我们将讨论关于极化 SAR 和目标散射特性的假设。

6.2.1.1 极化SAR的非互易性

极化SAR的极化特性可以用两个独立的非对称失真矩阵来近似。这个假设具有普遍性和现实意义,因为最新的极化SAR均由大量TRM组成,且不再是互易的。

6.2.1.2 森林的后向散射

亚马孙雨林由各种不同高度和体积的树木组成,树群由树冠和树干组成,其高度达到几十米。穿过森林以及来自森林本身的L波段信号在穿透、衰减和后向散射方面呈现出取决于极化的复杂行为(图6-2(a)展示了典型的信号传播路径)。即使信号穿透了目标,利用极化协方差对非相干信号进行分解,也能定量分析目标的后向散射特性。为了分析森林的散射成分,我们采用Freeman-Durden方法(1998)并做出改进,用以进行敏感性分析。

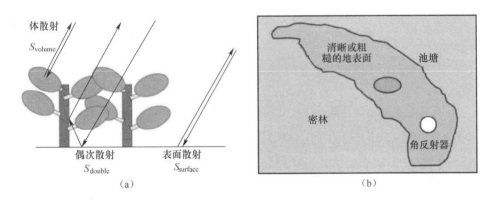

图6-2 散射成分(a)和简化森林分布(b)示意图(见彩插)

6.2.1.3 反射的对称性和互易性

理论上,来自随机或半随机介质的极化杂波意味着协方差矩阵的对称性以及共极化和交叉极化的完全去相关(Nghiem等,1992;Borgeaud等,1987)。在对称条件下,协方差矩阵由 C_{HVHV}、C_{VVVV} 和 C_{HHVV} 3个部分表示,其取值范围取决于对称类型。此处,C_{HVHV} 是指由HHHH的协方差归一化的HV和HV的协方差。此前已有一些研究,假设真实森林是方位对称目标,对其极化后向散射特性进行分析和建模(Van Zyl,1992;Freeman,2007;Freeman和Durden,1998)。由于亚马孙雨林非常密集且均匀(除了空地区域),因此可以视为反射对称和互易目标(即$\langle HH \cdot HV^* \rangle = \langle HH \cdot VH^* \rangle = \langle VV \cdot HV^* \rangle = \langle VV \cdot VH^* \rangle$ 和 HV=VH)。

6.2.1.4 法拉第旋转

当电磁波在外部磁场中(如地磁场)传播时,极化面围绕雷达视向旋转,法拉第旋转角(FRA)与雷达视向处的外部磁强度和总电子含量(TEC)成比例。FRA可以从校准的极化SAR数据中估算出来(Bickel 和 Bates,1965)。尽管在极化定标过程中,FRA 可以作为附加的未知量来估计,但其他的极化定标参数可能会因此降低置信度。本研究中使用的校准点位于 Rio Branco(巴西西部,与秘鲁接壤),那里的地磁线与卫星的上升轨道几乎平行,因此 FRA 可以忽略不计。这个校准点还包含裸露的地表、森林地区和一个角反射器。

6.2.1.5 森林覆盖状况

尽管亚马孙地区一直是天然茂密雨林的世界宝库,但目前森林覆盖率正随着砍伐降低。如图6-2(b)所示,即使在一幅35km观测带的极化SAR图像中,通常也包括密林区和砍伐区。在开发新算法之前,可能需要先进行图像分类,以区分森林和非森林地区。

6.2.2 未经校准的散射矩阵的表达式

未校准的散射矩阵可表示为

$$\begin{pmatrix} Z_{hh} & Z_{hv} \\ Z_{vh} & Z_{vv} \end{pmatrix} = A \cdot e^{\frac{-4\pi r}{\lambda}} \begin{pmatrix} 1 & \delta_3 \\ \delta_4 & f_2 \end{pmatrix} \begin{pmatrix} \cos\Omega & \sin\Omega \\ -\sin\Omega & \cos\Omega \end{pmatrix} \begin{pmatrix} S_{hh} & S_{hv} \\ S_{vh} & S_{vv} \end{pmatrix} \begin{pmatrix} \cos\Omega & \sin\Omega \\ -\sin\Omega & \cos\Omega \end{pmatrix} \begin{pmatrix} 1 & \delta_1 \\ \delta_2 & f_1 \end{pmatrix}$$
$$+ \begin{pmatrix} N_{hh} & N_{hv} \\ N_{vh} & N_{vv} \end{pmatrix} \tag{6.1a}$$

式中:Z_{pq}是测量矩阵;q是传输极化;p是接收极化;A是振幅;r是倾斜范围;S_{pq}是目标的真实散射矩阵;f_1是传输失真矩阵的信道失衡;f_2是接收矩阵的信道失衡;$\delta_1(\delta_2)$是传输串扰;$\delta_3(\delta_4)$是接收串扰;N_{pq}是噪声分量;Ω是FRA。基于上述第四个假设,我们可以设定$\Omega = 0$,式(6.1a)和下式可以展开为

$$\begin{pmatrix} Z_{hh} & Z_{hv} \\ Z_{vh} & Z_{vv} \end{pmatrix} =$$

$$\begin{pmatrix} S_{hh} + S_{hv}\delta_2 + S_{vh}\delta_3 + S_{vv}\delta_2\delta_3 + N_{hh} & S_{hh}\delta_1 + S_{hv}f_1 + S_{vh}\delta_1\delta_3 + S_{vv}f_1\delta_3 + N_{hv} \\ S_{hh}\delta_4 + S_{hv}\delta_2\delta_4 + S_{vh}f_2 + S_{vv}\delta_2 f_2 + N_{vh} & S_{hh}\delta_1\delta_4 + S_{hv}f_1\delta_4 + S_{vh}\delta_1 f_2 + S_{vv}f_1 f_2 + N_{vv} \end{pmatrix}$$

$$\tag{6.1b}$$

式(6.1)有10个未知数(即$f_1, f_2, \delta_1, \delta_2, \delta_3, \delta_4, N_{hh}, N_{hv}, N_{vh}, N_{vv}$),它需要

10个独立的测量来确定它们。由于协方差矩阵能产生10个独立测量值,而散射矩阵只能产生4个。为了确保独立测量值的个数,我们使用协方差矩阵而不是散射矩阵。使用协方差矩阵的另一个优点是,虽然其平均化过程会降低图像像素的分辨率,但是它减少了散斑噪声。

现今的合成孔径雷达使用几百个收发模块来发射和接收信号(例如,PALSAR有80个,PALSAR-2/ALOS-2有180个,RADARSAT-2有512个,ASAR有320个,TerraSAR-X有384个);合成孔径雷达成为非互易的系统。信道的失衡度约为1,串扰和噪声通常分别为-20 dB和-25 dB。

PALSAR接收噪声等效的sigma naught(σ_0)最小为-34 dB(Shimada 等,2009)。数据信噪比(SNR)则取决于探测目标。森林的信噪比(其后向散射系数或sigma naught(σ_0),大约为-7dB)可能大到27dB,而噪声可能小到可以忽略不计。对于粗糙的表面而言(S_0大约为-13dB),噪声则相对较小,其信噪比大约为20dB。在使用角反射器的情况下,噪声可以完全忽略不计。因此,如何处理噪声分量,实际上取决于目标的后向散射系数。即使选择森林地区或者更明显的目标作为极化定标源,噪声干扰也并非主要问题。此外,该方法计算过程中考虑了噪声分量,并评估噪声分量的影响。

6.2.3 协方差矩阵

测得的散射矩阵的协方差由下列公式给出

$$\langle Z \cdot Z^* \rangle = \begin{pmatrix} Z_{hh}Z_{hh}^* & Z_{hv}Z_{hh}^* & Z_{vh}Z_{hh}^* & Z_{vv}Z_{hh}^* \\ Z_{hh}Z_{hv}^* & Z_{hv}Z_{hv}^* & Z_{vh}Z_{hv}^* & Z_{vv}Z_{hv}^* \\ Z_{hh}Z_{vh}^* & Z_{hv}Z_{vh}^* & Z_{vh}Z_{vh}^* & Z_{vv}Z_{vh}^* \\ Z_{hh}Z_{vv}^* & Z_{hv}Z_{vv}^* & Z_{vh}Z_{vv}^* & Z_{vv}Z_{vv}^* \end{pmatrix} \quad (6.2)$$

式中:*表示复共轭;⟨ ⟩代表总体平均值。根据体散射和偶次散射的协方差矩阵和散射矩阵之间的关系,我们可以展开式(6.2)以便进行参数估计,其中协方差矩阵(Cloud和Pottier,1996;Freeman和Durden,1998)将极化定标的参数估计从3×3扩展到4×4。

式(6.2)是一个Hermitian矩阵,只有其上三角的10个分量是独立且具有意义的。将式(6.1a)和式(6.1b)代入式(6.2)中,我们可以用散射矩阵和失真矩阵的元素来表示所有16个分量。这10个方程的展开和简化的流程都是类似的。例如,$\langle Z_{hh}Z_{hh}^* \rangle$可以被展开且简化表述为

$$\langle Z_{hh}Z_{hh}^* \rangle = \langle (S_{hh} + S_{hv}\delta_2 + S_{vh}\delta_3 + S_{vv}\delta_2\delta_3) $$

$$(S_{hh} + S_{hv}\delta_2 + S_{vh}\delta_3 + S_{vv}\delta_2\delta_3)^* + N_{hh}N_{hh}^*\rangle$$
$$= \langle S_{hh}S_{hh}^*\rangle + \langle S_{vv}S_{hh}^*\rangle\delta_2\delta_3 + \langle S_{hv}S_{hv}^*\rangle\delta_2\delta_2^* + \langle S_{vh}S_{hv}^*\rangle\delta_3\delta_2^*$$
$$+ \langle S_{hv}S_{vh}^*\rangle\delta_2\delta_3^* + \langle S_{vh}S_{vh}^*\rangle\delta_3\delta_3^* + \langle S_{hh}S_{vv}^*\rangle\delta_2^*\delta_3^*$$
$$+ \langle S_{vv}S_{vv}^*\rangle\delta_2\delta_2^*\delta_3\delta_3^* + \langle N_{hh}N_{hh}^*\rangle \quad (6.3)$$

其中第一行的右侧部分，利用反射对称性可展开并简化为

$$\langle S_{hh}S_{hv}^*\rangle = \langle S_{hh}S_{vh}^*\rangle = 0 \quad (6.4)$$

6.2.4 3个散射分量的协方差矩阵

根据 Freeman 和 Durden(1998)的研究，假设体散射完全去极化，表面和偶次散射部分去极化，则森林数据的协方差可用体散射、偶次散射和表面散射的协方差之和来表示，即

$$\langle \mathbf{S} \cdot \mathbf{S}^*\rangle_{total} = \langle \mathbf{S} \cdot \mathbf{S}^*\rangle_{volume} + \langle \mathbf{S} \cdot \mathbf{S}^*\rangle_{double} + \langle \mathbf{S} \cdot \mathbf{S}^*\rangle_{surface} \quad (6.5)$$

$$\langle \mathbf{S} \cdot \mathbf{S}^*\rangle_{volume} = \begin{bmatrix} 1 & 0 & 0 & \rho \\ 0 & \gamma & \gamma' & 0 \\ 0 & \gamma'^* & \gamma & 0 \\ \rho^* & 0 & 0 & 1 \end{bmatrix} f_v, (0 \leq \gamma, |\gamma'|, |\rho| \leq 1), \quad (6.6)$$
$$(-\pi \leq \arg(\gamma'), \arg(\rho) \leq \pi)$$

$$\langle \mathbf{S} \cdot \mathbf{S}^*\rangle_{double} = \begin{bmatrix} |x|^2 & 0 & 0 & x \\ 0 & 0 & 0 & 0 \\ 0 & 0 & 0 & 0 \\ x^* & 0 & 0 & 1 \end{bmatrix} f_d, (|x| \geq 1.0), (-\pi \leq \arg(x) \leq \pi) \quad (6.7)$$

$$\langle \mathbf{S} \cdot \mathbf{S}^*\rangle_{surface} = \begin{bmatrix} |y|^2 & 0 & 0 & y \\ 0 & 0 & 0 & 0 \\ 0 & 0 & 0 & 0 \\ y^* & 0 & 0 & 1 \end{bmatrix} f_s \quad (6.8)$$

式中：f_v 是总功率中的体散射分量；f_d 是垂直极化(VV)的偶次散射分量；f_s 是垂直极化的表面散射分量；ρ 是 $\langle S_{hh}S_{vv}^*\rangle/\langle S_{hh}S_{hh}^*\rangle$；$\gamma$ 是 $\langle S_{hv}S_{hv}^*\rangle/\langle S_{hh}S_{hh}^*\rangle$；$\gamma'$ 是 $\langle S_{hv}S_{vh}^*\rangle/\langle S_{hh}S_{hh}^*\rangle$。由于目标的互易性，$\gamma = \gamma'$。$x$ 是穿透树冠并被地面和树干偶次散射的信号分量的极化比(HH/VV)。

其详细表述(Freeman 等,1992;Freeman 和 Durden,1998)为

$$x = e^{j2(k_H - k_V)}(R_{gH}R_{tH}/R_{gV}R_{tV}) \quad (6.9)$$

式中：k 是复数，表示信号从雷达传播到地面并返回时，垂直和水平极化波的衰减

和相位变化;R_g是地面的Fresnel反射系数,R_t是树干的反射系数;y是表面散射分量的极化比(HH/VV),并在Bragg模型的一阶量统计下,得到变为实值的y的表达式。

应该注意的是,本文提出的分解模型的体积协方差有两个自由度(γ,ρ),而Freeman-Durden模型的γ和ρ都设定为常数值1/3。这个可变参数的设计,使得能研究体积协方差对森林参数的影响。体散射是高度去极化的,可以假定为方位对称目标(因此,VV和HH成分等于1.0)。式(6.7)中的各项表明了偶次散射分量的影响。

6.2.5 对密林散射模型的思考

虽然三分量协方差模型通常用于表示密林中的极化后向散射,但本文所提出的极化定标方法的主要内容是将体散射分量(对任何极化都是均匀的)与其余分量区分,即偶次散射和表面散射,这些散射分量对于森林中信号的散射可能表现出极化相关性,并且具有类似的函数形式。在这项极化定标的研究中,目的并非定量分离这3种分量,而是要为PDM的计算找到一个稳定的解决方案。研究表明,表面散射分量比密林的偶次反射分量要小得多(Freeman和Durden,1998)。因此,我们可以设定下式中二次散射和表面散射的量级。这使我们在处理密林中的极化后向散射时可以忽略f_s,即

$$f_s \ll f_d \tag{6.10}$$

在另一方面,图6-2(b)中的棕色区域所示的非森林地区会生成一个独立存在的分量f_s。因此,协方差矩阵可以用以下公式表示,其中我们用HH分量将所有项归一化,即

$$
\begin{aligned}
C &= \langle S \cdot S^* \rangle / \langle S_{hh} \cdot S_{hh}^* \rangle \\
&= \begin{pmatrix} f_v + |x|^2 f_d & 0 & 0 & \rho f_v + x f_d \\ 0 & \gamma f_v & \gamma f_v & 0 \\ 0 & \gamma f_v & \gamma f_v & 0 \\ \rho^* f_v + x^* f_d & 0 & 0 & f_v + f_d \end{pmatrix} / (f_v + |x|^2 f_d) \\
&= \begin{pmatrix} 1 & 0 & 0 & \dfrac{\rho f_v + x f_d}{f_v + |x|^2 f_d} \\ 0 & \dfrac{\gamma f_v}{f_v + |x|^2 f_d} & \dfrac{\gamma f_v}{f_v + |x|^2 f_d} & 0 \\ 0 & \dfrac{\gamma f_v}{f_v + |x|^2 f_d} & \dfrac{\gamma f_v}{f_v + |x|^2 f_d} & 0 \\ \dfrac{\rho^* f_v + x^* f_d}{f_v + |x|^2 f_d} & 0 & 0 & \dfrac{f_v + f_d}{f_v + |x|^2 f_d} \end{pmatrix}
\end{aligned} \tag{6.11}
$$

6.2.6 协方差矩阵分量的表示方法

将式(6.6)和式(6.7)代入式(6.2),展开所有项,并代入式(6.4)的反射对称性,可得到以下 10 个方程。其中幅度较大的分量被分到式(6.12)中,幅度较小的分量被分组到式(6.13)中。在此,我们不忽略任何高阶的串扰项:

$$\langle Z_{hh} Z_{hh}^* \rangle = f_v + |x|^2 f_d + D_1$$
$$D_1 = f_v \{\rho(\delta_2 \delta_3 + \delta_2^* \delta_3^*) + \gamma(\delta_2 + \delta_3)(\delta_2^* + \delta_3^*) + |\delta_2|^2 \cdot |\delta_3|^2\}$$
$$\langle Z_{vv} Z_{hh}^* \rangle = f_1 f_2 \cdot (\rho f_v + x f_d) + D_2$$
$$D_2 = f_v \{\delta_1 \delta_4 + f_1 f_2 \delta_2^* \delta_3^* + \gamma(f_1 \delta_4 + f_2 \delta_1)(\delta_2^* + \delta_3^*) + \rho \delta_1 \delta_4 \delta_2^* \delta_3^*\}$$
$$\langle Z_{hv} Z_{hv}^* \rangle = \gamma f_v |f_1|^2 + D_3$$
$$D_3 = f_v \{|\delta_1|^2 + (\gamma |\delta_1|^2 + |f_1|^2) |\delta_3|^2 + f_1 \delta_1^* (\rho \delta_3 + \gamma \delta_3^*) + f_1^* \delta_1 (\gamma \delta_3 + \rho \delta_3^*)\}$$
$$(6.12)$$
$$\langle Z_{vh} Z_{hv}^* \rangle = \gamma f_v f_1^* f_2 + D_4$$
$$D_4 = f_v \{\delta_1^* \delta_4 + \delta_2 \delta_3^* (\gamma \delta_1^* \delta_4 + f_1^* f_2) + f_2 \delta_1^* (\rho \delta_2 + \gamma \delta_3^*) + f_1^* \delta_4 (\gamma \delta_2 + \rho \delta_3^*)\}$$
$$\langle Z_{vh} Z_{vh}^* \rangle = \gamma f_v |f_2|^2 + D_5$$
$$D_5 = f_v \{|\delta_4|^2 + (\gamma |\delta_4|^2 + |f_2|^2) |\delta_2|^2 + f_2 \delta_4^* (\rho \delta_2 + \gamma \delta_2^*) + f_2^* \delta_4 (\gamma \delta_2 + \rho \delta_2^*)\}$$
$$\langle Z_{vv} Z_{vv}^* \rangle = (f_v + f_d) |f_1|^2 |f_2|^2 + D_6$$
$$D_6 = f_v \{|\delta_1|^2 |\delta_4|^2 + \gamma |f_1|^2 |\delta_4|^2 + \gamma |f_2|^2 |\delta_1|^2$$
$$+ f_1 \delta_1^* (\rho f_2 \delta_4^* + \gamma f_2^* \delta_4) + f_1^* \delta_1 (\gamma f_2 \delta_4^* + \rho f_2^* \delta_4)\}$$
$$Z_{hv} Z_{hh}^* = (f_v + x^2 f_d) \delta_1 + \gamma f_v f_1 \delta_2^* + f_1 (\rho f_v + x f_d) \delta_3 + \gamma f_v f_1 \delta_3^* + \Delta_1$$
$$\Delta_1 = f_v \{(\gamma \delta_1 + f_1 \delta_2^*) |\delta_3|^2 + (\gamma \delta_3 + \rho \delta_3^*) \delta_1 \delta_2^*\}$$
$$Z_{vh} Z_{hh}^* = f_2 (\rho f_v + x f_d) \delta_2 + \gamma f_v f_2 \delta_2^* + \gamma f_v f_2 \delta_3^* + (f_v + x^2 f_d) \delta_4 + \Delta_2$$
$$\Delta_2 = f_v \{(\gamma \delta_4 + f_2 \delta_3^*) |\delta_2|^2 + (\gamma \delta_2 + \rho \delta_2^*) \delta_4 \delta_3^*\} \quad (6.13)$$
$$Z_{vv} Z_{hv}^* = \gamma f_v f_2 f_1^* \delta_1 + f_1 f_2 (\rho f_v + x f_d) \delta_1^* + |f_1|^2 f_2 (f_v + f_d) \delta_3^* + \gamma f_v |f_1|^2 \delta_4 + \Delta_3$$
$$\Delta_3 = f_v \{(\delta_4 + \gamma f_2 \delta_3^*) |\delta_1|^2 + (\gamma f_1 \delta_1^* + \rho f_1^* \delta_1) \delta_4 \delta_3^*\}$$
$$Z_{vv} Z_{vh}^* = \gamma f_v |f_2|^2 \delta_1 + |f_2|^2 f_1 (f_v + f_d) \delta_2^* + \gamma f_v f_1 f_2^* \delta_4 + f_1 f_2 (\rho f_v + x f_d) \delta_4^* + \Delta_4$$
$$\Delta_4 = f_v \{(\delta_1 + \gamma f_1 \delta_2^*) |\delta_4|^2 + (\gamma f_2 \delta_4^* + \rho f_2^* \delta_4) \delta_1 \delta_2^*\}$$

上述 10 个方程是这个极化定标方法的关键,具有以下特点。

(1) 这些方程适用于引发体散射分量和偶次散射分量的目标,如热带地区的密林(如亚马孙)。

(2) 信号穿透到具有体散射的目标的极化相关性,发生在 L 波段或更低的频率,在这里用 x 表示。

(3) 体散射和偶次散射的影响分别用 f_v 和 f_d 表示。

6.3 极化定标法的解算过程

为了从上述方程中解得 10 个未知数(即 f_1、f_2、δ_1、δ_2、δ_3、δ_4、f_v、f_d、x 和噪声),我们提出了 3 个独立的步骤,每个步骤处理不同的幅度项。通过不断地混合和迭代,直到获得收敛的解。

6.3.1 信道失衡及其他一阶项

为方便起见,我们引入以下缩写:

$$\begin{aligned} \boldsymbol{a} &= Z_{hh}Z_{hh}^* \\ \boldsymbol{b} &= Z_{vv}Z_{hh}^* \\ \boldsymbol{c} &= Z_{hv}Z_{hv}^* \\ \boldsymbol{d} &= Z_{vh}Z_{hv}^* \\ \boldsymbol{e} &= Z_{vh}Z_{vh}^* \\ \boldsymbol{f} &= Z_{vv}Z_{vv}^* \end{aligned} \quad (6.14)$$

且

$$F_i = |f_i| \quad (6.15)$$
$$\theta_i = \arg(f_i) \quad i = 1,2$$

式中:粗体字表示复数值;普通字表示实数值。

在式(6.1)中,就其大小而言,有两类未知参数。对于较大的量,即信道失衡,我们在式(6.12)中有 6 个方程式。通过减去 a、c、e 和 f 的噪声,并留下 $a' = a - n_0$,$c' = c - n_0$,$e' = e - n_0$,$f' = f - n_0$(见 6.3.3 节),我们得到以下 6 个方程(2 个复数和 4 个实数):

$$f_v + |x|^2 f_d = a' - D_1$$
$$F_1 F_2(\rho f_v + f_d x \cos\theta_x + f_d x \sin\theta_x \mathrm{j})\{\cos(\theta_1 + \theta_2) + \mathrm{j}\sin(\theta_1 + \theta_2)\} = \boldsymbol{b} - D_2$$
$$\gamma f_v F_1^2 = c' - D_3 \quad (6.16)$$
$$\gamma f_v f_2 f_1^* = \boldsymbol{d} - D_4$$
$$\gamma f_v F_2^2 = e' - D_5$$
$$(f_v + f_d) F_1^2 F_2^2 = f' - D_6$$

这里,我们用 $xe^{\mathrm{j}\theta_x}$ 的极坐标来表示 x。式(6.16)中共有 8 个未知量,即 $x(x,\theta_x)$、f_d、f_v、F_1、F_2、θ_1、θ_2。在式(6.16-3)中,式(6.16-4)和式(6.16-5)的绝对值

是关联的,这8个方程并不独立。这里,式(6.16-3)是指式(6.16)中的第三个方程。因此,需要一个附加方程。对于森林区域外但在 SAR 测量方案内的表面散射目标,我们又找到了一个方程,如下所示:

$$F_1 F_2 \{\cos(\theta_1 + \theta_2) + j\sin(\theta_1 + \theta_2)\} = \boldsymbol{b}_s \quad (6.17)$$

式中:后缀"s"代表表面散射分量。利用图像中的一些参考散射体,如三面角角反射器或理想表面,可以用分析法确定8个未知量。在每轮迭代步骤中,通过用新计算的 D_i(如 $a' - D_1 \to a''$)减去测量的协方差来更新计算测量的协方差。为了降低表达的复杂性,我们使用相同的符号(即 $a' - D_1 \to a'$)。

从式(6.17)和式(6.16-4),我们可以得出

$$\theta_2 = \frac{1}{2}(\arg(\boldsymbol{d}) + \theta_s) \quad (6.18)$$

$$\theta_1 = \frac{1}{2}(\theta_s - \arg(\boldsymbol{d}))$$

式中:θ_s 是 $S_{s,hh}$ 和 $S_{s,vv}$ 之间的表面散射的相位差。选择三面角反射器作为参考目标,则 $\theta_s = 0$。式(6.16-1)、式(6.16-2)和式(6.16-6)整理为

$$f_v + |\boldsymbol{x}|^2 f_d = a' \quad (6.19a)$$

$$\left(\rho + \frac{f_d}{f_v} x \cos\theta_x + \frac{f_d}{f_v} x \sin\theta_x j\right) e^{j\theta_s} = \frac{\boldsymbol{b}}{g} \quad (6.19b)$$

$$(f_v + f_d) = \frac{f_v^2}{g^2} f' \quad (6.19c)$$

$$g \equiv \frac{\sqrt[3]{c'de'}}{\gamma} \quad (6.19d)$$

在这里 $d = |\boldsymbol{d}|$。虽然这些方程有两个附加参数(即 γ 和 ρ),但提出的方法不能估计它们。当它们被给定后,我们才能解出8个未知量。

式(6.19-2)的相位分量决定了 θ_x 的值,式(6.19-1)~式(6.19-3)表明了 f_v 和 f_d 之间的关系,如下所示:

$$\theta_x = \arctan\left\{\frac{\operatorname{Im}\left(\dfrac{\boldsymbol{b}}{g}e^{-j\theta_s} - \rho\right)}{\operatorname{Re}\left(\dfrac{\boldsymbol{b}}{g}e^{-j\theta_s} - \rho\right)}\right\} \quad (6.20)$$

$$x = h\frac{f_v}{f_d} \quad (6.21)$$

且

$$h = \sqrt{\left\{\operatorname{Re}\left(\frac{\boldsymbol{b}}{g}e^{-j\theta_s} - \rho\right)\right\}^2 + \left\{\operatorname{Im}\left(\frac{\boldsymbol{b}}{g}e^{-j\theta_s} - \rho\right)\right\}^2} \quad (6.22)$$

从式(6.19-3)中我们可以得出

$$f_d = f_v \cdot \left(\frac{f'}{g^2} f_v - 1\right) \quad (6.23)$$

通过结合式(6.19-1)、式(6.19-3)和式(6.21),可以得到关于 f_v 的二次方程如下:

$$f_v \cdot \left\{\frac{f'}{g^2} f_v^2 - \left(\frac{f'}{g^2} a' + 1 - h^2\right) f_v + a'\right\} = 0 \quad (6.24)$$

式(6.24)在以下情况下有实解:

$$\left(\frac{f'}{g^2} a' + 1 - h^2\right)^2 - 4a' \frac{f'}{g^2} \geq 0 \quad (6.25)$$

式(6.25)的有效性已经用实际的 PALSAR 数据进行了评估,可得 PALSAR 数据满足上述 f_v 的条件(见6.4节)。式(6.24)的较小的根被保留,以确保 $f_v + f_d <$ 1,$0 \leq f_d, f_v \leq 1$,即

$$f_v = \frac{\frac{f'}{g^2} a' + 1 - h^2 - \sqrt{\left(\frac{f'}{g^2} a' + 1 - h^2\right)^2 - 4a' \frac{f'}{g^2}}}{2 \frac{f'}{g^2}} \quad (6.26)$$

最后,x、f_d、F_1 和 F_2 通过下式从森林参数中获得:

$$\begin{cases} F_1 = \sqrt{\gamma \frac{f'}{e'} \frac{f_v}{f_v + f_d}} \\ F_2 = \sqrt{\gamma \frac{f'}{c'} \frac{f_v}{f_v + f_d}} \end{cases} \quad (6.27)$$

当角反射器可用时,由以下表达式可求得信道失衡的振幅:

$$\begin{cases} F_1 = \sqrt{\frac{c'}{d'}} f_{CR}^{1/4} \\ F_2 = \sqrt{\frac{e'}{d'}} f_{CR}^{1/4} \end{cases} \quad (6.28)$$

式中:f_{CR} 为角反射器反射测量时 f' 的协方差分量。

6.3.2 失真矩阵的串扰

在这一节中,4个复数串扰项由实数未知数(A、B、C、D、E、F、G 和 H)表示,如下所示:

$$\delta_1 = A + Bj$$

$$\delta_2 = C + Dj \tag{6.29}$$
$$\delta_3 = E + Fj$$
$$\delta_4 = G + Hj$$

对式(6.13)进行重排,可以得到 4 个串扰项的线性表达式,用矩阵公式整理为

$$MY = N \tag{6.30}$$

其中

$$M = \begin{pmatrix} m_{1r} & -m_{1i} & m_{2r} & m_{2i} & m_{3r}+m_{4r} & -m_{3i}+m_{4i} & 0 & 0 \\ m_{1i} & m_{1r} & m_{2i} & -m_{2r} & m_{3i}+m_{4i} & m_{3r}-m_{4r} & 0 & 0 \\ 0 & 0 & m_{5r}+m_{6r} & -m_{5i}+m_{6i} & m_{7r} & m_{7i} & m_{8r} & -m_{8i} \\ 0 & 0 & m_{5i}+m_{6i} & m_{5r}-m_{6r} & m_{7i} & -m_{7r} & m_{8i} & m_{8r} \\ m_{9r}+m_{10r} & -m_{9i}+m_{10i} & 0 & 0 & m_{11r} & m_{11i} & m_{12r} & -m_{12i} \\ m_{9i}+m_{10i} & m_{9r}-m_{10r} & 0 & 0 & m_{11i} & -m_{11r} & m_{12i} & m_{12r} \\ m_{13r} & -m_{13i} & m_{14r} & m_{14i} & 0 & 0 & m_{15r}+m_{16r} & -m_{15i}+m_{16i} \\ m_{13i} & m_{13r} & m_{14i} & -m_{14r} & 0 & 0 & m_{15i}+m_{16i} & m_{15r}-m_{16r} \end{pmatrix}$$
$$\tag{6.31}$$

$$Y = \begin{pmatrix} A \\ B \\ C \\ D \\ E \\ F \\ G \\ H \end{pmatrix} \tag{6.32}$$

$$N = \begin{pmatrix} \mathrm{Re}(\langle Z_{hv}Z_{hh}^* \rangle - \Delta_1) \\ \mathrm{Im}(\langle Z_{hv}Z_{hh}^* \rangle - \Delta_1) \\ \mathrm{Re}(\langle Z_{vh}Z_{hh}^* \rangle - \Delta_2) \\ \mathrm{Im}(\langle Z_{vh}Z_{hh}^* \rangle - \Delta_2) \\ \mathrm{Re}(\langle Z_{vv}Z_{hv}^* \rangle - \Delta_3) \\ \mathrm{Im}(\langle Z_{vv}Z_{hv}^* \rangle - \Delta_3) \\ \mathrm{Re}(\langle Z_{vv}Z_{vh}^* \rangle - \Delta_4) \\ \mathrm{Im}(\langle Z_{vv}Z_{vh}^* \rangle - \Delta_4) \end{pmatrix}$$

且

$$m_1 = (f_v + x^2 f_d) \quad m_2 = \gamma f_v f_1 \quad m_3 = f_1(\rho f_v + x f_d) \quad m_4 = \gamma f_v f_1$$
$$m_5 = f_2(\rho f_v + x f_d) \quad m_6 = \gamma f_v f_2 \quad m_7 = \gamma f_v f_2 \quad m_8 = (f_v + x^2 f_d)$$
$$m_9 = \gamma f_v f_2 f_1^* \quad m_{10} = f_1 f_2(\rho f_v + x f_d) \quad m_{11} = |f_1|^2 f_2(f_v + f_d) \quad m_{12} = \gamma f_v |f_1|^2$$
$$m_{13} = \gamma f_v |f_2|^2 \quad m_{14} = |f_2|^2 f_1(f_v + f_d) \quad m_{15} = \gamma f_v f_1 f_2^* \quad m_{16} = f_1 f_2(\rho f_v + x f_d)$$
(6.33)

在式(6.31)中,后缀"r"和"i"分别代表实部和虚部。

最后,用线性代数方法求解上述方程:

$$Y = M^{-1} N \qquad (6.34)$$

这样得到的串扰项为 4 个线性方程的解,并且可以通过迭代过程来校正式(6.32)中的高阶项。

6.3.3 噪声估算

Cpol-Cpol 和 Xpol-Xpol 的协方差包括一些噪声分量,而其他的则没有。因此,式(6.2)对噪声有以下表达式:

$$\begin{aligned}
\langle (S_{hh} + N_{hh})(S_{hh} + N_{hh})^* \rangle &= \langle S_{hh} S_{hh}^* + N_{hh} N_{hh}^* \rangle = \langle S_{hh} S_{hh}^* \rangle + n_0 \\
\langle S_{hv} S_{hv}^* + N_{hv} N_{hv}^* \rangle &= \langle S_{hv} S_{hv}^* \rangle + n_0 \\
\langle S_{vh} S_{vh}^* + N_{vh} N_{vh}^* \rangle &= \langle S_{vh} S_{vh}^* \rangle + n_0 \\
\langle S_{vv} S_{vv}^* + N_{vv} N_{vv}^* \rangle &= \langle S_{vv} S_{vv}^* \rangle + n_0 \\
\langle S_{hh} S_{vv}^* + N_{hh} N_{vv}^* \rangle &= \langle S_{hh} S_{hh}^* \rangle \\
\langle S_{hv} S_{vh}^* + N_{hv} N_{vh}^* \rangle &= \langle S_{hv} S_{vh}^* \rangle \\
n_0 &\equiv \langle N_{hh} N_{hh}^* \rangle = \langle N_{hv} N_{hv}^* \rangle = \langle N_{vh} N_{vh}^* \rangle = \langle N_{vv} N_{vv}^* \rangle
\end{aligned} \qquad (6.35)$$

其中,n_0 是在式(6.16)之前定义的。使用前述方程的缩写,我们得到以下内容:

$$\begin{aligned}
(\gamma f_v + n_0) F_1^2 &= c - D_3 (\equiv c'') \\
(\gamma f_v + n_0) F_2^2 &= c - D_5 (\equiv e'') \\
\gamma f_v F_1 F_2 &= d - D_4 (\equiv d'')
\end{aligned} \qquad (6.36)$$

从这些公式,我们可得出

$$(c'' - n_0 F_1^2)(e'' - n_0 F_2^2) = (d'')^2 \qquad (6.37)$$

我们将噪声水平 n_0 作为平方方程的解

$$n_0 = \frac{e'' F_1^2 + c'' F_2^2 - \sqrt{(e'' F_1^2 + c'' F_2^2)^2 - 4 F_1^2 F_2^2 (c'' e'' - d''^2)^2}}{2 F_1^2 F_2^2} \qquad (6.38)$$

最终,可以通过迭代方式来确定噪声。

6.3.4 迭代过程

前几节介绍了式(6.12)和式(6.13)的解,分别是式(6.16)和式(6.30)。式(6.12)和式(6.13)中串扰得高阶乘法项可以被迭代法修正,直到信道失衡和串扰收敛。

6.3.5 本文所提出方法的特点

本文所提出的方法的特点总结如下。

(1) 在信道失衡振幅的两次估计中,第一种方法,式(6.27)使用森林分解,并受体散射/偶次散射分解精度和 Xpol 协方差(γ)的影响。在使用第二种方法之前,有必要进行准确度评估。式(6.28)的第二种方法可以依靠角反射器提供准确的结果。

(2) 信道失衡的相位(参见式(6.18))只取决于 VV-HH 相位差的精度,而某些参考目标可以保留这个相位差。某些人造目标(如角反射器)能准确地保留该相位差,因此可以作为参考目标来使用。而将自然目标作为参考目标使用之前,需要对其进行全面评估。

(3) 从式(6.34)中串扰估计的精度可能会受到体散射/偶次散射分量和 Xpol 协方差的影响。对该精度的评估是很有必要的。

6.4 极化定标法的实验实例

日本宇宙航空研究开发机构(JAXA)于 2006 年 1 月 24 日将先进陆地观测卫星(ALOS)发射到高度为 691.5km 的太阳同步轨道上,重复周期为 46 天,携带两个高分辨率的光学传感器和一个相控阵 L 波段相控阵合成孔径雷达(PALSAR)。在初步校准之后,ALOS 于 2006 年 10 月 24 日开始运行(Shimada 等,2009)。

PALSAR 具有以下特点。

(1) 使用 L 波段频率,在森林地区具有优越的信号穿透力和更高的干涉相干性。

(2) 28MHz 的宽频带(更高的空间分辨率)。

(3) 80 个 TRM,用于快速天底偏角变化。

(4) 运行中的空间全极化测量。

PALSAR 有 5 种工作模式。

（1）单极化精细波束（FBS）。一种单极化、高分辨率的 70km 带状条带扫描。

（2）双极化精细波束（FBD）。一种双极化接收（HH + VH,其中 VH 表示水平极化发射,垂直极化接收）的扫描,可用于森林砍伐监测。

（3）扫描合成孔径雷达,350km 的带状区域扫描,用于快速监测森林砍伐和海冰。

（4）极化测量模式,用于澄清散射机制。

（5）降低分辨率的条带模式。双频 GPS 接收机、偏航转向方案和直径小于 500m 的轨道管保证了 PALSAR 图像的质量与干涉相干性。整个系统满足高精度变形检测的要求。

我们应用所提出的极化定标法,利用在巴西 Rio Branco 的茂密雨林中采集的时间序列数据集,校准和评估 PALSAR 的极化数据。该雨林位于南纬 9.7599°和西经 68.073°,数据采集历时 2 年零 5 个月（从 2006 年 7 月 20 日到 2008 年 12 月 11 日）。之所以选择这个测试点,是因为在这些纬度地区,特别是上升轨道上,FRA 很小或几乎可以忽略不计（Wright 等,2003；Meyer 等,2006）,并且需校准的未知量只有失真矩阵。该测试站点由 JAXA、阿拉斯加卫星设施（ASF）和巴西地球物理局（Instituto Brasileiro de Geografia e Estatística,IBGE）联合建立,用作 PALSAR 的联合校正。站点部署了两个高 2.5m、叶片大小的三面角角反射器,其中一个面向 ALOS 的下降轨道（轨道号为 431）,另一个面向上升轨道（轨道号为 090）。在 PALSAR 的极化模式中,总共有 12 个天底偏角,选择其中 21.5°的天底偏角。

图 6-3 是地理编码和未校准的 PLR21.5 图像。在这幅图像中,选择了两种类型的表面散射体:圆圈 A 和 B 中的三面角角反射器,它们的特写如图 6-4 所示,以及显示较暗的粗糙表面区域。表 6-2 列出了 PALSAR 时间序列的极化测量的数据。总共有 26 个可用数据集。

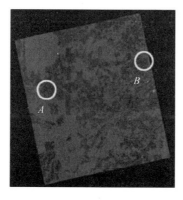

(a)

(b)

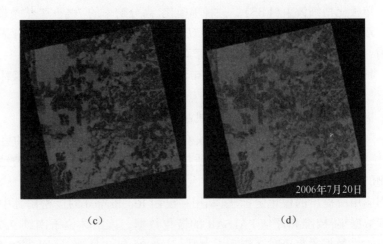

(c) (d)

图 6-3 2006 年 7 月 20 日,在上升轨道上为巴西 Rio Branco 观测到的未经校准的 PALSAR 极化数据。所有的图像都是在一个均匀的经纬度坐标系上进行地理编码的。这里,浅灰色区域表示密林,深色区域是表面散射区。该区域在跨轨方向延伸 35km,在沿轨方向延伸 40km
(a)HH;(b)VH;(c)HV;(d)VV。

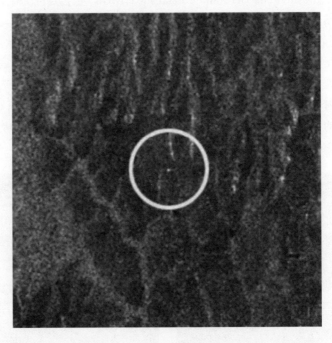

图 6-4 将位于 Rio Branco 测试站点的部分目标放大,角反射器位于居中的亮点处

表 6-2 在巴西 Rio Branco 获得的 PALSAR 测量的旋光数据

序号	测定日期	A/D	路径号	序号	测定日期	A/D	路径号
1	2006年7月20日	A	090	1	2006年7月21日	D	431
2	2006年9月4日	A	090	2	2006年9月5日	D	431
3	2006年10月20日	A	090	3	2006年10月21日	D	431
4	2007年3月7日	A	090	4	2007年1月21日	D	431
5	2007年4月22日	A	090	5	2007年7月24日	D	431
6	2007年9月7日	A	090	6	2007年9月8日	D	431
7	2007年10月23日	A	090	7	2007年10月24日	D	431
8	2007年12月8日	A	090	8	2007年12月9日	D	431
9	2008年1月23日	A	090	9	2008年1月24日	D	431
10	2008年10月25日	A	090	10	2008年3月10日	D	431
				11	2008年4月25日	D	431
				12	2008年6月10日	D	431
				13	2008年7月26日	D	431
				14	2008年9月10日	D	431
				15	2008年10月26日	D	431
				16	2008年11月11日	D	431

注:A=上升轨道,D=下降轨道

6.5 分解模型的假设验证及稳定性分析

6.5.1 对森林和地表测量的协方差矩阵的评估

在本节中,使用 PALSAR 测量森林和非森林地区的协方差矩阵的数据特征来进行分析和评估。为了提高测量的可信度,由 Quegan 的极化定标方法(不是本文提出的方法)得到的失真矩阵来校准所有的共计 26 个 PALSAR 数据。

图 6-5(a)绘制了所有数据的 4×4 协方差矩阵的代表分量(即 C_{HHHV}、C_{HHVH}、C_{HHVV}、C_{HVHV}、C_{HVVH}、C_{HVVV}、C_{VHVH}、C_{VHVV} 和 C_{VVVV}),图 6-5(b)展示了两个代表分量(即 C_{HHVV} 和 C_{HVVH})的相量。C_{HVVH} 的相位在 0°左右,而 C_{HHVV} 的相位则略有偏移,在 2.5°左右。这两个图都是依靠关于 ALOS 启用时间的函数来绘制的。图 6-5(a)中出现了轻微的振幅周期性变化。4×4 协方差矩阵的平均值是为经过筛选的森林地区和经过筛选的非森林地区(粗糙表面)计算的。它们分别列在表 6-3 和表 6-4 中。

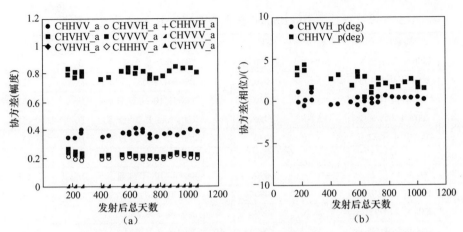

图 6-5 协方差矩阵的代表性成分的稳定性,其中,横轴是 ALOS 发射后的总天数
(a)振幅;(b)相位差。

表 6-3 亚马孙森林地区测得数据的协方差矩阵

极化	HH	HV	VH	VV
HH	(1.0,0)	(0.00452,17.334)	(0.00643,−54.943)	(0.377,2.491)
HV	(0.00452,−17.334)	(0.222,0)	(0.211,0.0611)	(0.00600,−3.380)
VH	(0.00643,54.943)	(0.211,−0.0611)	(0.222,0)	(0.00620,59.225)
VV	(0.377,−2.491)	(0.00600,3.380)	(0.00620,−59.225)	(0.813,0)

注:括号里的两个值是协方差的振幅和协方差的相位,单位是(°)

表 6-4 亚马孙非森林地区测得数据的协方差矩阵

极化	HH	HV	VH	VV
HH	(1.0,0)	(0.00643,8.6685)	(0.00703,−42.11)	(0.55433,−9.4777)
HV	(0.00643,−8.6685)	(0.12747,0)	(0.096824,−0.70376)	(0.00766,−3.380)
VH	(0.00703,42.11)	(0.096824,0.70376)	(0.13175,0)	(0.007155,28.561)
VV	(0.55433,9.4777)	(0.00766,3.380)	(0.007155,−28.561)	(0.85668,0)

从这些图片和表格(特别是表格 6-3 的林区),我们观察到以下几点。

(1) Cpol-Xpol 的协方差(即 C_{HHHV}、C_{HHVV}、C_{VVHV} 和 C_{VVVH})是去相关的。

(2) Xpol-Xpol 的协方差(即 C_{HVHV} 和 C_{VHVH})等于 0.222,小于 1/3。即 Freeman-Durden 模型的理论 γ 值,这意味着 γ 值小于 1/3 或 f_v 小于 1.0 或两者均有效。

(3) C_{HVHV} 基本等于 C_{HVHV},相位为零,具有互易性。

(4) C_{HHVV} 比 1/3 略大。

(5) C_{VVVV} 等于 0.813，比 C_{HHHH}（1.0）略小。

关于观察到的特性(2)和(5)，这可能是由于偶次散射发生在物体底部和树干这两个部分造成的。由于式(6.11)中的 f_v 是实数。体散射目标特性保持 $\gamma = \gamma'$ 且 γ 的倒数是实数，偶次散射或 ρ 中的任何一个或两个数都有小的虚值(实值)。

关于非森林区域测得数据的协方差，我们发现一些特征：C_{HVHV}、C_{VHVH} 和 C_{HVVH} 的数值基本相同，并且远小于 C_{HHHH}；C_{VVVV} 小于1.0；C_{HHVV} 大于 C_{HVHV}，这些特点与森林区域测得数据不同。C_{HHHV}、C_{HHVH}、C_{HVVV} 和 C_{VHVV} 约等于0.0，它们比森林区域测得的数据略大。

6.5.2　森林测得数据的反射互易性

关于散射互易目标的特性，目前已经有一些理论研究（Nghiem 等，1992；Borgeaud 等，1987；Yueh 等，1994）。由于对散射目标的互易假设简化了模型分析，因此这种假设经常被采用。与其他方法类似，本文所提出的方法也对密集的亚马孙雨林采用反射互易性假设。关键问题是："茂密的亚马孙雨林是否保持反射对称性？"正如 Yueh 等(1994)所分析，该问题的完美理论证明将非常困难。在这里，我们简单地用不同的平均次数对 Cpol-Xpol 进行评估，并测试它是否收敛于零。我们选择2006年7月20日的 PALSAR 数据，如图6-3和图6-6所示。图6-7(a)和(b)分别展示了在森林表面和地表面散射目标的数据上，平均次数与4个 Cpol-Xpol 协方差（即相关系数）之间的关系。从这些图表来看，对于平均次数大于10000的，4个协方差分量变得小于0.01，具有明显的反射互易性。

6.5.3　Freeman-Durden 分解法的应用

Freeman-Durden 分解方法适用于 PALSAR 数据，以检验"密林的表面散射分量比偶次散射分量小"的假设是否成立。图6-6描述了3个分量的分解结果。图6-8展示了同一地区分解的3个分量与入射角的相关性，其中，所有数据在方位角方向上被平均化以获得入射角相关性。3种成分的代表值是：体散射 90.54%，偶次散射 8.41%，表面散射 1.85%。表面散射分量要比体散射分量要小得多，还不到偶次散射分量的¼。因此，式(6.10)的假设对该森林区域是成立的。

6.5.4　评估忽略 HV 底层的表面散射分量——数值及影响

Freeman-Durden 模型假定 HV 和 VH 的表面散射分量为零。本文提出的极化定标方法也忽略了所有的表面散射分量。在本节中，我们评估了此忽略在协方差

图 6-6　Freeman-Durden 分解结果

(绿色:体散射分量。红色:偶次散射分量。蓝色:表面散射分量)(见彩插)

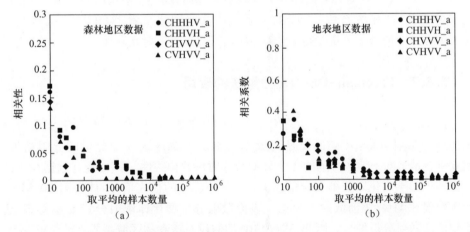

图 6-7　(a)森林地区和(b)地表面散射地区的 4 个协方差分量与样本数量的相关性

测量中引起的误差,以及它对极化参数估计的影响。通过使用 26 组亚马孙森林中取得的数据,我们测量了森林和地面区域的 HH、HV 和 VV 的代表性 σ_0,如表 6-5 所列。指定-6dB 作为区分值(即 $\sigma_{HH}^0 + \sigma_{HV}^0 + \sigma_{VV}^0$),对森林区域和地面区域分

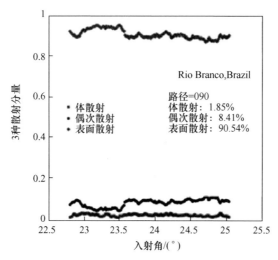

图 6-8 用 Freeman-Durden 方法得出的 3 个分量与入射角的相关性
(其中蓝色圆点是表面散射分量,黑色圆点是偶次散射分量,绿色菱形是体散射分量)(见彩插)

类。表格中,面积比含义是被归类为"森林"的像素点数与图像中的总像素点数之比。

表 6-5 森林和地表目标的代表性 σ_0

区域类型	σ_0_HH/dB	σ_0_HV/dB	σ_0_VV/dB	面积比
森林	-7.15	-13.59	-8.04	0.76
地面	-10.58	-19.68	-11.43	0.24

假设污染信号的 σ_0 由 $\alpha\%$ 的表面散射分量和 $100-\alpha\%$ 的森林散射组成,C_{HVHV}/C_{HHHH} 与 α 的相关性结果计算如下(表 6-6)。如果表面散射分量从 0(如 Freeman-Durden 模型)变化到 5%,则 C_{HVHV}/C_{HHHH} 仅移位 0.0024,失真矩阵(即串扰)的估计值区别不大(参考 6.5.5 节)。

表 6-6 森林地区的协方差与地表污染的模拟变化的比较

α	C_{HVHV}/C_{HHHH}	比率	误差
0%	0.2270	100	0.0
1%	0.2265	99.78%	-0.0005
5%	0.2246	98.94%	-0.0024

6.5.5 本文提出的方法的解的存在的稳定性

本文提出的方法依靠非相干分解模型和协方差测量来确定失真矩阵。目前已经有几种分解模型(即 Freeman-Durden、Freeman-2 和 Neumann),它们的差别在于式(6.6)中的体积协方差,即 γ 和 ρ。这些差别可能会影响解出的失真矩阵。Freeman-Durden 模型的 ρ 和 γ 设定为 1/3;Freeman-2 的模型则适应于测量值;Neumann 的模型有两个参数专门用于表述森林结构,即方向随机性 (τ) 和粒子形状 (δ),这两个参数可以转换为 ρ 和 γ。非相干分解法从目标数据中定量地分析出散射分量贡献,经常运用于 PolSAR 数据的研究和分类。然而,Freeman-Durden 模型有时会高估体散射分量的大小。因此,本文提出的方法可能会受到此影响。在本小节中,我们对所提出的方法的稳定性进行研究,以了解定义域范围较大的体积协方差对模型的影响。

式(6.25)描述了本文所提出的方法必须满足的约束条件,以求得有意义的体散射分量 f_v,如下所示:

$$F(\gamma,\rho) \geqslant 0 \tag{6.39}$$

$$F(\gamma,\rho) \equiv \left(\frac{f'}{g^2}a' + 1 - h^2\right)^2 - 4a'\frac{f'}{g^2} \tag{6.40}$$

式(6.40)定义了 $F(\gamma,\rho)$,以便我们可以研究体积协方差与 F 的关系。除了 F 通过变量 h 和 g 依赖于 γ 和 ρ (见式(6.19-4)和式(6.22))外,F 还取决于测量值的变化(即 g'、f'、a'、b'、c'、d')。我们将在本节的后半部分讨论这种测量值依赖性。式(6.39)的成立条件给出解空间的边界,γ 是 ρ 的一个双值函数,如下所示:

$$\gamma = \frac{\sqrt[3]{c'd'e'}}{\sqrt{a'f'}}\left\{1 \pm \sqrt{\left\{\mathrm{Re}\left(\frac{b\gamma}{\sqrt[3]{c'd'e'}}\mathrm{e}^{-\mathrm{j}\theta_s} - \rho\right)\right\}^2 + \left\{\mathrm{Im}\left(\frac{b\gamma}{\sqrt[3]{c'd'e'}}\mathrm{e}^{-\mathrm{j}\theta_s} - \rho\right)\right\}^2}\right\} \tag{6.41}$$

尽管具有正 F 值的空间(我们称为"正 F 空间")是成功的分解方案之一,但还有以下条件来限制解空间区域:

$$\begin{aligned} f_v + f_d &< 1 \\ 0 \leqslant f_v &\leqslant 1 \\ 0 \leqslant f_d &\leqslant 1 \end{aligned} \tag{6.42}$$

使用 2006 年 7 月 20 日在亚马孙森林中测得的数据集,我们评估了本文所提出的模型的稳定性,并计算了 γ 和 ρ 在 0.0~0.5 范围内的可能的解空间。除此之外,还计算了表 6-7 中所列 4 种不同分解模型的 γ 和 ρ 的值。Neumann 模型可以使用一系列的体积协方差,以及在亚马孙森林中测得的数据的统计量,求出代表值(参考附录6A-1)。体积协方差的经验量,是通过对亚马孙中测得的数据应用最小平方法来确定的(参考附录6A-2)。

表6-7 4个研究案例中具有代表性的 γ 和 ρ

模型	γ	ρ
Freeman-Durden	1/3	1/3
Freeman-2	0.3282	0.3436
Neumann	0.3135	0.3495
经验参数	0.295	0.325

注:Freeman 模型可以使用一定范围内的体积协方差的值。此处,假设 f_v = 0.9 并分析了26个在亚马孙森林中测得的数据集,确定了这些体积协方差的值。Freeman-2 模型的参数的计算参照了 Freeman(2007)模型

图6-9(a)展示了一个由 γ 和 ρ 影响的 F 值的三维透视图。该图表明共有两个正 F 值的区间。同时,图6-9(b)展示了由 ρ - γ 影响的 f_v 的分布。这两个正 F 区间中有一个区间的 f_v 小于1.0,该区间是正确的,另一个区间是不正确的(f_v > 1.0)。图6-9(c)展示出解空间的 ρ - γ 依赖性,其中REGION-1具有正的 F 值和正确的森林参数(即 $0 \leqslant f_v < 1.0$),REGION-2有负的 F 值且不具有解,REGION-3有正的 F 值但错误的 f_v 大于1.0。在图6-9(c)中,展示从不同分解模型以及经验总结的方法中获得的4个对应点。这些点的位置证明了所有的模型的解都位于REGION-1中,并成功分解森林中测得的参数。图中还可以看到有两个边界,Border-1和Border-2。第一个可以通过式(6.41)中的加号取得,Border-2可以通过式(6.41)中的减号取得。值得注意的是,在 ρ >0.3 后,REGION-2的负值会变得非常小。

接下来,根据2006年7月20日在亚马孙取得的数据的平均数,对给定的 ρ - γ 对应的协方差和 F 值的变化进行了分析。此处,我们选择 Freeman-Durden 模型进行分析,取 $\rho = \gamma = 1/3$。在平均数目的量达到10000后,F 值和 f_v 都收敛为常数。这表明,在使用该模型和方法的情况下,应选择数量大于10000个的平均值进行参数估计(Shimada 等,2009)。

最后,本文提出的方法的稳定性总结如下:对于在0.3~0.4范围内不同的 γ 和 ρ 参数而言,d_1、d_2、d_3 和 d_4 的串扰估计值为 -30 ~ -40dB,并且表现出相对稳定的状态。

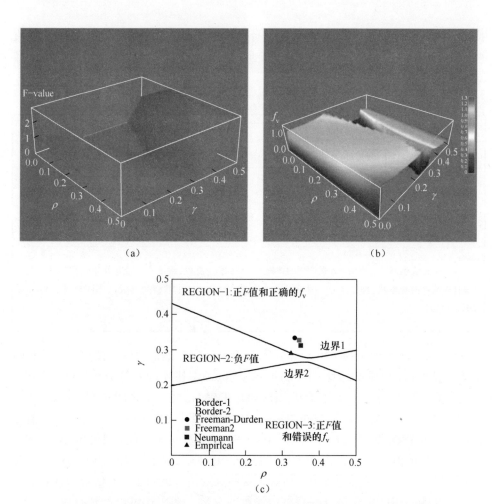

图 6-9 （a）F 值的透视图、（b）森林参数 f_v 的透视图和（c）3 个区域的描述
（这些区域取决于 F 的正负性和 f_v 的取值范围。REGION-1 内可以取得正确的森林参数。在这个区域，包括 Freeman-Durden、Freeman-2、Neumann 和经验参数）（见彩插）

6.6 极化定标结果

6.6.1 极化定标流程

尽管本文所提出的方法仅对完全散布目标区域有效，这些区域以体散射分量、偶次散射分量（图 6-2(b) 中的绿色区域）和表面散射分量（图 6-2(b) 中的木色区

域)为主,但最近亚马孙地区的森林砍伐使得很难找到这种完全森林区域(Shimada 等,2009)。为了能有效地将本文所提出的方法应用于获得的 SAR 数据,必须先进行区域过滤以提取体散射分量。第一步我们选择了一个森林区域,使 HH 信道的 σ^0 大于-10dB,然后选择了一个粗糙地表面区域,使 σ^0 低于-13dB。在这一步之后,对已经筛选过的数据使用本文提出的极化定标方法。图 6-10 是本章提出的极化定标方法的流程图。表面散射体(参考目标)的选择对于确定 θ_s 的值至关重要,该值是表面散射体在 HH 和 VV 极化之间的角度差。在这里,我们准备了 3 个目标作为参考表面散射体:三面角角反射器,σ^0 低于-13dB 的粗糙地表面,以及 σ^0 大于-10dB 的森林区域。尽管进行区域分类是一种解决手段,但它很容易受到表面粗糙度以及 HH 和 VV 极化量中的后向散射特性的未知误差的影响。后面给出的它们的误差理论表达式,描述了 θ_s 的未知且数值不小的误差。因此,三面角角反射器可能是极化定标的唯一参考。

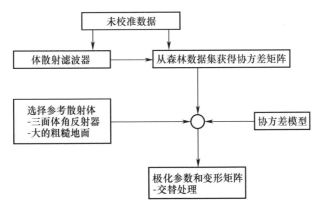

图 6-10 本章提出的极化定标方法的流程图

6.6.2 表面散射体的选择的比较性研究

为了研究并评估本文所提出极化定标方法的效果,以及该效果随参考表面散射体变化的变化,我们对以下 7 个案例进行了研究,并在表 6-8 中进行总结。其中 Methods-1 到 1′′′、Method-2 和 Method-3 检验了本文提出的极化定标方法。Methods-1 到 1′′′ 只在体积协方差上有所差异,Method-4 是参考对照。

表 6-8 本研究中的各个研究案例的定义

案例名称	描 述
Method-1	本文提出的方法+三面角角反射器作为表面散射体,其中方位角的 7 个像素和距离的 7 个像素被平均化,减去噪声,角反射器被用于确定信道失衡。这里,$\gamma = 1/3$,$\rho = 1/3$(Freeman-Durden)

(续)

案例名称	描 述
Method-1′	本文提出的方法+三面角角反射器作为表面散射体,其中方位角的 7 个像素和距离的 7 个像素被平均化,减去噪声,角反射器被用于确定信道失衡。这里,$\gamma = 0.3282$,$\rho = 0.34362$(Freeman-2)
Method-1″	本文提出的方法+三面角角反射器作为表面散射体,其中方位角的 7 个像素和距离的 7 个像素被平均化,减去噪声,角反射器被用于确定信道失衡。这里,$\gamma = 0.3135$,$\rho = 0.3495$(Neumann 参数)
Method-1‴	本文提出的方法+三面角角反射器作为表面散射体,其中方位角的 7 个像素和距离的 7 个像素被平均化,减去噪声,角反射器被用于确定信道失衡。这里,$\gamma = 0.295$,$\rho = 0.325$(经验参数)
Method-2	本文提出的方法+较大的地表面区域作为表面散射体,所有 σ^0 低于-13dB 的像素被平均化,减去噪声,然后用地表面来确定信道失衡。这里,$\gamma = 0.295$,$\rho = 0.325$
Method-3	本文提出的方法+较大的森林区域作为表面散射体,所有 σ^0 低于-10dB 的像素被平均化,减去噪声,然后用森林来确定信道失衡。这里,$\gamma = 0.295$,$\rho = 0.325$
Method-4	Quegan 的方法是利用角反射器为 PALSAR 定标(Quegan,1994;Shimada 等,2009;Moriyama 等,2007)

6.6.3 极化定标参数和时间序列分析

我们计算了 Method-1 至 Method-3 的极化定标参数,并使用角反射器的响应来评估其准确性。Method-4 的结果是使用 Quegan(1994)、Shimada 等(2009)和 Moriyama 等(2007)的参数结果得到的。我们还利用表 6-2 中的数据集建立了从 Method-1‴ 得到的失真矩阵的时间序列特性。图 6-11(a)和(b)分别描述了 f_1 和 f_2 的信道失衡的振幅和相位。以类似的方式,图 6-12 说明了 4 个串扰量随时间的变化,包括其振幅和相位。图 6-13 显示了 HH 和 VV 中体散射分量与偶次散射分量随时间的变化。

这些图表说明,极化定标参数尽管在时间上略有偏差,但从平均值上来说基本是恒定的。该选定的观测点可在 PALSAR 上升和下降轨道上被观测到,有时观测时间只相隔 1 天(例如,2006 年 7 月 20 日在上升轨道,2006 年 7 月 21 日在下降轨道)。图 6-11、图 6-12 和图 6-13 中绘制了相隔 1 天或 45 天的时间序列数据。自 2006 年以来,电离层不规则现象通常在当地日落后约 4h 出现在亚马孙上空,并且表现出季节性变化现象(Shimada 等,2008),但这 26 个数据集没有受到该现象影响(经人工检查证实)。

从这些图表来看,这些参数非常稳定,在 PALSAR 上升轨道和下降轨道之间

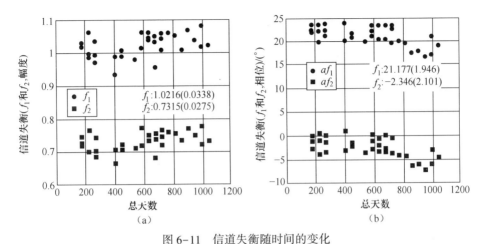

图 6-11 信道失衡随时间的变化

(a) 信道失衡的振幅;(b) 以度数为单位的相位变化。这里,f_i 是指 $|f_i|$,af_i 是指 $\arg(f_i)$。

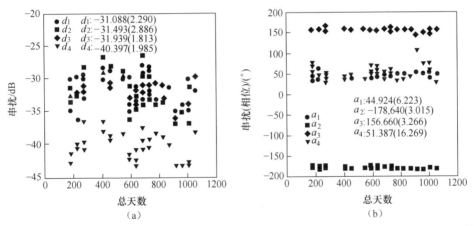

图 6-12 4 个串扰量(δ_1、δ_2、δ_3 和 δ_4)随时间的变化是关于 ALOS 发射启用后的总天数的函数

(a) 功率(dB);(b) 相位(°),其中,d_i 是 $10 \cdot \lg |\delta_i|^2$,$a_i$ 是 $\arg(\delta_i)$。

没有明显的偏差。因此,可以计算出所有轨道数据的平均极化定标参数,即表 6-9 所列用不同方法得出的失真参数。各种方法中 Method-1‴ 能得出最小的串扰,但与其他方法的差距仅有 1dB。由此,我们发现,在分解模型(Method-1 系列)中,算出的 PDM 没有明显的差别。然而,Method-1‴ 在森林协方差和模型协方差之间有最好的一致性,如表 6-9 的底行所列。而且,信号穿透性问题需要依靠方法-1‴ 及依靠其算出的 PDM 来解决。

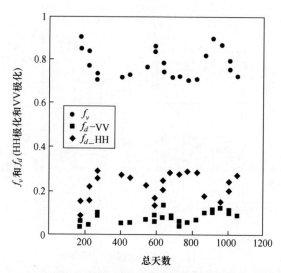

图 6-13 VV 和 HH 的体积散射分量和偶次散射分量随时间的变化。HH 的双弹分量比 VV 的大 9 倍。该计算是通过 Method-1‴ 得到的

表 6-9 不同方法和协方差方案下得出的 PDM 参数的比较

参数名称	Method-1 (Freeman-Durden)	Method-1′ (Freeman-2)	Method-1″ (Neumann)	Method-1‴ (Empirical)	Method-2	Method-3	Method-4
f_1	1.022 (0.034)/ 21.172 (1.956)	1.022 (0.034)/ 21.172 (1.956)	1.022 (0.034)/ 21.172 (1.956)	1.022 (0.032)/ 21.116 (1.760)	1.009 (0.015)/ 17.500 (0.862)	0.971 (0.008)/ 22.262 (0.449)	1.031/ 21.8050
f_2	0.73145 (0.026)/ −2.351 (2.110)	0.73143 (0.028)/ −2.351 (2.110)	0.73147 (0.028)/ −2.351 (2.110)	0.73155 (0.026)/ −2.407 (1.916)	0.72252 (0.011)/ −6.023 (0.912)	0.69511 (0.009)/ −1.261 (0.483)	0.72210/ −1.8790
δ_1	−29.406 (1.611)/ 39.873 (3.305)	−29.498 (1.641)/ 40.114 (3.413)	−29.959 (1.790)/ 41.367 (3.995)	−31.072 (2.245)/ 44.853 (6.028)	−30.993 (1.718)/ 44.201 (3.871)	−29.711 (1.241)/ 40.534 (2.216)	−37.6175/ 79.3693
δ_2	−27.713 (2.184)/ −178.140 (2.943)	−27.920 (2.205)/ −178.150 (2.946)	−28.948 (2.316)/ −178.200 (2.967)	−31.477 (2.812)/ −178.360 (2.921)	−31.563 (1.861)/ −181.910 (1.859)	−28.980 (1.397)/ −177.060 (1.417)	−37.6851/ −151.5032

(续)

参数名称	Method-1 (Freeman-Durden)	Method-1' (Freeman-2)	Method-1" (Neumann)	Method-1''' (Empirical)	Method-2	Method-3	Method-4
δ_3	-28.652 (1.601)/ 158.460 (2.483)	-28.836 (1.605)/ 158.380 (2.487)	-29.744 (1.601)/ 157.970 (2.531)	-31.928 (1.754)/ 156.630 (3.003)	-32.033 (1.904)/ 153.160 (2.769)	-29.829 (1.564)/ 159.320 (2.645)	-40.4867/ 131.4864
δ_4	-37.556 (1.783)/ 34.282 (7.488)	-37.725 (1.802)/ 35.007 (7.778)	-38.558 (1.869)/ 38.922 (9.314)	-40.390 (1.938)/ 51.199 (15.977)	-40.538 (2.078)/ 51.994 (14.992)	-38.285 (1.670)/ 37.399 (8.007)	-39.8263/ -1.8790
$\langle\delta\rangle$	-30.832	-30.995	-31.802	-33.717	-33.782	-31.701	-38.9039
E	0.115	0.113	0.0975	0.062	—	—	—

注：数值用极坐标表示(即第一个数值是振幅,"/"后面的第二个数值是相位,单位是(°)),括号内的数值是标准差。$\langle\delta\rangle$是平均串扰,E是森林中测量的协方差与用式(6A-2.1)的模型计算出的量之差的平方和

6.6.4 极化定标参数的比较

6.6.4.1 点目标分析

利用表6-9所列的失真矩阵,我们首先校准了表6-2中26个PALSAR极化数据集,并利用角反射器和自然目标的响应得出以下5个关键参数,并评估了所提出的定标方法的性能。①VV/HH的振幅比;②VV和HH的相位差;③由角反射器的脉冲响应函数测量的VH和HH之间的串扰;④HV和VV之间的串扰;⑤通过自然目标的互相关过程得出的串扰。参数③和④可以通过寻找HH图像中的角反射器,读取HH图中和相应的VH图中的像素点值,并减去角反射器的背景值后计算它们的功率比(这里,采用50×50像素来计算)。参数⑤可以通过计算HH和VH图像之间200×200像素区域的互相关来获得。

以上结果展示在表6-10中。图6-14(a)和(b)以及图6-15分别展示了VV/HH振幅比、VV-HH相位差以及从Method-1'''中得到的串扰值随时间的变化。从这些数字和表格来看,Method-1系列在各种方法中求得最好的结果,产生了最好的VV/HH振幅比1.0036(Method-1),最好的VV-HH相位差0.03025°(Method-1),而对VH/HH的串扰值低至-32.412dB,对HV/VV的串扰值低至-31.866dB,对自然目标的串扰值低至-42.853dB(Method-1''')。作为参考方法的Method-4,

与 Method-1 系列相似。Method-2 给出了可接受的振幅比,但相位差较大。Method-3 给出了可接受的相位差,但振幅比较大。

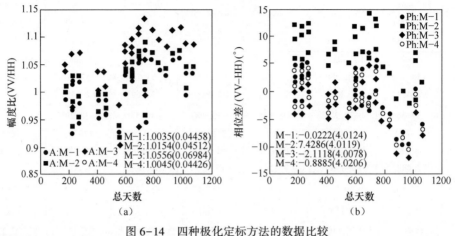

图 6-14 四种极化定标方法的数据比较

(a)VV/HH 的振幅比;(b)HH 和 VV 的相位差。

表 6-10 使用角反射器的响应和串扰作为同极化和交叉极化的数据的互相关比较 VV 和 HH 的串扰的振幅比和相位差

	Method-1	Method-1′	Method-1″	Method-1‴	Method-2	Method-3	Method-4
振幅比 (VV/HH)	1.0034 (0.04458)	1.0034 (0.4457)	1.0034 (0.4454)	1.0036 (0.04446)	1.0154 (0.04498)	1.0558 (0.04686)	1.0045 (0.04426)
相位差(VV-HH)/(°)	0.03025 (4.0123)	0.03270 (4.0126)	0.04453 (4.0141)	0.0608 (4.0169)	7.4733 (4.0171)	-2.0721 (4.0138)	-0.8885 (4.0206)
串扰1(VH/HH)/dB	-32.708 (6.2428)	-31.135 (6.2262)	-32.440 (6.1672)	-32.412 (5.5587)	-32.220 (5.4365)	-32.011 (6.1813)	-31.815 (5.1476)
串扰2(HV/VV)/dB	-32.067 (4.8685)	-32.036 (4.8606)	-32.013 (5.1227)	-31.866 (5.4226)	-31.959 (5.3883)	-32.421 (4.9415)	-31.501 (5.2084)
串扰3 (自然值)/dB	-41.961 (6.0499)	-42.130 (6.0243)	-42.651 (5.7093)	-42.853 (5.7266)	-42.881 (5.785)	-42.625 (5.7436)	-42.191 (6.1546)

注:振幅比和相位差是通过对明亮目标中心周围的几个像素的角反射器响应进行平均来测量的

6.6.4.2 极化特征

通常用极化特征来直观地评估极化定标的结果。在图 6-16 中,我们使用部署在巴西 Rio Branco 站点的角反射器的脉冲响应,计算并比较了 8 个交叉极化和同极化特征。这些脉冲响应是在 2006 年 7 月 20 日观测的,并由 7 个 PDM 校准,

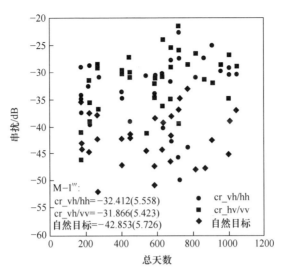

图 6-15 用 Method-1‴ 计算的角反射器的响应和自然目标的互相关的串扰
(此处,"cr_vh/hh" 对应于表 6-10 中的串扰 1,"cr_hv/vv" 对应于串扰 2,"cross" 对应于串扰 3)

即未校准的散射矩阵和 Method-1 到 Method-4 得出的矩阵。从这些图表来看,Method-1 系列和 Method-4 为同极化与交叉极化提供了最好的极化特征。Method-2 提供了较为良好的极化特征。然而,Method-3 是所有校准方法中最差的。

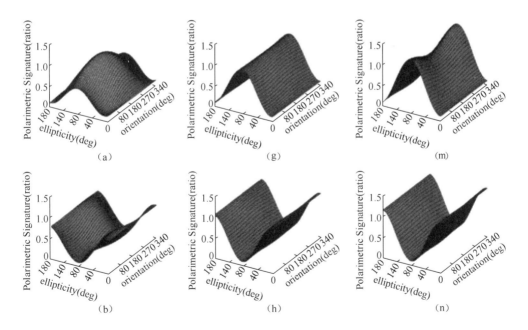

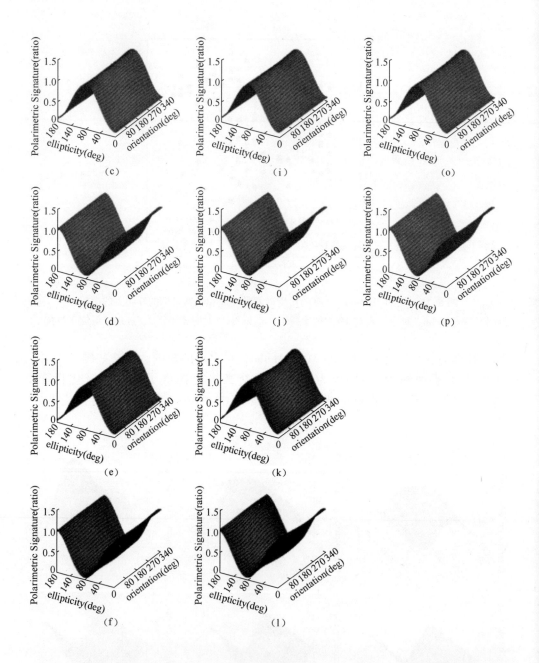

图 6-16 未校准的数据和校准的数据计算得出的极化特征。上面两行(a)~(h)是图 6-3 中圈 A 的角反射器的极化特征(PolSIG);下面两行(i)~(p)是图 6-3 中圈 B 的角反射器的极化特征 (a)、(b)未校准数据的同极性 PolSIG 和交叉极性 PolSIG;(c)、(d) Method-1;(e)、(f) Method-1';(g)、(h) Method-1″;(i)、(j) Method-1‴;(k)、(l): Method-2;(m),(n): Method-3;(o)、(p) Method-4。

6.6.5 森林中的信号分解

本文所提出的方法除了计算得出 PDM,还分解了森林的信号后向散射,并定量地得出了森林参数的信息(如体散射、偶次散射和信号穿透,以及它的极化相关性)。图 6-17 中绘制了入射角与森林参数的关系。该图展示了垂直和水平极化的体散射 (f_v),垂直和水平极化的偶次散射 (f_{d_vv}, f_{d_hh}),以及偶次散射 HH/VV 的比 $|x|$。此外,由于水平成分超过了垂直成分,$f_v + f_d$ 总是小于 1.0。偶次散射的 HH/VV(振幅)比率为 1.5~2.5,基本与入射角无关。偶次散射分类的数值在 0.050(VV) 和 0.232(HH) 左右,这意味着大约 5%(VV) 和 23%(HH) 的入射森林的信号可能穿透林冠并发生偶次散射,再回到雷达中。

接下来,我们分别对校准和未校准的在森林中取得的 PALSAR 数据计算协方差。图 6-18 展示了校准数据(使用 Method-1‴ 计算的 PDM)的 6 个协方差。校准后的振幅(图 6-18(b))表明,VV 功率(C_{VVVV})是 HH 功率(表示为 C_{HHHH})的 80%。其余 20% 的差异是由于 VV 的信号穿透力较小造成的,因此偶次散射成分较少。3 个互相关(即 C_{HVHV}, C_{HVVH} 和 C_{VHVH})的数值基本相等(0.23),表明极化定标的效果很好。C_{HHVV} 值等于 0.33,这与 Freeman-Durden 算出的值相同。与未经校准的协方差(图 6-18(a))相比较,这些协方差的幅值得到很好的平衡。

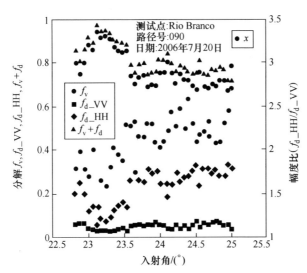

图 6-17 从本文提出的极化定标方法中估计的森林参数与入射角的关系(在 3° 的入射角范围内,体散射分量和偶次散射分量与入射角近似无关。HH 中的偶次散射分量与 VV 中的偶次散射分量的振幅比约等于 2.1)

图 6-19 中还绘制了 C_{HHVV} 和 C_{HVVH} 的相位差,其中(a)是未校准的数据,(b)是已校准的数据。在未经校准的数据中观察到的 ±25° 的相位差基本收敛为 0° (0.03°),尤其是在 C_{HVVH} 中,表明相位得到了很好的校准。$\arg(C_{HHVV})$ 值保持在 4.52° 左右。可由 HH 极化比 VV 极化含有更大的偶次散射成分来解释。大多数体散射的贡献对 HH 和 VV 极化是随机的。

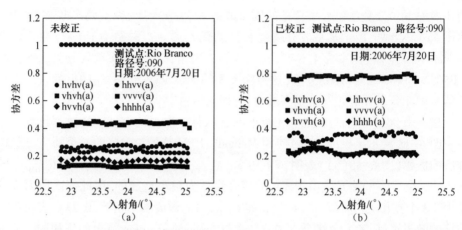

图 6-18 C_{HHHH}、C_{VVVV}、C_{HHVV}、C_{HVHV}、C_{VHVH} 和 C_{HVVH} 的振幅的协方差与入射角的关系
(a)未经校准的数据;(b)校准过的数据(图中,"hvhv"代表 C_{HVHV}。其他符号同理)。

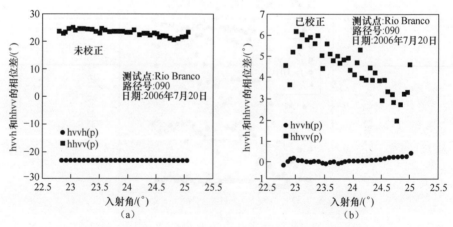

图 6-19 C_{HHVV} 和 C_{HVVH} 的相位差与入射角的关系
(a)未经校准的数据;(b)校准后的数据。

6.7 小节讨论

我们设计了一种新的极化定标方法,包括使用密林、表面散射体和非相干分解模型来确定森林数据的 PDM 和后向散射特性,并考虑低频 SAR 信号的穿透特性。本方法选择巴西西部茂密的雨林作为目标的最大优势是其散射体的数量极大,反射对称性较为明显(对合适数量的像素进行平均后)。当穿透信号的极化相关性被准确分解时,可以平衡 HH 和 VV 的后向散射。其缺点是依赖于散射机理的复杂的极化分解。在此,我们讨论以下方面来分析实验结果:提出方法的比较分析、信道失衡的参考源、森林参数特征,以及未来改进方案。

6.7.1 提出方法的比较分析

如前文所述,我们使用 4 个评价参数(即角反射器处的 VV/HH 的振幅增益比,角反射器处的 VV 和 HH 的相位差,两种方式测量的串扰值,所部署的角反射器的极化特征)来评估方法(提出的 6 个方法以及 1 个参考方法)的准确性。Method-1 系列和 Method-4 是其中最有用的,Method-2 仅次于后,再其次是 Method-3。尽管其他参数测量的效果尚可,Method-2 在测量 HH-VV 的相位差方面表现较弱(例如,前文的结果是 7°,而 CEOS SAR 工作组关于校准和验证的最大允许值是 5°)。Method-3 在测量 VV-HH 的振幅比上的表现很弱(例如,前文的结果是 1.05,即 0.21dB,而 CEOS SAR CALVAL 的最大允许值是 0.2dB)。除此之外,我们还评估了所有提出的方法在各种体积协方差下(即 γ 和 ρ 都在 0.3~0.4)的稳定性,模拟了 Freeman-Durden(Method-1)、Freeman-2(Method-1′)和 Neumann(Method-1″)模型的情况,以及根据经验观察到的体积协方差(Method-1‴),并确认这些解都非常稳定,各模型导出的 PDM 相似。

6 种方法(Method-1 到 Method-3)最大的差异在于,测量表面散射时的参考目标选择(如相位参考)以及振幅平衡上。以往,确定信道失衡相当的麻烦。由于角反射器的后向散射特性的 HH 和 VV 是稳定且均衡的,先前的大多数研究都依赖于此。在研究中,我们试图找到一个可以作为信号源的自然目标。由于 Method-2 和 Method-3 都偏离于 CEOS SAR 的规范要求,因此它们只能使用角反射器作为参考源。在 Method-2 中,我们选定了一个"假定的粗糙表面",因为其 σ^0 值小于 −13dB。单从视觉上看,选定的区域似乎是粗糙表面,但其相位角并不为零(可能约 7°左右)。如果想将粗糙表面作为参考目标,则其 HH-VV 之间的相位差应为已知的。

6.7.2 作为参考的表面散射器

在这个实验中,我们将一个粗糙地表面区域作为测试的参考目标。测试并不成功,可能是因为入射角和极化的不同会为粗糙地表面带来不同的菲涅耳反射系数。假设粗糙地表面的介电常数 $\varepsilon = 28.0 - j8.5$,入射角为 $25°$,则 HH 的菲涅耳反射系数为 $R_{HH} = 0.71514\ e^{177.08j}$,VV 的菲涅耳反射系数为系数 $R_{VV} = 0.95664\ e^{176.49j}$(见附录 6A-3)。它们的比值是 $R_{HH}/R_{VV} = 0.7476\ e^{0.59j}$,其中指数上的单位是($°$)。因此,粗糙的表面似乎可以作为参考表面散射体。然而,表 6-10(图 6-13 和图 6-14)中展示的结果否认了这一点(测量结果为 $7°$),原因可能是粗糙的表面与常见状态有一定区别。一方面,本次实验中我们无法取更理想的结果,希望在能在后续的研究中获得;另一方面,在使用密集的雨林区域作为表面散射器时,HH/VV 的相位差为 $2°$。尽管该数值是在容许范围之内的,但同样也需要对其进一步研究。如果我们比较表 6-10 中,利用角反射器或者自然目标成的 PALSAR 像来估计串扰值,会发现所有方法得出来的值基本相同。

6.7.3 串扰值

雷达系统要求串扰值要尽可能小。ALOS/PALSAR 在制造阶段规定了 PolSAR 模式的最小的串扰值应为 -25dB。为了准确测量 PolCAL 输出部分的串扰,必须考虑在方法中保留校准方程表达式中的所有高阶项(如串扰)。此外还需要反复进行两个步骤以确定 PDM,即计算信道失衡和其他串扰量。按此方法计算后,表现出的串扰平均值为 -33.717dB(表 6-9)。值得注意的是,此方法的计算结果比 Method-4 的计算结果低了近 5dB。Method-4 需要将协方差矩阵线性化,迭代得到近似协方差的 PDM。

表 6-10 中的一致性和表 6-9 中的不一致性的分析如下所示:Method-4(Quegan 法)明确要求要将 co-pol/x-pol 的相关值设为零,然后估计串扰值。Method-1 到 Method-3 在求解串扰值时,都符合测得数据中的 co-pol/x-pol 相关值。在取 $10^5 \sim 10^6$ 个像素的平均值下,这些测得的 Cpol/Xpol 相关值约为 -27dB(图 6-7)。因此,体现在表 6-9 中:Method-1 到 Method-3 的平均串扰值(在 -30 ~ -33dB)比 Method-4(-39dB)大。在表 6-10 中,是由校准后的 PALSAR 图像得出串扰量的估计值。因此,经过校准的图像为所有校准方法引入了比较小(但不是零的)Cpol/Xpol 相关值。使用 Method-4 校准的图像与使用 Method-1 校准的图像不同,但在数值结果的表现上不如后者。因此,Quegan 的方法通过将 Cpol/Xpol 相关值固定设置为零,从而降低了测得极化参数中串扰量的大小。因此,串扰值的

估计效果较好。

6.7.4 森林特征

通过对密林区域测得数据的分析,我们发现数据中 L 波段 SAR 信号穿透了森林树冠层。在式(6.9)中,x 是 HH 极化的偶次散射分量(透射信号)与 VV 极化的振幅比。图 6-17 展示了 x 与入射角的关系,表面 x 分布在 1.5~2.5。此外,HH 极化分量穿透性更强,其从森林底部返回的信号功率比 VV 极化分量更强。重轨 SAR 干涉测量法依赖于两个不同时间接收到的信号的相似性。雷达照射体积散射体后返回的信号因为时间段的分隔而变得不相干。由于树干部分对两次观测的时间间隔不太敏感,只有相干目标才能从树干上产生表面散射分量和偶次散射分量。因此,信号可以穿透森林树冠层这一条要求,对于实现高质量的重轨 SAR 干涉测量法非常重要。

图 6-20 比较了 2006 年 10 月 20 日和 2006 年 9 月 6 日用 PALSAR 分别对亚

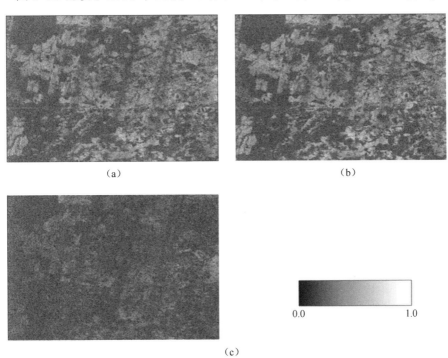

图 6-20 重轨 SAR 干涉测量法的比较展示。主图像和从图像分别于 2006 年 10 月 20 日和 2006 年 9 月 6 日获得,时间上相隔 46 天,空间上相隔 193m(如垂直基线)。由于电离层干扰,干涉测量的垂直方向出现轻微暗条纹现象(Shimada 等,2008)

(a)HH-HH;(b)VV-VV;(c)HV-HV。

马孙和 Rio Branco 测量的 HH-H、VV-V 和 HV-HV 的干涉相干性。该图显示,HH 和 VV 相干性相似,并高于 HV 相干性。VV 信号的实测 f_d 的穿透能力为 7%,而且即使时间基线长达 46 天,也可以实现良好的干涉相干性。Rio Branco 是一个密集的雨林地区,HV 的低相干性是合理的。密度较小的森林地区可能有更高的 f_d 值和更高的相干性。此外,HH 极化包含的偶次散射分量占据了总功率的 23%。从图 6-20 可以看出,这个较高的数值足以实现良好的干涉相干性。

6.8 总　　结

本章提出了一个新的 PolSAR 校准方法,将非相干分解模型应用于在森林和地表测量的未校准的协方差数据,并确定 PDM。其中用 Freeman-Durden 模型表达来自森林反射和穿透的极化相关信号,并将基于未校准的 PolSAR 数据建立的非线性方程迭代求解。该方法适用于与穿透森林树冠的信号极化相关的低频 SAR 信号。利用在亚马孙雨林采集的大约 3 年的时间序列 PALSAR 数据,我们证实本文提出的方法可用,并成功地进行 PDM 估计。本方法校准后的数据,保留了极化性能中的 HH-VV 正交性、低串扰量和角反射器的理想极化特征。本章还研究了与 L 波段 SAR 信号相关的穿透森林的信号的特性。

附录 6A-1　Neumann 模型的体积协方差

该方法包含两个参数(如 γ 和 ρ)用以描述体积的协方差。Freeman-Durden 和 Freeman-2 方法很容易给这些参数确定一个值,即 $\rho = 1/3, \rho = 1/3$ 且 $\gamma = (1-\rho)/2$,其中 ρ 分别适用于这两种测量。在另一方面,Neumann 的相干模型由方向随机性 τ 和粒子各向异性 δ 表示,有必要将这些参数转换为 ρ 和 γ 来表示。

利用体散射计算求得的 Neumann 相干矩阵可以近似为(Neumann 等,2009;Neumann 等,2010)

$$\boldsymbol{T}_v = \begin{pmatrix} 1 & (1-\tau)\delta & 0 \\ (1-\tau)\delta^* & \frac{1}{2}|\delta|^2 & 0 \\ 0 & 0 & \frac{1}{2}|\delta|^2 \end{pmatrix} \quad (6A-1.1)$$

式中:δ 是一般散射指标;作为对 Freeman 模型和 Durden 模型的类比,这里可以运用体散射分量估计 δ:

$$|\delta| = \sqrt{(T_{22} + T_{33})/f_v} \qquad (6A\text{-}1.2)$$

另一方面,可以使用 HV 基准来表达 T_v,如下所示:

$$T_v = \begin{pmatrix} 1 & \dfrac{\text{Im}(\rho)}{1 + \text{Re}(\rho)} & 0 \\ \dfrac{-\text{Im}(\rho)}{1 + \text{Re}(\rho)} & \dfrac{1 - \text{Re}(\rho)}{1 + \text{Re}(\rho)} & 0 \\ 0 & 0 & \dfrac{2\gamma}{1 + \text{Re}(\rho)} \end{pmatrix} \qquad (6A\text{-}1.3)$$

ρ 是 Freeman 模型的形状参数(即 C_{HHVV})。从测量结果来看,T_{12}、T_{22} 和 T_{33} 的数值范围如表 6A-1 所列。应注意到,尽管式(6A-1.2)和式(6A-1.3)对体散射、偶次散射和表面散射三者的总和有效,但其中的参数是假设所有的信号都来自体散射后确定的。

表 6A-1 3 种代表性成分的统计以及可能的取值范围

变量名称	平均值(标准差)	取值范围
T_{12}	0.07445(0.0114),-8.03°	0.0630 ~ 0.0858
T_{22}	0.42773(0.0241)	0.4036 ~ 0.4518
T_{33}	0.35228(0.0220)	0.3303 ~ 0.3743

比较式(6A-1.2)和式(6A-1.3),能得出

$$\rho = \frac{1 - |\delta|/2}{1 + |\delta|/2} \qquad (6A\text{-}1.4)$$

并且

$$\gamma = \frac{(1 - \rho)^2}{1 + \rho} \qquad (6A\text{-}1.5)$$

此处,我们假设 ρ 是实数。根据参数 T 的范围和这些方程,我们得到了表 6A-2 中所列的 δ/τ 和 ρ/γ 的范围。

附录 6A-2 森林协方差的经验确定

除了为 3 种理论散射模型确定体积协方差外,我们提出另一种方法,即确定一对最佳的 γ 和 ρ,使得体积协方差的平方和最小,定义为

$$E(\gamma, \rho) \equiv \frac{1}{N} \sum \left[\{C_{\text{vvvv}}(\gamma, \rho) - \widetilde{C}_{\text{vvvv}}\}^2 + \{C_{\text{hhvv}}(\gamma, \rho) - \widetilde{C}_{\text{hhvv}}\}^2 + \right.$$

$$\left. \{C_{\text{hvhv}}(\gamma, \rho) - \widetilde{C}_{\text{hvhv}}\}^2 \right] \qquad (6A\text{-}2.1)$$

式中：$E(\gamma,\rho)$是测量的体积协方差$\widetilde{C}$和理论协方差$C(\gamma,\rho)$之间的平方差的和的平均（如式(6.11)）；N是样本数。对于给定的γ和ρ，先利用极化定标方法确定PDM，之后用PDM校准PALSAR数据，再计算协方差矩阵。从0.28到0.33间隔0.005分别遍历γ和ρ，其最佳值可以确定为式(6A-2.1)的最小值（图6A-1，表6A-2）。使用26个PALSAR在亚马孙测得的数据集，我们可以解出$\rho = 0.325$且$\gamma = 0.295$。

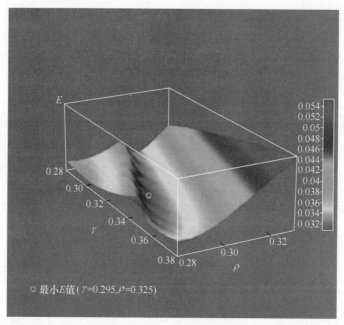

图6A-1　在γ和ρ上的E值透视图。E在$\gamma = 0.295$和$\rho = 0.325$处取得最小值（见彩插）

表6A-2　参数的范围

	1.00	0.95	0.90	≤ 0.836
f_v				
δ	0.836 ~ 0.933	0.880 ~ 0.982	0.929 ~ 1.0	1.0
τ	0.893 ~ 0.936	0.940 ~ 0.985	0.992 ~ 1.0	1.0
ρ	0.364 ~ 0.411 (0.3875)	0.341 ~ 0.389 (0.3650)	0.333 ~ 0.366 (0.3495)	0.333
γ	0.246 ~ 0.296 (0.2710)	0.269 ~ 0.324 (0.2965)	0.294 ~ 0.333 (0.3135)	0.333

注：括号内为平均值

附录6A-3 表面散射和理论的注意事项

理论上,表面散射可以用以下方程表示。根据介电常数,HH极化和VV极化的反射系数如下(Freeman 和 Durden,1998):

$$\alpha_{HH} = \frac{\cos\theta - \sqrt{\varepsilon_r - \sin^2\theta}}{\cos\theta + \sqrt{\varepsilon_r - \sin^2\theta}}$$

$$\alpha_{VV} = \frac{(\varepsilon_r - 1)[\sin^2\theta - \varepsilon_r(1 + \sin^2\theta)]}{(\varepsilon_r\cos\theta + \sqrt{\varepsilon_r - \sin^2\theta})} \quad (6A\text{-}3.1)$$

式中:ε_r是目标的介电常数。该方程表明,平面的反射系数(即使是水面)和入射角有关,且无法用于处理式(6.8)中的y,方程中α_{HH}/α_{VV}的比值为实值。

参考文献

Ainsworth, L., Ferro-Famil, L., and Lee, J. S., 2006, "Orientation Angle Preserving A Posteriori Polarimetric SAR Calibration," IEEE T. Geosci. Remote, Vol. 44, No. 4, pp. 994-1003.

Attema, E., Brooker, G., Buck, C., Desnos, Y-L, Emiliani, L., Geldsthorpe, B., Laur, H., Laycock, J., and Sanchez, J., 1997, "ERS-1 and ERS-2 Antenna Pattern Estimates Using the Amazon Rainforest," Proc. CEOSSAR Workshop on RADARSAT Data Quality, Saint-Hubert, QC, Canada, February 4-6, 1997.

Bickel, S. H. and Bates, R. H. T., 1965, "Effects of Magneto-Ionic Propagation on the Polarization Scattering Matrix," Proc. of IEEE, Vol. 53, No. 8, pp. 1089-1091.

Borgeaud, M., Shin, R. T., and Kong, J. A., 1987, "Theoretical Models for Polarimetric Radar Clutter," J. Electromagnet Wave, Vol. 1, No. 1, pp. 73-89.

Cloude, S. R. and Pottier, E., 1996, "A Review of Target Decomposition Theorems in Radar Polarimetry," IEEE T. Geosci. Remote, Vol. 34, No. 2, pp. 498-518.

Cote, S., Srivastava, S. K., LeDantec, P., and Hawkins, R. K., 2005, "Maintaining RADARSAT-1 Image Quality Performance in Extended Mission," Proc. of 2nd International Conference on Recent Advances in Space Technologies, Istanbul, Turkey, June 9-11, 2005, pp. 678-681.

Freeman, A., 1992, "SAR Calibration: An Overview," IEEE T. Geosci. Remote, Vol. 30, No. 6, pp. 1107-1121.

Freeman, A., 2007, "Fitting a Two-Component Scattering Model to Polarimetric SAR Data from Forests," IEEE T. Geosci. Remote, Vol. 45, No. 8, pp. 2583-2592.

Freeman, A. and Durden, S. L., 1998, "A Three-Component Scattering Model for Polarimetric SAR Data," IEEE T. Geosci. Remote, Vol. 36, No. 3, pp. 963-973.

Freeman, A., Van Zyl, J. J., Klein, J. D., Zebker, H. A., and Shen, Y., 1992, "Calibration of Stokes and Scattering Matrix Format Polarimetric SAR Data," IEEE T. Geosci. Remote, Vol. 30, No. 3, pp. 531-539.

Fujita, F., and Murakami, C., 2005, "Polarimetric Radar Calibration Method Using Polarization-Preserving and Polarization-Selective Reflectors," IEICE Trans. Commun. B., Vol. 88, No. 8, pp. 3428-3435.

Kimura, H., 2009, "Calibration of Polarimetric PALSAR Imagery Affected by Faraday Rotation Using Polarization Orientation," IEEE T. Geosci. Remote, Vol. 47, No. 12, pp. 3943-3950.

Klein, J. D., 1992, "Calibration of Complex Polarimetric SAR Imagery Using Backscatter Correlations," IEEE T. Aero. Elec. Sys., Vol. 28, No. 1, pp. 183-194.

Krogager, E., 1990, "A New Decomposition of the Radar Target Scattering Matrix," Electron. Lett., Vol. 26, No. 18, pp. 1525-1526.

Lukowski, T. I., Hawkins, R. K., Cloutier, C., Wolfe, J., Teany, L. D., Srivastava, S. K., Banik, B., Jha, R., and Adamovic, M., 2003, "RADARSAT elevation antenna pattern determination," Proc. IGARSS 2003, International Geoscience and Remote Sensing Symposium, Vol. 2, Toulouse, France, July 21-25, 2003, pp. 1382-1384.

Luscomb, A. P., 2001, "POLARIMETRIC PARAMETER ESTIMATION FROM AMAZON IMAGES," Proc. of the CEOS Calibration Working Group on Calibration and Validation, Tokyo, April 2-5, 2001, pp. 19-23.

Meyer, F., Bamler, R., Jakowski, N., and Fritz, T., 2006, "The Potential of Low-Frequency SAR Systems for Mapping Ionospheric TEC Distribution," IEEE Geosci. Remote S., Vol. 3, No. 4, pp. 560-565.

Moriyama, T., Shimada, M., and Tadono, T., 2007, "Polarimetric Calibration of ALOS/PALSAR," Proc. ISAP 2007, Niigata, Japan, November 5-8, 2007, pp. 776-779.

Neumann, M., Ferro-Famil, L., and Pottier, E., 2009, "A General Model-Based Polarimetric Decomposition Scheme for Vegetated Areas," Proc. PolinSAR 2009, Frascati, Italy, January 26-30, 2009, pp. TK-TK.

Neumann, M., Ferro-Famil, L., and Reigber, A., 2010, "Estimation of Forest Structure, Ground, and Canopy Layer Characteristics from Multibaseline Polarimetric Interferometric SAR Data," IEEE T. Geosci. Remote S., Vol. 48, No. 3, pp. 1086-1104.

Nghiem, S. V., Yueh, S. H., Kwok, R., and Li, F. K., 1992, "Symmetry Properties in Polarimetric Remote Sensing," Radio Sci., Vol. 27, No. 5, pp. 693-711.

Quegan, S., 1994, "A Unified Algorithm for Phase and Cross-Talk Calibration of Polarimetric Data-Theory and Observation," IEEE T. Geosci. Remote, Vol. 32, No. 1, pp. 89-99.

Touzi, R. and Shimada, M., 2009, "Polarimetric PALSAR Calibration," IEEE T. Geosci. Remote, Vol. 47, No. 12, pp. 3951-3959.

Shimada, M., 2011, "Model-Based Polarimetric SAR Calibration Method Using Forest and Surface Scattering Targets," IEEE T. Geosci. Remote, Vol. 49, No. 5, pp. 1712-1733.

Shimada, M. and Freeman, A. , 1995, "A Technique for Measurement of Spaceborne SAR Antenna Patterns Using Distributed Targets," IEEE T. Geosci. Remote, Vol. 33, No. 1, pp. 100-114.

Shimada, M. , Isoguchi, O. , Tadono, T. , and Isono, K. , 2009, "PALSAR Radiometric and Geometric Calibration," IEEE T. Geosci. Remote, Vol. 47, No. 12, pp. 3915-3932.

Shimada, M. , Muraki, Y. , and Otsuka, Y. , 2008, "Discovery of Anoumoulous Stripes Over the Amazon by the PALSAR Onboard ALOS Satellite," Proc. of IGARSS 2008, Boston, MA, July 7-11, 2008, pp. II 387-390.

Takeshiro, A. , Furuya, T. , and Fukuchi, H. , 2009, "Verification of Polarimetric Calibration Method Inclusing Faraday Rotation Compensation Using PALSAR Data," IEEE T. Geosci. Remote, Vol. 47, No. 12, pp. 3960-3968.

Van Zyl, J. J. , 1990, "Calibration of Polarimetric Radar Images Using Only Image Parameters and Trihedral Corner Reflectors," IEEE T. Geosci. Remote, Vol. 28, No. 3, pp. 337-348.

Van Zyl, J. J. , 1993, "Application of Cloude's Target Decomposition Theorem to Polarimetric Imaging Radar Data," Proc. SPIE 1748, Radar Polarimetry, San Diego, CA, July 20-25, 1992, pp. 184-191.

Wright, P. A. , Quegan, S. , Wheadon, N. S. , and Hall, C. D. , 2003, "Faraday Rotation Effects on L-band Spaceborne SAR Data," IEEE T. Geosci. Remote, Vol. 41, No. 12, pp. 2735-2744.

Yamaguchi, Y. , Moriyama, T. , Ishido, M. , and Yamada, H. , 2005, "Four-Component Scattering Model for Polarimetric SAR Image Decomposition," IEEE T. Geosci. Remote, Vol. 43, No. 8, pp. 1699-1706.

Yueh, S. H, Kwok, R. , and Nghiem, S. V. , 1994, "Polarimetric Scattering and Emission Properties of Targets with Reflection Symmetry," Radio Sci. , Vol. 29, No. 6, pp. 1409-1420.

Zink, M. andRosich, B. , 2002, "Antenna Elevation Pattern Estimation from Rainforest Acquisitions," Proc. CEOS Working Group on Calibration/Validation, London, September 24-26, 2002.

第7章
SAR俯仰天线方向图——理论和实测结果

7.1 引言

作为平面阵列,SAR 天线在空间上具有二维灵敏度,并将辐射功率引导到成像条带上。这种设计使得在雷达参数(即发射功率)下,整个测绘带上总的信噪比(信噪比)达到最大。天线方向图主要取决于天线的大小,其次取决于其形状。为了准确测量雷达后向散射,需要标定雷达的方向灵敏度。然而,可能是由于信噪比和/或环境条件的差异,理论或地面上的天线方向图往往与飞行的不同。因此,飞行天线方向图的定标对于准确获得 SAR 的后向散射是非常重要的。一共有两种天线图:仰角天线图(EAP)和方位向天线方向图(AAP)。从定标的角度来看,AAP 主要在 ScanSAR 处理中起作用,但是 EAP 在任何 SAR 处理中都是非常重要的。因此,在本章中,我们将重点讨论 EAP 的定标。

根据 Moore 等之前的研究(Moore 和 Hemmat,1988;Moore 等,1986;Shimada 和 Freeman,1995;Hawkins,1990;Dobson 等,1986),我们可以看出,分布式目标为飞行 EAP 提供了测量精度。这是因为大量的小散射体有助于成像过程,如平原上的自然森林在大范围的入射角范围内呈现出恒定的雷达后向散射。在本章中,我们将介绍理论天线方向图,并使用分布式目标测量飞行 EAP。

7.2 理论表达式

首先,我们介绍平板天线方向图的理论表达式。当天线的方位向长度为 L_a,距离向长度为 L_r,且开启 $N \times M$ 个发射-接收模块(即 TRM)时,合成的远场天线方向图由下式(Haupt,2010)给出:

$$G(\theta,\psi) = \frac{4\pi L_a L_r}{\lambda^2} \left| \frac{\sin((Nk\,d_e/2)\cos\theta)}{N\sin((k\,d_e/2)\cos\theta)} \right|^2 \left| \frac{\sin((Mk\,d_a/2)\cos\psi)}{M\sin((k\,d_a/2)\cos\psi)} \right|^2$$

(7.1)

式中：θ 为距离向夹角；ψ 为方位向夹角；$k = 2\pi/\lambda$；N 为距离向阵元数量；M 为方位向阵元数量；d_e、d_a 分别为距离向和方位向的阵元间距。天线方向图表示的坐标系如图 7-1 所示。

该方程准确地描述了平面阵列天线的方向图，常用于雷达系统的设计。如图 7-2(a) 和 (b) 所示，JERS-1 SAR 天线的两个横截面提供中等和尖锐的角灵敏度，称它们为 EAP 和 AAP。

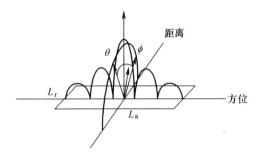

图 7-1　天线方向图坐标系

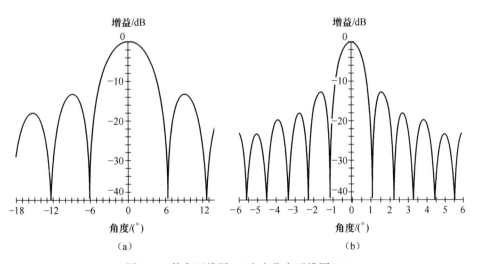

图 7-2　仰角天线图(a)和方位向天线图(b)

7.3 SAR 的飞行 EAP 估计

在分析中,我们使用的是未经天线方向图校正的斜距幅度图像。假设原始数据是非饱和的,并且受到热噪声的污染。由于 JERS-1 SAR 和 SIR-B 从 20 世纪 80 年代到 90 年代对几个分布式目标进行了成像,如亚马孙、伊利诺伊州、加拿大等,可使用其数据作为 L 波段 SAR。分布式目标可视作由大量的小点目标(散射体)组成,它们的散射信号在振幅上服从瑞利分布,在相位上服从均匀分布。SAR 接收的信号由来自小目标的高斯信号和接收机时不变的内部噪声组成。SAR 图像强度(相关图像功率)是处理器增益和预期原始信号功率的乘积。正如第 4 章及 Freeman 和 Curlander(1989 年)所提出的,每个像素的强度 P_C 是信号 P_{CS} 和噪声 P_{CN} 的总和(相关坐标如图 7-3 中的(a)),即

$$P_C = P_{CS} + P_{CN} \tag{7.1a}$$

$$P_{CS} = \left(\frac{\mathrm{PRF} \cdot \lambda}{2 V_g \rho_a}\right)^2 L_W N_L \cdot \frac{P_t \lambda^2 \delta_a \delta_r}{(4\pi)^3} \cdot G^2(\phi) \cdot \frac{\gamma^0 \cot \theta}{R^2} \tag{7.2}$$

$$P_{CN} = B \cdot R \tag{7.3}$$

$$B = \frac{\mathrm{PRF} \cdot \lambda}{2 V_g \rho_a} L_W \cdot N_L \cdot \overline{P_N} \tag{7.3a}$$

式中:V_g 是卫星地面速度;PRF 是脉冲重复频率;L_W 是由于方位向和距离向参考函数加权导致的峰值信号强度损失;N_L 是观测次数;ρ_a 是方位角理论分辨率;δ_a 是方位向像素间距;δ_r 是距离向像素间距;G 是天线仰角方向图(单向);γ^0 是伽马零点($= \sigma^0/\cos \theta$:常数);R 是斜距;θ 是局部入射角;ϕ 是天底偏角;P_t 是峰值发射功率;λ 是波长;$\overline{P_N}$ 是平均噪声功率。由于选择了与斜距成正比的方位向相关时间,SAR 图像在整个成像条带上具有恒定的方位向分辨率。P_{CS} 与 R^{-2} 成正比,P_{CN} 与 R 成正比。图 7.4 给出了 SAR 成像的坐标系。

如果我们知道 γ^0、P_{CN}(来自系统测试或距离谱分析)和 P_C,那么,通过对式 (7.1a) 的简单联立就可以得到天线方向图。这个运算需要知道局部的入射角,要获得这个数据,我们可以采取以下两种方法之一:选择一个平坦且均匀的区域或利用场景的数字高程模型(DEM)。

7.3.1 精度要求

我们首先将 EAP 估计的精度要求定义为 0.1 dB:1 sigma(包括随机误差和偏差)。接下来,对分布式目标展开如下统计分析。

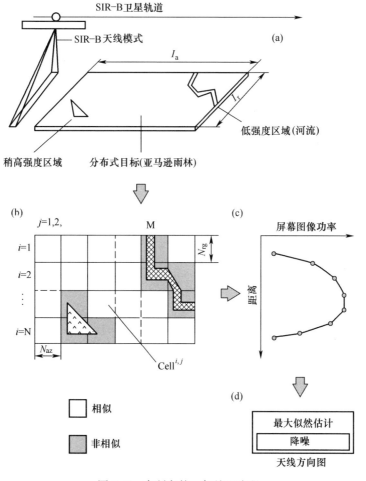

图 7-3 本研究的一般处理流程
(a)SAR 对分布区域进行成像。(b)将图像分成许多单元,每个单元的大小为 N_{rg} 和 N_{az},这样就可以用 χ^2 分布进行相似性检验。(c)得到的平均图像功率与天底偏角的关系。(d)最后,对天线方向图进行建模,并与图像功率进行拟合。

7.3.2 平均强度的误差标准

我们考虑图 7-3(a)的图像强度统计,并讨论可行的误差标准。每个像素强度都遵循 $2N_L$ 级 χ^2 分布,其均值为 P_C,方差为 P_C^2/N_{EL},其中 N_{EL} 是有效视图数(N_L 和 N_{EL} 几乎相似)。如果图 7-3(a)的区域 A 很小,则强度方差只取决于像素数和分布函数。随着区域 A 的增大,强度方差 $\sigma_{C,A}^2$ 由 P_C 的二阶矩 σ_E^2,以及分布分量的强度方差 $\sigma_{C,D}^2$ 组成,即

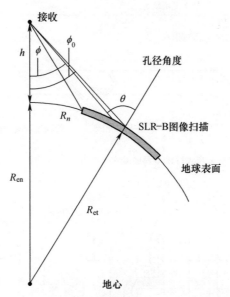

图 7-4　SAR 成像的坐标系(其中 R_{en} 和 R_{et} 分别表示卫星星下点和场景中心的地球半径)

$$\sigma_{C,A}^2 = \sigma_E^2 + \sigma_{C,D}^2 \tag{7.4}$$

$$\sigma_E^2 = \frac{1}{A}\iint_A (P_C(A) - \overline{P_C(A)})^2 \mathrm{d}A \tag{7.5}$$

$$\overline{P_C(A)} = \frac{1}{A}\iint_A P_C(A)\,\mathrm{d}A \tag{7.6}$$

由于两个相邻的像素不是独立的(Shimada 和 Freeman,1995;图 7-5 为 JERS-1 SAR),需要在每隔 D 像素抽取,以使得在距离向和方位向上的自相关系数 ρ_1 小于 0.1。N 个 D 间隔样本上的结果方差 $\sigma_{C,D}^2$ 为(见附录 7A-1)

$$\sigma_{C,D}^2 = \frac{1 + 2\rho_1 + 2\rho_2}{N_L \cdot N}\frac{P_C^2}{N_L} \tag{7.7}$$

式中:ρ_2 是二维距离的自相关。对式(7.1)微分(忽略噪声)并取其展开的平方根,我们得到

$$\sigma_{C,A}^2 \leqslant P_C^2 \cdot \left\{\left(\frac{\Delta\gamma^0}{\overline{\gamma^0}}\right)^2 + \left(\frac{2\Delta G}{\overline{G}}\right)^2 + \cdots\right\} \tag{7.8}$$

式中:$\overline{G}$ 和 $\overline{\gamma^0}$ 分别是估计的天线方向图和 gamma 零点。由于雷达参数是恒定的且亚马孙森林的面积 γ^0 保持稳定(Shimada 等,2014),式(7.8)可以简化为

$$\sigma_{C,A}^2 \leqslant P_C^2 \cdot \left(\frac{2\Delta G}{\overline{G}}\right)^2 \tag{7.9}$$

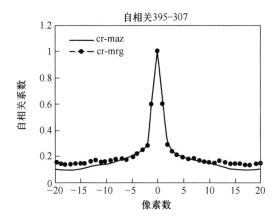

图 7-5 JERS-1 SAR Amazon 数据的自相关系数示例

EAP 模型误差 ΔG 是估计的天线方向图减去测量的天线方向图的平方根,即

$$G(\phi) = \overline{G}(\phi) + \Delta G \qquad (7.10)$$

参照 SIR-C 数据的误差分析(Freeman,1990a;Freeman,1990b;Klein,1990),我们采用以下标准:

$$\left|\frac{\Delta G}{\overline{G}}\right| = 0.3\mathrm{dB}(3\mathrm{sigma}) \qquad (7.11)$$

将式(7.4)、式(7.7)和式(7.9)联立起来,能得到一个不等式,即式(7.12),它允许在满足天线方向图测量要求(式(7.11))的情况下,选择 A 和不相关的图像数据点数量 N,即

$$\frac{\sigma_E^2}{P_C^2} + \frac{1 + 2\rho_1 + 2\rho_2}{N_L^2 \cdot N} \leqslant \left(\frac{2\Delta G}{\overline{G}}\right)^2 \qquad (7.12)$$

7.3.3 数据的数值平均

式(7.12)的左侧包括两种类型的方差:第一种是位置的连续函数;第二种服从某种分布函数,并随着大数据的平均化而变小。式(7.12)中可能存在许多未知参数 N 和 A 的组合。为简单起见,我们假设总数由两者均分,各自的误差标准为

$$\frac{\sigma_E}{P_C} \leqslant 0.142\mathrm{dB} \qquad (7.13)$$

$$\sqrt{\frac{1 + 2\rho_1 + 2\rho_2}{N_L^2 \cdot N}} \leqslant 0.142\mathrm{dB} \qquad (7.14)$$

满足式(7.14)的最小数据点数量 $N_{\min}$ 由以下方法求得

$$N_{\min} = \frac{1 + 2\rho_1 + 2\rho_2}{N_L^2 \cdot (10^{0.0142} - 1)^2} \tag{7.15}$$

7.4 分布式目标的筛选过程

为了从分布式目标的 SAR 图像中获得 EAP,像素点应该服从相同的分布函数,其均值与入射角无关或与已知函数有关。在此,我们将均匀性定义为一种使分布函数不随距离变化的方式。亚马孙森林正好满足这一要求,因为森林通过体积散射机制对输入信号进行后向散射(Moore 和 Hemmat,1988)。

SAR 获得的大多数图像显示,亚马孙地区看起来是均匀的。然而,仔细观察这些图片,我们看到一些充满河流的异质区域和一些高强度区域。在图 7-6 中,我们展示了加拿大森林的图像和哥伦比亚的图像。去除图像中的不均匀区域以提高估计的可信度,再采用相似性检验(图 7-3(b))。将整个图像分成许多小矩形单元,方位向尺寸为 N_{az} 像素,距离向尺寸为 N_{rg} 像素,命名为 Cell^{i,j},其中 i 是条带编号,j 是列编号。在误差标准内适当地确定各单元的大小,再通过相似性检验即可消除所有不均匀的单元。

7.4.1 通过卡方检验进行相似性检验

相似性检验是以卡方检验为基础的,即"这两个分布是否不同?"(Press 等,1989;Hogg 和 Craig,1978)。假设 $C_l^{i,j}$ 和 C_l^i 是第 1 项 Cell^{i,j} 及其第 i 个条带测得的直方图,则可以用卡方参数 χ^2 来检验此问题:

$$\chi^2 = \sum_{l=1}^{N} \frac{(C_l^{i,j} - C_l^i)^2}{C_l^{i,j} + C_l^i} \tag{7.16}$$

式(7.17)中定义的自由度为 r 的累积卡方分布函数和伽马函数 $\Gamma(\cdot)$ 给出了评判准则 X_α,在此准则下,统计值 χ^2 的置信度为 $\alpha_\%$(Hogg 和 Craig,1978):

$$Q(\chi^2 \leq X_\alpha \mid r) = \int_0^{X_\alpha} \frac{1}{\Gamma\left(\frac{r}{2}\right) \cdot 2^{\frac{r}{2}}} \cdot w^{\frac{r}{2}-1} \cdot e^{-\frac{w}{2}} dw \tag{7.17}$$

如果 χ^2 小于或等于置信度为 $\alpha\%$ 的值 X_α,则认为这两个分布函数没有区别。此后,用 4 个值(95%、97.5%、99% 和 100%)来表示置信度。

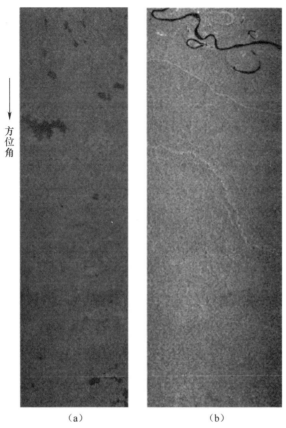

图 7-6 加拿大森林图像(a)和哥伦比亚图像(b)

7.4.2 N_{rg} 的最小值

先讨论 σ_E^2。在一个单元中，P_C 取决于 R，而式(7.5)和式(7.6)是一维的。根据 $P_C(R)$ 围绕条带中心的一阶泰勒展开结果(其中 $R = R_0$)，σ_E^2 / P_C^2 可近似为

$$\frac{\sigma_E^2}{P_C^2} = \frac{1}{P_C^2 \cdot L_{rg}} \int_{-L_{rg}/2}^{L_{rg}/2} \left(\frac{\partial P_C(R)}{\partial R} \bigg|_{R=R_0} \right)^2 R^2 dR = \frac{1}{P_C^2} \left(\frac{\partial P_C(R)}{\partial R} \bigg|_{R=R_0} \right)^2 \frac{L_{rg}^2}{12}$$

(7.18)

$$L_{rg} = N_{rg} \cdot \frac{C}{f_{sample}}$$

(7.19)

式中：C 是光速；f_{sample} 是采样频率；L_{rg} 是单元在距离向的宽度。使用已发表的天

线方向图模型(Dobson 等,1986)对巴西的情况进行了仿真,得到其孔径角为 34.7°。

图 7-7 示出 σ_E/P_C 在 N_{rg} 为 5、10、20 和 40 条带的取值关系。在近边缘,N_{rg} 为 40 基本满足 0.14dB 的限制要求。但是,为了获得更好的结果,我们使用 20 作为 N_{rg}。

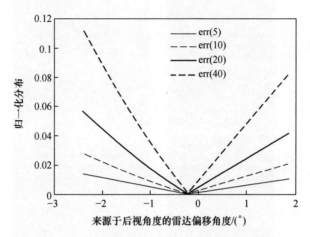

图 7-7 基于典型 SIR-B 参数对巴西-1 进行的仿真,$10 * \lg(1 + \sigma_E/P_C)$ 在条带边缘具有较高的数值,略小于 0.14dB

7.4.3 N_{az} 和 I_a 的最小值

对于单元(N_{az})和整个图像(I_a)的方位向尺寸,我们设定了以下条件。

(1) 计算图像强度的样本数大于 N_{min},如式(7.15)所示。

(2) 因为筛选过程可以简化,我们将 I_a 与 N_{az} 的先验比值 N_{raz} 设定为 16,这意味着整个图像的方位向尺寸是单元的 16 倍。

条件(1)和(2)对 N_{az} 的要求如下:

$$\frac{N_{raz}}{2} \cdot \left[\frac{N_{az}}{D}\right] \cdot \left[\frac{N_{rg}}{D}\right] \geq N_{min} \tag{7.20}$$

式中:[ ]表示高斯符号,这就给出了对 N_{az} 的要求:

$$N_{az} \geq \left(\frac{2 \cdot N_{min}}{N_{raz}} \cdot \left[\frac{N_{rg}}{D}\right]^{-1} + 1\right) \cdot D \tag{7.21}$$

得到 N_{az} 后,I_a 就可以简要地表示为

$$I_a = N_{raz} \cdot N_{az} \tag{7.22}$$

7.4.4 仿真测试程序

每个条带里有 16 个单元。筛选过程(图 7-8)如下。

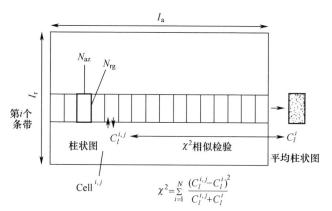

图 7-8 每个条带的方位向数据的筛选步骤。图像沿方位向(水平)和距离向(垂直)进行分割。第 i 个条带由多个与方位向平行的尺寸为 $N_{az} \times N_{rg}$ 的矩形段组成。每段都要测量其直方图,并进行相似性检验,以筛选出可用的数据

(1) 计算每个单元的强度直方图 ($C_l^{i,j}$),其中 l 是直方图柱,并从所有相关的条带中获得参考直方图 C_l^i,即

$$C_l^i = \frac{1}{16}\sum_{j=1}^{16} C_l^{i,j} \qquad (7.23)$$

(2) 通过式(7.16)计算 Cell^{i,j} 和第 i 个参考点之间的 χ^2。

(3) 如果在给定的置信度下,χ^2 小于 Q,则 Cell^{i,j} 被指定为主要的条带之一。

(4) 如果一半以上的单元相似,则将该条带分配给 EAP 计算;否则,丢弃该条带。

(5) 在整个条带重复此过程。

将这一筛选过程应用于哥伦比亚的图像,成功地提取出非均匀的点,如流经右侧条带的河流;哥伦比亚图像中 5% 的数据单元因不均匀而被丢弃。

在图 7-9 中,我们介绍了 JERS-1 的 SAR 图像和筛选出的区域图。

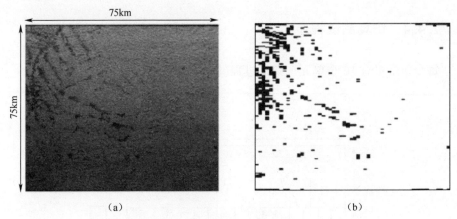

图 7-9　(a)JERS-1 于 1992 年 5 月 17 日获得的亚马孙 SAR 图像，
GRS =395-308,和(b) 筛选处理数据

7.5　每个条带的 SAR 相关强度模型

我们将强度模型应用于经过筛选的条带(图 7-3 和图 7-10),具体如下:

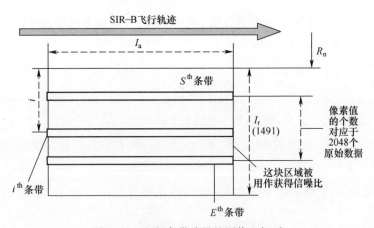

图 7-10　包括条带编号的图像坐标系

$$P_{C,i}(m,u) = \frac{g_m^2(\varphi_i|u)\cot\theta_i}{R_i^2} + B \cdot R_i \qquad (7.24)$$

$$\phi_i = \arccos\left\{\frac{(h+R_{en})^2 + \left(R_n + N_{rg} \cdot C \cdot \dfrac{i+0.5}{f_{sample}}\right)^2 - R_{et}^2}{2 \cdot (h+R_{en}) \cdot \left(R_n + N_{rg} \cdot C \cdot \dfrac{i+0.5}{f_{sample}}\right)}\right\} \quad (7.25)$$

$$\theta_i = \arcsin\left\{\frac{(h+R_{en}) \cdot \sin\varphi_i}{R_{et}}\right\} \quad (7.26)$$

式中: i 是条带编号; R_{et} 是图像中心的地球半径; R_{en} 是 SAR 最低点的地球半径; h 是轨道高度; R_n 是到近边的斜距; B 是未知常数; $g_m(\phi \mid \boldsymbol{u})$ 是具有特征矢量 $\boldsymbol{u}$ 的第 m 个天线方向图模型。

式(7.24)是图像强度模型,与下一节讨论的天线方向图模型有关。

7.5.1 天线方向图模型

在这里,我们准备了 3 种天线方向图模型。
模型 A:
$$g_1(\phi \mid \boldsymbol{u}) = 10^{0.1 \cdot \{a \cdot (\phi-\phi_0)^2 + b\}}$$
$$\boldsymbol{u} = \{\phi_0, a, b\} \quad (7.27)$$

模型 B:
$$g_2(\phi \mid \boldsymbol{u}) = 10^{0.1 \cdot \{a \cdot (\phi-\phi_0)^2 + b + c \cdot (\phi-\phi_0)^4\}}$$
$$\boldsymbol{u} = \{\phi_0, a, b, c\} \quad (7.28)$$

模型 C:
$$g_3(\phi \mid \boldsymbol{u}) = d\left\{\text{sinc}\left(\frac{\pi L_R \sin(\phi-\phi_0)}{\lambda}\right) + \text{sinc}\left(\frac{\pi L_R \sin(\phi-\phi_0)}{\lambda}\right)\right\}^2 \cos(\phi-\phi_0) \quad (7.29)$$
$$\boldsymbol{u} = \{\phi_0, d, e, L_R\} \quad (7.29a)$$

式中: a、b、c、L_R 和 e 是未知数; ϕ_0 是视轴方向。

模型 A 类似于参考模型(Moore 和 Hemmat,1988)。根据天线制造商 Ball Aerospace(Denver,CO)的测量,模型 C 适合 SIR-B 的地基(飞行前)天线方向图。在 SIR-B 图像关联器中使用 C 型曲线,分别设定 e 和 L_R 为 0.3π 和 2.16,用于标准 SIR-B 产品的辐射校正。模型 B 是一个四阶多项式,在 EAP 形状上比模型 A 更灵活。模型 C 的简单泰勒展开表明四阶项是重要的,这也意味着模型 B 的高阶项应提供所需的自由度。

7.5.2 B 的最小值

如果不消除噪声,估计的 EAP 会变得更宽。根据原始信号频谱测得的信噪比可用于估计噪声或直接作为 BR 执行。常数 B 由式(7.30)确定。总的图像强度 $P_{\text{total}}(\boldsymbol{u})$ 为

$$P_{\text{total}}(\boldsymbol{u}) = \sum_{i=S}^{E} \int_{R_{n,i}}^{R_{f,i}} \left\{ \frac{g_m^2(\phi \mid \boldsymbol{u})\cot\theta}{R^2} + B \cdot R \right\} dR \quad (7.30)$$

式中：$S(E)$ 是积分中的起始(结束)条带(图 7-10)；$R_{f,i}$ 和 $R_{n,i}$ 是第 i 个条带的远边和近边的斜距；$\boldsymbol{u}$ 是未知参数。设 $P_{\text{int}}(\boldsymbol{u})$ 为式(7.30)中第一个右侧项的积分，并且信噪比为该积分，则 $P_{\text{total}}(\boldsymbol{u})$ 由下式给出

$$P_{\text{total}}(\boldsymbol{u}) = P_{\text{int}}(\boldsymbol{u}) + \sum_{i=S}^{E} \frac{B}{2}(R_{f,i}^2 - R_{n,i}^2)$$

$$= P_{\text{int}}(\boldsymbol{u}) \cdot \left(1 + \frac{1}{\text{SNR}}\right)$$

$$= \sum_{i=S}^{E} \overline{P_i} \cdot \Delta R \quad (7.31)$$

式中：$\overline{P_i}$ 是第 i 个条带强度；ΔR 是范围间距 C/f_{sample}。最后，B 由以下方程给出

$$B = \frac{2 \cdot \sum_{i=S}^{E} \overline{P_i} \cdot \Delta R}{(\text{SNR} + 1) \sum_{i=S}^{E}(R_{f,i}^2 - R_{n,i}^2)} \quad (7.32)$$

7.6 最大似然估计及其解

$[\chi_m^2(\boldsymbol{u})]$ 是第 m 个模型参数的似然估计，即

$$\chi_m^2(\boldsymbol{u}) = \sum_{i=S}^{E} \frac{\{\overline{P_i} - P_{C,i}(m,\boldsymbol{u})\}^2}{\sigma_i^2} \quad (7.33)$$

$$\sigma_i^2 = \sigma_E^2 + \frac{1 + 2\rho_1 + 2\rho_2}{N_L \cdot N_i} \cdot (\overline{P_i})^2 \cdot (R_{A,i} - 1) \quad (7.34)$$

式中：σ_i^2 是第 i 个强度方差；N_i 是样本数；$R_{A,i}$ 是方差与平均强度的平方之比。对 $\boldsymbol{u}$ 采用最大似然估计(MLE)的解决方案，由 L 阶同步非线性方程给出，该方程如式(7.33)所示，通过对 $\boldsymbol{u}$ 进行微分得出

$$\sum_{i=S}^{E} \frac{\overline{P_i} - P_{C,i}(m,\boldsymbol{u})}{\sigma_i^2} \frac{\partial P_{C,i}(m,\boldsymbol{u})}{\partial u_k} = 0, k = 1,2,3,\cdots,L \quad (7.35)$$

用 $\boldsymbol{u} + \Delta\boldsymbol{u}$ 代替 $\boldsymbol{u}$，并在 $\boldsymbol{u}$ 展处开，将式(7.35)简化为

$$M_k^l \cdot \Delta u_l = N_k \tag{7.36}$$

其中

$$M_k^l = \sum_{i=S}^{E} \left[\frac{\{\overline{P_i} - P_{C,i}(m,\boldsymbol{u})\}}{\sigma_i^2} \cdot \frac{\partial^2 P_{C,i}(m,\boldsymbol{u})}{\partial u_k \cdot \partial u_l} - \frac{\partial P_{C,i}(m,\boldsymbol{u})}{\partial u_k} \cdot \frac{\partial P_{C,i}(m,\boldsymbol{u})}{\partial u_l} \right]$$
$$\tag{7.37}$$

$$N_k = -\sum_{i=S}^{E} \left[\frac{\{\overline{P_i} - P_{C,i}(m,\boldsymbol{u})\}}{\sigma_i^2} \cdot \frac{\partial P_{C,i}(m,\boldsymbol{u})}{\partial u_k} \right] \tag{7.38}$$

由已知信息来提供一阶导数,并使用 Levenberg-Marquardt 方法(Press 等,1989)可以求解这些方程。

7.7 高动态范围 SAR 的案例研究:SIR-B

我们应用前面的方法来估计飞行中 SIR-B 的 EAP。从亚马孙、哥伦比亚、苏门答腊岛、加拿大和伊利诺伊州的农田(表7-1)等不同地区收集 SIR-B 图像,以考察所提出方法的适用性。

表7-1 评估图像的特征

(a)图像数据使用的总结	
评估场景的数目	8
图像数据类型	斜距对应于图像/不是辐射转换
图像幅度内容	
每个像素比特数目	8(0~255)
每个视角数目	4
每个距离方位上的像素值	9.88/9(m)

(b)图像数据使用的总结(内容)				
区域	巴西-1	哥伦比亚	巴西-2	伊利诺伊州-1
数据值	118.30	118.30	118.30	070.10
场景中心	-4,17.4	3,22.0	-4,48.1	38,12.2
长度	-64,35.1	-68,54.8	-64,17.4	-88,23.5
入射角度	35.6	36.6	35.6	49.0
海拔/km	222.41	222.14	222.46	231.92
信噪比/dB	9.22	9.28	9.22	4.48
记录长度	4352	4352	4352	4608
记录数目	1491	1491	1491	1441

(续)

区域	伊利诺伊州-2	巴西-3	加拿大	苏门答腊
数据值	97.20	118.30	053.20	086.60
场景中心	40,16.8	-3,36.3	55,51.8	-2,49.6
长度	-90,56.6	64,58.9	-100,5.0	103,12.2
入射角度	30.4	34.6	33.7	44.5
海拔/km	229.04	222.37	237.79	222.79
信噪比/dB	10.9	8.9	7.8	6.2
记录长度	4,608	4,352	4,352	4,096
记录数目	1,492	1,491	1,202	1,697

注意：
①所有这些数据都是由 NASA 喷气推进中心的 SAR 数据目录中心提供的。实验室(JPL)数据获取是为每个 SIR-B 操作持续时间分配的唯一编号。
②Lat. 和 Long. 是 latitude 和 longitude 的缩写，单位是°。
③在图像的中心定义。
④单位是无符号字符。

ρ_1、ρ_2 和 N_{min} 的分布特性如表 7-2 所列。图像均匀性最差的是伊利诺伊州的农田，其相关性延伸到 10 个像素，这说明在对其进行处理时需要大量的像素来平均。除了伊利诺伊州外，其余获得的 $I_a(N_{az})$ 均小于 928(58)。

表 7-2 ρ_1、ρ_2 和 N_{min}

场景	ρ_1	ρ_2	N_{min}	D	N_{rg}	I_a	N_{az}
巴西-11	0.08	0.03	316	3	20	368	23
哥伦比亚	0.10	0.05	337	3	20	400	25
巴西-2	0.06	0.03	306	3	20	368	23
伊利诺伊州-1	0.17	0.09	394	10	20	4112	257
伊利诺伊州-2	0.18	0.07	389	10	20	4064	254
巴西-3	0.13	0.07	363		20	416	26
加拿大	0.10	0.05	337	5	20	928	58
苏门答腊岛	0.06	0.02	301	3	20	352	22

注：N_{min} 和 D 以像素为单位，有效视图数 N_L 为 3.5

表 7-3 列出了所有测试地点的 B 系数。在这些位置，需要测量噪声值的大小，以更精确地估计天线 3dB 或 1.5dB 波束宽度。

表 7-3　B 系数

序号	场景名	B	信噪比/dB
0	巴西-11	1.45	9.2
1	哥伦比亚	1.56	9.3
2	巴西-2	1.47	9.2
3	伊利诺伊州	0.42	4.5
4	伊利诺伊州-2	0.49	8.9
5	巴西-3	0.56	10.9
6	加拿大	0.38	7.8
7	苏门答腊岛	1.36	6.2

7.7.1　结论

我们总共检查了 96 种组合(包括 8 个测试场景、3 个模型和 4 个置信度),并评估了关于置信度、天线方向图模型和最佳位置的问题。这些问题的衡量标准是残留误差(RE):

$$\mathrm{RE} = \sqrt{\overline{x^2} - \overline{x}^2}$$

$$\overline{x^2} = \frac{1}{N}\sum_{i=1}^{N}\{10 \cdot \lg \overline{P_i} - 10 \cdot \lg P_{\mathrm{C},i}(m,\boldsymbol{u})\}^2 \qquad (7.39)$$

$$\overline{x} = \frac{1}{N}\sum_{i=1}^{N}\{10 \cdot \lg \overline{P_i} - 10 \cdot \lg P_{\mathrm{C},}(m,\boldsymbol{u})\}$$

7.7.2　置信度

图 7-11 显示了加拿大和哥伦比亚测得图像的置信度对 RE 值的依赖。结果表明,RE 值随着置信度的增加而增加;哥伦比亚测得的 RE 比加拿大测得的小得多。在 4 个置信度中,达到 99% 的置信度时产生了可接受的 RE。因此,采用 99% 为置信度。

7.7.3　天线方向图模型

模型 B 的收敛性总是稳定的,并且其 RE 小于模型 A 或模型 C(图 7-11)。模型 A 也表现出良好的稳定性,但其 RE 比模型 B 略大。对于模型 C 而言,要取得稳定的解有些困难,这可能是由于模型中参数较多,以及解对初值的依赖性,尤其是视轴角 ϕ_0。在给定初始视轴的情况下,通过研究两个案例来评估 MLE 的精度。案例 A 从遥测中选取视轴,案例 B 选取模型 B 估计的视轴。案例 A 给出的 RE 顺序为模型 B、模型 A 和模型 C(图 7-11(a))。案例 B 给出的 RE 顺序:模型 B、模型 C 和模型 A(图 7-11(b))。Dobson 等(1986)曾指出,视轴角误差对 SIR-B 的影响。基于以上结果,选择模型 B 作为本研究的最佳模型。

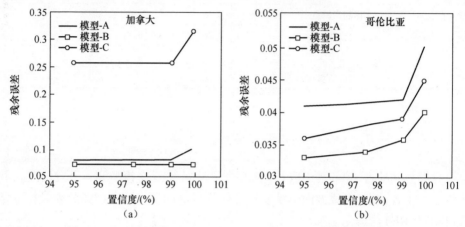

图 7-11 (a)加拿大和(b)哥伦比亚地区的 RE 对置信度的依赖性

7.7.4 最佳图像数据

筛选数据和估计模型(模型 B)的拟合如图 7-12 所示,其结果如图 7-13(a)所示。

由于数据的一致性,巴西-1 提供的 RE 最小;哥伦比亚、苏门答腊、加拿大和伊利诺斯紧随其后。

伊利诺伊州-1(图 7-12(d))的拟合效果最差,曲线周围仍有大量的数据分散。伊利诺伊州-2(图 7-12(e))包含类似的散射体(混合农田),但它的 RE 较小。对此有两个解释:首先,伊利诺伊州-1 只覆盖了 2°的天底偏角,而伊利诺伊州-2 有 5°;其次,伊利诺伊州-1 的信噪比为 4.5dB,而伊利诺伊州-2 的信噪比为 10.9dB。这使得伊利诺伊州-2 效果会更好。

如图 7-12(f)所示,巴西-3 在图像中包括一条大河,筛选过程成功地排除了这一点。除了边缘和峰值附近的几个点稍有差别,加拿大的筛选数据与估计的天线方向图很吻合。最后的图像来自苏门答腊岛的森林(图 7-12(h)),虽然数据在较大的视轴处只覆盖了 3°天底偏角,但 RE 很小,只有 0.04dB。基于这些信息,我

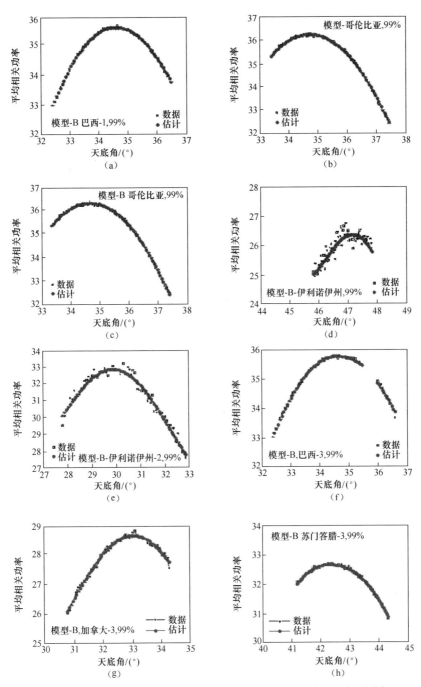

图7-12 用模型B对巴西-1、哥伦比亚-1、巴西-2、伊利诺伊-1、伊利诺伊-2、巴西-3、加拿大和苏门答腊的数据进行拟合,置信度为99%

们选择巴西-1作为本研究其余部分的最佳图像数据。

7.7.5 降噪效果

使用模型-A和模型-B对信噪比与天线波束宽度的关系进行仿真研究,筛选出的巴西-1具有99%的置信度。在此,将信噪比设定在5~50dB,并减去相关噪声。如图7-13(b)所示,如果信噪比的确是9dB,则对应的波束宽度应该是正确的。信噪比为50dB时的波束宽度与不进行降噪的情况下的测量结果相同。

(1) 没有降噪的模型-B在3dB的波束宽度下为6.5°,比降噪后的估计值宽0.5°。

(2) 没有降噪的模型-A的结果与Moore和Hemmat(1988)的结果相似。

7.7.6 天线波束宽度和天底偏角范围的关系

MLE的精度取决于未知函数的性质、数据的数量以及与该函数相关的天底偏角范围。图7-13(c)显示了模型-B和巴西-1以99%的置信度筛选得到的波束宽度与天底偏角范围的关系。这表明,天底偏角范围的最低要求至少是2.5°。

7.7.7 天线方向图拟合的可重复性

推荐的SIR-B飞行仰角天线方向图如下:

$$10 \cdot \lg g_2(\phi \mid \phi_0, a, b, c) = a \cdot (\phi - \phi_0)^2 + b + c \cdot (\phi - \phi_0)^4 \quad (7.40)$$

式中:$a, b, c = -0.286, 41.203, -0.00487$;残差 $= 0.024$dB;$\phi_0, \phi = $轴心角,天底偏角;波束宽度(下降3dB)$ = 6.0°$;波束宽度(下降1.5dB)$ = 4.4°$。

我们计算了两个天线方向图之间的均方根(RMS)误差,其中一个是目标方向图,另一个是式(7.40)中定义的参考方向图,我们称为可重复性。

该误差定义为两个天线图之间的标准差,包括残差,如下所示:

$$\text{RMSerror} = \sqrt{\Delta G_{\text{ref}}^2 + \Delta G_{\text{target}}^2 + (\overline{G_{\text{ref}}} - \overline{G_{\text{target}}})^2} \quad (7.41)$$

式中:ΔG_{ref}是参考天线方向图的残余EAP误差;ΔG_{target}是目标场景的残余误差;$\overline{G_{\text{ref}}}$是参考天线方向图;$\overline{G_{\text{target}}}$是目标天线方向图;$\overline{G_{\text{ref}}}$和$\overline{G_{\text{target}}}$是在3dB和1.5dB的下降点计算的,并对应图7-13(d)所示的RMS误差。在3dB下降点上,亚马孙的RMS误差小于0.08dB,而加拿大森林的RMS误差增加到0.3dB,苏门答腊和伊利诺伊州的则超过1dB,两者的信噪比都很差。

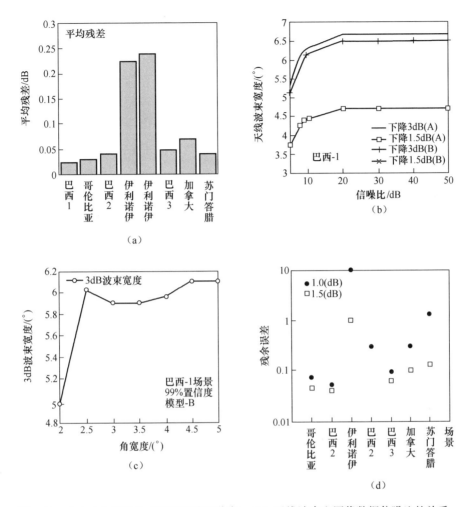

图 7-13 （a）八个评估地点的平均残差分布。（b）天线波束和图像数据信噪比的关系，其中 2 条线在信噪比=1.5dB 时非常接近。4 条线取决于模型 A 和 B，以及 1.5dB/3.0dB 的天线增益宽度。（c）用于估计巴西-1 的波束宽度和数据窗宽度。（d）关于残差评估的可重复性

7.7.8 比较

表 7-4 将本研究的结果与之前的 SIR-B 天线方向图估计进行了比较。结果表明，这一结果比 Ball Aerospace 的结果小 0.7°，比 Moore（1988）的结果小 0.9°。造成 0.9°差异的可能原因如下。

（1）天线方向图的模型——具有最佳拟合效果的天线模型为四阶功率模型。如果使用二阶模型，由于缺乏自由度，在 3dB 宽度结果中会有 0.2°的较宽估计。

(2)降噪。噪声增加了图像的总功率。带有噪声的图像也会得到 0.5°的较宽估计。

表 7-4　天线方向图宽度概述

项目	1.5dB 波束宽度	3.0dB 波束宽度
本研究	4.4°	6.0°
Ball Aerospace	4.8°	6.7°
JPL	4.2°	5.9°
Moore(1988)	5.0°	6.9°

图 7-14 显示了与模型-B 相比,3 种天线方向图的角度相关性。这表明 Moore 的方向图(1988)和 Ball Aerospace 的方向图与模型-B 的相差超过 0.3 到 0.5dB,并可能在两个相邻图像的边界处产生条纹。

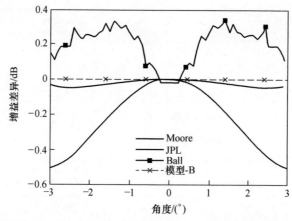

图 7-14　与模型-B 相比的三种天线方向图的角度相关性。
由于与 γ^0 直接相关,垂直轴上显示了两倍的差异

7.8　总结

本章介绍了一种基于在亚马孙雨林上空获得的斜距 SAR 图像,解算 SAR 飞行 EAP 的方法。利用该方法,估计 SIR-B 天线方向图具有 6.0°的 3dB 波束宽度。关于该方法及其参数选择的结论如下。

(1)感兴趣的区域。亚马孙雨林的均匀性,使其可以作为良好的分布目标。
(2)信噪比。选择具有良好信噪比的图像。
(3)降噪。正确估计 EAP 必须进行合理的降噪处理。

(4) 天线方向图模型。对于 SIR-B 型天线,推荐的模型是 B 型(四阶多项式)。

(5) 视轴角。为获得较好的 MLE 估计,需要选择视轴角的角度,使成像功率方向图中包含的天底偏角最宽。

(6) 误差标准。最终结果显示,亚马孙测得的天线误差(残差)通常小于 0.08dB,并且天线方向图的误差标准(0.3dB 为 3sigma)是合适的。

(7) 可重复性。从亚马孙的数据来看,EAP 的可重复性小于 0.1dB RMS。

附录 7A-1　部分相关样本的均值及其标准差

假设有 N 个数据集 (X_i),每个数据集都由相同的分布函数 $P(X_i)$ 控制,其中 $i = 1, 2 \cdots, N$。

(1) 每个数据集 (X_i) 由 M 个元素组成:

$$x_k, k = 1, 2, \cdots, M \tag{7A-1.1}$$

(2) N 个数据集具有相同的方差 σ^2,其中 x_i 是其均值,后缀 i 代表第 i 个数据集:

$$\sigma_i^2 = \overline{(x_i - \overline{x_i})^2} = \sigma^2, i = 1, 2, \cdots, N \tag{7A-1.2}$$

(3) 相关系数是对称的(类似于自相关函数),即

$$\rho_{i,j} = \begin{cases} \rho_l & l = |i-j| \\ 1 & i = j \end{cases} \tag{7A-1.3}$$

$$\rho_{i,j} = \frac{\sigma_{i,j}^2}{\sigma_i \cdot \sigma_j} \tag{7A-1.4}$$

$$\sigma_{i,j}^2 = \overline{x_i(x_i - \overline{x_i}) \cdot (x_j - \overline{x_j})} = \overline{x_i \cdot x_j} - \overline{x_i} \cdot \overline{x_j} \tag{7A-1.5}$$

M 个数据的平均值 z 及其方差 σ_z^2 计算如下:

$$z = \overline{x_i} \tag{7A-1.6}$$

$$\begin{aligned}
\sigma_z^2 &= \overline{z^2} - \overline{z}^2 \\
&= \frac{1}{N^2}\{(\sum_{i=1}^{N} \overline{x_i^2} + \sum_{i>j, i=2}^{N} 2\overline{x_i \cdot x_j}) - (\sum_{i=1}^{N} \overline{x_i}^2 + \sum_{i>j, i=2}^{N} 2\overline{x_i} \cdot \overline{x_j})\} \\
&= \frac{1}{N^2}\{\sum_{i=1}^{N} (\overline{x_i^2} - \overline{x_i}^2) + \sum_{i>j, i=2}^{N} 2(\overline{x_i \cdot x_j} - \overline{x_i} \cdot \overline{x_j})\} \\
&= \frac{1}{N^2}(\sum_{i=1}^{N} \sigma_i^2 + \sum_{i>j, i=2}^{N} 2\rho_{i,j} \cdot \sigma_i \cdot \sigma_j)
\end{aligned} \tag{7A-1.7}$$

利用这一关系,能够得到

$$\sigma_z^2 = \frac{1}{N^2}(N\sigma^2 + 2N\bar{\rho}\sigma^2) = \frac{\sigma^2}{N}(1 + 2\bar{\rho}) \qquad (7A-1.8)$$

其中

$$\bar{\rho} = \frac{1}{N}\sum_{i>j, i=2}^{N} \rho_{|i-j|} = \frac{1}{N}\sum_{l=1}^{N}(N-1)\rho_l \qquad (7A-1.9)$$

然后,方差 σ_z^2 由以下公式得出

$$\sigma_z^2 = \frac{1+2\bar{\rho}}{N}\sigma^2 \qquad (7A-1.10)$$

参考文献

Dobson, M. C., Ulaby, F. T., Brunfeldt, D. R., and Held, D. N., 1986, "External Calibration of SIR-B Imagery with Area Extended and Point Targets," IEEE T. Geosci. Remote, Vol. 24, No. 4, pp. 453-461.

Freeman, A., 1990a, "SIR-C Calibration Plan: An Overview," JPL Report, JPL-D-6997, NASA, Jet Propulsion Laboratory, California Institute of Technology, Pasadena, CA.

Freeman, A., 1990b, "Spaceborne Imaging RADAR-C/SIR-C Ground Calibration Plan," JPL Report, JPL-D-6999, NASA, Jet Propulsion Laboratory, California Institute of Technology, Pasadena, CA.

Freeman, A. and Curlander, J. C., 1989, "Radiometric Correction and Calibration of SAR Images," Photogramm. Eng. Rem. S., Vol. 55, No. 9, pp. 1295-1301.

Haupt, L. R., 2010, Antenna Arrays: A Computational Approach, Wiley, Hoboken, NJ.

Hawkins, R. K., 1990, "Determination of Antenna Elevation Pattern for Airborne SAR Using the Rough Target Approach," IEEE T. Geosci. Remote, Vol. 28, No. 5, pp. 896-905.

Hogg, R. V. and Craig, A. T., 1978, Introduction to Mathematical Statistics, Macmillan, New York, 1978.

Klein, J. D., 1990, "Spaceborne Imaging RADAR-C/Engineering Calibration Plan," JPL Report JPL-D-6998, NASA, Jet Propulsion Laboratory, California Institute of Technology, Pasadena, CA.

Moore, R. K. and Hemmat, M., 1988, "Determination of the Vertical Pattern of the SIR-B Antenna," Int. J. Remote Sens., Vol. 9, No. 5, pp. 839-847.

Moore, R. K., Westmoreland, V. S., Frank, D., and Hemmat, M., 1986, "Determining the Vertical Antenna Pattern of a Spaceborne SAR by Observation of Uniform Targets," in Proc. IGARSS 86 Symposium, Vol. 1, Zurich, Switzerland, September 8-11, 1986, pp. 469-472.

Press, W. H., Flannery, B. P., Teukolsky, S. A., and Vetterling, W. T., 1989, Numerical Recipes in C: The Art of Scientific Computing, Cambridge University Press, Cambridge, UK, pp. 487-490 and 517-547.

Shimada, M. and Freeman, A., 1995, "A Technique for Measurement of Spaceborne SAR Antenna Patterns Using Distributed Targets," IEEE T. Geosci. Remote, Vol. 33, No. 1, pp. 100-114.

Shimada, M., Itoh, T., Motooka, T., Watanabe, M., Shiraishi, T., Thapa, R., and Lucas, R., 2014, "New Global Forest/Non-Forest Maps from ALOS PALSAR Data (2007-2010)," Remote Sens. Environ., Vol. 155, pp. 13-31, http://dx.doi.org/10.1016/j.rse.2014.04.014

第8章
几何/正射校正和坡度校正

8.1 引言

SAR 可在任何天气和昼夜条件下观测地球表面,并提供幅度和相位信息以供应用。由坡度引起的辐射变化、阴影、透视缩短、距离和方位角偏移、叠掩等导致了几何和辐射畸变。

当成像传感器(雷达或光学)以斜视方向观测地面时,目标区域会受到几何和辐射两种调制的扭曲。

第一个问题关乎于几何。如果从地球中心观测目标,图像应该与原始传感器数据不同。从传感器坐标到地图坐标的稳健转换增强了传感器数据的利用,因为与各种数据的合并改善了数据解译。这一过程称为几何校正,它可以在已知像素高度和传感器位置的情况下实现。虽然几何校正依赖于成像方法(即雷达或光学),但是其原理是相同的。为了充分利用 SAR 数据,精确的几何校正至关重要。

第二个问题是 SAR 图像强度受地形的影响。从雷达方程出发,可以推导出4 种后向散射系数:归一化雷达截面(NRCS)、$\sigma\text{-}0(\sigma^0)$、$\gamma\text{-}0(\gamma^0)$ 和 $\beta\text{-}0(\beta^0)$。因为这些系数是由雷达照射面积归一化得到,所以只有在已知地形高度和合成坡度的情况下才会精确;否则,利用地球椭球来计算照射面积会导致雷达测量结果不正确。因此,正确计算雷达照射面积至关重要。

在 SAR 几何校正和坡度校正中,几何和辐射测量精度依赖于像素高度。虽然 SAR 在坐标中提供精确的距离向和方位后位置,但高度会影响几何平面或地图坐标的定位精度。这是因为目标的多普勒频率随高度变化而变化,并会导致方位角偏移,也因为雷达测距导致距离的偏移取决于高度(仅当 SAR 成像使用非零多普勒中心时)。斜距 SAR 强度通过三种方式进行辐射和几何修正:透视、叠掩和阴影。DEM 以等角或等面积的地图坐标提供像素高度信息。几何校正要求 SAR 像素与 DEM(高度)相关联。

在本章中,我们描述了与 SAR 成像相关的几何和辐射畸变的理论背景。首先,我们描述了 SAR 图像位移、像素高度和多普勒位移之间的关系,以及基于 DEM 的仿真 SAR 图像(DSSI)的生成。其次,我们描述了地形诱导辐射变化的校正(即坡度校正)和 SAR 图像的几何校正(Shimada,2010)。

8.2 正投影几何变换

如图 8-1 所示,SAR 成像过程将地形地表上的所有目标或散射体投影(正向投影)到斜距离像平面(SRIP)上。这种正向转换总是成功的。但是,除了一些叠掩和阴影区域外,后向投影在大多数区域也都是成功的。我们考虑这些正向和后向投影的关系,以及像素到纬度和经度的几何转换。

在 SAR 处理中,在距离-多普勒平面上,像素是由多普勒频率和距离向距离唯一确定的。有两个重要的问题:距离向时间压缩和非零高度目标的方位向和距离向双重偏移。

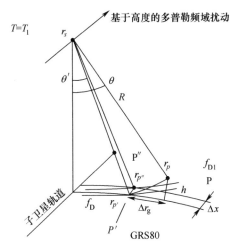

图 8-1　SAR 图像的坐标系显示了非零高度目标(P)的投影到 P'',在 GRS80 到 P'。接下来,表 8-1 列出了三点;r_p 为目标点 P 的矢量表达式

8.2.1　距离向与方位向偏移

图 8-1 描述了位于高度 h 的地球椭球、且已给定的纬度和经度(对 P 的 off-nadir 角是 θ) P 点;SAR 成像过程以及多普勒质心(f_D)和多普勒调频频率

（f_{DD}）的应用。

与 f_D 的 Δf_D 不同(仅当 h 和 f_d 都是非零时)，P 由多普勒频率 f_{D1} 表征。SAR 成像分两步将 P 投影到 GRS80 平面上：①在相同的斜距向距离（R_S）和 f_D 下，作为交互点，在 GRS80 上将 P 移动(缩短)到 P'；②以 Δx 将 P' 移动到 P''，使其满足多普勒频移（Δf_D）。另一种表达式是 P 在距离向移动到 P'，这是由给定的斜距范围 f_D 以及由 Δf_D 导致的方位向偏移 Δx 共同所定义的 GRS80 与(曲线)线的交互点。这条线通常有复杂形式，并且只有当 $f_D = 0$ 并以圆形轨道围绕地球作为一个球面时，它是一个三角形 P-SAR-SSP 所组成的平面的一部分。SSP 是子卫星点，与 GRS80 在连接卫星和地球中心的直线上相交(表 8-1 归纳了这 3 个位置)。

表 8-1　距离-方位域中的点运动概述

符号	地点	高度	多普勒域	倾斜角
P	r_p	h	f_{D1}	R_S
P'	$r_{p'}$	0	f_D	R_S
P''	$r_{p''}$	0	f_{D1}	R_S
注：相对于地球中心的位置				

前面讨论的 3 种方法可用于确定像素在 SRIP 上的位置，即后向投影过程。

8.2.2　位置推定

8.2.2.1　精密方法

要准确地确定点的位置，需要对像素所在的表面进行完整的刻画，即数字高程模型。这些点需要满足下述 3 个方程：

$$f_{D1} = \frac{2f_0}{c}(\boldsymbol{u}_s - \boldsymbol{\omega} \times \boldsymbol{r}_p) \frac{(\boldsymbol{r}_p - \boldsymbol{r}_s)}{|\boldsymbol{r}_p - \boldsymbol{r}_s|} \tag{8.1}$$

$$R_S = |\boldsymbol{r}_p - \boldsymbol{r}_s| = \frac{c}{2}\left(n \cdot f_{prf} + \Delta t_{off} + \frac{i}{f_{sample}}\right) \tag{8.2}$$

$$\boldsymbol{r}_p = R_E(\varphi,\lambda) + \{h(\varphi,\lambda) + h_{geoid}(\varphi,\lambda)\} \tag{8.3}$$

式中：f_{D1} 为目标 P 的实测多普勒频率；c 是光速；f_0 为载频；$\boldsymbol{u}_s$ 为地心惯性(ECI)参考系中的卫星速度；$\boldsymbol{\omega}$ 为地球自转矢量；$\boldsymbol{r}_p$ 为矢量积；× 为目标 P 的位置矢量；x_p, y_p, z_p 为其三维成分；$\boldsymbol{r}_s$ 为卫星的位置矢量；R_S 为卫星与目标 P 之间的斜距离。式(8.2)中的第二个公式来自于雷达参数，其中 n 为整数偏移量，f_{prf} 为脉冲重复频率，Δt_{delay} 为 SAR 内部时延，i 为采样窗口内的数据地址，f_{sample} 为采样频率。

式(8.3)表示地表地形，其中 R_E 为 GRS80 的半径，$h(\varphi,\lambda)$ 为大地水准面高

度，$h_{\text{geoid}}(\varphi,\lambda)$ 为大地水准面高度，φ 为大地纬度，λ 为经度，e 为椭圆度。

根据上述方程，可以对 φ 和 λ 进行求解，但不包括叠掩或阴影区域，因为难以对奇异值收敛问题进行处理。

8.2.2.2 简化精确方法

用 $\bm{r}_p - \bm{r}_{p'} + \bm{r}_{p'}$ 代替式(8.1)的分子 $\bm{r}_p$ 和 n，假设在 $\bm{r}_p$ 和 $\bm{r}_s$ 时地球的自转速度几乎相同，则公式(8.1)可以展开为

$$f_{\text{D1}} \approx \frac{2f_0}{c}(\bm{u}_s - \bm{\omega} \times \bm{r}_{p'}) \frac{(\bm{r}_{p'} - \bm{r}_s)}{|\bm{r}_p - \bm{r}_s|} + \frac{2f_0}{c}(\bm{u}_s - \bm{\omega} \times \bm{r}_p) \frac{(\bm{r}_p - \bm{r}_{p'})}{|\bm{r}_p - \bm{r}_s|} \quad (8.4)$$

第一项和第二项为 f_D 和 Δf_D 的表达式：

$$f_{\text{D1}} = f_D + \Delta f_D \quad (8.5)$$

对多普勒频移的目标 Δf_D 进行方位向成像：

$$\Delta x = -\frac{\Delta f_D}{f_{\text{DD}}} v_g \quad (8.6)$$

具有高度的目标在距离向移动为

$$\Delta r_g \approx \frac{h}{\tan \theta_{\text{inci}}} \quad (8.7)$$

因此，由于多普勒频移，目标 P' 在方位向上以 Δx 移动到 P''；θ_{inci} 是目标的法向入射角，v_g 卫星在地面方位向上的速度。需要注意的是 Δr_g 是一个近似的距离偏移。附录8A-1给出了更详细的距离偏移，可用于精确测定。

通过求解以下方程，可以得到一个高度为零的参考目标点：

$$f_D = \frac{2}{\lambda}(\bm{u}_s - \bm{\omega} \times \bm{r}_{p'}) \frac{(\bm{r}_{p'} - \bm{r}_s)}{|\bm{r}_{p'} - \bm{r}_s|} = a_0 + a_1 R_S \quad (8.8)$$

$$\frac{x_{p'}^2}{R_a^2} + \frac{y_{p'}^2}{R_a^2} + \frac{z_{p'}^2}{R_b^2} = 1 \quad (8.9)$$

$$R_b = R_a \sqrt{1 - e^2 \sin^2 \varphi} \quad (8.10)$$

$$e^2 = \frac{R_a^2 - R_b^2}{R_a^2} \quad (8.11)$$

此处，式(8.8)给出了 P' 以 $\bm{r}_{p'}$ 以及 $x_{p'}, y_{p'}, z_{p'}$ 三个分量表示的矢量形式；a_0 和 a_1 为 SAR 成像中的多普勒模型；R_a 是地球椭球的赤道半径；R_b 是极半径；e 是椭圆度。对于式(8.2)中给定的 R_S，可以通过迭代精确地确定 $\bm{r}_{p'}$。

因此，将真实散射目标投影到 SAR 图像平面上需要两个步骤：①在方位向上移动 Δx；②在距离向上移动 Δr_g。前者是由斜视角观测和 SAR 天线的非零多普勒中心引起的多普勒频移，后者是由非零高度像素引起的。在不知道像素高度的

情况下,这两种偏移都很难确定像素位置。也就是说,一旦知道像素高度,便可以纠正这些扭曲。

方位向和距离向偏移都依赖于 DEM 的精度。由高度误差 Δh 引起的方位向和距离向的相关位置误差可表示为

$$\Delta x_h = -\frac{2f_0}{f_{DD}c}(\boldsymbol{u}_s - \boldsymbol{\omega} \times \boldsymbol{r}_p) \frac{(\boldsymbol{r}_{p''} - \boldsymbol{r}_p)}{|\boldsymbol{r}_p - \boldsymbol{r}_s|}$$

$$= -\frac{2f_0}{f_{DD}c}(\boldsymbol{u}_s - \boldsymbol{\omega} \times \boldsymbol{r}_p) \frac{(\boldsymbol{r}_{p'} - \boldsymbol{r}_p)}{|\boldsymbol{r}_p - \boldsymbol{r}_s|} \frac{(\boldsymbol{r}_{p''} - \boldsymbol{r}_p)}{(\boldsymbol{r}_{p'} - \boldsymbol{r}_p)} \quad (8.12)$$

$$\approx \Delta x \frac{\Delta h}{h/\tan\theta_{inci}}$$

$$\Delta r_{gh} = \frac{R_E}{R_E + h} \frac{1}{\tan\theta_{inci}} \Delta h \quad (8.13)$$

式中:Δx_h 是附加的方位向误差;Δr_{gh} 是附加的距离向误差。第一项 Δx 等于 0.01,可以忽略不计,其中 $\Delta h \approx 10m$,$h \approx 4000m$,$\theta_{inci} \approx 35°$。第二项略大于取决于法向入射角的高度精度。

8.2.2.3 简化(不精确)方法

改写式(8.2)、式(8.8)、式(8.9)可以得到

$$f_{D1} = \frac{2f_0}{c}(\boldsymbol{u}_s - \boldsymbol{\omega} \times \boldsymbol{r}_p) \frac{(\boldsymbol{r}_p - \boldsymbol{r}_s)}{|\boldsymbol{r}_p - \boldsymbol{r}_s|}$$

$$R_S = |\boldsymbol{r}_p - \boldsymbol{r}_s| = \frac{c}{2}\left(n \cdot f_{prf} + \Delta t_{off} + \frac{i}{f_{sample}}\right)$$

$$\frac{x_p^2}{R_a^2} + \frac{y_p^2}{R_a^2} + \frac{z_p^2}{R_b^2} = 1$$

式(8.9)要求任何像素位于地球椭球上。尽管它是不现实的,但为包含不可忽略的几何误差的位置确定提供了最简单的方法。这些方程可以通过 2~3 次迭代来求解。

8.2.3 范围缩放压缩

在多普勒中心频率不为零但相对较小的情况下,对保焦成像进行了与二次距离压缩的混合处理。这意味着在光速或时间尺度的变化,因此应该在斜距范围计算中使用比例因子(Curlander 和 McDonough,1991;Jin 和 Wu,1984):

$$t_O = t_N \cdot \frac{f_{DD}}{f_{DD} + k_0 \left(\frac{f_D}{f_0}\right)^2} \tag{8.14}$$

式中：t_O 为原始时间；t_N 为新的时间坐标；f_{DD} 为多普勒调频频率；f_D 为多普勒频率；k_0 为发射信号的调频率；f_0 为发射载波频率。

8.3 斜率校正和正射校正

在本节中，我们研究了入射角与 σ-0 的依赖关系，天线仰角增益的重新校正，叠掩区域的辐射归一化，一次和三次插值对生成几何校正图像的比较，以及几何校正处理的过程。

8.3.1 斜率校正 $\sigma - 0(\sigma^0)$ 和 $\gamma - 0(\gamma^0)$

地表作为 SAR 观测的目标，往往倾斜于雷达视线，并受地表粗糙度的影响（图 8-2）。区域 A 投影到地球表面的区域 A 上。通常，A 和 A' 是不同的。因此，使用 A 测量 NRCS 不准确。另一方面，A 受地形坡度的调制，因此对图像中的目标特征进行刻画必不可少。在这其中有 3 种表达式：归一化雷达截面（NRCS、σ-0 或 σ^0）；γ-0(γ^0)：σ^0 除以局部入射角的余弦；β-0(β^0)：σ^0 除以局部入射角的正弦。研究表明（Ulaby 等，1982），σ^0 随入射角的增加而减小，除了分布的目标——亚马孙雨林。

地表上每个像素的区域绝大部分与 GRS80 上的区域不同，因为它随切向表面的方向而变化。对像素面积比（定义为光照面积修正因子（IACF））进行校正，可以降低局部入射角对 σ^0 的依赖，但这并不很可靠。这是因为自然目标的 σ^0 有它自己的局部入射角依赖性。通过将这种依赖型定义为局部入射角修正因子（LICF）或 $\sigma - 0$ 模型（σ^0_{inci}），进一步修正 LICF 可以减少或消除 σ^0 对入射角的依赖。因此，可以将标准 SAR 图像转换为坡度校正后的 σ-0($\widetilde{\sigma}^0$)：

$$\widetilde{\sigma}^0 = \sigma^0 \cdot \text{SCF} \tag{8.15}$$

$$\text{SCF} = \frac{\text{IACF}}{\text{LICF}} \tag{8.16}$$

$$\text{IACF} \equiv \frac{\cos\psi}{\sin\theta_{inci}} \tag{8.17}$$

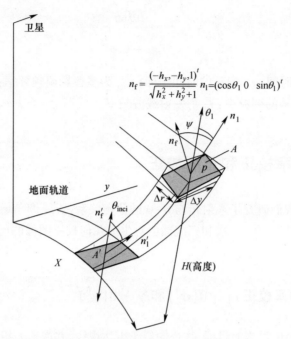

图 8-2 散射几何图。"A"是目标表面的一部分,并与其中一个 SAR 像素($\Delta r \Delta y$)交互。表面法向 n_f 与斜距法矢量(n_1)之间的角度(n)是坡度修正的关键,它不同于椭球面法矢量 $n_{f'}$ 与 $n_{1'}$ 之间的 θ

$$\boldsymbol{n}_f = \frac{1}{\sqrt{h_x^2 + h_y^2 + 1}} (-h_x \ -h_y \ 1)^t \tag{8.18}$$

$$\boldsymbol{n}_1 = (\cos\theta_1 \ 0 \ \sin\theta_1)^t \tag{8.19}$$

$$\cos\psi = \boldsymbol{n}_f \cdot \boldsymbol{n}_1 = \frac{\sin\theta_1 - \cos\theta_1 \cdot h_x}{\sqrt{h_x^2 + h_y^2 + 1}} \tag{8.20}$$

式中: σ^0 是 SAR 图像的 σ-0; ψ 是局部法矢量(n_f)和法矢量(n_1)之间的夹角,其中法矢量垂直于在平面视线(LOS)和地球中心(COE)内的雷达视线(Shimada 和 Hirosawa, 2000); θ_1 为局部法矢量 n_f 与像素中心位置矢量的夹角; θ_{inci} 为 GRS80 的法向入射角; h 为高度; h_x 是它的 x 阶导数; h_y 是它的 y 阶导数。对于 GRS80 上的像素, ψ 和 θ_{inci} 是 90°互补, $\sin\theta_{inci}$ 等于 $\cos\psi$。需要指出的是,到目前位置,标准 SAR 产品主要以 σ^0 或 β^0 表示(例如, JAXA 从 20 世纪 90 年代开始就采用 σ^0,而雷达卫星系统则采用 β^0),它们可以通过三角函数关系进行互相表征。

由于漫反射在一定程度上降低了入射角的依赖关系,因此修正后的坡度 γ^0 经常用于森林数据分析(Shimada 和 Ohtaki,2010)。斜率修正后的 γ^0 和 σ^0 是可转换的,但斜率修正后的表达式略有不同,如式(8.15)所示,即

$$\gamma^0 \equiv \frac{\sigma^0}{\cos\theta_{local}} \frac{\cos\psi}{\sin\theta_{inci}} = \frac{\sigma^0}{\cos\theta_{local}} \text{IACF} \quad (8.21)$$

$$\theta_{local} = \arccos\left(\frac{(\boldsymbol{r}_s - \boldsymbol{r}_p)}{|\boldsymbol{r}_s - \boldsymbol{r}_p|} \cdot n_1\right) \quad (8.22)$$

式中:$\boldsymbol{r}_s$ 和 $\boldsymbol{r}_p$ 分别为卫星位置和目标位置。一些研究根据自然目标建立 σ^0 模型;Goering 等(1995)将森林的目标依赖性描述为漫射散射体,裸地的目标依赖性描述为镜面散射体;Bayer 等(1991)和 Hinse 等(1988)提出了局部入射角余弦的多项式;Ulaby 等(1982)给出了几种植被的入射角依赖关系。在这里,我们试图得到一个简单的表达式,即经过 σ^0 修正后的斜率可以与入射角无关。利用 PALSAR HH 和 JERS-1 SAR 数据,我们得到了 LICF 作为局部入射角的函数:

$$\text{LICF 或 } \sigma^0_{inci} = 10^{d \cdot \theta_{local}} \quad (8.23)$$

当 θ_{local} 以度表示时,我们推导出 PALSAR 的 d 为-0.008,JERS-1 SAR 的 d 为-0.006。尽管我们检验了余弦相关性,式(8.23)仍然显示了最小的方差和最佳模型。在两个系数之间,γ^0 比 $\tilde{\sigma}^0$ 提供了更均匀的后向散射系数,它主要作为坡度校正 SAR 图像的单位。

8.3.2 天线仰角方向图重新校正

对于较低水平的 SAR 产品,如 SLC 或 1.5,在 GRS80 上对其天线仰角图进行了校正。几何校正可以准确地校正目标像素高度处的天线图。校正参数如下:

$$\gamma^0_{ORT} = \gamma^0_{SLT} \frac{G^2_{ele}(\theta')}{G^2_{ele}(\theta)} \quad (8.24)$$

式中:后缀 ORT 代表几何校正值;SLT 代表斜距;θ' 是 GRS80 计算出来的天顶角;θ 是真实的天顶角(图 8-1);G^2_{ele} 是天线仰角图。

8.3.3 停留区辐照标准化

由于大多数来自自然地形的信号聚集于一个像素或少量像素内,因此在叠掩或叠掩附近区域会表现出极高的后向散射。由于几何校正将图像与融合像素值进行扩展,就像从地球中心观看到外太空一样,因此这种亮度取决于与后向散射相关的总面积。因此,其中一项校正如下:

$$\text{CFL} = \frac{c}{2f_{sample}\alpha R \sin\theta_0} \quad (8.25)$$

式中:CFL 为归一化因子;θ_0 为叠掩区域的最小局部入射角;α 为与叠掩区域相关的天顶角范围。需要注意的是,这种归一化方法不能保证辐射精度,只能用于抑制亮度。

8.3.4 基于 DEM 的 SAR 模拟图像

在该方法中,来自 DEM(DSSI)的仿真 SAR 图像在确定时间和方位偏移方面起着重要作用。我们在图 8-3 中展示了如何创建 DSSI。对于给定方位向时间和

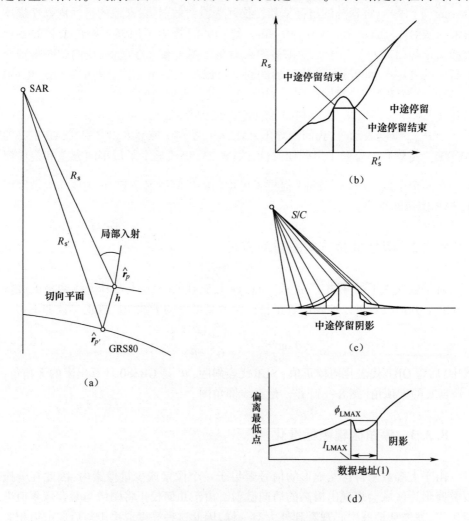

图 8-3 局部入射角图坐标系及掩码信息
(a)目标点与零高度目标点之间的关系,其中局部入射角表示为一维角;
(b)两个斜距之间的关系,它们的奇异性决定了叠掩;(c)叠掩和阴影区域;(d)阴影条件。

给定斜距(R'_s)、卫星位置、局部入射角、照射面积以及卫星与目标点的斜距(R_s)等参数计算如第一步(a)所示。

第一步:当R'_s由远到近减小时(I从I_{max}变为I_{min}),可分为3个区域:正常区域、叠掩区域和阴影区域(图8-3)。

(a) 正常区域:$\{I \mid R_{s,I} < R_{s,I+1} \cap \phi_I < \phi_{I+1}\}$ (8.26)

(b) 叠掩区域:$\{I \mid I < I_{LMIN} \cap R_{s,I} > R_{s,LMIN}\}$ (8.27)

(c) 阴影区域:$\{I \mid I > I_{LMAX} \cap \phi_I < \phi_{LMAX}\}$ (8.28)

这里,I是距离向的数据地址;ϕ_I是天顶角;$\cap$是与运算;$\mid$表示I_{LMIN}是给出斜距局部最小值$R_{S,LMIN}$的数据地址;I_{LMIN}是给出天顶角局部最大值的数据地址,ϕ_{LMAX}。

第二步:扫描整个场景方位向的时间,得到局部入射角的二维图像和叠掩、阴影、正常、海洋区域的照射掩模。利用式(8.29)中的σ-0模型,我们可以得到初步的DSSI:

$$\sigma_m^0 = 10^{d \cdot \theta_{local}}$$ (8.29)

第三步:原则上r_s和DEM是正确的,因此$r_{p'}$也是正确的,SAR图像和DSSI图像的坐标可以很好对应。如果DEM和( )或( )r_s不正确,坐标便无法很好地对应协调,从而导致不正确的几何校正。为了防止这一点,我们可以调整这两个时间偏移-距离向时间偏移(Δt_1),它代表接收时间的一个延时,作为在方位向的轨道偏移,方位向时间偏移(ΔT_1)可以以这样方式重新生成与SAR图像互配准的DSSI。两个参数可通过迭代来确定。最后,将SAR图像像素与DEM(和高度)进行精确的关联。需要注意的是,椭球高度是距大地水准面的高度(例如,SRTM,GTOPO30)加上大地水准面的高度。

8.3.5 过程描述

由于非零高度目标在距离和方位向上发生偏移,因此几何校正和地理编码是一种将斜距图像转化为地图图像的非线性变换。这其中包含了两种方法:①一步一步生成方位向偏移的图像以及距离向偏移的图像,并投影到地图上;②使用地址操作公式直接将斜距转换到最终的地图上。第一种方法的计算比较简单,但图像质量会受到多次插值的影响。第二种方法,尽管地址处理方法比较复杂,它也使用了插值,但可以保持图像质量。因此,我们采用第二种方法。

8.3.6 正射校正和DSSI生成程序

正射校正包括3个步骤(图8-4)。

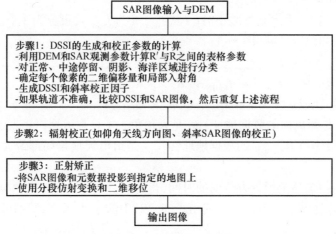

图 8-4 正射校正步骤图

步骤1:得到在于 R_s 和 R'_s 相关的给定斜距处(R_s)处的像素高度(图 8-3(a))。解决方案是通过在给定方位向时间迭代地使用查找表可以求解这一参数。该步骤还提供了有关叠掩、阴影、正常和海洋区域的信息,这些区域是使用 SRTM-DEM 中的水掩码信息识别的。通过扫描图像上的方位向时间,就可以生成高度、距离、方位角偏移以及 DSSI 地图。

参照上述地图,基于高度相关的方位向偏移,SAR 图像可以被重新排列。如果轨道和 DEM 足够精确,则 DSSI 转移至步骤 2;否则,比较 DSSI 和 SAR 图像,计算两次时间偏移,在步骤 2 中更新 DSSI。

步骤2:为斜距图像中的所有像素准备两个因子,IACF 和 LICF,并为天线仰角图准备额外的校正因子。

步骤3:将斜距图像转换为最终的地图:斜距、地理编码和地理参考,校正每个像素的距离和方位向偏移。SAR 图像和元数据也与最终的地图相关联。

LICF 建模和制作更高分辨率或同等分辨率的 DEM 对于清晰表达图像边缘和叠掩区域的锐利线条非常重要,这有助于与 SAR 图像进行互配准。我们为 SAR 图像和 DSSI 准备了两种类型(表 8-2)。型号 1 是一个没有任何校正的 SAR 斜距图像(包括复杂数据)和校正方位及距离向偏移 DSSI 的图像对。型号 2 是对方位向偏移的 SAR 图像和距离向偏移的 DSSI 图像。复杂数据的方位向偏移校正可能会导致相位处理性能的退化,从而导致差分干涉 SAR 处理性能的退化。因此,对复杂数据的这一校正没有包含在表 8-2 中。

表 8-2 DSSI 和 SAR 图像

型号	SAR 图像及其校正	DSSI 和相关校正
1	不包含校正的倾斜范围图像(包括复杂数据)	根据式(8.12)、式(8.13)校正距离和方位偏移的倾斜距离 DSSI 校正
2	基于式(8.6)的方位偏移进行校正的倾斜范围(振幅)图像	根据式(8.13)校正范围偏移的倾斜范围 DSSI

注：这些校正可以使用三次卷积插值进行

8.4 实验与评估

为了评价前面所提的方法,我们使用两种 SAR 传感器(表 2-3):JERS-1 SAR 来观测 1998 年 7 月 28 日,天顶角为 35.1°的富士山和周边地区,它没有采用偏航操作这一姿态控制;以及 ALOS PALSAR 来观测 2006 年 8 月 9 日,天顶角为 41.5°的富士山和周边地区,它采用了偏航操作这一姿态控制。

这两颗卫星可用于充分展示多普勒频移和方位角频移高度依赖性;赤道处 JERS-1 SAR 的多普勒频率大约为 ±2000 Hz (降轨和升轨),ALOS PALSAR 的全局多普勒频率小于 100 Hz。然后,我们评估了多普勒频移对高度和方位向图像偏移的依赖性。我们选择海拔范围为 0~3776m 的富士山和山脚地区作为本次评估的对象。有一个小的高地区域允许部署点目标进行几何计算。

此外,我们使用 ALOS 半全局测试站点,这是在 ALOS/PALSAR CAL/VAL (Shimada 等,2009)框架内定义的,用于部署校准仪器。由于 DEM 的可用性,考虑选择在 ±60°的纬度范围进行实验。利用它们的角反射器(CRS)和它们的真实地理位置测量了正射校正的精度。

8.4.1 方位偏移的评估

8.4.1.1 JERS-1 SAR

使用 1998 年 7 月 28 日获得的 JERS-1 SAR 数据评估了方位角偏移和校正结果,该数据在降轨以及天顶角为 35.1°情形下获得。图 8-5 展示了方位向偏移校正后的 SAR 图像和采用型号 2 方法获得的 DSSI 图像(表 8-2),两者的方位向分辨率均为 24m,斜距分辨率为 8.78m。乍一看,这两张图片很相似。

图 8-6 展示了多普勒频移和方位向偏移。这些图像是相似的,只是它们的多

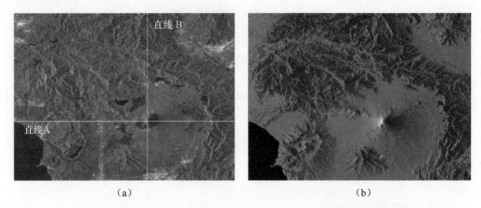

图 8-5 (a)经过高度变化的方位向像素偏移校正后的 SAR 图像与(b)经过距离向偏移校正后的基于 DEM 的仿真 SAR 图像的比较。这里,纵轴为方位向,横轴为距离向(左为近距点,右为远距点)。该图像是一幅方位向四视处理的斜距图像,方位向像素分辨率为 24m,距离向像素分辨率为 8.78m

普勒调频频率和距离依赖性不同,如式(8.6)所示。为了近距离观察多普勒频移和方位向偏移这两个参数的距离和方位向变化,我们选择了两条直线(A 和 B)(图 8-5(a)),这两条直线分别于方位向和距离向平行,并且均经过富士山峰顶。图 8-7 展示了多普勒频移和方位向图像偏移的距离剖面图以及这两个参数沿这两条线的距离向分布图。海拔 3776m 的富士山峰顶在方位向偏移了 179.6m。这是在多普勒频移为 16.022 Hz,多普勒调频率为 -626.5Hz/s,地面卫星速度为 7.02 km/s 基础上根据式(8.6)计算得到的。这里,SAR 成像的多普勒中心频率接近 1760Hz;因此,多普勒频移为正。这意味着,除非方位向偏移得到纠正,否则,SAR 图像和 DSSI 无法互配准。这也意味着即使提高了轨道位置精度,几何精度也不能得到保证。

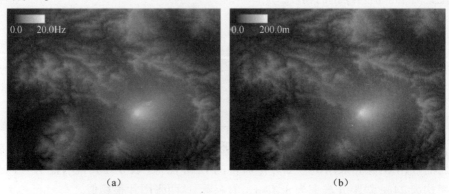

图 8-6 (a)富士山目标区域的多普勒频移和(b)富士山相应方位向偏移图像

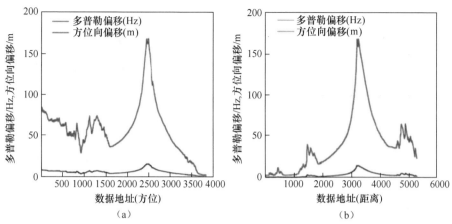

图 8-7 （a）多普勒频率和方位向偏移的距离向截面以及
（b）多普勒频率的方位向截面和相应的方位向偏移（见彩插）

8.4.1.2 PALSAR

对 2006 年 8 月 9 日获取的 PALSAR 数据也进行了类似的评估,该数据在降轨以及天顶角为 41.5°情形下获得。PALSAR 数据如图 8-8 所示,其中(a)为经过方位向偏移校正后的 SAR 图像,(b)为 DSSI,(c)为多普勒和方位图像偏移的方位向截面,(d)为多普勒和方位向图像偏移的距离向截面。方位向和距离向像素分辨率分别为 18m 和 4.68m。这里多普勒和方位向偏移图像没有显示,因为它们的数值很小。富士山峰顶方位向偏移仅为 -9.5m。由此我们可以估计,世界最高峰（海拔 8776m 的珠穆朗玛峰）的方位向可能发生了大约 30m 的偏移。

偏航转向姿态控制还可以抑制像素位置在方位向上几十米内的偏差。这意味着,偏航转向姿态控制是减少几何误差和生成高质量 SAR 图像的唯一途径。应该注意的是,处理的多普勒中心频率被设置为 -97 Hz,因此,多普勒频移为负。

8.4.2 使用校准点进行地质精度评估

基于 CR、GSI 和 SRTM 3 种类型的 DEM 数据,本节评估了提出方法的几何精度。CR 常用来评价斜距图像的几何精度和辐射精度。SRTM DEM 是在 ±60°纬度范围内、间距为 90m 的半全球范围内生成的,日本的 GSI 则提供了间距为 50m 的 DEM 信息。

在 Shimade 等研究中,使用在世界各地部署的 572 个地面控制点（GCP）,在没有任何参数调整的情况下,标准 PALSAR 图像的几何精度均方误差为 9.7m。这些

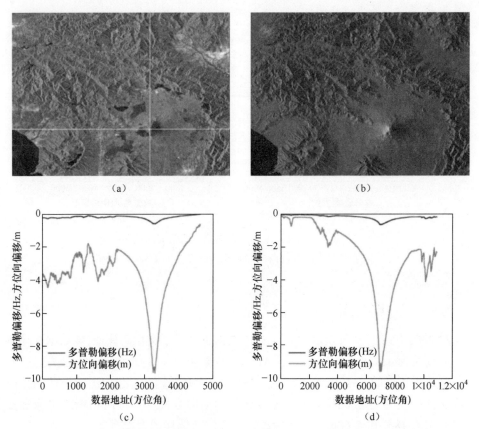

图 8-8 （a）富士山上获得的 PALSAR 图像校正了方位角偏移,（b）DSSI,
（c）峰顶方位地址上的多普勒偏移和方位偏移,以及（d）峰顶距离地址上的
多普勒偏移和方位偏移。PALSAR 图像的方位角和距离像素大小分别为 18m 和 4.68m（见彩插）

CR 预先包含了很高精确的位置（从 GRS80 或大地水准面出发,纬度、经度和高度均在亚米之内）。

经过几何校正 SAR 图像的几何精度是在下列条件下进行评估的：①无论关联的轨道数据精度如何,距离向和方位向的时间变化是通过互配准的 DSSI 和 SAR 图像计算得到的；②没有进行互配准且时间变化也没有更新。

使用 PALSAR 数据和基于 GCP 的评价结果表明,条件②的几何精度总是优于（小于）条件①。

这可能是因为 DSSI 和 SAR 图像在山脊的一个线性特征区域,以及 SAR 图像的明亮部分或叠掩区域（也就是山峰）。用给定入射角的后向散射模型对产生 DSSI 不能很好地表达,它会产生轻微的时间偏移错误。产生错误的原因可能是四视 SAR 图像中的相干斑噪声与相干斑噪声的 DSSI 不一致。四视 SAR 图像的每个像素是通过在方位向上平均4个相邻像素生成。PALSAR数据不需要进行互配准处理而JERS-1 SAR数据需要进行互配准处理,这是因为JERS-1 SAR数据的轨道位置精度较低。

利用全球部署的CR评估了几何精度及其对三个天顶角(即21.5°、34.3°和41.5°)的依赖程度(图8-9)。这些图仅是根据条件(b)获得的结果所得。每一个天顶角情况都有几何校正的几何精度测量(左)和斜距图像(右)。地理位置误差(RMSE)由下式定义:

$$\text{RMSE} \equiv \sqrt{\frac{1}{N}\sum_{i=1}^{N}\{(\Delta x_i)^2 + (\Delta y_i)^2\}}$$
$$\Delta x_i = R \cdot \cos \varphi_{i,0} \cdot (\lambda_i - \lambda_{i,0})$$
$$\Delta y_i = R \cdot (\varphi_i - \varphi_{i,0}) \tag{8.30}$$

式中:N为测量次数;后缀i为样本数;R为目标点的赤道半径;$\varphi_{i,0}$为第i次测量的真实纬度;φ_i为从SAR数据中测量的真实经度;λ_i为真实经度;$\lambda_{i,0}$为SAR测量值;Δx_i和Δy_i分别为东向误差和北向误差。

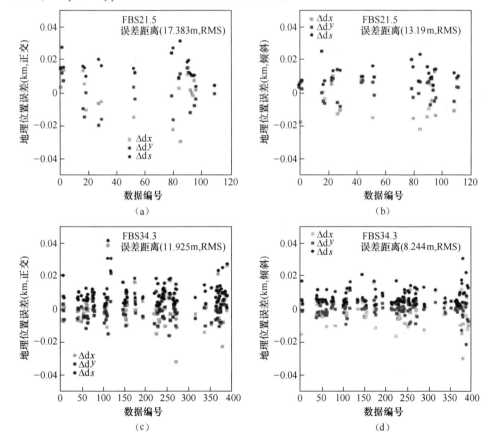

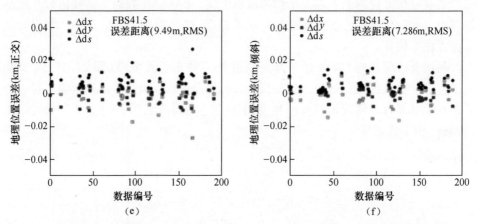

图 8-9 3 种典型天顶角情况(21.5°、34.3°和 41.5°)下测量的几何误差。每一种天顶角情况都对应有几何校正图像(左)和斜距图像(右)。Δx 为东向误差,Δy 为北向误差,Δs 为均方根误差。在这里,轴上的数据编号是 GCP 的标识且几乎与时间序列对齐

作为参考,表 8-3 总结了几何校正图像和倾斜距离图像的几何精度。每种图像有 3 个值:地理定位精度的 RMSE、地理定位的标准差和样本数量。一般情况下,几何校正图像的几何误差大于斜距图像。这有以下两个原因。

表 8-3 正射校正和倾斜距离图像的地理定位精度总结
(地理定位精度(m):平均值(标准偏差、数字))

俯仰角/(°)	正射校正像	倾斜范围图像
21.5	17.383(7.211,21)	13.19(5.267,28)
34.3	11.925(7.266,104)	8.244(4.716,124)
41.5	9.488(5.127,50)	7.286(4.017,56)
RMSE 表示的总价值	12.103(6.718,175)	8.885(4.619,208)

注:每个元素中的值均为式(8.30)定义的 RMSE(标准偏差、样本数)

(1)几何校正精度取决于 DEM 的精度,地面真值与相应的 DEM 之间存在一至数米的高差。

(2)幅度斜距图像是通过双线性插值周围像素值到相应的输出平面来生成几何校正图像的,CR 点并没有得到很好地保留,并且提供最大响应的像素位置可能会有一些不准确。

然而,亚像素插值可以用 SLC 数据估计 CR 位置。所有的实验都表明 RMSE 大于标准差。由于 RMSE 的几何误差是由 $\sqrt{标准差^2+平均^2}$ 给出的,减小平均分量可以提高几何精度。

为了评估几何精度,我们从富士山校准点选择了两幅几何校正图像,其中 ARC 于 2009 年 10 月 7 日降轨情形下的部署在一个高海拔区域,并于 2009 年 10 月 6 日升轨情形下的部署(图 8-10)。两条水平线和垂直线的交点显示了通过几何校正过程生成的辅助数据计算出的 ARC 位置,以及根据内部延迟 66ns 校正的 ARC 的真实经纬度。交叉点与 ARC 位置吻合得很好。该 ARC 的真实位置为升轨路径上的 N35°20′12.97″ 和 E138°43′57.02″ 以及降轨路径上的 N35°20′12.97″ 和 E138°43′55.78″。海拔高度为 2412.449m,最亮的点位于 N35°20′13.09″ 和 E138°43′55.90″,海拔 2410.625m(降轨路径)和 N35°20′13.00″,E138°43′57.03″ 和 2410.000m(升轨路径;表 8-4)。

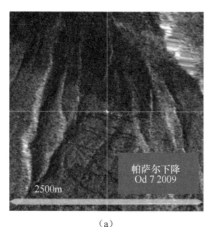 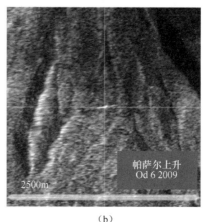

(a) (b)

图 8-10 两个地理位置评估示例

垂直线和水平线的两个交点为根据地面真值数据计算的点,亮点为真实 ARC
(a)降轨路径的富士山;(b)升轨路径的富士山。

表 8-4 正交校正几何精度的比较

编号	纬度	经度	高度/m	Δx/m	Δy/m	Δs/m
提升	N35°20′13.00″	E138°43′57.03″	2410.625	0.253	3.092	3.102
实际(asc)	N35°20′12.97″	E138°43′57.02″	2412.449	3.040	3.711	4.797
下降	N35°20′13.09″	E138°43′55.90″	2410.000			
实际(desc)	N35°20′12.97″	E138°43′55.78″	2412.449			

注:上升数据于 2009 年 10 月 6 日获得;下降数据于 2009 年 10 月 7 日获得;"asc"和"desc"分别指上升轨道和下降轨道

两幅图像的 ARC 与两条正交直线的交点吻合良好。因此,所提出的几何校正方法可以很好地校正高度引起的方位和距离向偏移。本文采用 90m 间距的 SRTM

DEM 进行校正。如表 8-4 所列,实测地表真值与 SRTM DEM 高差约为 2m。ARC 部署在高原平坦地区,90m 分辨率 DEM 已足够精确用于几何校正。但是小面积高地形起伏的几何校正需要高分辨率 DEM。

8.4.3 辐照归一化和正射校正

利用两幅 PALSAR 图像来评估辐照归一化效果。第一幅图像是富士山区域,包含多种目标(即陡峭的山坡、坡度较缓的丘陵地区、覆盖有大部分森林的湖泊以及城市区域),于 2006 年 8 月 9 日(图 8-11)获取。第二幅图像获取于 2008 年 7 月 16 日(图 8-12),是巴布亚新几内亚的一个山区,地物大多为丘陵地带的林地。这两个目标区域的地形高度都有很大的变化,从 0 到 4000m 不等。富士山有 50m 的 GSI-DEM,而巴布亚新几内亚只有 90m 的 SRTM DEM。

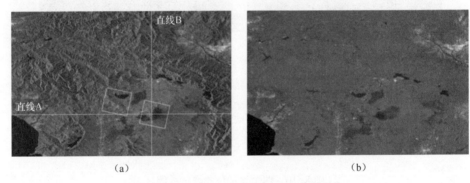

图 8-11 富士山 ALOS PALSAR 图像
(a)坡度校正前;(b)坡度校正后(叠掩和横断区域)。

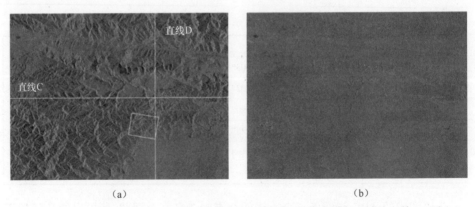

图 8-12 巴布亚新几内亚某山区的 ALOS PALSAR 图像:叠掩和横断区域校正前(a)后(b)。
中心坐标的纬度为 S0°44"17.75",经度为 E133°0"23.14"

为了评估归一化效果的距离依赖性,我们展示了两幅带和不带坡度校正的斜距图像。此外,选取两条水平线和两条垂直线对坡度修正效果进行定量评价。图 8-13(a)和(b)为富士山结果,图 8-13(c)和(d)为巴布亚新几内亚结果。从图 8-11 和图 8-12 中可以看出,标准 SAR 图像中由于地形引起的强度变化基本被消除。图 8-11 和图 8-12 中被白线包围的小矩形区域将以坡度校正和几何校正图像的示例进行介绍。

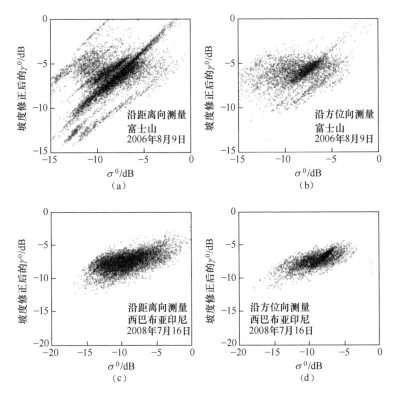

图 8-13　坡度修正后的 γ^0 相对于 σ^0 的变化
(a)富士山数据中的直线 A;(b)富士山数据中的直线 B;
(c)巴布亚新几内亚数据中直线 C;(d)巴布亚新几内亚数据中的直线 D。

接下来,利用该方法对这些图像进行几何校正、坡度校正和地图投影,并与未进行坡度校正的图像进行比较。为了近距离观察图像,我们从 70 km × 70 km 的 PALSAR 标准图像中提取了一个从东到西 10km,从北到南 10km 的图像截面。

选择了富士山山顶(图 8-14(a)和(b))和 Yamanaka 湖及其南部丘陵地区(图 8-14(c)和(d))两个区域,大部分地形诱导的 σ^0 变化被消除,但纹理被保留了下来。本文提出的坡度校正方法既考虑了像素区域内照射面积随地形坡度的变化,又考虑了后向散射系数局部入射角的变化。

虽然式(8.23)中 PALSAR 和 JERS-1 经验导出的 σ^0 模型可以用于坡度校正,但由于式(8.21)的坡度校正 γ^0 具有较好的强度抑制作用,此处这里使用的是后者。对于巴布亚新几内亚数据(图 8-15(a)和(b)),提出方法也抑制了山区 sigma-naught 的变化,尽管一些较亮的异常部分仍然很明显。这些现象与叠掩有关,它无法当前的精度和 DEM 的分辨率表示。这需要通过 TanDEM-X 生成一种更精确的 DEM 来实现。

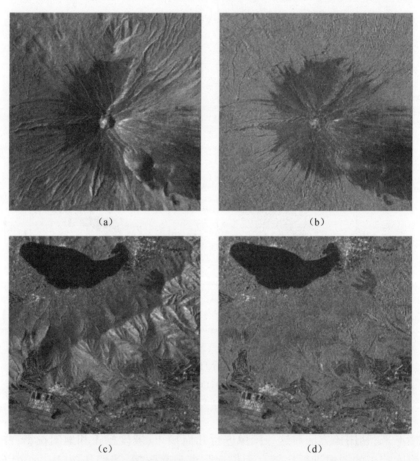

图 8-14　经过几何校正和地理编码的富士山地区图像(a)和(c)没有坡度校正的 σ^0 图像以及(b)和(d)有坡度校正的 γ^0 图像。图像区域大小为 10km×10km。这两个区域对应图 8-10(a)中的两个矩形区域

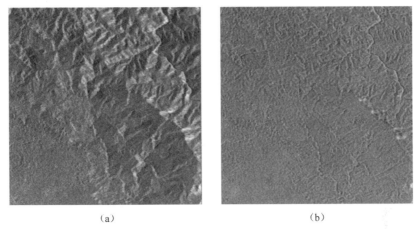

图 8-15 经过几何校正和地理编码的巴布亚新几内亚山区图像
(a)没有坡度校正的 σ^0 图像;(b)有坡度校正的 γ^0。
图像区域大小为 10km×10km。该区域对应于图 8-11(a)中的矩形区域

8.5 讨论

本节讨论了在互配准 SAR 图像和 DSSI 的方位向偏移、偏移量调优的有效性、利用局部坡度校正来进行辐射归一化,以及 SAR 图像几何校正和坡度校正的影像校正方法的可用性。

8.5.1 方位偏移和校正

如前所述,由地形高度和具有非零多普勒中心频率(NZD-SP)的 SAR 处理器引起的多普勒频移会导致方位图像偏移。其中具有偏航控制处理的 JERS-1 SAR 卫星数据示例表明,富士山峰顶的方位向像素偏移了 200m,类比可推断珠穆朗玛峰的方位向像素偏移为 500m 或更高。该偏移与多普勒频移与多普勒调频率的比值成正比,与频率无关。同样是具有偏航控制处理的 PALSAR 卫星数据在多普勒频率小于 100Hz,采用 NZD-SP 会观测到富士山山顶具有 10m 的方位向偏移。1.5°的方位角波束宽度需要 2000Hz 的多普勒带宽和稍高的 PRF。零多普勒 SAR 成像(ZD-SP)实现简单,但可能造成方位模糊。因此,尽管其中几何转换更加复杂,但 NZD-SP 更可取。

8.5.2 偏置调谐的校准

PALSAR 几何测量在没有时间偏移更新时比在时间偏移更新时更精确。建议仅在轨道精度较低或 SAR 接收窗口延迟无法准确确定时,才需要进行时间偏移更新。

由于 JERS-1 具有 3-sigma 准则下方位向 180m 和航迹向 50m 轨道错误,因此必须确定两个时间偏移量。目前的星载 SAR 是与 GPS 相连的,所以轨道和时间都是准确的。ALOS 有 4 个轨道:①精度几十米的用于数据采集的估计轨道;② 精度几十米的 S 波段范围和范围率的确定轨道;③精度 30m 的基于实时单频 GPS 轨道;④精度 40cm 的高精度定位的 3-sigma 轨道(岛田等,2009)。无须确定时间偏移。

8.5.3 用斜率校正法进行辐射校正

平衡照射区域比值可以通过前坡区域的透视缩短和后坡区域的压缩来扩展区域压缩。对该方法的定量评价表明,该方法能够有效地校正地形坡度对强度调制的影响。然而,由于需要精确计算给定的斜距和地形之间的交点数量,以及每个后向散射贡献的精确积累,因此在叠掩区域校正强度跃变非常困难。它还需要具有高空间分辨率的精确 DEM。当叠掩区域的辐射校正未完成时,该区域的可靠性降低,此时可采用识别掩模。

8.5.4 对建议的 d 方法的评估

我们用 γ^0 代替 σ^0,从几何和辐射测量的角度评价了所提出的方法,以及校正过程的鲁棒性。

(1)从 208 张 PALSAR 图像和全局 CR 或 ARC 中,可以测量到 12.103m(RMSE)的几何精度。在海拔 2410m 情况下,一个 ARC 中可指代 5m 的精度。由此,我们确定了几何校正方法在 GIS 中是完全可用的。

(2)坡度校正补偿了地形高度变化引起的辐射变化,但其性能仍受到 DEM 分辨率的限制。90mDEM 可以成功地校正丘陵地形区域,但无法对陡坡的山地区域进行校正。高分辨率 DEM 有助于坡度校正。

(3)该程序的鲁棒性取决于处理过程的自动化和稳定性。几何校正的一个基本组成部分是确定与像素(或高度)相关的距离和方位向偏移,本文提出的方法以非迭代的方式确定所有像素的这些偏移。然而,当使用不准确的轨道数据时,这种方法会受到影响,此时就需要确定平均距离和方位向时间偏移。对于平坦地形,DSSI 和 SAR 图像在没有人工辅助的情况下无法有效地进行配准,尽管未来使用光学数据拼接(如 Landsat 全色数据)可能有助于这一过程。由于坡度校正不是一个迭代过程,因此本文提供了一种更稳健的处理方法。

8.6 结论

本章介绍了像素定位、几何校正和坡度校正方法。该方法包含:
(1) 由高度诱导的多普勒频移导致的方位向偏移确定;
(2) 利用与叠掩、遮蔽和正常区域相关的查找表得到的距离向偏移和元数据;
(3) 通过 DSSI 和 SAR 图像的互配准确定距离和方位向偏移;
(4) 对 DSSI 中 γ^0 和由经验测定 σ^0 的入射角依赖性的利用。

在每种情况下,处理的可靠性取决于 DEM 的精度。该方法应用于 JERS-1 SAR 和 ALOS/PALSAR,这两种卫星分别代表非偏航控制(轨道精度较低)和偏航控制(轨道精度较高)卫星。对于 JERS-1 SAR 图像,二维偏移显示 SAR 图像与 DSSI 具有良好的互配准性能。对于 PALSAR,在较大天顶角 41.5°时,其地理定位精度较低,但使用全局部署的 CR 得到的在 21.5°、34.3°和 41.5°的 RMSE 为 12.103m。即使在海拔超过 2400m 时,该方法的地理定位精度也能很好地保持,坡度校正显著抑制了地形变化引起的强度调制。几何校正和坡度校正的实现使得生成的图像产品可以支持广泛应用。

附录 8A-1 准确的缩短预测

根据图 8A-1,可得

$$\phi_2 = \arccos\left[\frac{\{R_E(\phi_2) + h\}^2 + R_X^2 - R_S^2}{2R_X \cdot \{R_E(\phi_2) + h\}}\right] \quad (8A-1.1)$$

式中:ϕ_2 是 SAR-CEO 和 CEO 之间的角度;R_X 为卫星和地球中心之间的距离;R_E 为由雷达系统给定的斜距;R_S 为在 GRS80 上地球中心和目标之间的距离;h 为目标在 GRS80 上的高度。

当 R_E 是角 ϕ_2 的连续函数时,可以求解式(8A-1.1)。在这里,我们设 R_E 为求解式(8A-1.2)的多项式函数:

$$\phi = \arccos\left(\frac{R_E^2 + R_X^2 - R_S^2}{2R_X R_E}\right) \quad (8A-1.2)$$

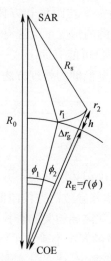

图 8A-1　用于计算透视收缩的坐标系

如式(8A-1.3)所示,由于 Δr_g 在 GRS80 上的距离依赖于 ϕ_2,它也可以是一个多项式

$$\Delta r_g = \int_{\phi_1}^{\phi_2} R_E(\phi) d\phi \tag{8A-1.3}$$

参考文献

Bayer, T., Winter, R., and Schreier, G., 1991, "Terrain Influences in SAR Backscatter and Attempts to their Correction," IEEE T. Geosci. Remote, Vol. 29, No. 3, pp. 415-462.

Curlander, J. C. and McDonough, R., 1991, Synthetic Aperture Radar, Systems and Signal Processing, Wiley, Hoboken, NJ.

Goering, D. J., Chen, H., Hinzman, L. D., and Kane, D. L., 1995, "Removal of Terrain Effects from SAR Satellite Imagery of Arctic Tundra," IEEE T. Geosci. Remote, Vol. 33, No., 1, pp. 185-194.

Hinse, M., Gwyn, Q. H. J., and Bonn, F., 1988, "Radiometric Correction of C-Band Imagery for Topographic Effects in Regions of Moderate Relief," IEEE T. Geosci. Remote, Vol. 26, No. 2, pp. 122-132.

Jin, M. Y. and Wu, C., 1984, "A SAR Correlation Algorithm which Accommodates Large-Range Migration," IEEE T. Geosci. Remote, Vol. GE-22, No. 6, pp. 592-597.

Shimada, M., 2010, "Ortho-rectification and Slope Correction of SAR Data Using DEM and Its Accuracy Evaluation," IEEE JSTARS special issue on Kyoto and Carbon Initiative, Vol. 3, Issue 4, 2010, pp. 657-671.

Shimada, M. andHirosawa, H., 2000, "Slope Corrections to Normalized RCS Using SAR Interferometry," IEEE T. Geosci. Remote, Vol. 38, No. 3, pp. 1479-1484.

Shimada, M., Isoguchi, O., Tadono, T., and Isono, K., 2009, "PALSAR Radiometric and Geometric Calibration," IEEE T. Geosci. Remote, Vol. 47, No. 12, pp. 3915-3932.

Shimada, M. and Ohtaki, T., 2010, "Generating Continent-Scale High-Quality SAR Mosaic Datasets: Application to PALSAR Data for Global Monitoring," IEEE J-STARS Special Issue on Kyoto and Carbon Initiative, Vol. 3, No. 4, pp. 637-656.

Ulaby, F. T., Moore, R. K., and Fung, A. K., 1982, Microwave Remote Sensing: Active and Passive, Volume II: Radar Remote Sensing and Surface Scattering and Emission Theory, Addison-Wesley, Boston.

第9章
辐射及几何校准

9.1 引言及校准方案

术语"校准"包含两个含义:指一种就地理或工程单位角度而言,获取规范化雷达截面(NRCS)的输入与输出之间正确关系的行为;或指一种通过使用校准模型将输出转化为输入或 NRCS 的行为。因此,"待校准目标"由 SAR(硬件)和图像(或原始数据)组成,如图 9-1 所示。校准模型包含了 SAR(硬件)特性与处理模型,以及辐射测定、几何与极化测量。图 9-2 展示了各种矫正过程及其组成部分、

图 9-1 SAR 图像的输入输出

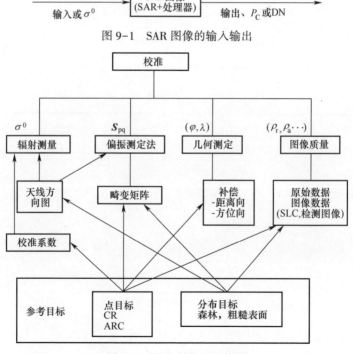

图 9-2 校准方案及相关图

矫正源(参考源)以及它们之间的相互关系,天线方向图则涉及了辐射测定与极化测量。前两个成分紧密相连,而天线仰角图通常应用于 SAR 图像。

9.2 辐射测定与极化测量

在本节中,我们将总结第 3 章~第 7 章中曾讨论过的辐射测定、极化测量以及天线方向图,并推导出一个关于 NRCS 与图像强度的简单关系式,如下所示。

9.2.1 SAR 图像表达

在第 4 章中,我们推导出

$$P_C = \left(\tau f_s \frac{\text{PRF}}{2V_g \rho_a} \lambda\right)^2 \frac{P_t (G\lambda)^2}{(4\pi)^3} N_1 \frac{\sigma^0}{\sin\theta \cdot R} \delta_a \delta_r (\text{SCR} \cdot D) + N_{\text{oise}}$$

$$= A \cdot \frac{G^2(\theta)}{R^2 \sin\theta} \sigma^0 + N_{\text{oise}} \tag{9.1}$$

$$A = \left(\tau f_s \frac{\text{PRF}}{2V_g \rho_a} \lambda\right)^2 \frac{P_t \lambda^2}{(4\pi)^3} N_1 \delta_a \delta_r (\text{SCR} \cdot D) \tag{9.2}$$

式中:P_C 为图像强度;N_{oise} 为噪声等级(强度);$G(\theta)$ 为天线仰角图;θ 为入射角;R 为斜距;A 为包含所有相关参数的常量。

在 SAR 成像过程中,修正 $G(\theta)$、$\sin\theta$ 以及 R^{-2},并将强度转化为"DN"(数字号码)表示的幅度,式(9.1)具有两个等量关系,即

$$DN = \sqrt{B \frac{R^2 \sin\theta}{G^2(\theta)} P_C} = \sqrt{B(A \cdot \sigma^0 + N_{\text{oise}})} \tag{9.3}$$

SAR 图像具有较大的动态范围,幅值图像至少需要 16 位数字。为了使图像的表示从暗到亮,缩放是必要的。"B"是一个常数,用于在 16 位动态范围内匹配图像(幅度而不是强度)。式(9.3)可以转化为

$$\sigma^0 = \frac{1}{A}\left(\frac{1}{B}DN^2 - N_{\text{oise}}\right) \tag{9.4}$$

新式合成孔径雷达的噪声水平相比于观测信号可以忽略不计。引入集合平均 $\langle \cdot \rangle$,并通过抑制散斑获取雷达后向散射均值,可以得到

$$\sigma^0 \approx \frac{1}{AB} \cdot \langle DN^2 \rangle = CF \cdot \langle DN^2 \rangle \tag{9.5}$$

式中:A 和 B 为常数;CF 为替代 AB 的校准因子。在一般情况下,DN 呈现对数分布,B 可以通过给定的常数值来选择,A 可以调整(或校准)到已知的散射参考值。

同时,式(9.5)也可以扩展为如下所示的对数表达式:

$$\sigma^0[\text{dB}] = 10\lg\langle DN^2\rangle + CF \tag{9.6}$$

式中:σ^0 为后向散射系数;S_{pq} 为散射矩阵;(φ,λ) 为所处位置的纬度和经度;ρ_r、ρ_a 则表示距离向和方位向分辨率。

这可以扩展为单视复数(SLC)乘积,即

$$\sigma^0_{1.1\text{product}} = 10 \cdot \lg\langle I^2 + Q^2\rangle + CF - A_0 \tag{9.6a}$$

式中:DN 表示幅度图像的数字号码,其为一个 1.5 级的积(16 位无符号短整数);I 和 Q 为 SLC 积(1.1 级)的实部和虚部。转换系数 A_0 设置为 32.0,CF 为负且用 dB 表示。

9.2.2 全极化表达式

在第 6 章中,我们推导出了极化校准公式:

$$\begin{aligned} & Z = A\mathrm{e}^{\frac{-4\pi r_j}{\lambda}} D_r \cdot F \cdot S \cdot F \cdot D_t + N \\ & Z = \begin{pmatrix} Z_{hh} & Z_{hv} \\ Z_{vh} & Z_{vv} \end{pmatrix}, D_r = \begin{pmatrix} 1 & \delta_2 \\ \delta_1 & f_1 \end{pmatrix}, F = \begin{pmatrix} \cos\Omega & \sin\Omega \\ -\sin\Omega & \cos\Omega \end{pmatrix} \\ & S = \begin{pmatrix} S_{hh} & S_{hv} \\ S_{vh} & S_{vv} \end{pmatrix}, D_t = \begin{pmatrix} 1 & \delta_3 \\ \delta_4 & f_2 \end{pmatrix}, N = \begin{pmatrix} N_{hh} & N_{hv} \\ N_{vh} & N_{vv} \end{pmatrix} \end{aligned} \tag{9.7}$$

式中:Z 为包含 4 个散射分量但未经校准的失真矩阵,需要通过天线仰角图和自由空间衰减进行校正;S 为校准过的散射矩阵;D_r 为接收失真矩阵;D_t 为发射失真矩阵;F 为法拉第旋转矩阵,法拉第旋转角度为 Ω;N 为噪声;A 为与天线仰角图及其他雷达参数卷积得到的校准参数。

通过极化校准,式(9.7)可以转化为

$$\begin{aligned} S &= F^{-1} \cdot D_r^{-1} \frac{1}{A} \mathrm{e}^{\frac{4\pi r_j}{\lambda}} (Z - N) \cdot D_t^{-1} \cdot F^{-1} \\ &\approx \frac{1}{A} \mathrm{e}^{\frac{4\pi r_j}{\lambda}} F^{-1} \cdot D_r^{-1} \cdot Z \cdot D_t^{-1} \cdot F^{-1} \end{aligned} \tag{9.8}$$

式中:"S"包含 4 个散射分量,是"极化校准"(SLC)数据;$F^{-1}D_r^{-1}D_t^{-1}$ 为酉变换。式(9.8)除酉矩阵外与式(9.7)相同。因此,极化 SLC 可以通过下式转化为 σ-0,即

$$\begin{pmatrix} DN^2_{hh} & DN^2_{hv} \\ DN^2_{vh} & DN^2_{vv} \end{pmatrix} = \frac{1}{AB} \cdot \begin{pmatrix} \sigma^0_{hh} & \sigma^0_{hv} \\ \sigma^0_{vh} & \sigma^0_{vv} \end{pmatrix} + N_{\text{oise}} \tag{9.9}$$

则 sigma-0 可以由下式给出

$$\begin{pmatrix} \sigma_{hh}^0 & \sigma_{hv}^0 \\ \sigma_{vh}^0 & \sigma_{vv}^0 \end{pmatrix} = CF \cdot \begin{pmatrix} \langle DN_{hh}^2 \rangle & \langle DN_{hv}^2 \rangle \\ \langle DN_{vh}^2 \rangle & \langle DN_{vv}^2 \rangle \end{pmatrix} \quad (9.10)$$

$$\begin{pmatrix} \sigma_{hh}^0 & \sigma_{hv}^0 \\ \sigma_{vh}^0 & \sigma_{vv}^0 \end{pmatrix} ([dB]) = 10 \cdot \lg \begin{pmatrix} \langle DN_{hh}^2 \rangle & \langle DN_{hv}^2 \rangle \\ \langle DN_{vh}^2 \rangle & \langle DN_{vv}^2 \rangle \end{pmatrix} + CF[dB] \quad (9.11)$$

D_r、D_t在相控阵 L 波段合成孔径雷达(PALSAR)上的真实值见第 6 章。ALOS-2(高级陆地观测卫星)和 Pi-SAR-L2 可用类似的方式进行检查。由于极化不充分,双极化数据不能直接进行极化校准。当串扰可以忽略且法拉第旋转非常低时,散射矩阵变为

$$\begin{aligned} S &\approx \frac{1}{A} e^{\frac{4\pi r}{\lambda}j} D_r^{-1} \cdot Z \cdot D_t^{-1} \\ \begin{pmatrix} S_{hh} & S_{hv} \\ S_{vh} & S_{vv} \end{pmatrix} &= \begin{pmatrix} Z_{hh} & Z_{hv}/f_1 \\ Z_{vh}/f_2 & Z_{vv}/f_1 f_2 \end{pmatrix} \end{aligned} \quad (9.12)$$

新式 SAR 几乎不存在串扰,但法拉第旋转取决于频率和太阳活动。在 L 波段,法拉第旋转非常大(根据当天的时间和地理位置角度由 0°~20°不等),因此之前的假设可能是无效的。

9.2.3 机载天线校准

在发射前,所有的 SAR 天线图都在地面上进行了测量。它们经常会发生相当大的变化,这可能是由于发射过程中的巨大震动以及地面和空间之间的条件差异所致(第 7 章)。需要像绕地观测卫星委员会(CEOS)中 SAR CAL/VAL 小组建议一样分析亚马孙森林图像,提供与入射角无关的 γ-0,重新校准轨内天线方向图。这里有两种天线图,即距离向天线图(RAP)和方位向天线图(AAP)。

9.2.3.1 距离向天线图

为了利用观测到的天然森林 SAR 图像估计可靠的天线图,使用置信度大于 99.5%的 F 分布检验排除不均匀区域,如森林砍伐、河流和不同的亮度等,并通过最小二乘最小化决定系数:

$$G_R(\phi) = \alpha + \beta (\phi - \phi_0)^2 + \gamma (\phi - \phi_0)^4 [dB] \quad (9.13)$$

式中:ϕ 为非最低点角;ϕ_0 为孔径位置非最低点角;G_R 是用分贝表示的天线增益(见第 7 章;Shimada 和 Freeman,1995)。

9.2.3.2 方位向天线图

准确的 AAP 对于抑制扫描雷达的扇形效应至关重要(Shimada,2009)。均匀

区域上 SAR 图像的方位向平均值和方位角多项式模型是方位向天线方向图的最佳近似值：

$$G_A(\varphi) = \sum_{i=0}^{n} a_i \cdot (\varphi - \varphi_0)^i [\mathrm{dB}] \tag{9.13a}$$

式中：a_i 为系数；φ 为方位角（见第 5 章）；n 选择 10 左右。

9.2.4 校准系数的测定

确定校准系数（CF）有两种方法：平衡均衡来自角反射器（CR）的冲激响应的二维积分，并减去地面杂波和 CR 的雷达横截面（Gray 等，1990）；或使用 HH 极化下 γ-0 恒为 -6.5dB 的亚马孙森林。第二种方法更加简单，因为亚马孙大而平坦，并且可以轻松选择测试地点。我们结合两种方法来覆盖 SAR 提供的大范围入射角。使用第一种方法时，有两种方案可行：式（9.14）中所示的积分法和式（9.15）中所示的峰值法。通常，积分法比峰值法更可靠，因为后者需要精确的分辨率。

$$CF_{\text{integ}} = \frac{\text{RCS} \cdot \sin\theta}{\iint_{A_{\text{rea}}} (DN^2 - DN_N^2) dA} \tag{9.14}$$

$$CF_{\text{peak}} = \frac{\text{RCS} \cdot \sin\theta}{\rho_a \cdot \rho_r (DN^2 - DN_N^2)} \tag{9.15}$$

式中：RCS 为雷达截面；θ 为入射角；DN 为 SAR 幅度图像的数字号码；ρ_a 为方位向分辨率；ρ_r 为距离分辨率；下标 N 为背景值；A_{rea} 为积分的面积。如果校准位置选择在黑暗的位置，即便使用 37dBm² 的目标雷达截面，旁瓣也不会超过 200m。Gray 等（1990）提出了积分方法，使得无论图像如何聚焦，响应的积分仍将保留散射能量。图 9-3 比较了校准积分法和峰值法。

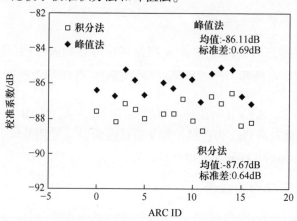

图 9-3 积分法和峰值法在不同 CR 下校准系数的稳定性

9.2.5 从SAR处理到SAR校准的表达式

原始数据经过距离向和方位向压缩得到条带数据,而条带数据又通过相关算法如距离多普勒算法进行处理;浏览或扫描式SAR数据经过频谱分析(SPECAN)处理,输出的复杂数据如下所示(图9-4):

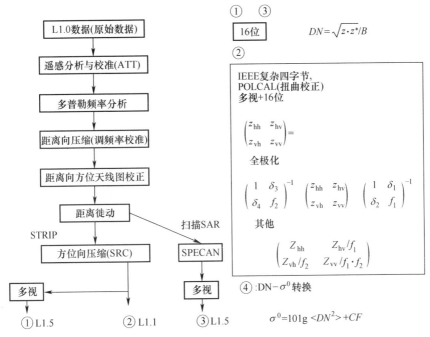

图9-4 PALSAR图像生成及图像校准流程图(其中SRC为二次距离压缩,DN为数字号码,σ^0为sigma-0,CF为校准因子)

$$Z_{pq} = \begin{pmatrix} \left\{ \dfrac{R\sqrt{\sin\theta_{\text{inci}}}}{G_R^{p,q}(\phi_{\text{off}}, \text{beam})} (V_{pq} \oplus f_{\text{INF}} \oplus f_{\text{rg}}^*) \right\}_{\text{RC}} \oplus f_{\text{az}}^* & \text{相关} \\ \sum_{N_{\text{look}}} F^{-1} \left[\left\{ \dfrac{R\sqrt{\sin\theta_{\text{inci}}}}{G_R^{p,q}(\phi_{\text{off}}, \text{beam})} (V_{pq} \oplus f_{\text{INF}} \oplus f_{\text{rg}}^*) \right\}_{\text{RC}} \cdot f_{\text{az}}^* \right] & \text{频率分析} \end{pmatrix}$$

(9.16)

$$f_{\text{rg}} = \exp(\pi k_{t,\text{mode}} t^2 \text{j}) \tag{9.17}$$

$$f_{\text{az}} = \exp\left(2\pi \text{j}\left(\dfrac{f_{\text{dd}}}{2}T^2 + f_{\text{d}} \cdot T\right) + m\pi \text{j}\right) : \begin{pmatrix} m=1: \text{如果 } p=\text{V} \\ m=0: \text{如果 } p=\text{H} \end{pmatrix} \tag{9.18}$$

$$f_{\text{INF}}(w) = \frac{1}{1-B_0/B_1} \cdot \begin{cases} 1: \text{如果} \omega \text{处的频谱与SAR发射的频谱相似} \\ 0: \text{如果} \omega \text{处的频谱与SAR发射的频谱不相似} \end{cases}$$

(9.19)

$$V_{pq} = \frac{1}{\sqrt{G_{\text{MGC}} \cdot (P_t/\bar{P}_t)\{1-S_a(t,T)\}}} \left[(v-\bar{v})\frac{\sigma_I}{\sigma_Q}\right]_{pq} \frac{\tau_0 f_{s0}}{\tau f_s} \sqrt{\frac{B_W}{B_{W0}}} G_1(\text{beam}, \text{mode})$$

(9.20)

$$P_{pq} \approx \begin{cases} a\dfrac{G_R^{2pq}}{R^2 \sin\theta_{\text{inci}}}\sigma_{pq}^0 + N_{pq} & \text{相关} \\ b\dfrac{G_R^{2pq}}{R^2 \sin\theta_{\text{inci}}}\sigma_{pq}^0 + N_{pq} & \text{频率分析} \end{cases}$$

(9.21)

式中：Z_{pq} 表示在 p 发射极化和 q 接收极化下所有模式的倾斜范围复镜像，而 p 和 q 可以选择为垂直或水平极化；$\oplus$ 表示时间或空间域中的相关性；f_{rg} 为距离参考函数；f_{ag} 为方位参考函数，并且极化测量时的 V 透射极化需要相移 π，以实现 H、V 图像的共配；f_{INF} 为频域使用的陷波滤波器，其中 $\oplus f_{\text{INF}}$ 应解释为频域内的乘法；$\{\cdot\}_{\text{RC}}$ 为区间曲率校正；F 为傅里叶变换；B_0 为包含了零的频率箱的总数；B_1 为频率箱的总数(如采样频率)；$k_{t,\text{mode}}$ 为发射信号模式相关的调频率；f_D 为多普勒中心频率；f_{DD} 为多普勒调频率；G_R 为距离向天线图，R 为倾斜范围，θ_{inci} 为入射角；ϕ_{off} 为非最低点角；beam 为数量从 0 到 131 变化的波束，N_{look} 为公式(9.16)中未显示的与方位向天线图相关的外观数；t 为快时间；T 为慢时间。

式(9.20)中，V_{pq} 是针对接收器增益(G_{MGC})、饱和速率(S_a)以及由于 I、Q 间的模数转换器(ADC)不平衡而校正的原始数据；σ_I 和 σ_Q 为增益(标准差)；v 和 $\bar{v}$ 分别为原始值和平均值；P_t 是传输峰值功率。由于饱和导致的相关增益降低可以通过将整个图像分割成小块来恢复(Shimada,1999)。

在这里，$G_1(\text{beam}, \text{mode})$ 是参照 FBS343HH 新引入的增益偏移量，用于统一校准和调整不同波束间的处理器增益变化，FBS343HH 是 PALSAR 的典型观测模式：HH 偏振下的单细波束；τ 为脉冲宽度；f_s 为采样频率；B_W 为带宽。后缀 0 表示参考值，参考条件为 $B_{W0} = 28\text{MHz}, f_{s0} = 16.0\text{MHz}, \tau_0 = 27.0\mu\text{s}$；在条带模式下，将通过角反射器响应以及在 SPECAN 中使用的分布式目标来确定 G_1。

式(9.21)中的图像强度(功率) P_{pq} 与 R^2 成反比，因为方位积分时间与倾斜距离成正比(为了在轨迹上保持相同的方位分辨率)，而 SPECAN 与 R^4 成反比，方位角的消除在整个轨道上使用恒定的积分时间。噪声与高带宽雷达和接收仪器内的非零温度有关。然而，当测量 σ^0 时，可以忽略下限值。处理器增益"a"和"b"不同于图像形成算法与天线波束(参见第 3 章和第 4 章)。

9.3 几何校准

如第 8 章所讨论的,像素位置是通过求解 3 个方程获得的,即多普勒频率、合成孔径雷达和像素之间的距离以及像素位于地球椭球面上已知高度的约束条件。得到的像素位置是像素(p)和线(l)的连续函数,即

$$(\varphi,\lambda) = (g(l,p), f(l,p)) \tag{9.22}$$

式中:φ 和 λ 为经度和纬度;$g()$ 和 $f()$ 为连接函数。

先前的距离取决于大气密度和电离层。精确的距离可以在地面上使用摄像机进行校准;几何校准确定合成孔径雷达图像中正确的像素位置。

合成孔径雷达成像将非零高度目标投射到地球表面:GRS80。设 r_{pg} 的高度为 z,r'_{pg} 是 GRS80 上的相应位置,r_s 是卫星位置,f_D 是多普勒频率模型,r'_{pg} 可以通过迭代满足以下等式来获得:

$$|r_{pg}(z) - r_s| = |r'_{pg} - r_s| \tag{9.23}$$

$$f_D(r_{pg}(z)) = f_D(r'_{pg}) \tag{9.24}$$

非零高度将会以两种方式发生移动——距离方向的缩短和由于高度引起的多普勒频移引起的方位移动。产生的几何误差(Δ)将由下式给出

$$\Delta = |r'_{pg} - r_p| \tag{9.25}$$

距离向时间偏移(Δt)和方位向时间偏移(ΔT)与东西以及南北方向的几何误差高度相关,并且在上升与下行数据间以最小化几何误差的方式确定。这些调整称为"距离和方位方向偏移调整"。

确定参数后,可以凭经验给出上述 $g()$ 和 $f()$ 的多项式方程式:

$$\begin{aligned}
\varphi &= \sum_{i=0}^{4} \sum_{j=0}^{4} a_{i,j} \cdot (l - l_c)^{4-j} \cdot (p - p_c)^{4-i} + \varphi_c \\
\lambda &= \sum_{i=0}^{4} \sum_{j=0}^{4} b_{i,j} \cdot (l - l_c)^{4-j} \cdot (p - p_c)^{4-i} + \lambda_c \\
p &= \sum_{i=0}^{4} \sum_{j=0}^{4} c_{i,j} \cdot (\lambda - \lambda_c)^{4-j} \cdot (\varphi - \varphi_c)^{4-i} + p_c \\
\varphi &= \sum_{i=0}^{4} \sum_{j=0}^{4} a_{i,j} \cdot (\lambda - \lambda_c)^{4-j} \cdot (\varphi - \varphi_c)^{4-i} + l_c
\end{aligned} \tag{9.26}$$

式中:a、b、c、d 为每个场景确定的系数,以 c 为后缀的值定义在场景中心。

9.4 图像质量

下面两种类型的数据可以进行评估:原始数据以及 SLC 数据。

9.4.1 原始数据

通过分析原始数据,可以估计硬件特性和潜在性能。关键信息是频谱、信噪比、信干比平均值、信干比正交性、信干比增益、饱和率、射频干扰以及来自复制的调频率(新式的 SAR 具有稳定的线性调频信号发生器,基于此的距离压缩不会引起进一步的误差)。

9.4.1.1 信噪比

信噪比(SNR)的计算方法是平稳区域的平均功率谱和噪声区域的比值,噪声区域是在带宽和采样频率之间的测量值减 1。所有模式的测量值都超过 6dB,约为 8dB,而 JERS-1 SAR 的测量值为 3~5dB(Shimada 等,1993),因为 PALSAR 具有更高的发射功率,即

$$\mathrm{SNR} = \frac{\overline{P}_{S+N}}{\overline{P}_N} - 1 \tag{9.27}$$

一般来说,由于发射功率的增加,PALSAR-2 的信噪比超过 12dB。

9.4.1.2 I 与 Q 的平均值

ADC 的空值可以通过下式计算:

$$\overline{I} = \frac{1}{N}\sum_{l=0}^{N-1} I, \overline{Q} = \frac{1}{N}\sum_{l=0}^{N-1} Q \tag{9.28}$$

这些稳定性有一些趋势:JERS-1 缺乏稳定性。由 8 个单独的 ADC 组成的 Pi-SAR-L1 在每个 ADC 上具有不同的空电平,并且 ALOS-2 具有非常稳定的价值,所有这些都证明了数字硬件技术的进步。

9.4.1.3 ADC 的正交性

ADC 的正交性为

$$\Delta\phi = \arccos\left(\frac{\overline{(I-\overline{I})\cdot(Q-\overline{Q})}}{\sqrt{\overline{(I-\overline{I})^2}}\sqrt{\overline{(Q-\overline{Q})^2}}}\right) \tag{9.29}$$

式中：I 和 Q 为平均后的 I 和 Q。

9.4.1.4 I-Q 增益比

该值可以通过以下方式计算：

$$G_{I/Q} = \frac{\langle (Q - \bar{Q})^2 \rangle}{\langle (I - \bar{I})^2 \rangle} \quad (9.30)$$

9.4.1.5 饱和

当饱和度降低了相关功率时，测得的饱和度比意味着降低了功率分量：

$$S_a = \frac{h[0] + h[N-1]}{\sum_{i=0}^{N-1} h[i]} \times 100[\%] \quad (9.31)$$

当 PALSAR 在 2006 年初以自动增益控制模式开始运行时，由于自动增益控制功能的限制，数据严重饱和了 20% 或更多。选择适当水平的手动增益控制（MGC），平均饱和率则降至 0.4%~2.4%。

9.4.1.6 频谱

距离向原始数据的 FFT 变换显示了信号接收的所有相关分量的频谱：SAR 传输特性以及射频干扰(RFI)。SAR 接收信号中的 RFI 会导致图像中出现白噪声，降低了 SAR 图像的质量。近年来，L 波段通信的增加，如广播、地面通信系统、空中交通监控雷达等，往往会污染 SAR 的数据。减少干扰的唯一方法就是开发合适的带通滤波器。

9.4.2 SLC 数据

9.4.2.1 脉冲响应函数与分辨率

二维和两个一维脉冲响应函数(IRF)用于测量距离和方位分辨率，其波束宽度为 3dB。IRF 可以通过使用 8 倍或 16 倍的 FFT 过采样来计算，这取决于在频域中应用补零法的分辨率要求。关键是需要对 SLC 乘积进行 FFT 而不是对幅度乘积。

9.4.2.2 旁瓣

我们定义了两种旁瓣比来表示分辨率度量：峰值旁瓣比(PSLR)以及积分旁瓣比(ISLR)。前者是第一旁瓣与主瓣峰值的比值，而后者是 1.0 减去相对主瓣能量并除以总能量,其中主瓣和其他旁瓣间的边界是主波束和第一旁瓣之间的零点。

9.4.2.3 噪声等效 sigma-0

NESZ 代表最大雷达灵敏度,其定义为在每个入射角观测到的最小 sigma-0。理想情况下,NESZ 是从陡峭山中的阴影地带测量的。实际上,沿着条带的最小搜索提供了 NESZ 的入射角依赖性。

9.4.2.4 模糊

方位模糊沿着轨道出现,即

$$\frac{f_{\text{prf}}}{f_{\text{DD}}} v_g \tag{9.32}$$

PALSAR 较短的天线需要较高的 PRF,并且降低了相对于 JERS-1 SAR 的方位模糊(AA)。因此,AA 并不常见。然而,距离模糊有时会出现在图像边缘,因为通过天线旁瓣接收到的相邻脉冲回波由于不适当的范围曲率将导致线状噪声。

9.4.2.5 HH 与 HV 或 VV 与 VH 间的串扰

对于全极化情况,串扰测量对失真矩阵和法拉第旋转的精度非常敏感。在这里,我们准备了两种度量,分布式目标的 HH 与 HV 或 VH 与 VV 之间的归一化互相关,以及 IRF 的 HV 与 HH 或 VH 与 VV 的功率比,其中每个功率值都针对背景噪声进行了修正:

$$\begin{aligned}\text{cross}_1 &= 10 \cdot \lg\left(\frac{|\langle S_{\text{hv}} S_{\text{hh}}^* \rangle|}{\sqrt{\langle S_{\text{hv}} S_{\text{hv}}^* \rangle} \cdot \sqrt{\langle S_{\text{hh}} S_{\text{hh}}^* \rangle}}\right) \\ \text{cross}_2 &= 10 \cdot \lg\left(\frac{P_{\text{hv}} - P_{\text{sur,hv}}}{P_{\text{hh}} - P_{\text{sur,hh}}}\right)\end{aligned} \tag{9.33}$$

9.4.2.6 不规则性

射频干扰(RFI)、电离层不规则性、法拉第旋转以及对流层不规则性都是由人类和自然活动引起的(将在第 14 章讨论)。

9.4.2.7 辐射稳定性

CF 使用前面描述的方法来计算。时间稳定性通常用于校准稳定性。

9.4.2.8 几何

CR 用于提供精确的地理定位参考——纬度和经度,其统计评估可使 SAR 产品合格。

9.5 校准源

9.5.1 人工校准源

校准仪器通常包括 CR、ARC 以及地基接收机等(图 9-5)。

9.5.1.1 角反射器

如表 9-1 所列,角反射器(CR)由圆形、平面、二面角、三面角或其他形状的金属板所制成(Ulaby 等,1982;Freeman 等,1988;Freeman,1990)。三面角反射器通常用于校准类极化和全极化,因为较大的 RCS 和较宽的波束宽度便于其部署。二面角反射器可校准交叉极化。由于反射波可能会因地面和 CR 各反射面之间出现多径衰弱,有人提出了一种五面角反射器以提高反射波(Sarabandi 和 Chiu,1994)。CR 的缺点是不稳定,这是由于风引起的反射面波动(Bird 等,1993)以及其相对较小的 RCS,特别是对于星载 SAR。图 9-5(b) 和 (c) 分别展示了用于 JERS-1 SAR

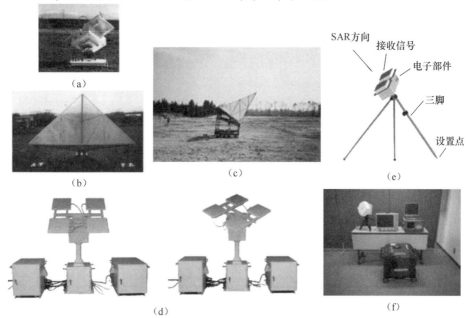

图 9-5 用于 L 波段 SAR 的所有校准仪器

(a)用于 JERS-1 SAR 的 ARC;(b)用于 JERS-1 的 2.4-m CR;(c)用于 PALSAR 的 3.0-m CR;(d)用于 PALSAR 的极化 ARC;(e)用于 PALSAR-2 的紧凑型 ARC;(f)用于 PALSAR-2 和 Pi-SAR-L2 的接收机。(见彩插)

的 2.4-m 可部署 CR,以及用于 ALOS/PALSAR 和 ALOS-2/PALSAR-2 的 3.0-m 可永久部署 CR。

表 9-1 角反射器概述

编号	目标类型	峰值 RCS	半功率波束宽度	评价
1	矩形板	$\dfrac{4\pi A^2}{\lambda^2}$	$0.44\lambda/a$	σ_{max} 大,波束宽度非常窄
2	圆板	$\dfrac{4\pi A^2}{\lambda^2}$	$0.44\lambda/b$	σ_{max} 大,波束宽度非常窄
3	三角形三面角反射器	$\dfrac{4\pi a^2}{3\lambda^2}$	$30°\sim 40°$	σ_{max} 比同样孔径的平板低约 3dB
4	矩形三面角反射器	$\dfrac{12\pi a^2}{\lambda^2}$	$30°\sim 40°$	σ_{max} 比同样孔径的平板低约 3dB
5	二面角反射器	$\dfrac{16\pi a^2 b^2}{\lambda^2}$	俯仰角约 40°度 方位 $\lambda/2b$	方位向波束宽度较窄

注:参考 Ulaby 等(1982)和 Sarabandi 与 Chiu(1993);A 是面积;λ 是波长;a、b 是叶片长度。

9.5.1.2 频率可调有源雷达校准器

频率可调有源雷达校准器(ARC)由天线、接收机和发射机组成。这里我们介绍一种针对 JERS-1 SAR 的 ARC:其部署如图 9-5(a)所示,图 9-6 为结构框图,表 9-2 中列出了其特性。天线由两个矩形贴片组成,其方位角和俯仰角 3dB 波束

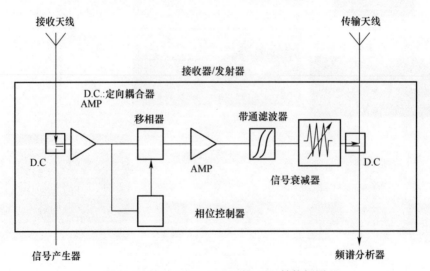

图 9-6 针对 JERS-1 SAR 的 ARC 结构框图

宽度为30°,因此天线设置角度有很大的余量(NASDA,1989)。为了防止交叉耦合,接收与发射天线间相隔50cm,并且它们的极化方式相互垂直。接收器通过低噪声放大器放大接收信号,并在相位控制器/移相器中进行频移,再放大,然后将其发送到卫星。频谱分析仪可通过定向耦合器监控频移信号(功率)。增益可以通过使用信号发生器和频谱分析仪进行测量。步进式选择衰减器能够以5dBm²的步长设置15~60 dBm²的雷达截面,而频率偏移为0、20Hz、40Hz、80Hz和180Hz。在检测到SAR脉冲时,相位控制器会将相位随时间线性变化的信号(S_{ARC})进行混合。

表9-2 主动雷达校准器和接收机

卫星	JERS-1	PALSAR	PALSAR-2	PALSAR-2	PALSAR-2
型号	ARC	ARC (PARC)	ARC	GC	REC
RCS/dBm²	15~60 (5dB 步进)	15~60	25:聚束 30:3-m 条带 35:6-m 条带 40:10-m 条带 52.7:条带	25:聚束 30:3-m 条带 35:6-m 条带 40:10-m 条带	
最大发射功率/dBm		22.5 (19.5)	18.9	—	
最大接收功率/dBm		−44.5 (−41.5)	−38.1		
频移/Hz	20,40,80,180	无	无	无	无
天线波束宽度/(°)	(30,32.4)	—			
频率/MHz	1215~13000	1256~1284	1256~1284	1215~1300	1215~1300
接收机监控器	是(+频谱分析仪)	是(+speana+100MHz ADC)	—		100MHz ADC+频谱分析仪
稳定性	<±0.5dB	<±0.1dB	<±0.2dB	<±0.2dB	
电池	2h	外部供电	2h	2h	
单位	2	1	1	2	1
卫星跟踪	否	是(程序)	否	否	
偏离最低点角度			9.9~50.8	9.9~50.8	9.9~50.8
温度/℃	—	−10~+50	−10~+50	−10~+50	−10~+50
湿度/%RH	—	35~100	35~100	35~100	35~100
全天候	否	是	否	否	否

注:GC表示几何校准器

9.5.1.3 极化主动雷达校准器

开发极化主动雷达校准器(PARC)是为了校准PALSAR极化以及SAR图像

(表9-2与图9-5(d)所示)。要作为稳定的信号源需要包含一个耐高温增益控制器(Partier单位),它允许60.0 dB的稳定信号发射,且在-10~50℃的外部温度范围内变化不超过±0.1 dB。在卫星通过过程中,能够利用天线峰值对卫星进行跟踪。其他特征可以在说明书中看到。其缺点是重量大(共500kg),并且PARC的内部延迟达到20m。还有一个缺点是:HH和HV之间的极化正交性不完全是90°,这个问题影响了极化校准。三面角反射器满足正交性,故其成为了稳定的校准仪器。

9.5.1.4 便携式ARC

ALOS-2 ARC在两个方面进一步改进了ALOS/PARC——它重量更轻(20kg),在1cm精度范围内,内部延迟小于1m且几乎为零。正如前面所提到的,RCS使用了隔热装置进行稳定。一对ARC能够在串扰下测量H和V极化组合(图9-5(f))。

9.5.1.5 地基接收机

图9-5(f)中的接收器由100-MHz ADC、放大器、数字数据记录器和天线组成,能够测量从SAR发射的每个脉冲的特性(强度、相位和调频率),并估计SAR方位天线方向图。图9-7展示了PALSAR-2的上下调频特性以及方位天线方向图。

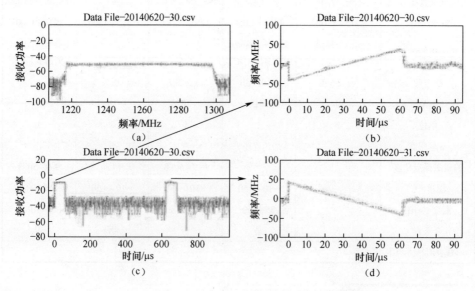

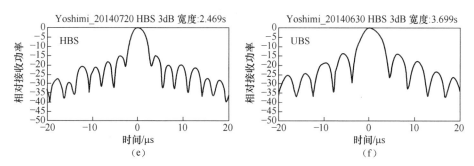

图 9-7 直接脉冲接收及其脉冲间分析(PALSAR-2)与作为慢时接收强度的方位图

9.5.2 亚马孙的天然森林

由于体积散射主要在密林中起作用,雨林的 SAR 图像是另一个校准源,其中 γ-0 在很大的入射角范围内显示出稳定性(图 9-8 和图 9-9),甚至随入射角略有减小,并且可以完全用数学分布函数表示(图 3-32)。

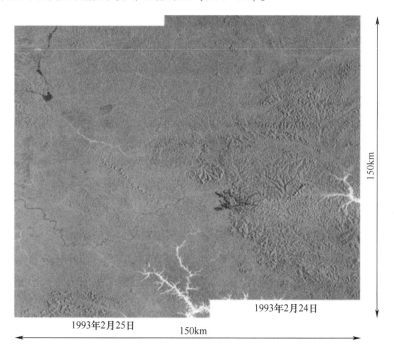

图 9-8 亚马孙森林上空两幅 JERS-1 SAR 图像拼接

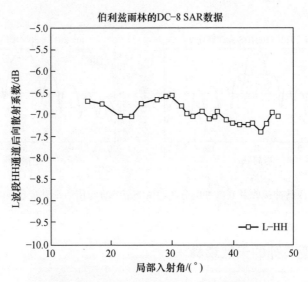

图 9-9 伯利兹上空机载 SAR(AIRSAR)数据的
入射角依赖性(Shimada 和 Freeman,1995)

9.5.3 内部校准

PALSAR 准备了 3 个内部校准源——调频复制、噪声数据以及旋转元件电场矢量(REV)测量(Mano 和 Katagi,1982)。PALSAR-2 也具有类似的功能。

9.5.3.1 调频复制

由数字调频种子在脉冲持续时间内产生的调频信号(D/A 转换)被注入接收机和信号转换器,用以为了距离压缩和在轨稳定性而测量再数字化的调频信号。

9.5.3.2 噪声测量

测量从外部接收和/或在 PALSAR 内部产生的噪声有 3 种无传输模式。噪声 1 在指定的单个发射-接收模块(TRM)与天线断开的情况下测量噪声水平。噪声 2 在所有 TRM 均与天线断开的情况下测量。噪声 3 是测量无信号传输的总噪声。

9.5.3.3 REV

REV 用于检查 80 个 TRM 位置传感器中每一个的状况。首先,在不同的相移(11.25°~360°共 32 个值)下,TRM 被逐个激活。发射信号由附加在 PALSAR 天线平面上的另外 12 个天线接收,并将接收信号模式与理论模式进行比较。如果发现差异,则说明出现问题。

在操作中,超过30s的调频测量被定义为校准槽。在观察槽的开始和结束处添加校准槽,其持续时间遵循用户要求。

9.6 现有 SAR 校准总结

我们让3颗L波段SAR卫星和1颗机载SAR卫星在任务期间进行了校准。在这里,我们将介绍一下其代表性结果。大多数已在各种杂志上发表,并在研讨会上进行过讨论。

以下表格总结了各系统校准后的性能,其中表9-3总结了JERS-1 SAR 的情况,表9-4总结了ALOS/PALSAR的情况,表9-5总结了ALOS-2/PALSAR-2的情况,表9-6总结了Pi-SAR-L2的情况。

表9-3 JERS-1 SAR 校准总结

项目	方位	规格或备注	范围	规格或备注
分辨率	6.5m(0.3)	6.1	9.6m(0.1)	8.9
PSLR	−15.56dB (5.9)		−15.53dB (5.2)	
ISLR	−8.70dB (4.9)			
模糊度	22dB		20dB	
几何精度	40.0m		104	111 (RSS)
校准系数稳定性/dB	0.6(整数)	0.9	0.7(峰值)	0.9
辐射精度/dB	1.1(整数)	1.2	1.4(峰值)	1.2
一致性/dB	0.2	1 sigma	0.10	0.1dB
饱和度/%	<5%			
RFI/%	27			
I-Q 增益	<0.3dB			
SNR	5~7dB			
I-Q 正交性	1.5°			

注:SAR图像是在单发射机模式(325W)下采集的。分辨率、PSLR和ISLR是通过评估ARC的脉冲响应来计算的

表9-4 ALOS-2/PALSAR-2校准总结

项目	测量值	数据编号	额定数值
几何精度	9.7m(RMS):条带模式 70m(RMS):扫描SAR	572	100m

(续)

项目		测量值	数据编号	额定数值
辐射精度		0.219dB(1 sigma)来自亚马孙森林		
		0.76dB(1 sigma)来自角反射器		1.5dB
		0.17dB(1 sigma):瑞典角反射器)	572	1.5dB
		-34dB(HV 通道噪声等效 sigma0)	16	1.5dB
		-32dB(作为精细双波束-HH 的最小值)		-23dB
		-29dB(作为精细单波束-HH 的最小值)		
极化校准	VV/HH 比值	1.013(0.062)*		0.2dB
	VV/HH 相位差	0.612°(2.66)*	81	5°
	串扰(dB)	-31.7(4.3)		-30dB
分辨率	方位向	4.49m(0.1m)*		4.5m
	距离向(14MHz)	9.6m(0.1m)*	572	10.7m
	距离向(28MHz)	4.7m(0.1m)*		5.4m
旁瓣	峰值旁瓣比(方位)	-16.6dB		-10dB
	峰值旁瓣比(距离)	-12.6dB	572	-10dB
	积分旁瓣比	-8.6dB		-8dB
模糊性	方位	未出现		16dB
	距离	23dB		16dB
传输功率	80TRM	2220W		2000W
原始数据	饱和性	0.4~2.4%		—
	I-Q 正交性	1.6 度		—
	信噪比	7.0~9.5dB		—
	I-Q 增益比	1.00		—
校准因子		-83.0		-83.0

注:$A(B)*$ 代表平均值为 A,标准差为 B。PSLR 是峰值旁瓣比,ISLR 是积分旁瓣比

表 9-5 ALOS-2/PALSAR-2 校准总结

项目		结果	数据编号	额定数值
几何精度(RMSE)	高分辨率聚焦	5.34m(L1.1)/6.73m(L2.1)	127/129	20m
	扫描 SAR	60.77m(L1.1)/29.93m(L2.1)	7/8	100m

(续)

项目		结果	数据编号	额定数值
辐射精度	CR	1.31（CF：-81.60）	120	1.0dB
	亚马孙森林	0.406（CF：-82.34）	30	1.0dB；-6.84
	NESZ(F/H/U)	-41.1（F）/-36.0（H）/-36.6(U)		dB@ Amazon-26（F）/
	HH	-49.2（F）/-46.0（H）		-28.0（H）/
	HV			-24.0（U）
极化	VV/HH-增益	1.0143（σ：0.06）	6	1.047
	VV-HH-相位(°)	0.350（σ：0.286）		5°
	串扰(dB)	-43.7(σ：6.65) hv/hh		-30dB
		-44.0(σ：6.65) hv/hh		-30dB
		-48.2(σ：6.65) corr		-30dB
分辨率	聚焦	0.79(σ：0.028)/1.66(σ：0.04)	3	1.00×1.1/1.78
方位向	Ufine [3m]	2.81(σ：0.034)/1.70(σ：0.022)	35	2.75×1.1/1.78
距离向	High Sens. [6m]	4.06(σ：0.018)/3.53(σ：0.317)	28	3.75×1.1/3.57
	高分辨[10m]	5.05(σ：0.110)/5.36(σ：0.126)	61	5.00×1.1/5.36
旁瓣	峰值旁瓣比(方位)	-16.20dB(σ：2.53)	124	-13.26dB+2dB
	PSLR（RG）	-12.59dB(σ：1.84)		-13.26dB+2dB
	ISLR	-8.80dB(σ：3.23)		-10.16dB+2dB
模糊性	AZ	23~14dB（平均20）	7	>20~25dB
	RG			>25dB
校准因数		-83.0		-83.0
原始数据	饱和性	<0.5%		
	I-Q 正交性	1.5°		
	信噪比	12~13dB		
	I-Q 增益比	1.0022		

表9-6 Pi-SAR-L2校准总结

项目	测量数据	数据编号	额定数值
几何精度/m	~10m(RMS)评估下	22	10m
辐射精度	1.16dB（1 sigma）基于CR	22	1.0dB
	-36~-43dB（NESZ 对于 HH,VV）	11个场景	<-35dB
	-45 ~ -53 dB（NESZ 对于 HV,VH）(20°~60°)	11个场景	

(续)

项目	测量数据	数据编号	额定数值
极化精度/m	VV/HH 1.0213 (0.0228)	22	<0.2dB
	VV/HH Phase 1.638° (2.142)		<5°
	串扰 -32.463 (CHV/HH)		<-0dB
	-36.767 (CVH/VV)		
	-38.616 (自然目标)		
分辨率	方位向 1.01m (0.25)	22	<0.8m
	距离向 1.80m (0.06)		<1.76m
旁瓣	方位向 PSLR -9.05dB (3.42)	22	
	距离向 PLSR -12.5dB (1.13)		
	峰值旁瓣比 -7.04dB (1.26)		
模糊性	方位向未确认		
	距离向未确认		
校准因数	CF_1: -79.882 (1.16)	53	
	A: 81		

9.6.1 JERS-1 SAR

日本首个搭载 JERS-1 的星载 SAR 是 JERS-1 SAR,由于 L 波段波长和更大的下底角,抑制了缩短效应,因而,从地质和生态角度突出了陆地和海冰监测。JERS-1 SAR 全天候观测和数据记录能力的全球监测任务对 JERS-1 SAR 进行绝对校准提出了要求,这形成了一条由目标、JERS-1 SAR 仪器、地面处理器及其相关产品的链,从而使 JERS-1 SAR 图像能够更准确地表达目标的散射强度,应用研究能够不断深入。

在试运行阶段对 JERS-1 SAR 的特性进行了精确评估,经过总结可得,除了在陆地上信噪比为 5~6dB 以及原始数据具有一定的饱和度之外,其性能几乎与规格相同。这种意外的缺陷可能是由低传输功率引起的。然而,相关的图像通常看起来质量良好。JERS-1 SAR 的校准和验证对于满足用户群体的要求是必要的。

自 1992 年 4 月以来,合成孔径雷达图像、校准仪器和评估工具等就开始被用于对 JERS-1 SAR 进行校准和验证。对于 SAR 图像的整个扫描带,校准系数为 -68.51dB,精度为 1.86dB(1 sigma)。图像质量也被认为是设计良好的(Shimada,1996;Shimada,1994)。

9.6.2 ALOS/PALSAR

我们总结了在 ALOS 上校准 PALSAR 获得的结果。所有成像模式,即单、双和全极化条带模式以及扫描 SAR,均使用全球收集的 572 个校准点和一些主要从亚马孙森林选择的分布式目标进行校准和验证(图 9-10)。通过原始数据描述,使用分布式目标数据的天线方向图估计以及使用亚马孙法拉第无旋转区域的极化校准,我们进行了 PALSAR 辐射与几何校准并证实了条带模式的几何精度为 9.7m 的均方根(RMS),扫描 SAR 的几何精度为 70m,通过 CR 分析的辐射测量准确度为 0.76dB,而通过亚马孙数据分析的准确度是 0.22dB(标准差)。图 9-11 展示了空中天线方向图的推导。极化校准成功,使得 *VV/HH* 幅度在标准偏差为 0.062 的情况下,平衡为 1.013(0.0561dB),相位在方位向和距离向的标准偏差为 2.66° 的情况下,平衡为 0.612°。

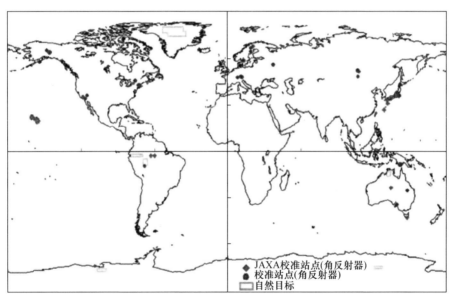

图 9-10 全球 PALSAR 校准站点(蓝色和红色点表示角反射器,
黄色矩形区域表示自然目标(即亚马孙、南极洲和格陵兰岛的区域))

图 9-12 展示了所选 CR 的 IRF 以及 CF 的时间变化。通过校准更新分析,校准变得更加稳定和简化,所有模式只依赖一个单一的校准系数。校准系数 CF 确定为 -83.0,标准偏差为 0.76dB(图 9-13)。gamma-0 入射角相关性如图 9-14 所示。

在格陵兰岛上空的数据中发现了 NESZ(图 9-15),FBS343HH 为 25dB。夏威

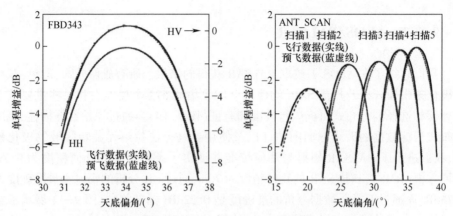

图 9-11 发射前后天线方向图的比较(粗线代表飞行中的
测量值;蓝色细线描绘了飞行前的地面测量结果)

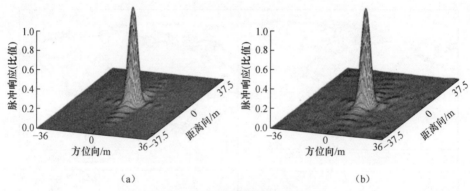

图 9-12 CR 脉冲响应的三维视图
(a)2006 年 4 月 27 日在 Watarase 试验场获得的 FBS343HH 数据;
(b)2006 年 7 月 28 日在 Tomakomai 试验场获得的 FBD343HH 数据。

夷的温茨利克地区为 FBS343HH 提供了 29dB 的 HESZ,为 FBD343HH 提供了 32dB 的 HESZ,为 FBD343HV 提供了 34dB 的 HESZ。前者是在格陵兰冰盖上获得的,比规定数据低 2dB。后者比规定数据高 11dB。目前,大多数星载 SAR 具有 -23dB 的 NESZ,并且已经证实在它们之中 PALSAR 具有最小值。HV 超过 HH 的原因是 HH 使用了比 HV 更大的衰减器。

平均峰值信噪比在方位向为 -16.6dB,在距离向为 12.6dB,后者类似于矩形窗的情况。方位向的值超过了距离向,因为方位向天线方向图在图像生成阶段没有得到补偿。两个方向上的分辨率与在理论矩形窗情况下的分辨率相等(Shimada 等,2009;Shimada,2011;Shimada,2010)。

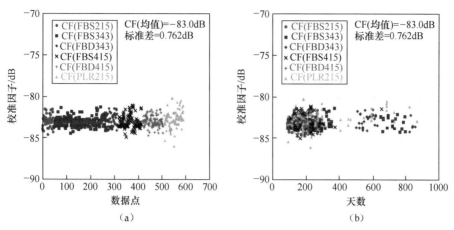

图9-13 校准因子的分布(x轴上的数字表示包含了PALSAR观察CR反应的数据集)
(a)所有模式;(b)CF的长期变化。(见彩插)

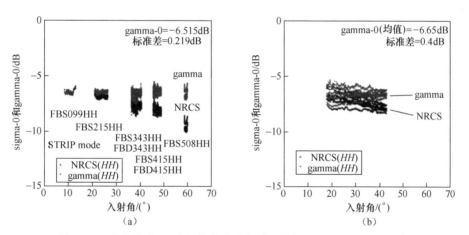

图9-14 条带模式(a)和扫描合成孔径雷达数据(b)的γ-0和σ-0与入射角的关系(这两个数据集都是从亚马孙雨林收集的)(见彩插)

9.6.3 ALOS-2/PALSAR-2

这里,我们总结了在2014年8月4日至2014年11月20日的初始校准和验证阶段确定的ALOS-2/PALSAR-2的性能。在这一阶段里对所有PALSAR-2模式的原始数据和SAR图像质量进行了评估,SAR图像用亚马孙的天然森林进行了几何和辐射校准,同时在全球范围内部署了CR。总共有来自6种模式的58个天线波束使用了亚马孙森林进行校准,包括聚焦(84MHz)、超细微(84MHz)、高敏全

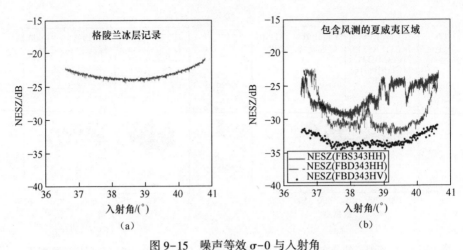

图 9-15 噪声等效 σ-0 与入射角
(a) FBS343HH 观测到的格陵兰岛;(b) FBS343HH 和 FBD343HV 观测到的夏威夷。(见彩插)

极化(42MHz)、高分辨率、窄波束扫描 SAR(350km)以及宽波束扫描 SAR(490km)。标准产品使用亚马孙数据的几何精度为 5.34m 的均方根误差(RMSE),辐射稳定性为 0.4dB。SAR 图像质量的其他参数(即分辨率、NESZ、PSLR 等)也满足对合成孔径雷达图像质量的要求。在评估阶段,评估了其他合成孔径雷达质量(即逆合成孔径雷达[InSAR]、极化测量、森林观测等)。本文简要总结了 PALSAR-2 的初始校准和验证结果(Shimada 等,2014b)。

9.6.4 Pi-SAR-L/Pi-SAR-L2

2012 年,Pi-SAR-L2 升级为 Pi-SAR-L,这是 JAXA 的第一个 L 波段机载全极化 SAR,最初开发于 1996 年,1997 年至 2010 年用于极化研究。在大多数辐射与几何参数方面,Pi-SAR-L2 比 Pi-SAR-L 具有更高的性能水平。Pi-SAR-L2 在 2012 年至 2013 年以及之后使用 CR 和 Tomakomai 森林数据进行了校准。事实证明,其在 HV 极化下的 NESZ 低至-54dB,在 HH 与 VV 极化下的 NESZ 低至-44dB。这些性能有助于 Pi-SAR-L2 在各种领域发挥作用——特别是在发生灾难时。表 9-6 展示了校准总结参数(Shimada 等,2013a;Shimada 等,2013b)。由于机载 SAR 在更高的辐射性能方面更具优势,因此可以成为星载 SAR 的开拓者。

9.7 总结

在本章中,我们总结了日本 SAR 的校准程序和具有代表性的结果。主要内容包括雷达方程、极化方程、天线图模型、校准方法、校准仪器、4L 波段的 SAR 数据应用。

参考文献

Bird, P. J. , Keyte, G. E. , and Kenward, D. R. D. , 1993, "Calibration of ERS-1 SAR," Proc. 1993 SAR Calibration Workshop (CEOS SAR CAL/V AL), Noordwijk, The Netherlands, September 20-24, 1993, pp. 257-281.

Dobson, M. C. , Ulaby, F. T. , Brunfeldt, D. R. , and Held, D. N. , 1986, "External Calibration of SIR-B Imagery with Area Extended and Point Targets," IEEE T. Geosci. Remote, Vol. 24, No. 4, pp. 453-461.

Freeman, A. , 1990, "SIR-C Calibration Plan: An Overview," JPL Report, JPL-D-6997, NASA, Jet Propulsion Laboratory, California Institute of Technology, Pasadena, CA.

Freeman, A. , Curlander, J. C. , Dubois, P. D. , and Klein, J. , 1988, "SIR-C Calibration Workshop Report," JPL Center for Radar Studies Publication No. 88-003, Jet Propulsion Laboratory, California Institute of Technology, Pasadena, CA.

Gray, A. L. , Vachon, P. W. , Livingstone, E. , and Lukowski, T. I. , 1990, "Synthetic Aperture Radar Calibration Using Reference Reflectors," IEEE Trans. Geosci. Rem. Sens. , Vol. 28, No. 3, pp. 374-383.

Hawkins, R. K. , 1990, "Determination of Antenna Elevation Pattern for Airborne SAR Using the Rough Target Approach," IEEE T. Geosci. Remote, Vol. 28, No. 5, pp. 896-905.

Mano, S. , and Katagi, T. , 1982, "A Method for Measuring Amplitude and Phase of Each Radiating Element of a Phased Array Antenna," Trans. IEICE B, Vol. J65-B, No. 5, pp. 555-560.

Moore, R. K. and Hemmat, M. , 1988, "Determination of the Vertical Pattern of the SIR-B Antenna," Int. J. Remote Sens. , Vol. 9, No. 5, pp. 839-847.

NASDA Contract Report CDA-3-727, "Development of the Active Radar Calibrator for JERS-1/ERS-1 SAR," Mitsubishi Electric Corp. , Tokyo, 1989.

Sarabandi, K. and Chiu, T. C. , 1994, "An Optimum Corner Reflector for Calibration of Imaging Radars," Proc. CEOS SAR Calibration Workshop, Ann Arbor, Michigan, September 28-30, 1994, pp. 52-79.

Shimada, M. , 1994, "Absolute Calibration of JERS-1 SAR Image and Evaluation of its Image Quality (in Japanese)," J. Remote Sens. Soc. Japan, Vol. 14, No. 2, pp. 143-154.

Shimada, M. , 1996, "Radiometric and Geometric Calibration of JERS-1 SAR," Adv. Space Res. , Vol. 17, No. 1, pp. 79-88.

Shimada, M. , 1999, "Radiometric Correction of Saturated SAR Data," IEEE T. Geosci. Remote, Vol. 37, No. 1, pp. 467-478.

Shimada, M. , 2005, "Long-Term Stability of L-band Normalized Radar Cross Section of Amazon Rainforest Using the JERS-1 SAR," Can. J. Remote Sens. ,Vol. 31,No. 1,pp. 132-137.

Shimada,M. ,2009,"A New Method for Correcting ScanSAR Scalloping Using Forest and Inter-SCAN Banding Employing Dynamic Filtering," IEEE T. Geosci. Remote,Vol. 47,No. 12,pp. 3933-3942.

Shimada, M. , 2010, " On the ALOS/PALSAR Operational and Interferometric Aspects (in Japanese)," J. Geod. Soc. Japan,Vol. 56,No. 1,pp. 13-39.

Shimada,M. ,2011, "Model-Based Polarimetric SAR Calibration Method Using Forest and Surface Scattering Targets," IEEE T. Geosci. Remote,Vol. 49,No. 5,pp. 1712-1733.

Shimada, M. , and Freeman, A. , 1995, "A Technique for Measurement of Spaceborne SAR Antenna Patterns Using Distributed Targets," IEEE T. Geosci. Remote,Vol. 33,No. 1,pp. 100-114.

Shimada,M. ,Isoguchi,O. ,Tadono,T. ,and Isono,K. ,2009, "PALSAR Radiometric and Geometric Calibration," IEEE T. Geosci. Remote,Vol. 47,No. 12,pp. 3915-3932.

Shimada,M. ,Itoh,T. ,Motooka,T. ,Watanabe,M. ,Tomohiro,S. ,Thapa,R. ,and Lucas,R. ,2014a, "New Global Forest/Non-Forest Maps from ALOS PALSAR Data (2007-2010) ," Remote Sens. Environ. ,Vol. 155,pp. 13-31,http://dx. doi. org/10. 1016/j. rse. 2014. 04. 014

Shimada,M. ,Kawano,N. ,Watanabe,M. ,Motooka,T. ,and Ohki,M. ,2013a,"Calibration and Validation of the Pi-SAR-L2," Proc. APSAR 2013,Tsukuba,Japan,September 23-27,2013,pp. 194-197.

Shimada, M. , Nakai, M. , and Kawase, S. , 1993, "Inflight Evaluation of L Band SAR of JERS-1," Can. J. Remote Sens. ,Vol. 19,No. 3,pp. 247-258.

Shimada,M. ,Watanabe,M. ,and Motooka,T. ,2014b,"Initial Calibration and Validation of the ALOS-2/PALSAR-2," Proc. 58th Space Science and Technology Conference,Nagasaki,Japan,November 12-14,2014.

Shimada,M. ,Watanabe,M. ,Motooka,T. ,Shiraishi,T. ,Thapa,R. ,Kawano,N. ,Ohki,M. ,Uttank, A. ,Sadly,M. ,and Rahman,A. ,2013b,"Japan-Indonesia PI-SAR-L2 Campaign 2012," Proc. 34th Asian Conference on Remote Sensing,Bali,Indonesia,Oct. 20-24,2013,

Ulaby,F. ,Moore,R. ,and Fung,A. ,1982,Microwave Remote Sensing,Active and Passive,Volume II: Radar Remote Sensing and Surface Scattering and Emission Theory, Addison-Wesley, Boston, pp. 767-779.

第10章
由运动目标引起的散焦和图像偏移

10.1 摘要

移动目标的合成孔径雷达成像由于多普勒和 f_{DD} 偏移而受到图像失焦和模糊的影响。可调频主动雷达校准器(ARC)是一种适用于 SAR 校准的仪器,它可以产生更大的雷达截面(RCS 或 σ),并使点目标移动到一个理想的区域,使点目标与明亮目标隔离。然而,较大的频移会使图像分辨率变差,并引起错位,降低校准精度。利用 ARC 和 JERS-1 SAR,本文评估了这种位移条件对脉冲响应函数(IRF)表征的影响,以及对峰值法和积分法的校准情况进行了比较,最后,本文提出了一个频率移位的范围。在本章中,使用频率可调的 ARC 来模拟一个移动的目标,并评估其位置精度和辐射灵敏度(Shimada 等,1999)。

10.2 原理

10.2.1 坐标系统

星载 SAR 在圆形轨道上飞行,以脉冲重复频率(PRF)向固定在地球上的目标发射级联脉冲。在本研究中,这些目标分别为 ARC 和背景(图 10-1),它们在惯性坐标系中随地球运动(Curlander 和 McDonough,1991)。SAR 的本质是在方位角坐标中对信号的相位历程进行压缩处理的可能性。因此,必须尽可能准确地表达 SAR 与目标之间的距离。设 r_s、r_p 分别表示卫星位置和目标位置,则其距离 R 为

$$R \equiv |r_s - r_p| \qquad (10.1)$$

ARC 和附近散射体的往返时间随卫星移动呈非线性变化,称为距离曲率偏移,其中一阶时间依赖关系为距离走动,二阶或更高阶依赖关系为距离曲率

(Raney,1971)。距离走动校正是形成高聚焦 SAR 图像的关键之一(Van de Lindt, 1977;Wu,1976;Jin 和 Wu,1984),尽管偏航中的姿态控制减少了走动距离。因此,本文考虑了距离曲率和距离走动来进行模型推导,并使用相对较大的距离走动来进行评估的非偏航导航 SAR 数据。

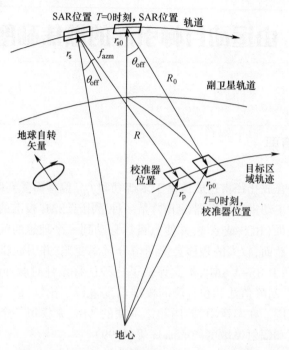

图 10-1　SAR 和目标固定在地球中心的惯性系统位置,ARC 和背景固定在地球上,并随地球移动;r_{p0} 和 r_{s0} 为 $T=0$ 时的卫星位置与 ARC 位置

10.2.2　接收信号

图 10-2 为 SAR 观测的距离-方位坐标系。(慢)方位时间坐标 T,对应于在方位方向上的运动,(快)距离时间坐标 t,对应脉冲在垂直方向上的传播。方位时间原点 $T=0$ 定义为在天线方位峰值增益方向观测到 ARC,并且 ARC 与 SAR 之间的距离为 R_0。在 T 点发射到地面的脉冲 S_t 表示为

$$S_t(t,T) = \text{rect}\left(\frac{t}{\tau}\right) \cdot e^{2\pi(f_0 t + \frac{k}{2}t^2)} \tag{10.2a}$$

$$\text{rect}\left(\frac{t}{\tau}\right) = \begin{cases} 1, & |t| \leqslant \tau/2 \\ 0, & \text{其他} \end{cases} \tag{10.2b}$$

式中：t 是从 T 开始的时延；f_0 为传输频率；τ 为脉冲宽度；k 为调频斜率(Hz/s)。由于 ARC 探测到脉冲，ARC 会以 f_s（正或负）的频率改变接收到的信号相位，将其放大，并重新发送到 SAR，直到 SAR 主波束从 ARC 发出。在这里，两种相位调制被采用：一种是由卫星-ARC 相对运动引起时间压缩产生的非线性相位调制；另一种是 ARC 的主动线性调制。SAR-ARC 相对运动压缩的脉冲宽度和脉冲中心来自 ARC 的时间延迟如下：

$$\tau \to \frac{c+\dot{R}}{c-\dot{R}}\tau \tag{10.3a}$$

$$t = \frac{2R}{c} \to \frac{2R}{c-\dot{R}} \tag{10.3b}$$

式中：$\dot{R}$ 是距离在 T 处的时间导数；c 是光速。因此，接收信号 $S_r(t,T)$ 表示为

$$S_r(t,T) \propto \mathrm{rect}\left(\frac{t-\frac{2R}{c-\dot{R}}}{\frac{c+\dot{R}}{c-\dot{R}}\frac{\tau}{2}}\right) \cdot G_{\mathrm{ant}}\left(t-\frac{2R}{c-\dot{R}},T\right) \cdot e^{2\pi j\left\{f_s(t+T+T_s)+f_0\left(\frac{c-\dot{R}}{c+\dot{R}}t-\frac{2R}{c-\dot{R}}\right)+\frac{k}{2}\left(\frac{c-\dot{R}}{c+\dot{R}}t-\frac{2R}{c-\dot{R}}\right)^2-f_0 t\right\}} \tag{10.4a}$$

$$G_{\mathrm{ant}}(t,T_i) \approx G_{\mathrm{ele}}(\theta_{\mathrm{off}}) \cdot G_{\mathrm{azm}}(\phi_{\mathrm{azm}}) \tag{10.4b}$$

式中：f_s 为由 ARC 引起的频移；T_s 为 ARC 开始调频的原始时间；G_{ant} 是单向相对天线方向图；G_{ele} 是垂直面天线方向图；G_{azm} 是方位向天线方向图；θ_{off} 为到 ARC 的偏离最低点角；ϕ_{azm} 为到 ARC 的方位角（图 10-1）。在这里，本文不讨论在自由空间传播中电磁波幅度减小的情况。在星载 SAR 方位向相关持续时间内最大误差为 2% 时，式(10.4a)近似为

$$S_r(t,T) \approx \mathrm{rect}\left(\frac{t-\frac{2R}{c}}{\tau}\right) \cdot G_{\mathrm{ant}}\left(t-\frac{2R}{c},T\right) \cdot e^{2\pi j\left\{f_s(t+T+T_s)-\frac{2\dot{R}f_0}{c}t-\frac{2Rf_0}{c}+\frac{k}{2}\left(t-\frac{2R}{c}\right)^2\right\}} \tag{10.5}$$

在式(10.5)的指数中，$f_s(t+T+T_s)$ 为 ARC 引入的相移，$-\frac{2\dot{R}f_0}{c}t$ 是脉冲内由于时间压缩引起的相位变化（多普勒），$-\frac{2Rf_0}{c}$ 是 ARC 与 SAR 之间的相位延

迟，$\frac{k}{2}\left(t - \frac{2R}{c}\right)^2$ 是脉冲调制延迟。在 SAR 天线主波束中，以下近似是有效的：

$$R \approx R_0 + \frac{1}{2}\ddot{R}_0 \cdot (T + \beta)^2 \tag{10.6a}$$

$$\beta \equiv \frac{\dot{R}_0}{\ddot{R}_0} \tag{10.6b}$$

$$t = \frac{2}{c}\left\{R_0 + \frac{1}{2}\ddot{R}_0 (T + \beta)^2\right\} \tag{10.6c}$$

其中，$\dot{R}_0$ 和 $\ddot{R}_0$ 是 $T=0$ 时斜距的一阶导数和二阶导数。

10.2.3 距离相关

已知一个距离相关输出 $S_{c,r}$：

$$S_{c,r}(t',T) = \int_{-\infty}^{\infty} S_r(t,T) S_{r,\text{ref}}^*(t-t') \tag{10.7a}$$

其中

$$S_{r,\text{ref}}(t-t') = \text{rect}\left(\frac{t-t'-\frac{2R}{c}}{\tau}\right) e^{-2\pi j\frac{k}{2}\left(t-t'-\frac{2R}{c}\right)^2} \tag{10.7b}$$

为单位幅值的发射脉冲；"*"为复共轭；t' 为替换 t 的新变量。以 $2R/c$ 为中心，在脉冲宽度（$-\tau/2$ 到 $\tau/2$）进行积分。如果在俯仰方向上的天线方向图在一个脉冲宽度内（主瓣内）没有急剧变化，则式（10.7a）可以很好地近似为

$$S_{c,r}(t',T) \approx$$
$$e^{2\pi jF(t',T)}\tau \cdot \overline{G_{\text{ele}}}\left(t' - \frac{2R}{c}, T\right) \cdot G_{\text{azm}}\left(t' - \frac{2R}{c}, T\right) \cdot \frac{\sin\{E(t',T)\tau\pi\}}{E(t',T)\tau\pi}$$
$$\tag{10.8}$$

当

$$F(t',T) = f_s T + f_s T_s - \frac{2Rf_0}{c} - \frac{k}{2}\left(t'^2 - \frac{4R^2}{c^2}\right) + E(t',T)\frac{2R}{c} \tag{10.9a}$$

$$E(t',T) = f_s - \frac{2\dot{R}f_0}{c} + k\left(t' - \frac{2R}{c}\right) \tag{10.9b}$$

式中：$\overline{G_{\text{ant}}}$ 是脉冲宽度上的平均天线方向图。式（10.9b）右边的第三项相较于其

他两项更重要,因为 k 的值相对较大。如果本文使用 δ 作为 R 的误差,式(10.8)中的 sinc 函数变成 $\sin(2k\tau\pi\delta/c)/(2k\tau\pi\delta/c)$,并将距离分辨率约束在几米内(对于标准 SAR,$k$ 约为 1.0e11Hz/s,τ 约为 35μs)。F 中包含 T 的项不能被忽略,因为它们存在的时间相对较长,并且与方位参考函数相关。注意:式(10.7a)中两个被积函数存在区域的不同并不会产生显著误差(见第 3 章)。

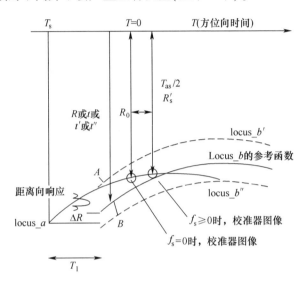

图 10-2 方位相关几何图(ARC 的距离响应在 locus_a 上。点 A 上的相位被传播到点 B,并与沿 locus_b 的参考函数相关联。因此,在 locus_b 上的相关性使输出最大化,在 locus_b′ 和 locus_b″ 上的相关性使输出最小化)

10.2.4 方位相关

除了对距离曲率进行积分外,方位相关与距离相关相同。距离曲率是任意目标位置在方位时间(T)-斜距(或 t')坐标系上的轨迹,以天线方位图和处理频率宽度为界。设图 10-2 中的 locus_a 为 ARC 响应的范围曲率。由于方位参考函数是在定位点_b 上定义的(通过在 T 上的方位时延 T_1(即 $T \to T - T_1$)和在 R 上的距离偏移 ΔR(即 $R_0 \to R_0 + \Delta R$),使 locus_b 相似于 locus_a),locus_b 的表达式中的 R'' 和 t'' 为:

$$R'' \approx R_0 + \Delta R + \frac{1}{2}\ddot{R}_0 (T - T_1 + \beta')^2 \tag{10.10a}$$

$$t'' \approx \frac{2}{c}\left\{R_0 + \Delta R + \frac{1}{2}\ddot{R}_0 (T - T_1 + \beta')^2\right\} \tag{10.10b}$$

式中：β' 是基于轨道、姿态和多普勒方位谱的估计。虽然错误的信息使 β' 与 β 略有不同，但为了简单起见，本文假设 $\beta = \beta'$。在 locus_b 上，本文不考虑 ARC 的频移，因此方位参考函数 $S_{a,\text{ref}}$ 应为

$$S_{a,\text{ref}}(T - T_1) = \text{rect}\left(\frac{T - T_1}{T_a}\right) e^{-\frac{2f_0}{c}R''} \quad (10.11)$$

然后，可算出方位相关输出 $S_{c,r,a}$：

$$S_{c,r,a}(t'', T_1) = \int_{-\infty}^{\infty} S_{c,r}(t'', T)_{\text{locus}\_b} S_{a,\text{ref}}^*(T - T_1)_{\text{locus}\_b} dT \quad (10.12)$$

式中：T_a 为方位相关持续时间。由于式(10.8)中的方位天线方向图在方位相关持续时间内变化剧烈，故不能将其从式(10.12)的积分中移出。被积函数 $S_{c,r}$ 在 locus_b 上可以通过将式(10.8)的 t' 替换为式(10.10b)的 t'' 来插值。将两个被积函数做泰勒展开，并对其中的主要项进行重新排列，可以将式(10.12)简化为

$$S_{c,r,a}(t'', T_1) \approx \overline{G}_{\text{ele}}\left(t'' - \frac{2R}{c}\right)$$

$$\cdot \int_{-\infty}^{\infty} \text{rect}\left(\frac{T - T_1}{T_a}\right) \cdot G_{\text{azm}}\left(t'' - \frac{2R}{c}, T\right) \frac{\sin(E(t'', T)\pi\tau)}{E(t'', T)\pi\tau} e^{2\pi j(f_s + f_{\text{DD}} \cdot T_1)T} dT$$

$$(10.13)$$

其中

$$E(t'', T) \approx f_s + f_{\text{DD}}\beta + \frac{2k}{c}\left\{\Delta R - \frac{1}{2}\ddot{R}_0 T_1(-T_1 + 2\beta)\right\} - \left(-f_{\text{DD}} + \frac{2k}{c}\ddot{R}_0 T_1\right)T \quad (10.14)$$

式中：f_{DD} 是 $-2f_0\dot{R}_0/c$ 得到的多普勒调频斜率。式(10.13)中的 $e^{2\pi j(f_s + f_{\text{DD}} \cdot T_1)T_i}$ 提供了积分的自函数式输出。如果选择一个跨越了 locus_b 和 locus_a 中心的 ΔR（图10-2），$\sin(\tau\pi E)/\tau\pi E$ 将使积分最大。然后，积分在以下位置被最大化：

$$T_1 \equiv T_{\text{as}} = -\frac{f_s}{f_{\text{DD}}} \quad (10.15a)$$

$$\Delta R = \frac{1}{4}\ddot{R}_0 T_{\text{as}}\left(\frac{T_{\text{as}}}{2} + 2\beta\right) \quad (10.15b)$$

式中：T_{as} 是方位时移。方位位置位移（x_a）和距离位置位移（x_r）分别为

$$x_a = T_{\text{as}} V_g \quad (10.16a)$$

$$x_r = R'_s - R_0 = \ddot{R}_0 \beta T_{\text{as}} = \dot{R}_0 T_{\text{as}} \quad (10.16b)$$

式中：V_g 是波束中心沿卫星下轨道的地面速度。因此，IRF 在方位角方向移动，其位移量取决于频移（f_s）和多普勒调频率（f_{DD}）；当波束中心的倾斜距离速度与时移（T_{as}）的乘积大于距离分辨率时，IRF 也向距离方向移动；如果控制天线波束跟踪 $\dot{R}_0 = 0$（即偏航转向），则消除距离偏移；两个轨迹重叠面积的减小可能会失去相关增益（图 10-2）。基于 JERS-1 SAR 的参数计算（表 10-1）评估了脉冲响应峰值对频移的依赖性，表明相关增益随着 f_s 的增加而减小（图 10-3）；在 $f_s = 180$Hz 时，相关增益损失预计为 -10.1dB。

表 10-1 SAR 仿真参数

参数	值
f_0	1.275GHz
f_s	0~200Hz
k	-4.2857 e^{11} Hz/s
c	300000km/s
τ	3μs
高度	568km
R_0	730km
T_a	1.8

注：JERS-1 的轨道数据和 ARC 的实际坐标是作为仿真参数使用

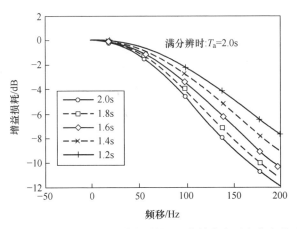

图 10-3 相关增益损失的频移相关性（这个数字表示方位积分时间）

10.3 实验

在日本的测试地点使用了从 0 到 180 Hz 的两个 L 波段可调谐 ARC f_s,进行了 JERS-1 SAR 的校准实验。实验试图获得与频率和位置偏移、相关增益损失和分辨率展宽相关的数据。对上一节中建立的模型进行了验证,并评估了该 ARC 对校准的适用性。

10.3.1 频率调谐 ARC

当检测到脉冲时,相位控制器在第一次检测到脉冲后继续混合其相位随时间线性变化的信号(S_{ARC})(框图见第 9 章):

$$S_{ARC} = e^{2\pi j \cdot (f_s T + f_s T_s)} \tag{10.17}$$

10.3.2 SAR 产品

本文使用由距离-多普勒型 SAR 处理器(Shimada,1999)处理的单视复(SLC)数据。使用快速傅里叶变换(FFT)的插值(Freeman 等,1988)被应用了 8 次来分析 IRF。这些 SAR 数据通过天线方向图、灵敏度时间控制(STC)和自动增益控制(AGC)校正了灵敏度变化(Shimada 和 Nakai,1994)。在生成 SAR 数据时选择矩形窗函数,以便与理论数据进行比较。本文选择 42dBm² 作为 ARC 的 σ,不使 SAR 原始数据饱和,而使背景 σ^0 为 -10 dB 时的信杂比达到 30dB。

10.3.3 实验描述

JERS-1 的循环周期为 44 天,路径在北纬 35°左右每天向西移动 49km。一个 26km(75km 减去 49km)的区域可以在连续两天内进行双重观测——第一天是远距离观测,第二天是近距离观测。本文制定了以下实验方案:首先,本文选择了可以连续两天被 SAR 观测到的测试地点;其次,本文将两个 ARC 定位在相同的斜距范围内,以排除 SAR 强度对斜距的依赖性;最后,本文总是对 ARC_1 进行频移而不是 ARC_2。

由于多普勒调频斜率依赖于斜率范围,因此 IRF 的方位定位偏移稍微取决于 ARC 的物理位置。从 1993 年 8 月 19 日 JERS-1 轨道 66 号轨道的一个例子中,我们估计差分位置偏移约为 10m/Hz(如 200m / 20Hz、400m / 40Hz、900m / 80Hz、2000m / 180Hz,如图 10-4 所示)。

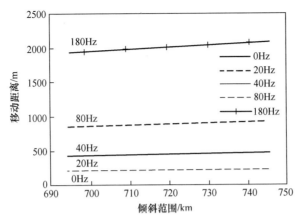

图 10-4　5 种不同频率偏移(0、20Hz、40Hz、80Hz 和 180 Hz)下 ARC 位置偏移的倾斜范围依赖关系

表 10-2 显示了两个 ARC 的实验历史和参数配置。测试地点选自 NASDA(日本国家空间开发机构)校准地点：鸠山站(北纬 35°58′50.4″,东经 139°23′14.4″),熊谷站(北纬 36°08′00.5″,东经 139°16′52.9″),新潟站(北纬 37°54′26.3″,东经 139°09′11.5″)。选择频移和 ARC 位置的组合,使 IRF 能够出现在黑暗背景上,并被清晰地识别出来。理想的背景是附近流淌的河流。然而,这些河流宽度小于 500m,卫星轨道上的有效河流宽度小于 1000m。一个 2000m 的位移就会使 IRF 越过河流。物理 ARC 的位置调整过轨道,使 IRF 可以落在稻田中,而不是附近的城市地区。

表 10-2　频率改变 ARC 的实验数据

编号	ARC$_1$		ARC$_2$		日期	地点
	f_s/Hz	x_m/m	f_s/Hz	x_m/m		
1	40	462.5	0	0	11/16/′93	新潟
2	0	0	0	0	11/17/′93	新潟
3	0	0	0	0	2/11/′94	鸠山
4	180	2026	0	0	5/10/′94	鸠山
5	80	862.5	0	0	5/11/′94	熊谷
6	180	0	0	0	6/25/′94	新潟
7	0	0	0	0	8/6/′94	鸠山
8	80	862.5	0	0	8/7/′94	熊谷
9	80	0	0	0	9/20/′94	新潟
10	40	0	0	0	9/21/′94	新潟

255

(续)

编号	ARC₁ f_s/Hz	ARC₁ x_m/m	ARC₂ f_s/Hz	ARC₂ x_m/m	日期	地点
11	0	0	0	0	10/21/'95	新潟
12	0	0	0	0	10/22/'95	新潟
13	20	223	0	0	7/25/'95	鸠山

注:所有 ARC 的 RCS 被设定为 42dBm^2。JERS-1 SAR 被包含于该实验;其中 x_m 是度量位置变化的数据

图 10-5(a)~(d)为新潟试验场 ARC 图像样本对 4 种不同频移的典型响应。每张图像尺寸为 3520m(方位)× 1800m(斜距)。

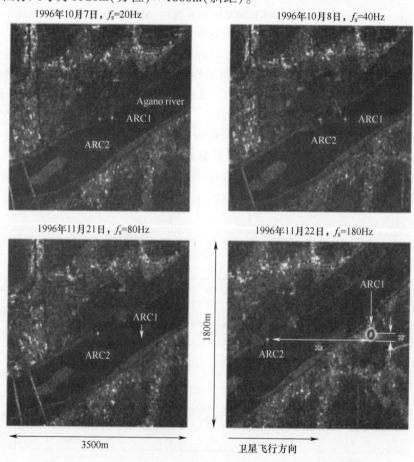

图 10-5 f_s = 20Hz、40Hz、80Hz、180Hz 位移的 ARC 点目标样本图像
（分别为左上、右上、左下、右下）。为了将 f_s = 180Hz 的 ARC₁ 图像
与地面上的明亮目标区分开来,它被一个白色的圆圈所包围

我们确认更多的频移使 IRF 散焦,并使其向方位和距离方向移动。对于这些图,ARC_1 和 ARC_2 部署在几乎相同的位置,它们的位置只有几米的差别。

10.4 分析和讨论

我们分析了位移、相关增益损失、分辨率展宽、调频 ARC 对校准的适应性以及频移余量。

10.4.1 图像在方位和距离上的变化

图 10-6 显示了在 5 个频移时测得的方位位移(x_m)与理论方位位移(x_e)的位置差,平均差值为 −0.65m,标准差为 4.2m。这些误差可能是由人工识别 IRF 和卫星速度确定误差引起的。每个分量的速度误差约为 15cm/s(Tsukuba,1991);它偏离多普勒调频斜率误差仅为 0.007% 左右。然后,我们得出结论,轨道可能不是主要误差。一个很好的位置偏移估计需要精确计算多普勒调频斜率 f_{DD}(Curlander 和 McDonough,1991)。从图 10-5(d)可以确定距离图像的位移,f_s = 180Hz 时理论位移 x_r 为 59m($\dot{R}_0$ = 0.22km/s,T_{as} = 0.28s),斜距内实测位移为 63m,因此,两者都很一致。

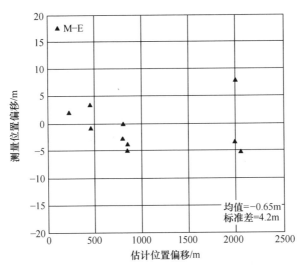

图 10-6 IRF 位置差(M=测量值,E=估计)和估计位置

10.4.2 相关增益损失

为了评估相关增益损失,每次实验 ARC 的接收机增益必须是已知的。如果一个 ARC 可以同时传输两个等幅信号,一个频移,另一个不频移,与 ARC 的时延相似(Daleman 等,1990),那么这两个 ARC 差异的测量负载可以减少。在这些实验中使用的 ARC 在两年以内误差稳定在±0.5dB。然而,为了确保测量的可信性,在卫星通过前后使用校准的信号发生器和频谱分析仪对这些增益进行了整个实验的监测。结果证实,除了几个点,两个接收机的增益为 0.5~1.0dB,需要在计算增益时进行修正。

杂波和低聚焦 SAR 数据也可能妨碍脉冲响应峰值的准确检测。继而,脉冲响应的积分被认为是稳定的(Gray 等,1990)。我们引入了以下两个参数(R_P 和 R_I)来评估增益损失:

$$R_P = \frac{P_1(0,0) - P_{\text{back},1}}{P_2(0,0) - P_{\text{back},2}} \cdot \frac{G_2}{G_1} \quad (10.18a)$$

$$R_I = \frac{\iint_{A_1} \{P_1(x,y) - P_{\text{back},1}\} \, dxdy}{\iint_{A_2} \{P_2(x,y) - P_{\text{back},2}\} \, dxdy} \cdot \frac{G_2}{G_1} \quad (10.18b)$$

式中:R_P 为峰值法的增益损失率,为增益与损失之比;R_I 即采用积分法的增益损失比;$P_1(x,y)$ 和 $P_2(x,y)$ 为 ARC_1 和 ARC_2 的脉冲响应函数;G_1 和 G_2 为 ARC_1 和 ARC_2 的增益;$P_{\text{back},1}$ 和 $P_{\text{back},2}$ 为 ARC_1 和 ARC_2 的平均背景强度。我们选择了包围脉冲响应的积分区域"A_1"(A_2),使其尽可能大,但不包含其他更亮的目标。背景强度是从上述积分区域的远侧估算出来的。

评估结果在图 10-7 和表 10-3、表 10-4 中,其中测量峰值增益损失(R_P)是

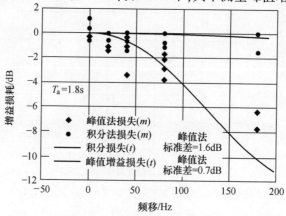

图 10-7 移频后 ARC 的峰值功率损耗和积分功率图

由黑色菱形表示,测量积分增益损失(R_I)由白色菱形表示,理论(峰值)的增益损失由细实线表示,理论积分增益损失由粗实线表示。方位积分时间为1.8s。积分增益损失显示出理论和测量之间的良好一致性,标准差(SD)为0.7dB,平均残差(MR)为-0.3dB,但峰值增益与SD为1.6dB、MR为0.1dB,不吻合。由此可知,基于频移的增益/损耗可以从理论上推导出来,校准因子可以被修正。在这个评估中,我们修正了两个ARC的增益差。

表10-3 理论模型的比较(峰值和积分)

编号	f_s/Hz	R_P(峰值)/dB	R_I(积分)/dB
1	0	0	0
2	20	-0.15	-0.00
3	40	-0.65	-0.01
4	80	-2.67	-0.05
5	180	-10.14	-0.24

表10-4 峰值法和积分法的比较

	峰值法	积分法
平均残差	0.1dB	-0.3dB
标准差	1.6dB	0.7dB

10.4.3 解决

图10-8显示了实测和理论的方位和距离分辨率(3dB下带宽)。这表明,在f_s=20Hz之前,两者与理论值吻合良好;当f_s为40Hz和80Hz时,理论值低于测量值;之后,理论值就超过了测量值。在$f_s \leqslant 80$Hz时出现分歧,可能是因为本研究中使用的距离-多普勒SAR处理算法与数据的不完全匹配,需要一些改进。方位和距离分辨率的模拟将在下面的小节中讨论。

10.4.3.1 方位分辨率

IRF的方位截面由式(10.13)计算,其方法是将方位角时间(T_1)在偏移时间(T_{as})附近偏移,并按式(10.15b)修正ΔR。图10-9显示了方位距离($V_g(T_1 - T_{as})$)代替方位时间时,4种频移(f_s:0、40Hz、80Hz和180Hz)的结果。在$f_s <$ 80Hz的情况下,单视图形的方位分辨率接近6m;之后,随着f_s的增加,它会迅速变宽;f_s=180Hz时的IRF比低频情况有更宽的柏拉图峰。

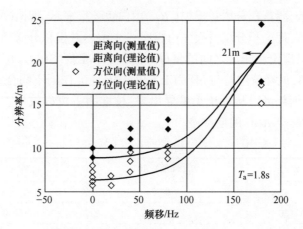

图 10-8　测量数据与模型的距离和方位分辨率的频率依赖关系

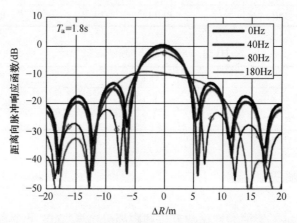

图 10-9　以每个位置偏移为中心的脉冲响应函数的方位截面
（垂直轴被 f_s =0Hz 的峰值归一化）（见彩插）

10.4.3.2　距离分辨率

在 $T_1 = T_{as}$ 时,通过将式(10.13)中的 ΔR 从-20m 改为 20m,对距离分辨率进行了如上类似的计算。从图 10-10 可以看出,当 f_s =40Hz 时,最佳分辨率为 9m;当 f_s =180Hz 时,分辨率迅速增加到 22m,出现不对称性。

10.4.4　关于校准适用性的讨论

与标准 ARC(不可调频)相比,频率可调 ARC 有几个优点。将脉冲响应位置

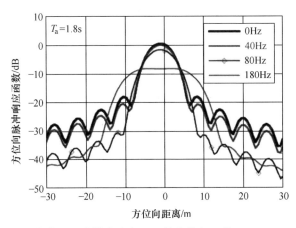

图 10-10 IRF 距离截面垂直轴由参考 IRF 的峰值归一化 ($\Delta R = f_s = 0$)(见彩插)

移至低背景区域或不受明亮人造目标辐射干扰的区域是其主要优势。虽然 ARC 可以产生较大的雷达截面,但来自其他目标或中亮杂波的干扰会降低脉冲响应的质量。因此,在寻找位于工业化地区的数据处理/校准中心容易到达的测试区域时,这种偏转能力是很有用的。反过来,相关增益损失、分辨率变宽以及制造移相函数的一些复杂性是缺点。这里从提高校准系数的角度来讨论这种 ARC 对校准的适用性。利用点目标响应进行 SAR 校准的两种典型方法是峰值法和积分法。Ulander(1991) 从理论上比较了两种方法的精度,总结出在图像聚焦良好的情况下,峰值法比积分法的误差更小,而积分法在不考虑 SAR 聚焦的情况下是一种鲁棒性较好的方法。

峰值法的校准系数取决于响应的峰值和方位/距离分辨率。如图 10-3 和图 10-10 所示,这些项在更高的频率显著降低(例如,在 $f_s = 180$Hz 时峰值为 10.1dB,方位分辨率从 6m 到 22m,距离分辨率从 9m 变到 22m)和校准系数急剧下降。假设 SAR 图像的分辨率估计没有误差,则可将其校准为 1.6dB 的精度。但是,本文不推荐这种方法,因为积分法的结果更好。

积分法的校准系数只取决于脉冲响应函数的积分,而不取决于分辨率。如图 10-7 所示,理论积分增益损失与测量结果吻合较好,精度为 0.7dB。这意味着,积分法可以校正校准系数。虽然硬件限制不允许评估在 f_s 高于 180Hz 时的积分增益损失,但积分方法可以应用于更高频率的情况是值得期望的。

散焦影响 SAR 图像的分辨率测量,而分辨率测量是影响 SAR 图像质量的一个重要因素。从图 10-8 可以看出,方位和距离分辨率随着 f_s 的增加而变宽。在 $f_s = 180$Hz 时,距离截面变得不对称(图 10-10);当 $f_s > 80$Hz 时,距离和方位响应与 $f_s = 0$ 时不同。因此,从图像质量评价的角度来看,频率偏移最好小于 40Hz。

10.5 总结

本章讨论了频率可调主动雷达校准器存在的相关增益损失和分辨率展宽的缺点,但它同样有一个位置偏转的优势。通过实验验证了该方法的理论估计精度为1.6dB,定位偏转距离在4.2m以内。提出积分法是一种稳健的频率可调 ARC 校准方法;对 L 波段星载 SAR 进行图像质量评价时,其频移应小于 40Hz。

参考文献

Curlander, J. C. and McDonough, R., 1991, Synthetic Aperture Radar: Systems and Signal Processing, Wiley, Hoboken, NJ.

Daleman, P. S., Hawkins, R. K., and Lukowski, T. I., 1990, "Experience with Active Radar Calibrators for Airborne SAR," Proc. 10th Annual International Symposium on Geoscience and Remote Sensing, College Park, MD, May 20-24, 1990, pp. 795-798.

Freeman, A., Curlander, J. C., Dubois, P. D., and Klein, J., 1988, "SIR-C Calibration Workshop Report," JPL Center for Radar Studies Publication, No. 88-003, Jet Propulsion Laboratory, California Institute of Technology, Pasadena, CA.

Gray, L. A., Vachon, P. W., Livingstone, C. E., and Lukowski, T. I., 1990, "Synthetic Aperture Radar Calibration Using Reference Reflectors," IEEE T. Geosci. Remote, Vol. 28, No. 3, pp. 374-383.

Jin, M. Y. and Wu, C., 1984, "A SAR Correlation Algorithm Which Accommodates Large-Range Migration," IEEE T. Geosci. Remote, Vol. GE-22, No. 6, pp. 592-597.

Raney, R. K., 1971, " Synthetic-Aperture Imaging Radar and Moving Targets," IEEE T. Aero. Elec. Sys., Vol. AES-7, No. 3, pp. 499-505.

Shimada, M., 1999, "Verification processor for SAR calibration and interferometry," Adv. Space Res. vol. 23, no. 8, pp. 1477-1486, 1999.

Shimada, M., Oaku, H., and Nakai, M., 1999, "SAR Calibration Using Frequency-Tunable Active Radar Calibrators," IEEE Trans. GRS, Vol. 37, No. 1, pp. 564-573, Jan.

Shimada, M. and Nakai, M., 1994, "In-Flight Evaluation of L Band SAR of Japanese Earth Resources Satellite-1," Adv. Space Res., Vol. 14, No. 3, pp. 231-240.

Tsukuba Space Center/NASDA, Personal Communication with Tracking Network Technology Department, 1991.

Ulander, L. M. H., 1991, " Accuracy of Using Point Targets for SAR Calibration," IEEE T. Aero. Elec. Sys., Vol. 27, No. 1, pp. 139-148.

Van de Lindt, W. J., 1977, "Digital Technique for Generating Synthetic Aperture Radar Images," IBM

J. Res. Develop., Vol. 21, No. 5, pp. 415-432.

Wu, C., 1976, "A Digital Approach To Produce Imagery From SAR Data," presented at the AIAA System Design Driven by Sensors Conference, Paper No. 76-968, Pasadena, CA, October 18-20, 1976.

第11章
镶嵌和多时相SAR成像

11.1 引言

高分辨率的传感器有助于监测由人类活动和自然造成的全球环境变化,如森林退化、地震和火灾等。SAR图像有望在这些方面发挥它的作用,其优势在于雷达能够全天候工作。同时,雷达的灵敏度取决于它发射电磁波的频段,如L波段的电磁波对植被的穿透性更好,并且与高频电磁波相比,从粗糙表面的反射更少。当按照时间序列镶嵌在一起时,这些图像会更加有用。

最近的SAR系统通常会收集大量数据并且需要高性能计算机来对这些数据进行处理。将这些数据作为时空的共轭数据编入大画布是一个理想的过程,但是这个过程十分复杂,特别是在涉及辐射度和几何问题时。在各种镶嵌算法中,有一种足够稳健的方法来处理长条带过程。这些算法已经被采用到ALOS/PALSAR和ALOS-2/PALSAR-2图像的镶嵌中。我们将在本章中讨论长条带图像的处理和镶嵌。

11.2 长条带SAR成像

11.2.1 要求和困难之处

当我们使用SAR进行长期观测时,硬件发热,数据记录和下行传输是关键问题。例如,ALOS/PALSAR在绕地球飞行一圈(99min)时能够提供70min的观测时间,并且由于数据记录时间的限制,只有40min内的数据才被验证是有效的。另外两个问题也影响SAR成像,即多普勒带宽的时间偏移和观察区域的变化。

11.2.1.1 多普勒带宽变化

SAR成像是由距离多普勒平面上的两部分组成的：分别是卫星和目标相对运动产生的多普勒历史信号的压缩和距离向上调频信号的压缩（如第3章中讨论的那样）。因为SAR系统在圆形轨道上飞行并且地球围绕z轴旋转，距离多普勒平面上的方位向时间依赖性会随着时间或者纬度在距离上发生缓变。这表现为多普勒带宽和星下点轨道距离的变化。因此，对转动中的地球进行成像需要精确表现出在时域和频域上的变化趋势。为了捕获多普勒带宽的变化，需要将脉冲重复频率（PRF）设得足够大。例如，ALOS-PALSAR会经历2000Hz的多普勒带宽变化。

11.2.1.2 SAR标称轨道的变化

影响SAR成像的第二个问题是卫星实际飞行轨道和标称轨道之间的变化。为了确保SAR成像区域包含感兴趣的目标，应正确设置和更新采样窗口起始时间（SWST）。该窗口能够控制脉冲发射和接收之间的时延。

图11-1中显示卫星-地球相对运动规律随时间的变化趋势：图(a)为相关的

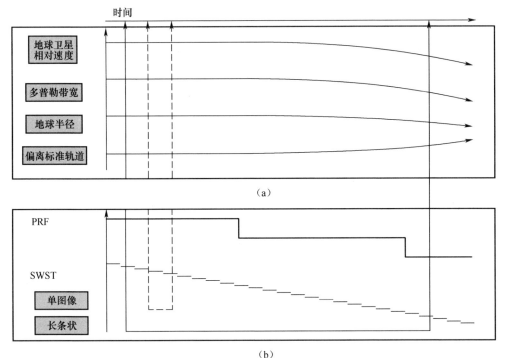

图 11-1 SAR和地球相对运动的时间变化、相关参数以及解决这种渐变的参数调制示意图
(a) SAR和地球运动的异步性；(b) 两个参数的调制解决了上述不匹配问题。

多普勒频率变化;图(b)显示了如何通过以时间依赖方式自适应地改变由 PRF 和 SWST 所带来的问题。图像底部的两个附加块显示了 SAR 图像信号和长条带数据的持续时间。显然,窗口中包含的 PRF 和 SWST 的数量是不同的。在长条带图像数据的处理中,一个问题是如何调整使用不同参数得到的 SAR 数据。我们希望调整后的效果与使用单一 PRF 和 SWST 参数是相同的。本章将使用长条带 PALSAR 数据对这一问题进行深入探讨。

11.3 条带 SAR 成像

SAR 成像算法是在单个场景的基础上稳健地构成的。若将这些算法扩展到长条带数据上运用时,需要适当更新 SWST、PRF、多普勒参数、天线仰角模式和射频干扰滤波(RFI)参数。

11.3.1 条带 SAR 成像方法

11.3.1.1 SAR 成像基本算法

SAR 成像能够简单地用两个相关式表示:

$$f_{rc}(t-t_0) = F^{-1}[F\{f_{rec}(t-t_0)\} \cdot F\{f_{ref,r}(t)\}] \tag{11.1}$$

$$f_{ac}(t,T) = F^{-1}[F\{f_{rc,I}(t,T)\}_C \cdot F\{f_{ref,A}(t,T)\}] \tag{11.2}$$

式中:$f_{rc}(t-t_0)$ 是距离压缩函数;$f_{ref,r}(t)$ 为距离向参考函数;$f_{rec}(t)$ 为原始数据;F 和 F^{-1} 表示傅里叶变换和逆傅里叶变换;t 表示距离向时间;t_0 为滑动采样窗时间保留;方位向压缩数据用 $f_{ac}(t,T)$ 表示;后缀 I 为某些 PRF 对距离压缩数据的差值运算符;后缀 C 表示在频域内沿距离向曲率得到的数据;$f_{ref,A}(T)$ 表示方位向参考函数;T 为方位向时间或者修正的方位向时间。在频域中进行压缩(相关)操作能够得到处理速度。

11.3.1.2 采样窗

在一个脉冲发射-接收序列中,采样窗(SW)被设定为从感兴趣区域(ROI)收集散射信号。采样窗被设置在 t_s 时刻开始,在 t_e 时刻结束。在这段时间内,采样窗在几十秒内更新一次以配准在卫星发射前标定的轨道。在长条带处理中,t_{smin} 被作为原始起始时间 t_s 的最小值。相应地,最大值被视为结束时间。对于每个图像数据,在空白区域填充零:

$$f_{rec}(t') = \begin{cases} f\{t-(t_s-t_{smin})\}, & (t_s-t_{smin} \leq t < t_e) \\ 0, & (t < t_s \text{ 或 } t \geq t_e) \end{cases} \tag{11.3}$$

式中：$f(t)$ 是每个记录时间 (t) 的接收数据；$f_{rec}(t')$ 是在时间 t' 时产生的排列数据。

11.3.1.3 长条带 SAR

图 11-2 显示了与两个 PRF 相关的长条带数据处理流程。这里在每个 PRF 开始处都选择了参考 PRF(Shimada,1999)。单视复杂数据实际上是多视的,其中在距离向上有 M 视,在方位向上有 MN 视(一共有 M^2N 视)。这样做的目的是为了抑制相干斑。

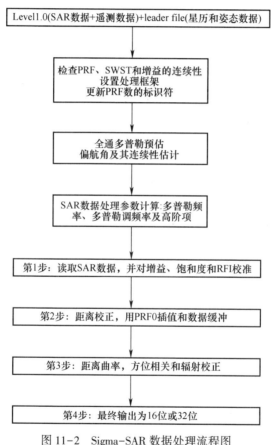

图 11-2 Sigma-SAR 数据处理流程图

11.3.2 各种 PRF 的剥离处理

尽管能够把每个 PRF 内的数据单独处理后的结果汇集成多个 PRF 数据,但是在不同顺序处数据的幅度和相位是不连续的。为了解决这个问题,使得最终的图像处理结果和单个 PRF 的效果相同,最好的方法是在方位向时间处重建原始数据或者距离向压缩数据。通常,这种方法可以用插值实现,如式(11.4)或者基于FFT的位移方法(图11-3)。

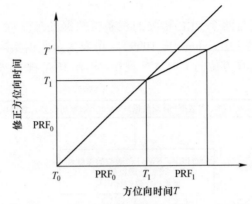

图11-3 实际方位向时间和修正方位向时间的关系
(在方位向时间 T_0 和 T_1 之间的脉冲重复频率为 PRF_0)

PALSAR 大约每 2000km 更新 PRF(Shimada 等,2009、2010),因此,10min 的数据至少包含了一个 PRF 的更新:

$$f_{rc}(T') = \sum_{k=-N/2}^{N/2} f_{rc}(T_k) \frac{\sin(T_k - T')}{T_k - T'} \quad (11.4)$$

式中:$f_{rc}(T')$ 是在目标方位向时间 T' 处插值的距离向压缩复数据;N 为插值数据量;T 是实际方位向时间。

11.3.3 多普勒参数

当目标移动缓慢时,SAR 处理以恒定的区块大小运行,多普勒参数不会发生显著变化。事实上,多普勒参数(频率,调频斜率和高阶导数项频率、啁啾率和更高的导数)应精确计算并在每个区段更新。在观测期间,卫星姿态由指向零多普勒的天线孔径位置或者由在轨道平面内导致非零多普勒的卫星移动方向控制。在这些情况下,频谱分析能够提供每个分段的偏航角估计值。多普勒参数可以由如下的等式导出:

$$f_D = \frac{2f_0}{c}(\boldsymbol{v}_s - \boldsymbol{\omega} \times \boldsymbol{r}_p) \cdot \frac{(\boldsymbol{r}_p - \boldsymbol{r}_s)}{|\boldsymbol{r}_p - \boldsymbol{r}_s|} \quad (11.5)$$

式中:f_D 为多普勒频率;f_0 为载波频率;c 为光速;$\boldsymbol{v}_s$ 表示卫星速度;$\boldsymbol{\omega}$ 为地球自转矢量;$\boldsymbol{r}_p$ 为目标位置矢量;$\boldsymbol{r}_s$ 为卫星位置矢量。任意时刻的卫星位置能够通过28

个 1min 的插值精确得到。多普勒调频率和其他高阶项是通过用势函数表示的关于 f_D 的差分方程得到的(第 3 章)。

11.3.4 图像生成的条件

11.3.4.1 二次距离向压缩

距离-多普勒算法需要通过二次距离向压缩将数据转换为具有更宽带宽的非零多普勒信号。如果信号满足式(11.6),那么,混合距离向压缩就可以在不需考虑算法复杂度的情况下实现精细聚焦:

$$\left(\frac{\Delta K}{K}\right)B_w\tau < 2 \quad (11.6)$$

$$K = \frac{k_t}{1 + \frac{k_t}{f_{DD}}\left(\frac{\lambda \cdot f_D}{c}\right)^2} \quad (11.7)$$

式中: K 为混合调频斜率; ΔK 为该调频率在图像内的变化; B_w 为带宽; τ 为脉冲宽度; k_t 为传输信号的调频斜率; f_{DD} 表示多普勒调频率; f_D 为多普勒频率; λ 和 c 分别表示波长和光速。我们将式(11.6)左边的项称为二次项距离压缩参数(SRCP)。该效果已经包含在 CSA 算法的处理中。

11.3.4.2 子场景长度

长条带的处理是由一组子场景的处理组成的。虽然方位向尺寸受到 FFT 大小的限制,但由此产生的截断误差和边界处可能出现的两段(子场景)不连续仍是需要解决的问题。段落的适当长度需要通过仿真研究来确定,以确保不会发生数据的不连续或重叠。

11.3.4.3 后向散射系数

雷达方程和后向散射系数的问题在第 4 章中做了总结。根据以下等式,SAR 处理器的输出与 γ^0 成正比:

$$P \propto \begin{cases} \dfrac{G_R^2\cos\theta}{R^2\sin\theta}\gamma^0, 条带 \\ \dfrac{G_R^2\cos\theta}{R^4\sin\theta}\gamma^0, 扫描 \end{cases} \quad (11.8)$$

11.3.5 标准场景处理中的共同点

除了上述内容外,本书中还包括:
(1) RFI 陷波滤波(第 13 章);
(2) 将 DN 转换为 σ^0(第 9 章);
(3) 正交校正和斜率校正(第 8 章)。

11.4 镶嵌

11.4.1 一般方法

多条数据的镶嵌经常在连接区域面临条带问题。即使数据都在同一季节获得,该问题仍然存在。虽然这反映了内在散射特性随时间的变化规律,但是它肯定会降低数据的科学价值,并且限制了数据在区域分类和生物物理属性检索中的应用。为了克服这个问题,需要将辐射归一化做强制性要求,并且该要求是镶嵌过程中的核心部分(图 11-4)。在这里,我们给出关键步骤(Shimada 和 Isoguchi,2002):

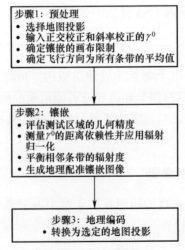

图 11-4 生成镶嵌 SAR 图像的过程流程图

步骤 1:
步骤 1 为给定路径准备一组长条成像,进行坡度校正和正交校正,并且根据北向坐标或者地理参考坐标中生成地图。前者具有通用的横向墨卡托-兰伯特共形圆锥投影和等角矩形投影,后者具有全局或局部坐标(图11-5)。

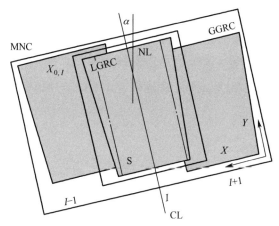

图11-5 用于生成镶嵌图像的坐标系,这里显示了3个条带。条带编号从西向东依次为 $I-1,I$ 和 $I+1$(在上升轨道的情况下)。所有条带都逆时针倾斜,与正北方向成一定角度 α 。几何校正和辐射校正在每个条带的 LGRC 坐标上进行,并且在 GGRC 上使用相同的精确配准和相关辐射平衡方法来镶嵌图像。图中的灰色部分是会在镶嵌图像中出现的区域。CL 表示 LGRC 图像的中心线。最后,GGRC 中的镶嵌图像被投影到 MNC 中

步骤2:

所有条带均需辐射度归一化(强度归一化),并且要将所有校正后的条带合并在镶嵌平面上。两个条带的合并遵循这样的规则:重叠区域要沿着其中心线(具体在附录11A-2中讨论)一分为二。它们的强度需要进行校正和连接。最近的 SAR 系统有精确的形状,并且不需要进一步的几何调整。

步骤3:

最后,数据将会被投影到地理代码坐标上。投影是输入输出平面之间缩放和旋转的组合,如以下公式所示:

$$x_I = \frac{1}{\Delta s} M(\alpha) \cdot \{\hat{X}(q) - \hat{X}_C\} \tag{11.9}$$

$$X_I = x_I + X_{0,I} \tag{11.10}$$

$$M(\alpha) = \begin{pmatrix} \cos\alpha & \sin\alpha \\ -\sin\alpha & \cos\alpha \end{pmatrix} \tag{11.11}$$

$$x = (\text{pixel}, \text{line}) \tag{11.12}$$

$$q = (\varphi, \lambda) \tag{11.13}$$

$$\hat{X} = f(q) \tag{11.14}$$

该投影中有3个坐标系：区域地理参考坐标系(LGRC)，在每个条带中用 x（像素点，线条）表示；由 X 表示的全球地理参考坐标系(GGRC)；用 $\tilde{X}$ 表示北向坐标为最终的镶嵌图像平面。在式(11.10)中，前两个坐标之间具有位移关系，$X_{0,I}$ 是在 GGRC 中第 I 个路径的原点，I 为路径编号；使用矩阵 $M(\alpha)$ 后，后两个坐标系之间具有旋转位移关系。旋转角 α 需要使卫星路径和正北方向之间的夹角达到平均；Δs 是间距；q 中包含经度 λ 和纬度 φ；$f(q)$ 为映射函数；X_C 表示 MNC 的偏移量。

11.4.2 强度归一化

抑制带状条纹简单而有效的方法是将重叠区域的图像碎片的两个平均强度相等。在附录 11A-3 中，根据图 11A-1 所示，图像正方形碎片在重叠区域沿路径方向（X 方向）和跨域路径方向（Y 方向）对所有相关条带以等间隔的方式堆叠。要对所有碎片进行处理才能够得到平均强度。在每一点处要根据它们的参考几何平均值计算强度校正因子 $\gamma_{ref}^0 = \sqrt{\gamma_a^0 \cdot \gamma_b^0}$。强度连接因子在 X 和 Y 方向上以两种方式使用。对于 X 方向上的连接点区域来说，简单地对因子进行双线性插值即可。在 Y 方向上，需要根据式(11.15)进行多边形归一化（图11-6）。我们可以假设强度相关函数 $G(Y)$ 在距离向上是独立的，那么，通过距离向内插，可得到新参数 $\tilde{\gamma}^0$：

$$\tilde{\gamma}^0 = G(Y) \cdot \gamma^0 \qquad (11.15)$$

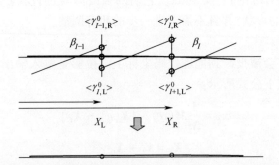

图 11-6　通过辐射测量方法连接相邻线的示意图。该图显示了具有 3 个相干路径的镶嵌图像的距离向横截面。每个路径在边界区域均存在增益偏移。3 条路径的距离依赖性是相似的，因为 σ^0 和 γ^0 的距离依赖性也相似。通过改变每个横截面的依赖角（如增益偏移和距离依赖性）即可最小化边界点处的增益偏移。获得的最终连接结果显示在底部

在重叠处路径 I 的因子 β_I 定义为

$$\frac{\langle \gamma^0_{I,R} \rangle}{\beta_I} = \beta_I \langle \gamma^0_{I+1,L} \rangle \tag{11.16}$$

$$\beta_I = \sqrt{\frac{\langle \gamma^0_{I,R} \rangle}{\langle \gamma^0_{I+1,L} \rangle}} \tag{11.17}$$

式中：$\langle \gamma^0_{I,R} \rangle$ 是在第 I 个条带中与 $I+1$ 重叠区域的平均 γ^0。用 β_{I+1} 表示图像左侧，$1/\beta_I$ 表示图像右侧，相关功率增益函数 $G(Y)$ 为

$$G(Y) = \frac{\beta_{I+1} - \dfrac{1}{\beta_I}}{Y_R - Y_L}(Y_2 - Y_L) + \frac{1}{\beta_I} \tag{11.18}$$

式中：Y_L 和 Y_R 是 LGRC 中图像碎片的 Y 坐标。该等式被简单地扩展到 Y 方向。

该方法在原则上不会受到误差传播的影响，因为校正简单地使 γ^0 的距离依赖性几乎是围绕着条带中心转动，这意味着，每个条带中心的强度得到了保持。从原理上来说，两个条带的两端没有精确连接，但是间隙足够小。我们无法通过实验识别出该间隙。

如果重叠发生在平坦的区域中，则一近一远的两个图像碎片可以用于强度校正。如果重叠发生在山区，由于碎片上可能包含停留或者阴影，导致无法轻易进行直接比较。F 分布测试可以确定两个碎片是否可以用于增益计算。如果我们假设两个图像能够很好地共同配准，则它们的像素强度遵循 χ^2 分布，其自由度是视数的两倍。同时，它们的强度比遵循 F 分布。对于双视 SAR 图像（10m ALOS PALSAR 镶嵌）来说，如果平均强度比以 95% 的置信度小于 6.59，则可以使用这两个图像的碎片及其强度校正因子。对 64 视的 SAR 数据来说（50m 镶嵌），该值为 1.55。强度比的数学表达式为

$$\left(\frac{\gamma^0_1}{\gamma^0_2} \right)_N < a_{95} \tag{11.19}$$

式中：γ^0_1 和 γ^0_2 是图像 1 的像素强度（γ^0）；后缀 N 为视数；a_{95} 表示置信度为 95%。

11.4.3 元数据

为了帮助解释 SAR 数据和马赛克的时间序列分析，原始数据非常重要。原始数据以卫星发射后的总天数、局部入射角、正常区域的掩模、图像外部、海洋、停留和阴影表示。表 11-1 所列为元数据示例。

表 11-1　元数据表

编号	内容	表示方法
1	发射总天数	无符号短整形,单位为1天
2	局部入射角	无符号字符串,范围为0~90,单位为(°)
3	掩模	无符号字符串,范围255;255:正常区域;0:图像外部;50:海洋;100:停留;150:阴影

11.5　评估

3个数据集被用于评估前述方法。
(1)从印度尼西亚到菲律宾的5.5min PALSAR数据带,其PRF改变了一次。
(2)印度尼西亚廖内省的3个条带。
(3)覆盖塔斯马尼亚岛到澳大利亚北部海岸地带的5个条带。

第一个数据集用于验证不同PRF的情况,后两个数据用于评估镶嵌和条带抑制效果。这3个条带包含的区域如图11-7所示,参数在表11-2中列出。

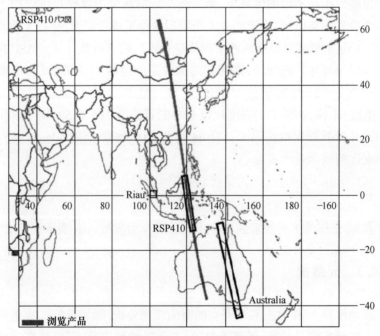

图11-7　研究中使用的PALSAR长条带数据RSP410(中间粗线)
的地面轨迹和PALSAR图像的覆盖范围

表 11-2 PALSAR 数据集参数和本书提出的算法评估

编号	区域	传感器模式	目的和描述
1	澳大利亚到西伯利亚穿过印度尼西亚苏拉威西岛	PALSAR-FBD	长条带处理和正交校正 获取日期:2008 年 8 月 9 日 升序节点 轨道号码:RSP410 DEM:SRTM3 星下点角度:34.3° 起始纬度为-12.1°,结束纬度为 7.84°
2	印度尼西亚廖内省	PALSAR-FBS	星下点角度:34.3° RSP443(2008 年 3 月 30 日), RSP444(2008 年 4 月 16 日), RSP445(2008 年 3 月 18 日)
3	覆盖塔斯马尼亚岛到澳大利亚北部海岸地带	PALSAR-FBD	星下点角度:34.3° RSP385(2007 年 6 月 2 日), RSP384(2007 年 7 月 7 日), RSP383(2007 年 6 月 20 日), RSP382(2007 年 7 月 19 日), RSP381(2007 年 7 月 2 日)

11.5.1 长条带成像

在图 11-8(a)中,长条带有 77 段,覆盖地面长度为 2220 km,SWST 和 PRF 都有变化。卫星从南方接近赤道,然后局部地球半径增加。地球-卫星之间的相对速度以及多普勒带宽 IFOV 的增加主要是由于地球的自转。因此,PALSAR 将 PRF 从 2141.32Hz 改为 2169.19Hz。SWST 保持成像条带和子卫星轨道(SST)的相对位置,并且每过 30s 可改变一次步长,步长的改变能够在 1μs 内完成。式(11.8)显示了 σ^0 与步长、入射角和天线仰角模式之间的关系。因此,了解这些参数如何变化是十分重要的。SWST 独立于 PRF 的变化并逐步减小。图 11-8(b)给出了 5 个代表性段内单向天线的仰角模式,并分别给出了在近距离和远距离时 0.7dB 和 1dB 的变化。

多普勒参数的方位向时间依赖性(图 11-9(a)和(b))表明,尽管多普勒调频率在 77 个段上几乎是恒定的,但多普勒频率在距离范围内会从 38Hz 变换到 56Hz,这种情况下变化平均值为 0.23Hz/段。尽管一直需要进行 RFI 校正,但是该条带不会受到噪声的严重影响——除了在路径末端被污染的那 1%频谱。这里也评估了二次距离压缩的纬度依赖性;PALSAR 通常以偏航-转向模式运行,二次距离压缩是需要的。即使应用混合相关于零多普勒和多普勒调频率时,图像质量和处理速度也不会降低。

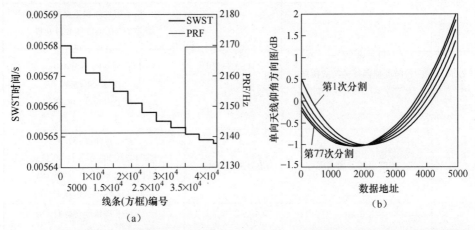

图 11-8　(a)SWST 和 PRF 的变化和总段数为 77 的长条带数据是相关的,它们是原始数据的函数;(b)5 种天线仰角模式与数据地址的时变关系((a)中水平轴对应的是相对帧号,(b)中的水平轴对应于 16 视数据总和的数据地址。SWST 的单位是 s,PRF 单位为 Hz)

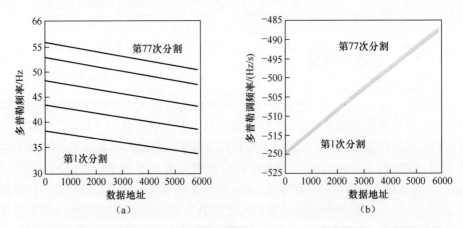

图 11-9　(a)5 个选定段范围内的多普勒频率;(b)5 个选定段范围内的多普勒调频率

11.5.2　正交校正

图 11-10(a)是经过 σ^0 正交地理参考正交校正处理的图像;图 11-10(b)为经过斜率校正和 γ^0 正交地理参考校正的图像;图 11-10(c)为使用 SRTM3 DEM (Shuttle Radar Topography Mission with 3 acrsec DEM)局部入射角生成的图像;图

11-10(d)是 σ^0 和 γ^0 的效果比较。除了中心的苏拉威西岛外,图像主要被海洋占据。海拔范围从 0 到 2500m。为了适合该页面,图像的垂直轴进行了压缩并且将水平轴展开。图 11-10 表明斜率校正的 γ^0 具有比通常的 σ^0 和斜率校正的 σ^0 更小的变化,这可归因于局部入射角的余弦函数对森林和山区 σ^0 的有效依赖性。以全球部署的角反射器(Shimada,2010),地理定位精度为 11.925m。

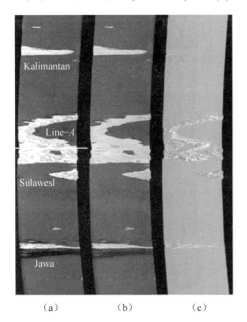
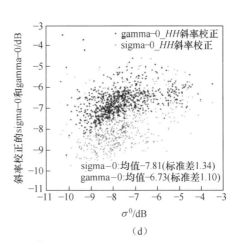

图 11-10 (a)正交校正的地理参考图像。(b)斜率校正和正交校正的 γ^0 图像。(c)使用 SRTM DEM 获得的局部入射角图像(印度尼西亚的加里曼丹岛、苏拉威西岛和爪哇群岛)。(d)沿着图(a)中线 A 的 σ^0(dB)和斜率校正的 γ^0(dB)(黑色表示)以及斜率校正的 σ^0(dB)(蓝色表示)比较(见彩插)

11.5.3 镶嵌图像

本文使用廖内省和澳大利亚东部的 SAR 数据对本书中提出的镶嵌方法(M-1)进行评估,并与非校正方法(M-2)比较。M-2 方法在没有增益校正的情况下直接粘贴图像。

11.5.3.1 廖内省数据分析

1) 连续性评估

廖内省位于苏门答腊岛东北部,面对马来西亚,跨越马六甲海峡。在过去的几十年里,廖内省严重的森林砍伐使生物量减少,大量的二氧化碳被释放到大气中(Uryu 等,2001)。虽然该地区的图像是使用符合 M-1 方法的普通镶嵌算法生成的,但是由于页面限制,我们将重点放在图 11-11(a)中的子区域的地面范围内。使用 M-2 方法的子区域为图 11-11(b),两个评估位置以白色方块(A 和 B)和线(C)标出。比较表明,M-1 方法成功地在图像强度发生微小变化进行了校正,这说明 M-1 方法是成功的。然而,在图 11-12(a)和(b)的底部中心区域的条带之间存在轻微的辐射差异,原因在于 M-1 方法校正的是强度偏移而不是地区发生的局部变化(如淹没,降雨等)。通过选择在相似环境下获得的场景能够最大限度地减少这种差异。

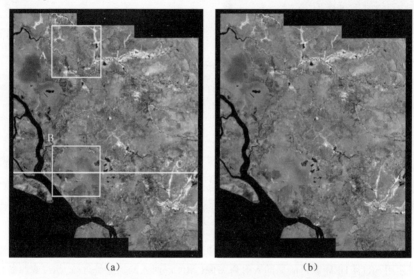

(a)　　　　　　　　　　　　　(b)

图 11-11　使用(a)方法 M-1 和(b)方法 M-2(未校正)生成的马赛克子集,并显示了子集 A 和 B(见图 11-12)以及线 C 的位置

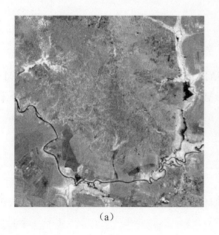 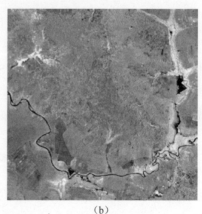

(a)　　　　　　　　　　　　　(b)

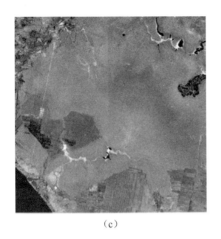 

(c) (d)

图 11-12 (a,c)使用 M-1 方法校正之前的子区域 A 和 B 的 SAR 图像；
(b,d)使用 M-1 方法校正后的子区域 SAR 图像

图 11-13 比较了使用不同方法处理的沿线 C 的两个 γ^0(dB)。两个参数的强度值是相同的(图 11-13(a))，但是在用黑色圆圈的两个交叉点 1 和 2 内，来自方法 M-1 的 γ^0 比来自方法 M-2 的更连续。可以通过 M-1 法校正使用 M-1 方法造成的 0.3dB 的下降，并且能够使曲线更加平滑。方法 M-1 和方法 M-2 的平均值都为 -7.16dB，二者的标准差分别为 0.081dB 和 0.093dB。在交叉点 1 处没有观察到明显的强度差异，因此没有准备特写镜头。GGRC 坐标下的二维校正图(图 11-14)显示增益偏差是从 0.94 到 1.06，并且在条带上大量存在。

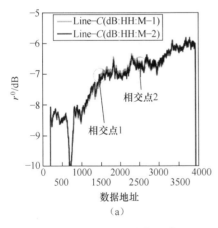 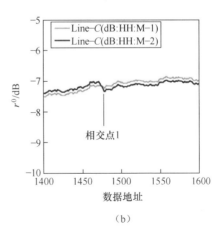

(a) (b)

图 11-13 (a)沿线 C 附近地区通过 M-1 方法和 M-2 方法处理得到的
γ^0 距离依赖性；(b)地址为 1400~1600 的数据特写(见彩插)

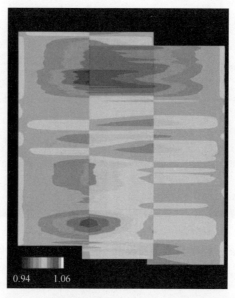

图 11-14 添加增益校正的区域分布图(见彩插)

2)共同配准精度

可以通过使用从重叠区域中选择出的所有图像碎片来测量两个相邻条带的共同配准精度;这里在条带内选择了 500 个碎片(附录 11A-3)。共同配准误差在 x 方向(近似为距离向)上的测量值大约为 -0.42 到 -0.44 像素,在 y 方向(方位向)为 0.14~0.28 像素。由于 PALSAR 正交校正的几何精度为 12m,因此,在这种情况下使用的轨道数据精度较低,导致了这种残差的发生(注意:在图 11-15 中,共同配准误差几乎为零)。

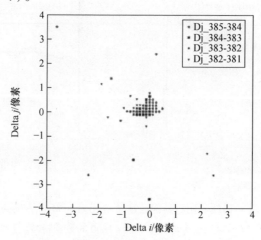

图 11-15 在澳大利亚镶嵌图像中观察到的 5 个连续路径的几何位置误差(见彩插)

11.5.3.2 澳大利亚地区的数据分析

1) 除纹校正的视觉分析

这里评估了澳大利亚地区的五条镶嵌图像,覆盖范围约为4000km(图11-16)。北昆士兰和北方领土地区地势低洼,相对平坦,主要是稀树草原;塔斯马尼亚岛地区主要为森林,植被繁茂。条纹现象在这种镶嵌图像中十分突出,因此针对北部区域 D 和南部区域 E 评估了去除条纹现象的方法。在区域 D 中,条纹现象归因于图像获取时的沉淀差异,在应用 M-1 方法处理后,这种强度变化被大大抑制。然而,该方法在区域 E 中更加成功,土地覆盖十分均匀,不同日期之间地表水分变化不明显(图11-17)。

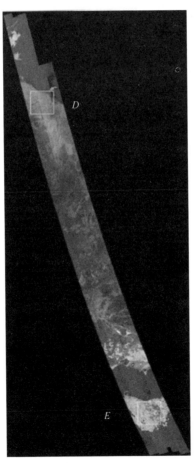

图11-16 从澳大利亚北部延伸到南部的5个 ALOS
PALSAR 条带数据的镶嵌图像(HH 极化)。
(D 区为北昆士兰和北方领土,E 区为塔斯马尼亚岛)

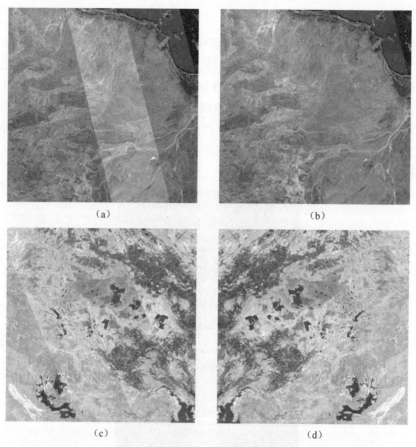

图 11-17 区域 D 校正前后(a 和 b)以及区域 E 校正前后(c 和 d)的对比。
方法 M-2 适用于(a)和(c),方法 M-1 适用于(b)和(d)

2) 几何共同配准

这里共有 1060 个来自 RSP385-384(n = 261)、384-383(n = 273)、383-382(n = 266)和 382-381(n = 260)的数据样本,其中"n"表示样本数量,RSP(Reference System for Planning)表示 ALOS 观测地球的唯一轨道编号。x 和 y 的平均偏移为-0.172 像素和 0.065 像素,标准差为 0.261 像素和 0.277 像素。Delta-x/Delta-y 关系表明大多数点位于零值并确认相邻条带可以精确地共同配准。该镶嵌图像得到了 ALOS 精密轨道数据和匹配 DSSI(DEM-based Simulated SAR Image)处理参数更新的支持。在这种情况下,SAR 数据不是必需的。

11.6 大型镶嵌图像的生成与解译

根据京都议定书和碳倡议书(Rosenqvist 等,2007),JAXA 基于 PALSAR 数据生成了镶嵌图像数据集。可用的镶嵌数据列于表 11-3 中,并且 JAXA 会定期上载到地球观测中心网站(Earth Observation Research Center,EORC),网址为:http://www.eorc.jaxa.jp/ALOS/en/kc_mosaic/kc_mosaic.htm。数据集包括 2 字节无符号短整型 PALSAR 原始镶嵌数据和 JPG 图像。它们目前可被下载并且用于科研目的。由于数据保持了几何和辐射测量精度,因此它们能够用来监测土地覆盖的变化,如森林砍伐。图 11-18 显示了澳大利亚(2009 年)和非洲(2008 年)的两个镶嵌图像。PALSAR 数据集是由斜距间距为 25m 的长条带数据产生的,其方位向视数为 16。在 4 个斜距方向看间距为 25m,FBS 情况下为 30m,FBD 情况下为 60m。在这里使用了双线性插值和 25m 间隔的正交校正。

表 11-3 可供公众使用的镶嵌数据集列表

序号	区域	年份	极化
1	印度尼西亚,马来西亚以及菲律宾	2007,2008,2009	HH+HV
2	中南半岛	2007,2008,2009	HH+HV
3	印度尼西亚,马来西亚	2007,2008,2009	HH+HV 以及 HH
4	日本	2007,2008,2009	HH+HV
5	中非	2008,2009	HH+HV
6	澳大利亚	2009	HH+HV

http://www.eorc.jaxa.jp/ALOS/en/kc_mosaic/kc_mosaic.htm

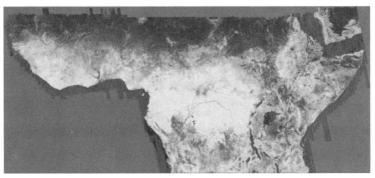

(a)

(b)

图 11-18 PALSAR 的镶嵌图像(见彩插)

(a)2008 年的非洲地区;(b)2009 年的澳大利亚。

11.6.1 LANDSAT 和 PALSAR 镶嵌图像的比较

美国地质调查局(United States Geological Survey,USGS)提供经过校准的 30m 无云 Landsat 镶嵌图像。我们选择 1393 个地面控制点(Ground Control Points,GCP)来评估 PALSAR 和 Landsat 数据集的几何精度。在两个传感器能够满足的相同条件下选择 GCP。这些点能够用来确定相同的土地特征,这些特征主要来自沿海和河滨的平坦地区,分布较为均匀,纹理有限。这些地区的位置列于表 11-4 中。均方根误差(RMSE)使用以下公式计算:

$$\varepsilon = \sqrt{\frac{1}{N}\sum_{i=0}^{N-1}(x_{SAR,i} - x_{Landsat,i})^2 + (y_{SAR,i} - y_{Landsat,i})^2} \qquad (11.20)$$

式中:x 表示正东方向;y 为正北方向;下标表示不同的传感器;i 为样本编号;N 为样本总数。正北方向、正东方向和距离上的 RMSE 分别为 22.35m、25.81m 和 34.14m。

造成误差的原因可能有以下 3 种。

(1) PALSAR 在斜视几何中观测,Landsat 在近地点观测。

(2) PALSAR 和 Landsat 有着不同的目标可见性,这会导致错误识别 GCP。例如,PALSAR 能够清楚识别角反射器,但是 Landsat 不能。

(3) 64 视斜距图像的双线性插值降低了原始几何精度。

表 11-4 JAXA PALSAR 镶嵌图像的地理位置

地点	北偏均方根误差/m	东偏均方根误差/m	总均方根误差/m	地面控制点编号
日本(2007)	22.81(-112.9,43.8)	34.20(-114.2,69.9)	31.11(0.0,119.3)	104
爪哇岛(2007)	23.13(-76.7,71.1)	32.15(-94.5,49.4)	39.61(0.0,98.0)	104
苏门答腊岛(2007)	27.98(-96.9,65.8)	30.03(-86.3,60.7)	41.05(0.0,129.8)	70
菲律宾(2007)	17.19(-35.67,35.66)	16.86(-26.89,33.23)	24.08(0.48,43.56)	49
菲律宾(2009)	22.83(-54.9,74.9)	29.34(-75.18,39.54)	37.17(0.02,98.39)	101
爪哇岛(2009)	24.79(-62.75,71.95)	30.23(-79.32,26.33)	39.09(0.0,85.42)	83
苏门答腊岛(2009)	26.42(-50.9,67.1)	32.99(-131.9,39.7)	42.26(0.0,131.9)	83
日本(2009)	26.46(-55.8,52.3)	33.26(-90.0,61.3)	42.5(0.0,99.8)	69
中南半岛(2009)	27.96(-52.5,72.9)	30.6(-92.8,75.5)	41.45(0.0,118.0)	89
中非(2008)	24.30(-46.7,47.4)	21.16(-48.2,42.3)	32.22(2.9,63.0)	131
中非(2009)	16.52(-35.17,30.81)	16.2(-39.16,35.88)	23.13(2.73,44.36)	147
苏拉威西岛(2007)	17.01(-35.14,31.79)	15.44(-30.68,37.59)	22.98(2.3,43.27)	68
苏拉威西岛(2009)	15.38(-33.76,33.74)	16.21(-41.2,34.76)	22.35(0.85,45.16)	67
澳大利亚(2009)	19.66(-44.41,30.9)	18.91(-41.28,48.26)	27.28(2.35,58.44)	218
全体	22.35	25.81	34.14	1383

注:括号内数字分别代表最大值与最小值

11.6.2 使用角反射器进行几何验证

在北海道的苫小牧市、千叶的佐原市和埼玉县的吉见町布置 3 个角反射器校准点用于生成日本的 10m 双视角 PALSAR 图像来量化几何精度。RMSE、平均正北和正东方向的误差分别为 13.19m、-3.12m 和 12.82m,标准差分别为 7.0m、3.6m 和 6.0m。在 2009 年和 2010 年,Shimada 等使用平均值为 9.7m 的单视情况下的斜视图像和 12.03m 的双视正交校正图像(使用 SRTM)发表了更为精确的基于角反射器几何精度的测量结果。在发布时,JAXA 使用能够生成 50m 镶嵌图像的算法生成了 10m 的全球 SAR 镶嵌图。

11.7 讨论

11.7.1 强度归一化

PALSAR 图像条带宽度为 70km,入射角变化 6°。在这样的入射角范围内,天线的增益偏移(如星下点距离的最大和最小值)小于 1dB 并且足够产生该条带。在澳大利亚北部,高强度的条带和低强度的条带配对,这是强降水和局部后向散射特性增加造成的。在塔斯马尼亚岛(和廖内省一样),强度变化显著但不极端。辐射归一化方法成功消除了条带之间的变化。应当注意到,为了更类似于感兴趣区域中出现的大多数相关强度值,这里对该地区的强度值进行了修正。

11.7.2 长条拼接方法

通过许多场景的组合(如 Type-A(Eidenshink,2006))可以产生镶嵌图像。然而,较好的方法是选择有限数量的长条带 SAR 数据进行镶嵌(Type-B(Shimada 和 Isoguchi,2002))。典型的图像宽度为 70km,但是对此没有具体限制。举例来说,如果感兴趣区域面积为 $4000km^2$,使用 A 和 B 两种方法则需要 3300 个场景或 60 个条带。使用这两种方法均可实现全自动处理。SAR 处理器可以生成一个 SAR 场景,但是为了方便长条带的处理,需要更新多普勒调频率以及雷达参数(包括 SWST 和天线仰角模式等)。图像质量和几何/辐射性能都是一样的。当我们考虑使用这两种类型的数据集进行镶嵌处理时,需要考虑 3 个不同之处:共同配准、去条纹效应和内存分配问题。两种方法能提供几乎相同的配准,因此,在几何上是非常准确的。对强度归一化来说,Type-A 要求辐射测量在目标场景和周围场景之间是连续的。应针对每个被使用的场景确定这种辐射度的连续性,这是十分重要的。但是如果传感器稳定并且目标具有相同的强度,则可以更加容易地实现处理。由于不连续性仅出现在相邻条带的边界处,使用 Type-B 方法更适合去条纹并且能减少位置参数的数量。在内存分配方面,Type-B 的要求更高。

11.7.3 地理位置准确性

地理位置误差的测量方法有两种:图像码片的共同配准误差以及 Landsat 和 SAR 镶嵌图像的比较。首先,廖内地区的 RMSE 为 20m(0.4 像素),澳大利亚的 RMSE 几乎为零。对于所有 50m 的镶嵌图像,后者的测量值为 34.14m。经测量,斜距、正交校正和 10m 镶嵌图像的地理定位精度分别为 9.7m(Shimada 等,2009)、

11.25m(Shimada,2010)和13.19m。关于 CR 值,该参数可能会因 SAR 和光学系统共同配准中的误差而增大。

11.8 总结

本章中介绍的拼接方法包括长条带 SAR 数据生成、正交校正、DEM 斜率校正、强度归一化、条带整合和全球镶嵌图像生成。SRTM(2005)和 ASTER Global DEM(GDEM)(2009)提供了全球范围的 DEM 图像。GPS 性能的提升使得状态矢量更加准确,并且在生成包含岛屿的镶嵌图像时,长条带图像的重要性略微降低。强度归一化是十分重要的,长条图像的镶嵌使得该过程比单个场景更简单。因此,长条带处理的重要性在于整体处理的简化。我们使用 ALOS/PALSAR 数据档案来演示本书中所提出方法的性能:该方法成功减少了条带伪影;Landsat 的几何误差为 34.14m;使用 SRTM 的斜率校正方法抵消了后向散射带来的地形修正效果。JAXA 能够生成 25m 分辨率的 PALSAR 和 JERS-1 SAR 镶嵌图像。SAR 镶嵌图像的应用领域包括土地利用、土地覆盖变化、地图生成、海岸线监测、荒漠化研究、湿地环境监测、自然灾害破坏力评估和南极冰川研究。

附录 11A-1 边缘表示

长条图像会受到近地点和远地点强度逐渐变化的影响,这是因为 SAR 在信号处理时会沿着飞行路径在 SWST 之后填充零。另外,由于驻留效应,正射影像会有锯齿形边界,这一点在近地点处观测山区形成的图像中尤为明显。在该过程中,需要进一步确定两个重叠区域的中心线。虽然有几种复杂的方法,但是可以使用这些边界的多项式近似来确定重叠区域的中心。

附录 11A-2 重叠区域的图像选择和中心线确定

这里有 4 种使用重叠图像的方法:①优先处理近程图像上的远程图像;②处理近程图像;③平均两幅图像;④连接近远程图像的边界区域。通常,近程和远程图像质量会下降,不建议使用前两种方法。由于目标区域会随着时间而改变,平均强度也会发生变化。尽管计算方法复杂,但第四种方法似乎是最好的选择。这里我们选择第四种方法。

关键步骤是确定重叠区域的中心线(Centerline,CL)。根据图 11A-1 所示,CL

可以按照如下的方法确定：

$$b_{i,f,I} = \frac{a_{i,f,I} + a_{i,n,I+1}}{2}, \left(b_{i,n,I} = \frac{a_{i,n,I-1} + a_{i,n,I}}{2}\right) \quad (11A-1.1)$$

$$X_{C,f,I} = \sum_{i=0}^{N-1} b_{i,f,I} Y_I^i, (X_{C,n,I+1} = \sum_{i=0}^{N-1} b_{i,n,I+1} Y_{I+1}^i) \quad (11A-1.2)$$

式中：i 表示指数阶数；b 为 a 的加权平均系数。该边缘信息还能够用作镶嵌时有效/无效信息的边界。

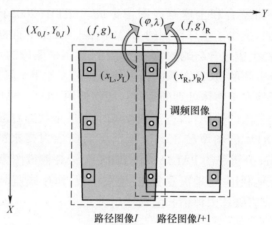

图 11A-1　理论模型和图像压缩之间的图像位置差异

附录 11A-3　重叠区域内测试区的确定

因为图像中的每个像素在纬度/经度上具有多项式表达式，由此可知，第二张图像的像素/线与第一张图像的像素/线重叠为

$$(\varphi, \lambda) = \{f_R(x_R, y_R), g_R(x_R, y_R)\} \quad (11A-1.3)$$

$$(\varphi, \lambda) = \{f_L(x_L, y_L), g_L(x_L, y_L)\} \quad (11A-1.4)$$

式中：后缀 L 和 R 表示左图和右图；x 和 y 是 LGRC；$f(\cdot)$ 和 $g(\cdot)$ 为像素/线的多项式；φ 和 λ 分别表示纬度和经度；对于给定的 (x_R, y_R)，可通过迭代方法确定 (x_L, y_L)，反之亦然。

参考文献

DeGrandi, J. F., Spirolazzi, G., Rauste, V., Curto, Y. A., Rosenqvist, A., and Shimada, M., 2004,

"The GBFM Radar Mosaic of the Eurasian Taiga: Selected Topics on Geo-Location and Preliminary Thematic Products," *Proc. International Geoscience and Remote Sensing Symposium*, *IGARSS* 2004, Anchorage, AK, September 20-24, 2004, http://dx.doi.org/10.1109/IGARSS.2004.1369075

Eidenshink, J., 2006, "A 16-Year Time Series of 1 km AVHRR Satellite Data of the Conterminous United States and Alaska," *Photogramm. Eng. Remote S.*, Vol. 72, No. 9, pp. 1027-1035.

Jin, M. Y. and Wu, C., 1984, "A SAR Correlation Algorithm Which Accommodates Large-Range Migration," *IEEE T. Geosci. Remote*, Vol. GE-22, No. 6, pp. 592-597.

Rosenqvist, A., Shimada, M., Itoh, N., and Watanabe, M., 2007, "ALOS PALSAR: A Pathfinder Mission for Global-Scale Monitoring of Environment," *IEEE T. Geosci. Remote*, Vol. 45, No. 11, pp. 3307-3316.

Shimada, M., 1999, "Verification Processor for SAR Calibration and Interferometry," *Adv. Space Res.*, Vol. 23, No. 8, pp. 1477-1486.

Shimada, M., 2010, "Ortho-Rectification of the SAR Data Using the DEM-Based Simulated Data and Its Accuracy Evaluation," *IEEE J-STARS Special Issue on Kyoto and Carbon Initiative*, Vol. 3, No. 4, pp. 657-671.

Shimada, M. and Isoguchi, O., 2002, "JERS-1 SAR Mosaics of Southeast Asia Using Calibrated Path Images," *Int. J. Remote Sens.*, Vol. 23, No. 7, pp. 1507-1526.

Shimada, M., Isoguchi, O., Tadono, T., and Isono, K., 2009. "PALSAR Radiometric and Geometric Calibration," *IEEE T. Geosci. Remote*, Vol. 47, No. 12, pp. 3915-3932.

Shimada, M. and Ohtaki, T., 2010, "Generating Continent-Scale High-Quality SAR Mosaic Datasets: Application to PALSAR Data for Global Monitoring," *IEEE J-STARS Special Issue on Kyoto and Carbon Initiative*, Vol. 3, No. 4, pp. 637-656.

Shimada, M., Tadono, T., and Rosenqvist, A., 2010, "Advanced Land Observation Satellite (ALOS) and Applications for Monitoring Water, Carbon, and Global Climate Change," *Proc. IEEE*, Vol. 98, No. 5, pp. 780-799.

Uryu, Y., Mott, C., Foead, N., Yulianto, K., Budiman, A., Setiabudi, Takakai, F., et al., 2001, "Deforestation, Forest Degradation, Biodiversity Loss and CO_2 Emissions in Riau, Sumatra, Indonesia," *WWF Indonesia Technical Report*, Jakarta, Indonesia.

第12章
SAR干涉

12.1 引言

干涉SAR(InSAR)测量的是两幅已经配准好的SAR复图像之间的相位差,并将其转化为地球物理学参数:地势、表面形变度、植被覆盖、植被高度、动目标(航迹向干涉)等(Massonnet等,1993)。在最新的空间技术进展中,如厘米级定位和百米级的轨道或标称轨道维护,使得差分或者时序干涉SAR能够准确地监测表面形变。差分干涉SAR(DInSAR)、恒定散射体干涉SAR(PSIn-SAR)以及小基线子集是这类技术的代表性方法。干涉SAR的精度与目标特性和信号传播的媒介息息相关:①空时和散射特性;②SAR信号质量;③轨间特性:基线和精度;④信号传播特性:电离层和对流层;⑤数据处理特性:图像配准、滤波、解缠等。

在这之中,前3种特性(目标特性、SAR信号质量以及基线距离)已在许多文献中得到了充分研究(Zebker和Villasenor,1992;Zebker等,1992;Zebker和Goldstein,1986;Moccia和Vetrella,1992;Prati等,1993;Monti-Guarnieri等,1993;Rodriguez和Martin,1992;Bamler和Just,1993;Gray和Farris-Manning,1993;Li和Goldstein,1990)。同时,尽管还存在一些问题,相位解缠也已开展了许多研究(Goldstein等,1988;Spagnolini,1995;Hunt,1979;Takajo和Takahashi,1988;Ghiglia和Pritt,1998)。相比之下,其他特性的研究却很少,其中,图像配准问题主要依赖于SAR成像算法。

12.2 SAR干涉原理

12.2.1 场景

如图12-1所示,同一SAR从几乎相同的轨道但不同的时间对地球上的目标区域进行至少两次重复观测,或两个相同的 SAR 从单一轨道同时观测目标,但两者的轨道被交叉航迹基线分离开来。其中前者称为重复航过干涉 SAR,而后者称为单航过干涉 SAR。由于种种原因,包括硬件生产、测量敏感性以及经费问题,单航过干涉 SAR 只被美国 NASA/SRTM、德国 DLR/TSX 以及 TDX 等机构用于星载观测。但在实际中,它更多地用于机载观测。对于重轨干涉 SAR,由于不易用于机载观测,它主要用于星载观测。

图 12-2 给出了普遍意义下的干涉 SAR 观测示意图。其中,主图像和副图像由几乎平行的轨道观测所得,区别在于对于同一目标,两次观测的入射角略有差别(图 12-2(b)和(c))。因此,两幅图像中都包含同一目标,并且目标都在如 12-2(a)特写图像所示的像素中。我们假定两个轨道是非常精确的,从而可以获得与图像一一对应的关系。但在实际中,两个轨道很难做到完全平行,也不能做到精确匹配。因此,要建立准确的配准框架,对图像相关性提出了更高要求,但这却很难实现,从而会引入其他误差。

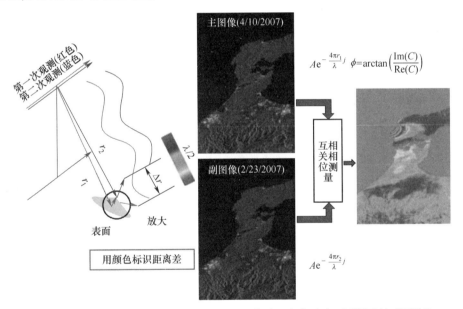

图 12-1 差分 SAR 干涉技术及其形变(和差分陆地变化速度)探测原理(见彩插)

12.2.2 像素表达式

下面考虑分别用点目标和分布式目标来估计像素的表达式。
(1) 对于点目标,SAR 复图像的像素表达式为

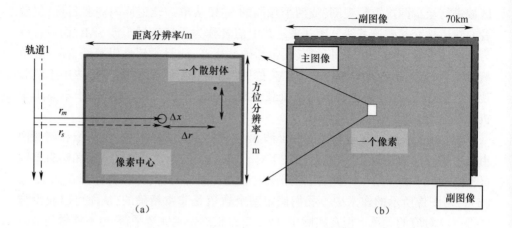

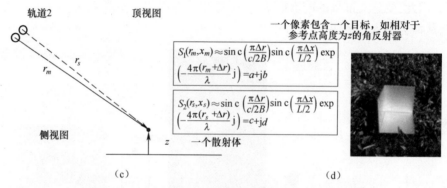

图 12-2 在顶部和水平维度上的协同 SAR 图像示意图

(a) 两个已配准像素的顶视图；(b) 两图像位置示意图；(c) 侧视图；(d) 一个代表性的散射体：角反射器。(见彩插)

$$S_m(r_m, x_m) = A(r_m, x_m) \operatorname{sinc}\left\{\frac{\pi(r-r_m)}{c/2B}\right\} \operatorname{sinc}\left\{\frac{\pi(x-x_m)}{L/2}\right\} \exp\left(-\frac{4\pi r_m}{\lambda}j\right) \tag{12.1}$$

式中：r 和 r_m 分别代表雷达到点目标和像素中心的方位向距离；x 和 x_m 分别代表雷达到点目标和像素中心的距离向距离。式(12.1)给出了点目标的一般情况，即点目标不必位于像素中心。

(2) 对于分布式目标，每个像素的响应为该像素中所有点目标响应的线性叠加，其增益是具有 sinc 函数形式的方位向和距离向的加权值。因此，对于位于 r_m 和 x_m 像素(图 12-3)，其表达式为

$$\begin{aligned} S_m(r_m, x_m) &= e^{-2\pi j\frac{2r_m}{\lambda}} \sum_{i=1}^{N} A_{m,i}\, e^{-2\pi \Phi_{m,i}} W_{m,i} + A_{m,n}\, e^{j\phi_{m,n}} \\ &= a + bj \end{aligned} \tag{12.2}$$

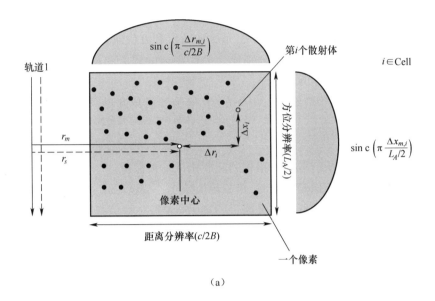

(a)

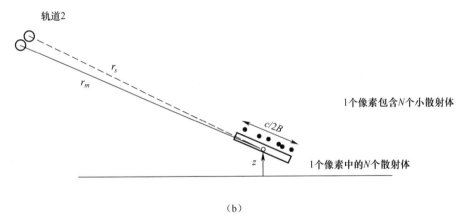

(b)

图 12-3 由大量散射体组成的分辨单元的坐标系统。当散射体离像素中心越远，
相关散射信号的振幅就越小

(a)由所有散射体构成的像素或分辨单元的顶视图；(b)包含所有散射体的像素的侧视图。

$$\Phi_{m,i} = \delta_{m,i} - \frac{2 \cdot \Delta r_{m,i}}{\lambda} \qquad (12.3)$$

$$\Delta r_{m,i} = r_{m,i} - r_m \qquad (12.4)$$

$$W_{m,i} = \tau T_a \mathrm{sinc}\left(\pi \frac{\Delta r_{m,i}}{c/2B}\right) \cdot \mathrm{sinc}\left(\pi \frac{\Delta x_{m,i}}{L_A/2}\right) \qquad (12.5)$$

式中：后缀 m 代表主图像；$A_{m,i}$ 代表主图像像素中第 i 个散射体的散射信号幅度；$\Phi_{m,i}$ 代表定义在像素中心处两个相位的平衡，即瞬时相位变化 $\delta_{m,i}$ 和距离错位

293

$\Delta r_{m,i}$ 引起的相位变化;Δx 代表方位向像素间距;$W_{m,i}$ 代表冲激响应函数;B 是距离向带宽;L_A 是方位向天线长度;τT_a 是脉冲宽度和方位向合成孔径时间的乘积;V_g 代表卫星地面速度;A_n 和 ϕ_n 分别代表关联噪声的幅度和相位(接收机的热噪声、AD 冗余噪声、AD 饱和噪声等)。

应该注意的是,尽管散射是二位分布的,但为了简单起见,它们可以按一维进行编号。

总结来说:
(1)分辨单元中所有散射体累积的截断相位均被保留;
(2)当散射体偏离像素中心时,相关幅值减小;
(3)噪声的存在会降低互相关性。

12.2.3 互相关

在干涉 SAR 的应用场景中,我们通常处理的是重复航过干涉 SAR,此时两幅图像的互相关为

$$\gamma \cdot e^{j\phi} = \frac{\langle S_m \cdot S_s^* \rangle}{\sqrt{\langle S_m \cdot S_m^* \rangle \langle S_s \cdot S_s^* \rangle}} \tag{12.6}$$

式中:$\langle \cdot \rangle$ 代表集合平均;γ 代表归一化相关系数,其范围为 $[0.0, 1.0]$;ϕ 代表相位,其范围为 $[-180°, 180°]$。

将式(12.3)和式(12.5)代入式(12.6),则其分子变为

$$\begin{aligned}
\langle S_m \cdot S_s^* \rangle &= \langle \left(e^{-4\pi j \frac{r_m}{\lambda}} \sum_i A_{m,i} e^{2\pi j \Phi_{m,i}} W_{m,i} + A_{m,n} e^{j\phi_{m,n}} \right) \\
&\quad \left(e^{-4\pi j \frac{r_s}{\lambda}} \sum_k A_{s,k} e^{2\pi j \Phi_{s,k}} W_{s,k} + A_{s,n} e^{j\phi_{s,n}} \right)^* \rangle \\
&= e^{-4\pi j \frac{r_m - r_s}{\lambda}} \langle \sum_i \sum_k A_{m,i} A_{s,k} e^{2\pi j (\Phi_{m,i} - \Phi_{s,k})} W_{m,i} W_{s,k} \rangle \\
&\quad + e^{-4\pi j \frac{r_m}{\lambda}} \langle \sum_i A_{m,i} e^{2\pi j \Phi_{m,i}} W_{m,i} A_{s,n} e^{-j\phi_{s,n}} \rangle \\
&\quad + e^{4\pi j \frac{r_s}{\lambda}} \langle A_{m,n} e^{j\phi_{m,n}} \sum_k A_{s,k} e^{-2\pi j \Phi_{s,k}} W_{s,k} \rangle + \langle A_{m,n} e^{j\phi_{m,n}} A_{s,n} e^{-j\phi_{s,n}} \rangle \\
&= e^{-4\pi j \frac{r_m - r_s}{\lambda}} \langle \sum_i \sum_k A_{m,i} A_{s,k} e^{2\pi j (\Phi_{m,i} - \Phi_{s,k})} W_{m,i} W_{s,k} \rangle
\end{aligned}$$

(12.7)

由于与噪声相关的集合平均值为零,在第二个等式中后 3 项变为零,而第二行

第一项可以非零。该项即为两个像素的互相关,其中每个像素包含 N 个散射体。它的期望可以是两个部分独立像素的协方差,如图 12-4 所示。

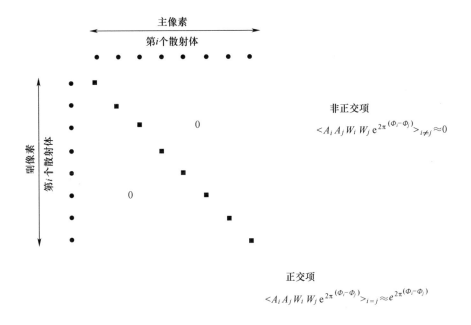

图 12-4　两个像素互相关的集合平均,每个像素包含 N 个散射体

该图原理性地阐述了互相关如何操作以及集合平均如何求解。我们从配准后的主图像和副图像中选取一个像素。在这个像素中所有散射体按照从 1 到 N 进行编号,并在水平方向上从左到右进行排列。以类似的方式,副图像中的像素则在垂直方向上进行排列,如图 12-4 所示。

对两个这样排列的像素求协方差,即进行集合平均,得到的结果是:只在正交分量上有非零的分量,而非正交分量由于集合平均为 0,因此结果也为 0。这样一来,正交分量的总和可以用相位旋转来表示,它代表受散射体变化影响的两个像素的平均错位。

已配准好的像素在距离和方位上稍有错位(图 12-3),因此,式(12.6)中符号 $\langle \cdot \rangle$ 中所包含的项变为复常数:

$$\left\langle \sum_i \sum_k A_{m,i} A_{s,k} e^{2\pi j(\Phi_{m,i}-\Phi_{s,k})} W_{m,i} W_{s,k} \right\rangle = f \cdot \exp(\delta j) \qquad (12.8)$$

式中:δ 是平均超额相位差,而不是定义在像素中心的主-副距离差。如果散射体均匀分布在一个像素内,δ 一定为零。通常,自然情况下,δ 约等于 0。

另一方面,如式(12.2)的第二个等价项所示,每个像素都是一个复值。两个

复值的互相关为

$$\begin{aligned}\langle \boldsymbol{S}_m \cdot \boldsymbol{S}_s^* \rangle &= (a+jb)(c-jd) \\ &= (ac+bd)+j(bc-ad) \\ &= ABe^{j\phi}\end{aligned} \quad (12.9)$$

式中:a、b、c、d、A、B 以及 ϕ 均为实数,可以通过简单变化式(12.9)得到 ϕ 为

$$\phi = \arctan\left(\frac{bc-ad}{ac+bd}\right) = \arctan\left\{\frac{\Im(\langle \boldsymbol{S}_m \cdot \boldsymbol{S}_s^* \rangle)}{\Re(\langle \boldsymbol{S}_m \cdot \boldsymbol{S}_s^* \rangle)}\right\} \quad (12.10)$$

根据这一关系,式(12.6)的分子可改写为

$$\begin{aligned}\langle \boldsymbol{S}_m \cdot \boldsymbol{S}_s^* \rangle &= A\exp(\phi j) \\ &= e^{-4\pi j\frac{r_m-r_s}{\lambda}}e^{j\delta}\end{aligned} \quad (12.11)$$

通过比较指数项,我们最终可得到一个重要的方程来描述测量相位和差分斜距之间的关系,即

$$\begin{aligned}\phi &= -\frac{4\pi}{\lambda}(r_m-r_s)+\delta \\ &= \arctan\frac{\Im(\langle \boldsymbol{S}_m \cdot \boldsymbol{S}_s^* \rangle)}{\Re(\langle \boldsymbol{S}_m \cdot \boldsymbol{S}_s^* \rangle)}\end{aligned} \quad (12.12)$$

式中:$\Im()$ 和 $\Re()$ 分别代表实部和虚部。集合平均计算是对多个像素进行的。

12.2.4 r_m-r_s 的安排以及理论干涉 SAR 相位

为了分析式(12.12)中 r_m-r_s 的差分范围,我们采用如图 12-5 所示的坐标系:目标 P 位于地表面(球面)上方高度 Z 处;两个轨道 m 和 s,以侧视观察点 P,两个轨道在平行和垂直于地球表面的方向上分别间隔 B 和 dh。我们做以下假设:在两次观测中,没有发生去相关(时间、热量或空间)情况;点 P 由于表面形变被转换至 P',也即在平行于地表面和垂直于地表面方向分别有 dx 和 dz 的位移,同时 SAR 特性保持不变。

对于式(12.12),可得到如下等式:

$$\begin{aligned}\phi &= -\frac{4\pi}{\lambda}(r_m-r_s) \\ &= -\frac{4\pi}{\lambda}(r_s'-r_s)+\frac{4\pi}{\lambda}(r_m'-r_s')\end{aligned} \quad (12.13)$$

从图中来看,$r_m' = r_m$,从而可确定如下 6 个公式:

$$r_m = \{(R_1+z)^2+R_m^2-2(R_1+z)R_m\cos(\varphi_1+\Delta\varphi_0)\}^{1/2} \quad (12.14)$$

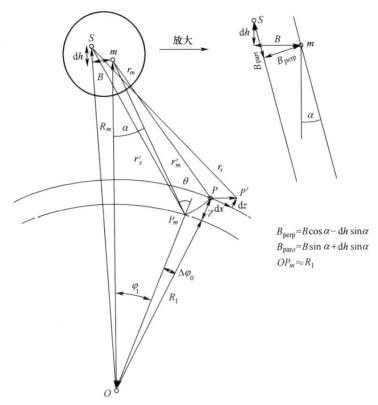

图 12-5 干涉 SAR 和差分干涉 SAR 的坐标系统

$$r_s = \left\{ (R_1+z)^2 + (R_m+\mathrm{d}h)^2 - 2(R_1+z+\mathrm{d}z)(R_m+\mathrm{d}h)\cos\left(\varphi_1+\Delta\varphi_0+\frac{B}{R_m}+\frac{\mathrm{d}x}{R_1}\right) \right\}^{1/2}$$
(12.15)

$$r'_m = (R_1^2 + R_m^2 - 2R_1 R_m \cos\varphi_1)^{1/2} \quad (12.16)$$

$$r'_s = \left\{ R_1^2 + (R_m+\mathrm{d}h)^2 - 2R_1(R_m+\mathrm{d}h)\cos\left(\varphi_1+\frac{B}{R_m}\right) \right\}^{1/2} \quad (12.17)$$

$$\varphi_1 = \arccos^{-1}\left(\frac{R_1^2 + R_m^2 - r_m^2}{2R_1 R_m}\right) \quad (12.18)$$

$$\Delta\varphi_0 = \frac{z}{R_1+z}\frac{R_m^2 - r_m^2 - R_1^2}{2R_1 R_m \sin\varphi_1} \quad (12.19)$$

式中：r_m 为主轨道(m)到点 P 的观测斜距；r_s 为副轨道(s)到点 P 的观测斜距；R_1 是地球在 P 点处的半径；R_m 为主轨道高度；φ_1 是主轨道与 P_m 之间的地心角；$\mathrm{d}h$ 是主轨道和副轨道在垂直于地球表面方向上的间隔；z 是 P 的高度；B 是主轨道和副轨道在平行于地球表面方向上的间隔。点 P 在参考地面上的投影为 P_m；和 r_m

相对应，投影点 P'_m 有两个对应的斜距 r'_m 和 r'_s 。

根据式(12.17)，r'_s 可由展开的泰勒级数前两项表示为

$$
\begin{aligned}
r'_s &\approx \{R_1^2 + R_m^2 + 2R_m\mathrm{d}h - 2R_1(R_m + \mathrm{d}h)\cos\varphi_1 + 2R_1(B\sin\varphi_1)\}^{1/2} \\
&= \{r_m'^2 + 2R_m\mathrm{d}h - 2R_1\mathrm{d}h\cos\varphi_1 + 2R_1(B\sin\varphi_1)\}^{1/2} \\
&= r'_m + \frac{1}{r'_m}\{\mathrm{d}h(R_m - R_1\cos\varphi_1) + R_1(B\sin\varphi_1)\}
\end{aligned}
\tag{12.20}
$$

图 12-5 中还存在两个公式：

$$
\cos\alpha = \frac{R_m - R_1\cos\varphi_1}{r'_m} \tag{12.21}
$$

$$
\sin\alpha = \frac{R_1\sin\varphi_1}{r'_m} \tag{12.22}
$$

平行基线距离 B_{para} 可表示为

$$
\begin{aligned}
r'_s - r'_m &\approx \mathrm{d}h\cos\alpha + B\sin\alpha \\
&\equiv B_{\text{para}}
\end{aligned}
\tag{12.23}
$$

将式(12.15)和式(12.20)代入式(12.13)中，则式(12.13)第二行第一项可改写为

$$
\begin{aligned}
r'_s - r_s \approx{}& \frac{zR_1}{r_mR_m}\left\{\frac{B\cdot(r_m^2 + R_m^2 - R_1^2)}{(-r_m^4 + 2r_m^2R_m^2 - R_m^4 + 2r_m^2R_1^2 + 2R_m^2R_1^2 - R_1^4)^{1/2}} - \mathrm{d}h\right\} \\
&+ \left[\mathrm{d}z\frac{r_m^2 - R_m^2 + R_1^2}{2r_mR_1} + \mathrm{d}x\frac{R_m}{r_m}\left\{1 - \frac{(-r_m^2 + R_m^2 + R_1^2)^2}{4R_m^2R_1^2}\right\}^{1/2}\right]
\end{aligned}
\tag{12.24}
$$

结合

$$
\begin{aligned}
\cos(\pi - \alpha) &= \frac{r_m^2 - R_m^2 + R_1^2}{2r_mR_1} \\
\cos\varphi_1 &= \frac{-r_m^2 + R_m^2 + R_1^2}{2R_1R_m}
\end{aligned}
\tag{12.25}
$$

$$
\begin{aligned}
&(-r_m^4 + 2r_m^2R_m^2 - R_m^4 + 2r_m^2R_1^2 + 2R_m^2R_1^2 - R_1^4) \\
&= 4r_m^2R_m^2 - (r_m^2 + R_m^2 - R_1^2)^2 \\
&= 4r_m^2R_m^2\sin^2\alpha
\end{aligned}
\tag{12.26}
$$

以及

$$
\begin{aligned}
\frac{r_m^2 - R_m^2 + R_1^2}{2r_mR_1} &= \cos(\pi - \theta) \\
r_m\sin\theta &= R_m\sin\varphi_1
\end{aligned}
\tag{12.27}
$$

式(12.24)可变为

$$r'_s - r_s \approx \frac{zR_1}{r_m R_m}\left\{\frac{B(r_m^2 + R_m^2 - R_1^2)}{2r_m R_m \sin\alpha} - dh\right\} + (-dz \cdot \cos\theta + dx \cdot \sin\theta)$$

$$= \frac{zR_1}{r_m R_m}\left(\frac{B\cos\alpha}{\sin\alpha} - dh\right) + (-dz \cdot \cos\theta + dx \cdot \sin\theta)$$

(12.28)

利用式(12.29)和式(12.30),可以得到垂直基线 B_{perp} 和 B、dh 以及 R_1、R_m 的关系:

$$B_{perp} = B\cos\alpha - dh\sin\alpha \tag{12.29}$$

$$R_m \sin\alpha = R_1 \sin(\pi - \alpha) \tag{12.30}$$

可得

$$r'_s - r_s \approx \frac{zB_p}{r_m \sin\theta} - dz \cdot \cos\theta + dx \cdot \sin\theta \tag{12.31}$$

将式(12.23)和式(12.31)代入式(12.13),可以得到非常重要的干涉相位和双图像差分方程:

$$\phi = -\frac{4\pi}{\lambda}(r_m - r_s)$$

$$\approx -\frac{4\pi}{\lambda}\left(\frac{B_{perp}z}{r_m \sin\theta} + dD + B_{para}\right) \tag{12.32}$$

$$dD = -dz \cdot \cos\theta + dx \cdot \sin\theta \tag{12.33}$$

此处,dD 代表沿视线方向所测量的变形值。

12.2.5 沿航迹干涉

沿航迹干涉(ATI)可用于检测运动目标及其径向速度,利用的则是其会引起 InSAR 相位和相干性下降。其测量原理与切轨干涉 SAR 一致。如干涉 SAR 为单航过干涉 SAR,处理难度可以大大降低。与之相对应,基于机载平台的重复航过干涉 SAR 实现可能会相当困难。大多数星载 ATI 采用单航过干涉 SAR,因此,无须进行严格的配准处理,因为不存在轨道误差和地形误差校正的问题。其结果可通过简单地关联两幅图像数据所得。

在 3 种 ATI 配置(Stiefvater Consultants,2006)——单发双收、具有"乒乓模式"的双发双收以及类似于重复航过干涉 SAR 的双独立发射/接收模式中,我们选择第一种情况进行分析。很容易获得两天线运动时的相位变化,此时,干涉 SAR 相位可由式(12.32)求得并重写为

$$\varphi = -\frac{2\pi}{\lambda}\left(\frac{B_{\text{perp}}z}{r_m \sin\theta} + dD + B_{\text{para}}\right)$$

$$= -\frac{2\pi}{\lambda}dD \tag{12.34}$$

$$= -\frac{2\pi}{\lambda}\frac{B}{V_g}U$$

式中:B_{perp} 和 B_{para} 为 0;dD 为视线方向上的位移;B 为方位向上的天线基线;V_g 为卫星地面速度;U 为目标在视线方向上的速度。

在式(12.34)的左边插入 2π,可得到最大模糊速度为

$$U = \frac{\lambda}{B}V_g \tag{12.35}$$

12.2.6 干涉 SAR 相关

式(12.12)测得的相位是统计意义下的,其标准差可由克拉美罗(Cramer-Rao)界求得(Rodriguez 和 Martin,1992;Madsen 等,1995)

$$\sigma_\Phi = \frac{1}{\sqrt{2N}}\frac{\sqrt{1-\gamma^2}}{\gamma} \tag{12.36}$$

式中:γ 为 Zebker 和 Villasenor(1992)定义的两幅图像的相关系数,根据式(12.6)可知,它可以分解为 3 个相乘的分量:

$$\gamma = \frac{|\langle S^m \cdot S^{s*}\rangle|}{\sqrt{\langle S^m \cdot S^{m*}\rangle}\sqrt{\langle S^s \cdot S^{s*}\rangle}}$$

$$= \frac{P_{c1}}{P_c} \cdot \frac{P_c}{P_c + P_d} \cdot \frac{1}{1 + \text{SNR}^{-1}} \tag{12.37}$$

$$\rightarrow \gamma_{\text{temp}} \cdot \gamma_{\text{spatial}} \cdot \gamma_{\text{thermal}}$$

式中:P_{c1} 为无时间去相关的相关分量功率;P_c 为有时间去相关的相关分量功率;P_d 为非相关分量功率;SNR 为信噪比;γ_{temp} 为时间去相关;γ_{spatial} 为空间去相关;γ_{thermal} 为热去相关。对总相关系数进行建模可得(Zebker 和 Villasenor,1992)

$$\gamma = \exp\left\{-\frac{1}{2}\left(\frac{4\pi}{\lambda}\right)^2(\sigma_y^2 \sin^2\theta + \sigma_z^2 \cos^2\theta)\right\} \cdot \left(1 - \frac{2|B|R_y\cos^2\theta}{\lambda r}\right) \cdot \frac{1}{1 + \text{SNR}^{-1}}$$

$$\tag{12.38}$$

式中:$\sigma_y(\sigma_x)$ 为横轨(和垂直)方向的均方根误差移动;θ 为局部入射角;ρ_r 为斜距分辨率;r 为斜距;B 为水平基线距离;R_y 为距离向分辨率。在前面的章节中,我们讨论了这样一个事实,即 JERS-1 SAR 数据有时会严重饱和。我们评估了热

噪声和饱和噪声对去相关的影响。当信噪比为 5dB,饱和率为 5% 时(表 9-3 ~ 表 9-5), γ_{thermal} 为 0.75,饱和度贡献了 0.95% 的去相关。PALSAR 的平均信噪比为 8dB,从而 γ_{thermal} 为 0.86,PALSAR-2 的平均信噪比为 12dB, γ_{thermal} 则为 0.94。因此,就去相关而言,信噪比的影响大于饱和度的影响。

12.2.7 地球物理学参数

这里,我们总结了可以从干涉 SAR 求得的地球物理学参数。

12.2.7.1 高度

高度 z 可通过令式(12.32)中 $dD=0$ 求得

$$z = -\phi_{\text{uw}} \frac{\lambda}{4\pi} \frac{r_m \sin\theta}{B_{\text{perp}}} - \phi_a + z_b \tag{12.39}$$

相应的标准差 σ_z 为

$$\sigma_z = \sqrt{\frac{1-\gamma^2}{2N\gamma^2}} \frac{\lambda}{4\pi} \frac{r_m \cdot \sin\theta}{B_{\text{perp}}} \tag{12.40}$$

式中: ϕ_{uw} 为未缠绕的相位(见 12.8 节); ϕ_a 为大气校正量; z_b 为高度偏差。

12.2.7.2 形变

整理式(12.32),可以得到 dD 的表达式为

$$dD = -\frac{\lambda}{4\pi}\phi - \left(\frac{B_{\text{perp}} \cdot z}{r_m \cdot \sin\theta} + B_{\text{para}}\right) \tag{12.41}$$

以及其标准差为

$$\sigma_{dD}^2 = \left(\frac{\lambda}{4\pi}\right)^2 \sigma_\phi^2 + \left(\frac{B_{\text{perp}}}{r_m \sin\theta}\right)^2 \sigma_Z^2 + \left(\frac{z}{r_m \sin\theta}\right)^2 \sigma_{B_{\text{perp}}}^2 + \sigma_{B_{\text{para}}}^2 \tag{12.42}$$

12.2.7.3 局部法矢量

局部法矢量($\boldsymbol{n}_l$)是用以描述表面法矢量的参数,其表达式为

$$\boldsymbol{n}_l = \frac{\left(-\frac{\partial z}{\partial x}, -\frac{\partial z}{\partial y}, 1\right)^t}{\sqrt{\left(\frac{\partial z}{\partial x}\right)^2 + \left(\frac{\partial z}{\partial y}\right)^2 + 1}} \tag{12.43}$$

$$\begin{pmatrix} \dfrac{\partial z}{\partial x} \\ \dfrac{\partial z}{\partial y} \end{pmatrix} = -\dfrac{\lambda}{4\pi} \dfrac{r_m \sin\theta}{B_{\text{perp}}} \begin{pmatrix} \dfrac{\partial \phi}{\partial x} \\ \dfrac{\partial \phi}{\partial y} \end{pmatrix} \qquad (12.44)$$

12.3 处理流程

图 12-6 总结并给出了干涉 SAR 的处理过程。

(1) 采用几乎相同的多普勒中心频率生成 SLC 图像(主图像和副图像)(该条件并不是必需的,但相同的多普勒中心频率可使得后续的配准更易操作)。

(2) 建立配准框架。

(3) 对于干涉 SAR 和差分干涉 SAR,包括原始干涉条纹生成以及以下步骤:与地表的互配准,基于数字高程模型(DEM)的条纹校正、轨道校正以及大气和电离层校正。

(4) 生成最终的结果并将其投射到地图上。

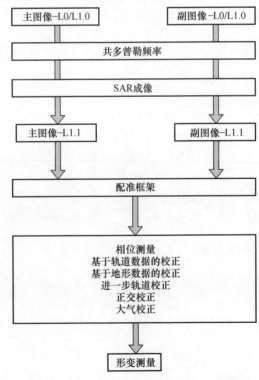

图 12-6 干涉 SAR 和差分干涉 SAR 处理流程

干涉 SAR,特别是差分 SAR,要求 SAR 图像与地表地形很好地关联与互配准。因此,SAR 图像与 DEM 的精确配准是一个必须解决的问题,在这之中,精确的 SAR 地理定位尤为关键。

12.4 空间去相关及关键基线

干涉 SAR 相干性主要依赖于 3 种去相关,即热去相关、空间去相关和时间去相关,如式(12.37)所示。去相关实际上指的是对相关性的降低(即相关性＝1－去相关)。其他去相关类型还包括植被去相关、高度相关去相关和电离层去相关。

其中比较常见的一种是空间去相关,可以在考虑到两个相邻观测(和入射角)投射在同一表面上的波长的几何关系有一些不同,并且波长可以通过移动一个或另一个观测结果进行匹配时从理论上推导出来。

这里,我们假设干涉发生于相同波(通过观察位于表面的一系列粒子)的两个波段。图 12-7 给出了从两个测视角对地表上像素 A 进行观测的几何示意图,其中主轨道为 θ,副轨道为 $\theta' = \theta - \Delta\theta$,两者之间的垂直基线为 B_{perp}。干涉测量与两种观测结果中位于表面的具有相同波长分量的散射体相关。从而,表面上对应于主天线(Λ)和副天线(Λ')的波长,分别为

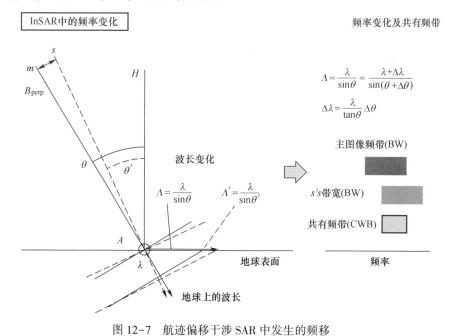

图 12-7 航迹偏移干涉 SAR 中发生的频移

$$\Lambda = \frac{\lambda}{\sin \theta} \tag{12.45}$$

$$\Lambda' = \frac{\lambda}{\sin \theta'} \tag{12.46}$$

其中

$$\theta' = \theta - \Delta\theta \tag{12.47}$$

随后,波长将以 $\Delta\lambda$ 为大小变化如下:

$$\Lambda = \frac{\lambda}{\sin \theta} = \frac{\lambda + \Delta\lambda}{\sin(\theta - \Delta\theta)} \tag{12.48}$$

$$\Delta\lambda = -\frac{\lambda}{\tan \theta}\Delta\theta \tag{12.49}$$

对波长求微分可得

$$\lambda = \frac{c}{f} \tag{12.50}$$

其中

$$\Delta f = -\frac{f^2}{c}\Delta\lambda \tag{12.51}$$

因此,主轨道和副轨道会根据入射角的不同产生相互的波长偏移。当 $\Delta\lambda$ 超过总带宽(B_w)时,干涉测量会发生失效。空间去相关性可以表示为

$$\gamma_{\text{spatial}} = \frac{B_w + \dfrac{f^2}{c}\Delta\theta}{B_w} \tag{12.52}$$

在临界基线处,相关性变为 0。

图 12-8 给出了一个 ALOS-PALSAR 的 γ 和基线之间关系的例子。在 628km 高度上对于 14MHz、28MHz、42MHz、84MHz 的 SAR 带宽在理论上有 7km、15km、23km 和 45km 的临界基线。根据经验,临界基线的 10% 会产生有效的干涉测量结果。

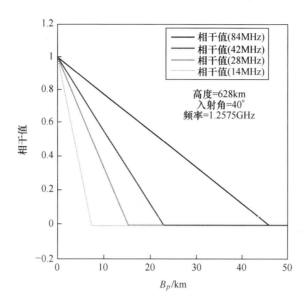

图 12-8 γ 及临界基线和垂直基线 B_{perp} 之间的关系(见彩插)

12.5 精度要求

12.5.1 差分干涉 SAR 的高程精度要求

将式(12.42)表示为

$$\sigma_{dD}^2 = \left(\frac{\lambda}{4\pi}\right)^2 \sigma_\phi^2 + \left(\frac{B_p}{r_m \sin\theta}\right)^2 \sigma_z^2 \qquad (12.53)$$

令右边的第二项为 0,我们就可以估计出表面形变误差。通常,雷达系统的 σ_ϕ 约为 30°,从而对于 L 波段,σ_{dD} 为 0.97cm,并且随着 σ_ϕ 的增加而增加。如果式(12.53)右边的第二项小于第一项,可得到如下不等式:

$$\sigma_z \leqslant \frac{\lambda}{4\pi} \frac{r_m \sin\theta}{B_{perp}} \sigma_\phi \qquad (12.54)$$

从图 12-9 的某一样本结果可以看出,当 $B_p = 0.5$km,$r_m = 710$km,$\theta = 38°$时,DEM 引起的误差可能高达 20m,而这也是其中常见的现象。

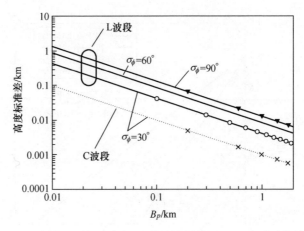

图 12-9 对于 3 个 L 波段和一个 C 波段，垂直基线距离（B_{perp}）与高度标准差之间的关系

12.5.2 轨道精度要求

令 ΔB_{perp} 和 ΔB_{para} 在轨道数据中存在偏差，根据偏差将式（12.41）展开，并忽略相位测量误差，可得到高度误差为

$$\Delta z = r_m \sin\theta \frac{B_{para}}{B_{perp}} \frac{\Delta B_{para} - \Delta B_{perp}}{B_{perp}} \quad (12.55)$$

值得注意的是，无论波长大小，该方程始终有效。当 B_{perp}（B_{para}）为 200m，ΔB_{para} 为 10m，ΔBx_{perp} 为 20m，r_m 为 710000m，$\sin\theta$ 为 0.5 时，Δz 为 18km 且不可用。如果我们希望在这些条件下 $\Delta z < 3$m，则 ΔB_{para}（ΔB_{perp}）应该小于 1cm。

12.6 误差分析

干涉 SAR 所有误差源如表 12-1 所列。这些误差仅与干涉 SAR 处理过程有关；通过选择配准参数和修正轨道参数，可以使这些误差最小。

表 12-1 误差源总结

序号	项目	类型	可改善性	干涉/差分干涉 SAR
1. 去相关	空间去相关	随机误差	不可改善	二者兼有
	热去相关	随机误差	不可改善	二者兼有
	时间去相关	随机误差	不可改善	二者兼有

(续)

序号	项目	类型	可改善性	干涉/差分干涉SAR
2. 主/副图像配准	配准框架	随机误差	可改善	二者兼有
	配准系数	随机误差	可改善	二者兼有
	配准准则	随机误差	可改善	二者兼有
	插值	随机误差	可改善	二者兼有
3. 主/SAR仿真图像配准	SAR仿真图像生成	随机误差	可改善	差分干涉SAR
4. DEM	高度精度	始终存在/随机误差	不可改善	差分干涉SAR
	高度变化	随机误差	不可改善	差分干涉SAR
5. 轨道误差	航迹向便宜	始终存在	可改善	二者兼有
	垂直航迹向偏移	始终存在	可改善	二者兼有
	非平行成分	始终存在	可改善	二者兼有
6. 其他参数	水蒸气	始终存在	可改善	二者兼有
	投影缩减		不可改善	二者兼有
	顶底倒置		不可改善	二者兼有
	聚焦	随机误差	可改善	二者兼有

12.6.1 配准

由于方向、位置和速度等轨道特性会随时间变化,两幅图像之间精准的配准虽然非常重要,但往往很难实现。然而,在相同的多普勒质心下生成两幅图像并重新规划零基线可有效降低配准要求（Massonnet 和 Rabaute,1993; Zebker 等,1994）。本节主要讨论了配准与精度之间的关系,如参数、帧、精度要求和插值。

12.6.1.1 配准参数

配准的质量可由两个参数表示:复相关性(式(12.56)中的 γ)以及幅度协方差(式(12.57)中的 β):

$$\gamma = \frac{|\langle C_m \cdot C_s^* \rangle|}{\sqrt{\langle C_m \cdot C_m^* \rangle}\sqrt{\langle C_s \cdot C_s^* \rangle}} \tag{12.56}$$

$$\beta = \frac{|\langle (A_m - \bar{A}_m) \cdot (A_s - \bar{A}_s) \rangle|}{\sqrt{\langle (A_m - \bar{A}_m)^2 \rangle}\sqrt{\langle (A_s - \bar{A}_s)^2 \rangle}} \tag{12.57}$$

式中：A 代表幅度。

我们在不同信噪比下进行了时间去相关仿真。在仿真中，我们准备了两组模拟信号，每组信号分别由 $\varepsilon\%$（功率比）的相关分量和 $(1-\varepsilon)\%$（功率比）的非相关分量的组成。前者由给定位置处的 sinc 函数加权所得，后者则由热噪声和非相关信号分量加权所得。因此，模拟的主副天线信号可表示为

$$C = S_c + S_{uc} + N \tag{12.58}$$

$$|S_c|^2 = \varepsilon |S|^2 \tag{12.59}$$

$$|S_{uc}|^2 = (1-\varepsilon) |S|^2 \tag{12.60}$$

$$\mathrm{SNR} = \frac{|S_c + S_{uc}|^2}{|N|^2} = \frac{|S|^2}{|N|^2} \tag{12.61}$$

$$\gamma \approx \frac{\varepsilon |S|^2}{|S_c + S_{uc}|^2 + |N|^2} = \frac{\varepsilon}{(1+\mathrm{SNR}^{-1})} \tag{12.62}$$

式中：C 代表仿真复图像；S_c 为相关信号分量；S_{uc} 为非相关信号分量；N 为热噪声。主图像和副图像的后缀被省略，其中 S_c 作为一个包含目标纹理的函数（即 sinc 函数）被引入。为了在使用 β 时成功地找到结合点，该仿真采用了点目标状纹理。

图 12-10(a) 给出了 3 种情况下在结合点附近关于 γ 和 β 的响应（$\gamma = 0.3$、0.5 和 0.7）。由于 β 在这些情况下是一致的，因此只有一条曲线显示。如果 γ 在结合点处有明显高于相邻区域的峰值，便可以正确地选择出结合点；否则，可能会发生错误选择。

图 12-10(b) 给出了 γ 与试验成功率的关系，即试验成功次数与总试验次数的比值。结果表明，当 $\gamma \geq 0.6$ 时，γ 可 100% 准确地选择结合点，较小的 γ 则可能导致错误选择。无论 γ 如何，β 总是可以正确地选择结合点。

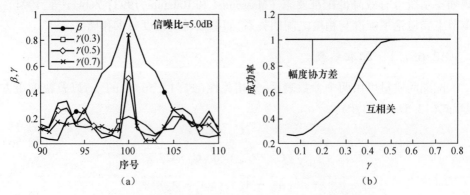

图 12-10 配准仿真（通过在不同 β 和 γ 寻找结合点的情况）

(a)精确结合点周围的特性；(b)不同振幅协方差和互相关情况下成功选择率与互相关参数（γ）的关系。

仿真结果总结如下。

（1）复相关性（γ）。复相关性具有如下几个特征。①当$\gamma \geqslant 0.5$，信噪比$\geqslant$5dB时,在结合点附近会出现较大且陡峭的响应。②当相关性较差时(即$\gamma < 0.5$)无法正确选择结合点。③复相关γ不需要目标纹理,这意味着它可以匹配积雪冰、冰盖和冰川等目标。④γ的信噪比应大于$0.5(5.0 \text{ dB})$。

（2）幅度相关性（β）。由于没有考虑相位,因此较大的β并不能保证好的条纹。其优势在于如果图像中含有纹理,β可以提供配准信息,并且与γ无关。幅度协方差有两个缺点。①它无法给出条纹信息。②它需要主副图像都有一些纹理,这意味着,对于没有特征的区域,如相同颜色的冰盖和冰川,是无法匹配的。

（3）其他参数。其他有效参数的信息如表12-2所列。

表12-2 配准参数的比较

序号	参数	特征	传感器
1	复相关系数γ	需要较好的信噪比和场景相关性	ERS-1/2/SIR-C/Seasat/AIRSAR
		可表征干涉条纹质量	
2	幅度协方差β	需要纹理	JERS-1 SAR
		不太依赖于信噪比	
		不可表征干涉条纹质量	
3	复相关系数频谱	需要较好的信噪比和场景相关性	ERS-1/2、SIR-C、Seasat、AIRSAR
		可估计干涉条纹质量	

12.6.1.2 配准框架

配准框架在干涉SAR处理中起着非常重要的作用,这是因为它可以将主副图像在几何上联系在一起。构建准确的配准框架是干涉SAR的核心,因此,必须尽可能保证配准框架及其准备工作的准确性。

只要两个轨道对齐得很近,则下面的伪仿射方程是最稳定、最鲁棒的配准框架：

$$\begin{aligned} x &= ax' + by' + cx'y' + d \\ y &= a'x' + b'y' + c'x'y' + d' \end{aligned} \quad (12.63)$$

式中：x、y为主图像像素坐标；x'、y'为副图像对应像素的坐标；a、b、c、d、a'、b'、c'、d'为未知常数。这些系数是通过使用参数α或β从主图像和副图像中收集连接点并对其进行筛选来确定的。连接点是通过求两个切片图像的相关性和桩点的密度来确定的,因此相关区域也很重要。虽然式(12.63)被实验证实是鲁棒且稳定的,但当图像尺寸和 B_{perp} 都变大时,可以进一步考虑一个高阶距离依赖多项式。接下来的仿真研究了距离向依赖性和配准精度之间的关系。

由于两幅图像是在相同的取向下生成的,因此可以通过图像偏移(如果图像尺寸较小)来实现方位向的配准。而距离向配准作为倾斜距离函数,受局部地形、B_{perp} 和 B_{para} 的影响。我们将考虑局部地形对距离向配准框架精度的影响。

在这种情况下,我们忽略表面形变和偏移量,以及大气的局部偏差。通过整理式(12.63),就可以得到两幅图像之间的距离差 $\Delta r = r_s - r_m$。其主项 B_{para} 可以通过在 $r_m = r_{m0}$ 附近的二阶展开进行估计:

$$\Delta r = B_h - \frac{z \cdot B_p}{r_m \sin\theta}$$

$$\approx B_{h0} + B_{h1} \cdot (r_m - r_{m0}) + \frac{B_{h2}}{2} \cdot (r_m - r_{m0})^2 - \frac{z \cdot B_p}{r_m \sin\theta} \quad (12.64)$$

$$B_{h0} = B \cdot \sin\alpha_0 + \mathrm{d}h \cdot \cos\alpha_0$$

$$B_{h1} = (B \cdot \cos\alpha_0 - \mathrm{d}h \cdot \sin\alpha_0) \cdot \frac{1}{r_{m0}\tan\theta_0}$$

$$B_{h2} = -\frac{B}{r_{m0}^2 \tan^2\theta_0}\left(\sin\alpha_0 + \tan\theta_0\cos\alpha_0 + \frac{\cos^2\alpha_0}{\cos^2\theta_0\sin\alpha_0}\right) \quad (12.65)$$

$$-\frac{\mathrm{d}h}{r_{m0}^2 \tan^2\theta_0}\left(\cos\alpha_0 - \tan\theta_0\sin\alpha_0 - \frac{\cos\alpha_0}{\cos^2\theta_0}\right)$$

配准误差主要由 z 引起,其最大误差 Δr_{error} 为

$$\Delta r_{\text{error}} \leqslant \frac{\Delta z_{\max} \cdot B_p}{2 \cdot r_{m.\min} \cdot \sin\theta_{\min}} \quad (12.66)$$

式中: $\Delta z_{\max}$ 为图像内最大高度差; $r_{m.\min}$ 为主图像的最小斜距; $\theta_{\min}$ 为最小入射角。我们对3种情况下 Δr 对 r_m 的依赖性进行了仿真。对于情形1,当 $r_{m0} = 690\text{km}$ 时, B_{perp}(B_{para})为 0.5km(0.1km)。该图像为恒定高度为 4km 的一条带状区域。情形2与情形1的不同之处在于,它包括了一座正弦形式的山峰(在 20km 跨度内的峰值高度为 4km)。情形3与情形1的不同之处在于 B_{perp} 是 1.0km。为了估计残差 Δr,采用两个近似模型(一个线性模型和一个二阶幂模型)进行实验。每种情形(1、2 和 3)都用两个模型来近似,并计算其残差(情形 1-1 表示情形 1 用线性模型近似,情形 1-2 表示情形 1 用二阶幂模型近似)。由图 12-11 可知,二阶幂模型使得互配准框架误差最小,可以在 1m 的精度范围内对高度为 4km 的山区进行配准。在实际中,大多数干涉 SAR 是在 B_{perp} 小于 0.5km 和图像斜距小于 50km 的条件进行处理的。因此,在这类条件下,式(12.63)可很好地适用。不同的是,对于扫描-干涉 SAR,由于其测绘带宽,使得式(12.63)的适用性变差。相应的扫描-

干涉 SAR 的配准框架将在 12.11 节讨论。

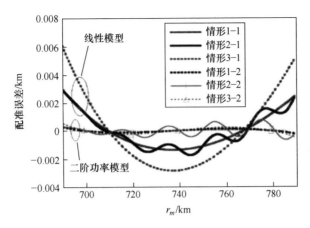

图 12-11　3 种情形下两个模型的配准误差比较：情形 1：高度为 4km、
B_{perp} 为 0.5km,；情形 2：正弦山峰，B_{perp} 为 0.5km；
情形 3：高度为 4km, B_{perp} 为 1km（见彩插）

12.6.1.3　配准精度要求

显而易见的是，互配准精度越高，相关性越高，反之亦然。然而，从仿真中很难明确配准的要求。因此，有必要开展实测数据实验研究。假设样本图像的配准框架不存在误差，在实验中，为了研究干涉条纹质量和配准准确度之间的关系，给之前提到的配准框架在方位向和距离向上添加了 0~2 像素的偏移量（以 0.2 像素为步进）。以日本九州山的 JERS-1 SAR 图像对为例。图 12-12(a) 呈现了 100 种条纹质量模式，图 12-12(b) 则以三维示意图展示了相应相干性，其中在距离和方位位移为零时产生了最高的相干性。最大允许配准误差为 0.4 像素。

12.6.1.4　插值

利用九州山的 JERS-1 SAR 图像，采用最近邻点插值法（NN）、双线性插值法（BL）和立方卷积插值法（CC）3 种方法评估了干涉条纹质量对插值的依赖性。实验结果表明：①NN 的相关系数最小，同时干涉条纹质量较差；②BL 的干涉条纹质量优于 NN，尤其是在干涉条纹边缘处；③尽管需要最长的计算时间，但 CC 能提供最好的干涉条纹质量。

对于其中一个区域，γ_s 分别为 0.44（NN）、0.53（BL）和 0.55（CC），整个图像的 γ_s 分别为 0.37、0.4 和 0.4。最后，由于 BL 可以在可接受的计算时间内生成令人满意的干涉条纹质量（表 12-3），因此推荐 BL 作为插值。这一结果与 Mas-

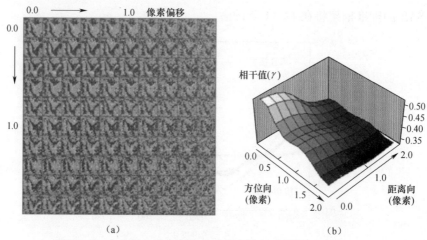

图 12-12 （a）在方位和距离向上每次给互配准框架添加 0.2 个像素偏移量（0~2 像素）产生的 100 种干涉条纹；（b）相应的相干分布（见彩插）

sonnet 和 Rabaute（1993）以及 Zebker 等（1994）的结论一致，即更精确的插值需要更多的计算时间，但并不能给干涉条纹质量带来足够的改善。

表 12-3 插值方法比较

序号	插值方法	干涉条纹质量	相比较最近邻点插值法（NN）的计算时间
1	最近邻点插值法（NN）	满意度（0.37）	1.0
2	双线性插值法（BL）	满意度（0.4）	1.14
3	立方卷积插值法（CC）	满意度（0.4）	3.00

配准后的副图像通常会受到幅度图像上弱波状强度样式和干涉 SAR 相位的影响。当 SAR 图像由非零多普勒中心生成且插值不能修正非零频率时，就会发生这种情况。为了防止这种情况发生，需要在插值前对从 SAR 图像进行零频率移位，然后再将其转换回原始频率。JERS-1 SAR 和 ALOS/PALSAR 也需要这样的预处理。

12.6.2 轨道误差校正（切轨及垂直速度分量）

12.10 节讨论了合适轨道模型的误差模型。

12.7 折射率变化导致的相移

在前面的讨论中，我们假设在相同的大气和/或电离层条件下进行了两次观测。SAR测量的是电磁波到目标的往返时间,其距离取决于光速。将实际光速与理想光速之比定义为折射率n。重复航过干涉SAR系统变得更加复杂,使用折射率如下:

$$\begin{aligned}\phi &= -\frac{4\pi}{\lambda_0}(r_m n_m - r_s n_s) \\ &= -\frac{4\pi}{\lambda_0}(r_m n_m - r_s n_m + r_s n_m - r_s n_s) \\ &= -\frac{4\pi}{\lambda_0} n_m (r_m - r_s) - \frac{4\pi}{\lambda_0} r_s (n_m - n_s) \\ &= -\frac{4\pi}{\lambda_0} n_m \left(\frac{B_{\mathrm{perp}} z}{r_m \sin\theta} + B_{\mathrm{para}} + \mathrm{d}r\right) - \frac{4\pi}{\lambda_0} r_s (n_m - n_s)\end{aligned} \quad (12.67)$$

式中:等号右边第二项就是由于两天的折射率之差导致的距离变化。对流层和电离层每天都会影响折射率。其中前者在面积上对相位偏差影响较大,后者限制了影响面积。多山和火山地区是受影响较严重的区域。

12.7.1 大气相位时延

折射率(n)的定义是真空中的光速和介质中光速的比值:

$$n = \sqrt{\frac{\varepsilon\mu}{\varepsilon_s \mu_s}} \quad (12.68)$$

式中:ε_s为自由空间的介电常数;μ_s为自由空间的磁导率;ε为目标的介电常数;μ为目标的磁导率。观测路径穿过对流层(距离地表高度10~15km)、平流层(距离地表高度10~100km)和电离层(距离地表高度100km以上)。平流层的温度是稳定的,它不会影响折射率。每日的电离层和太阳活动的变化极大地影响着折射率。对流层的折射率取决于3种主要的天气成分:气压(p)、温度(T)和湿度(e)。Kerr(1951)和Mushiake(1961)得出的实验模型为

$$n = 1 + \left(\frac{77.6}{T} p \times 10^{-6} + \frac{0.373}{T^2} e\right) \quad (12.69)$$

由于p和e取决于高度,因此折射率n也取决于高度。发射信号在大气中呈曲线传播。即使两天的折射率完全不同,只要每天时间内图像的垂直结构几乎相同,那么测量结果中将只在单幅图像上有偏差且可被纠正。如果单幅图像内的折射率发生局部变化,那么测量结果也会发生局部变化,并且很难校正。在SAR图像范围内,大气压力分布不会发生局部变化,所以这不会造成任何误差。水汽通常来自地表(火山、湿地或草原,其规模从小到大),它可能会引起测量结果的误差。我们将根据折射率的局部变化来估计相位差。

通常用美国标准温度、大气压和水汽压模型描述垂直结构(如 Ulaby 等(1982))。

(1) 温度分布：

$$T(z) = \begin{cases} T_0 - a \cdot z, & 0\text{km} \leq z \leq 11\text{km} \\ T(11), & 11\text{km} \leq z \leq 20\text{km} \\ T(11) + (z-20), & 20\text{km} \leq z \leq 32\text{km} \end{cases} \quad (12.70)$$

(2) 大气压分布：

$$P_a(z) = 2.87 \cdot 1.225 e^{-z/H_1} \cdot T [\text{mbar}] \quad (12.71)$$

(3) 水汽压分布：

$$P_w(z) = 4.59 \cdot \rho_0 e^{-z/H_4} \cdot T [\text{mbar}] \quad (12.72)$$

式中 $a = 6.5\text{km}^{-1}$；z 为高度；H_1 为大气密度尺度高度(9.5km)；ρ_0 是海平面上的水汽密度$[\text{mg} \cdot \text{m}^{-3}]$，在非常寒冷、干燥的气候中为 $0.01\text{g} \cdot \text{m}^{-3}$，在炎热、潮湿的气候中为多达 $30\text{g} \cdot \text{m}^{-3}$，$H_4$ 为水汽密度尺度高度，范围为 2.0~2.5km。

我们将大气从地面到10km高度近似为10个1km宽的平层，每一平层都有不同的折射率。自由空间条件适用于10km以上至卫星高度。两条路径间的单程相位变化($\Delta \phi$)为

$$\Delta \phi = \frac{2\pi}{\lambda} \sum_{i=1}^{11} (n_i^m r_i^m - n_i^s r_i^s) \quad (12.73)$$

式中：n_i^m 为主图像中第 i 层的折射率；n_i^s 为副图像中第 i 层的折射率；r_i^m 为主图像中第 i 层的路径长度；r_i^s 为副图像中第 i 层的路径长度。基于美国空气标准(表12-4)对温度和水蒸气的相位依赖性进行了两次仿真(表12-4)表明，温度在变化10℃时其相位差仅为10℃，这比接收机的热噪声还要小。但水蒸气最大可改变360°的相位误差，这证实了要用差分干涉SAR获得形变信息，水汽校正非常重要。

表12-4 关于大气不确定性的仿真参数

		仿真1				仿真2	
情况	路径	T_0/K	ρ_0 ($e^{-3}\text{kg}^{-3}$)	情况	路径	T_0/K	Δ_0 ($e^{-3}\text{kg}^{-3}$)
1-1	1	300	7.5	2-1	1	290	7.5
	2	290~310	7.5		2	290	0~21
1-2	1	300	0	2-2	1	300	7.5
	2	290~310	0		2	300	0~21
1-3	1	300	30	2-3	1	273	7.5
	2	290~310	30		2	273	0~21

注：其中 H_4 为 4.0(km)，H_1 为 9.5km

12.8 解缠

由于测量到的干涉 SAR 相位是经过缠绕后的真实相位的主要值(范围从 $-\pi$ 到 π),因此,需要精确地估计出真实相位来测量 DEM 或表面形变,解缠绕是一个很重要的问题(图 12-13)。解缠相位定义为:"真实相位差。"即两个相邻像素之间的"真实的相位差" S_{ij},基本上可以从缠绕相位差 $\Delta\varphi_{ij}$,即两个相邻像素的缠绕相位($\varphi_{p,i}$ 和 $\varphi_{p,j}$)之差估计出来。令相邻像素的缠绕相位差为

$$\Delta\varphi_{ij} = \varphi_{p,i} - \varphi_{p,j} \quad (12.74)$$

由于相邻像素之间的相位差不能小于 $-\pi$ 或大于 π,因此我们有以下的相位差表达式:

$$\begin{pmatrix} |\Delta\varphi_{ij}| < \pi, S_{ij} = \Delta\varphi_{ij} \\ \Delta\varphi_{ij} \leqslant -\pi, S_{ij} = \Delta\varphi_{ij} + 2\pi \\ \Delta\varphi_{ij} \geqslant \pi, S_{ij} = \Delta\varphi_{ij} - 2\pi \end{pmatrix} \quad (12.75)$$

然后,通过沿任意路径对 S_{ij} 进行积分就可以轻松地解缠相位。然而,SAR 的一些噪声源(热噪声和相干斑噪声)可能会影响该方法的有效性。这些噪声源会影响目标的相位连续性,因此不考虑相位不连续的相位积分会在图像上产生传播误差。相位解缠(相位重建)作为一个重要问题,自 20 世纪 70 年代以来,激光研究人员就一直在研究,而雷达研究人员自 20 世纪 80 年代以来也一直在研究相关问题,并提出了两种具有代表性的解缠方法——分支切割法和最小二乘估计法。

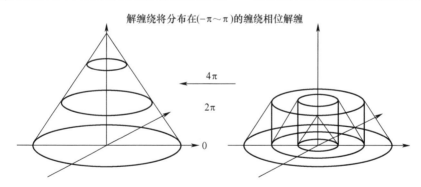

图 12-13 相位解缠示意图

12.8.1 分支切割法

在上述前提的基础上,分支切割法(Goldstein 等,1988;Prati 等,1990)可以在

相位差 S_{ij} 不能被积分的图像中建立许多分支切割。这些分支切割可以防止相位误差的传播，产生原因如下：首先，热噪声和相干斑噪声违反了采样定理；其次，顶底倒置区域没有被正确采样（采样不足）。由于这些噪声源的存在，相位梯度的旋转不为零。Takajo 和 Takahashi(1988) 讨论了积分过程中的相位不连续性。沿着任何路径的积分，只要不穿过偏析流线，都为 0：

$$\sum_C S_{i,j} = 0 \quad (12.76)$$

若路径穿过偏析流线，其积分为

$$\sum_C S_{i,j} = \pm 2n\pi \quad (12.77)$$

式中：n 是一个整数（0,1,2,⋯），其符号取决于交叉的方向。残余量被定义为一个使式(12.76)具有非零值"n"的点，其值是通过对 4 个相邻像素的 S_{ij} 求和计算得到的。具有正值的残余量称为正残余，负值的残余量称为负残余。分支切割应选择为残余的连接线（区域），且沿着该连接线（区域）的残余量之和为零。理想情况下，图像上正负残余量的数量应该是相同的。但在实际图像中会显示出一些不平衡。这可能是由于顶底倒置现象和较低的信噪比。Goldstein 等(1988)提出将低信噪比区域当作算法无效区。也正因为如此，尽管其原理很容易理解，该方法是模糊的。

12.8.2 最小二乘相位估计方法

最小二乘估计方法可用于控制解缠相位（φ）和相位差梯度（$\Delta\varphi$）的偏微分方程（椭圆形）的求解，其表达式为

$$\frac{\partial^2 \varphi}{\partial x^2} + \frac{\partial^2 \varphi}{\partial y^2} = \Delta\phi \quad (12.78)$$

式中：x、y 为坐标系，右侧项是由测得的相位差估计得到的，尽管该相位是缠绕的并且受到噪声的影响。等号右边的项仍由测量的相位差所估计得到。其边界条件为诺伊曼条件。估计局部梯度的方法有几种：Bamler 等(1996)提出的多分辨率相位梯度（局部频率）估计方法以及 Spagnolini(1995)提出的最大似然估计、主值有限差分(PVFD)估计和复信号相位导数(CSPD)估计方法。这种方法最初是为解决激光相位重构问题而提出的（Hunt,1979；Takajo 和 Takahashi,1988）。一旦条件满足，式(12.77)便可以用迭代法（Hunt,1979）或在空间域和频域的更快的迭代法（Press 等,1989）进行求解。在此之后，也有学者提出了其他求解方法（Ghiglia 和 Pritt,1998）。

12.9 相关性分析

相关性是一个衡量干涉 SAR 相位获取难易程度的很好的指标。如果干涉 SAR 相位很强,空间平均所需要的样本就更少,而如果相位的质量较差,则需要更多的样本进行空间平均。空间去相关和热去相关可以从理论上推导出来,但是时间去相关只能通过实验得到。

利用 ALOS/PALSAR 在 5 年零 4 个月期间,在亚马孙里约布兰科地区和印度尼西亚廖内省采集的时间序列幅度数据和干涉相干数据分析了 L 波段 SAR 对森林砍伐感知的敏感性。由于森林砍伐程度不尽相同,因此分别在巴西和印度尼西亚选择了两个不同的试验点。尽管印度尼西亚在砍伐油棕和刺槐种植园后并没有将地表夷平,而巴西的农作物种植园被砍伐后地表被夷平了。干涉相干性和幅度被用于评估砍伐区域的时间变化。其中,对于印度尼西亚的廖内省和巴西的里约布兰科分别选取了 20 个场景和 16 个场景数据进行了收集和分析。图 12-14 展示了这些区域的相干性随时间的变化。结果发现,干涉相干性均随时间下降。在廖内省的数据中有 3 个测试点:刺槐植被区、泥炭林区和伐林区。里约布兰科区域的数据中有两个测试点:森林区和伐林区。可以看到,它们大多随时间做简单的衰减,衰减速率取决于森林植被量。从图中可以看出,时间相干性在 300 天内随时间单调降低。采样数据只显示了在森林区的时间衰减,而城市地区有不同的时间衰减。

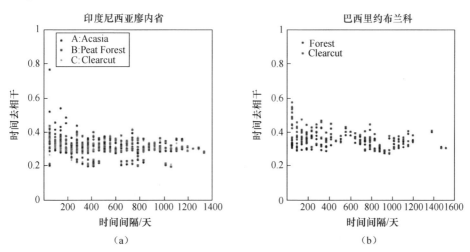

图 12-14 自然森林区域和伐林区域相干性随时间变化的情况

(a)印度尼西亚的廖内省;(b)巴西的里约布兰科地区。(见彩插)

12.10 大气超额路径延迟和轨道误差的修正

轨道误差会导致由无误差轨道获得的真实干涉条纹上形成错误干涉条纹分量。通过使用最小二乘法使测量相位与轨道误差模型的差值最小,可以确定轨道误差,进而消除这一附加的错位干涉条纹。大气超额路径延迟(AEPD)也可以用数值模型进行修正(岛田,1999.2000)。

12.10.1 相位模型

我们假设一个有自然地形的区域由于地震和/或火山活动而变形,那么,两幅重复航过 SAR 图像的相干性便足以对其进行判断。干涉 SAR 相位(ϕ)可表示为

$$\phi = -4\pi \left(\int_{r_p}^{r_m} \frac{\mathrm{d}r}{\lambda_m} - \int_{r_p'}^{r_s} \frac{\mathrm{d}r}{\lambda_s} \right) \tag{12.79}$$

式中:ϕ 为解缠相位(Goldstein,1988);r_m 和 r_s 分别为主副轨道的位置矢量;r_p 和 r_p' 分别为主副轨道观测到的目标位置矢量(无轨道误差且两个轨道相同);λ_m 和 λ_s 分别是主副轨道的波长(图 12-15)。根据式(12.79),波长随传播介质沿积分路径的折射率而变化。通过交换积分项,式(12.79)可以修正为

$$\phi = -4\pi \left(\int_{r_p}^{r_m} \frac{\mathrm{d}r}{\lambda_s} - \int_{r_p}^{r_s} \frac{\mathrm{d}r}{\lambda_s} \right) - 4\pi \left(\int_{r_p}^{r_s} \frac{\mathrm{d}r}{\lambda_s} - \int_{r_p'}^{r_s} \frac{\mathrm{d}r}{\lambda_s} \right) - 4\pi \left(\int_{r_p}^{r_m} \frac{\mathrm{d}r}{\lambda_m} - \int_{r_p}^{r_m} \frac{\mathrm{d}r}{\lambda_s} \right) \tag{12.80}$$

式中:第一项为目标-卫星的几何相位差;第二项为地表形变引起的相位变化;第三项为大气超额路径延迟(AEPD)。前两项可以简化为

$$\phi_1 = -\frac{4\pi}{\lambda_0}(R_m - R_s) \tag{12.81}$$

$$\phi_2 = -\frac{4\pi}{\lambda_0}\Delta R_{ms} \tag{12.82}$$

式中:R_m 和 R_s 为卫星到目标的距离;λ_0 为真空中的波长;ΔR_{ms} 为视线方向的表面形变分量。我们可以假设大气(对流层)是由几层平行于地球表面、长达 30km,且每一层都有温度、气压和水蒸气分压的部分组成。由于这 3 个参数与对流层的折射率有关,所以第三项可以表示为(参考图 12A-1 和附录中式(12.83)的推导过程)

$$\phi_3 = -4\pi \frac{1}{\lambda_0 \cos\Theta_0} \sum_i (n_{m,i} - n_{s,i}) \Delta r_i \tag{12.83}$$

$$n = 1 + \frac{77.6}{T} p \cdot 10^{-6} + \frac{0.373}{T^2} e$$

式中：Θ_0 为卫星的最低点角；$n_{m,i}$，$n_{s,i}$ 为主副图像第 i 层的折射率；Δr_i 为每一层的垂直厚度。式(12.69)是对流层折射率的经验模型，其中 p、T 和 e 分别代表压强（hPa）、温度（K）以及水蒸气分压（hPa）。

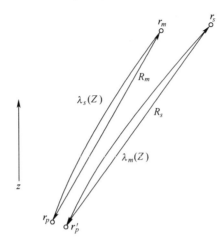

图 12-15　此分析中使用的坐标系。z 表示高度。来自散射体的信号沿曲线传播

12.10.2　轨道误差模型

用 Δr（表面垂直分量）、ΔB（表面平行分量）和 Δv（表面垂直速度）来表示卫星状态矢量的误差，从而校准矢量可用如下公式表示（图 12-16）。由于地球模型也包含一些误差，我们定义该轨道误差包含了地球模型的误差：

$$r = (r_0 + v_0 t + \frac{1}{2} a_0 t^2) + (\Delta B + \Delta r) + (\Delta v) t \quad (12.84)$$

$$\Delta r = \Delta r \cdot n_r \quad (12.85)$$

$$\Delta B = \Delta B \cdot n_n \quad (12.86)$$

$$\Delta v = \Delta v \cdot n_r \quad (12.87)$$

$$x \equiv (\Delta B, \Delta r, \Delta v) \quad (12.88)$$

式中：n_r 为卫星的单位位置矢量；n_n 为垂直于 n_r 和速度矢量的矢量；r_0 为位置矢量；v_0 为速度矢量；a_0 为 $t = 0$ 时的加速度矢量。时间 t 从图像开始时计算。平行于表面的速度误差可以忽略不计，因为它比垂直方向的速度误差要小得多。因此，误差矢量由垂直、水平位置误差和一个垂直速度误差表示。相位误差 $\hat{\phi}$ 模型为

$$\hat{\phi} = -\frac{4\pi}{\lambda_0}(R_m - R_s) \quad (12.89)$$

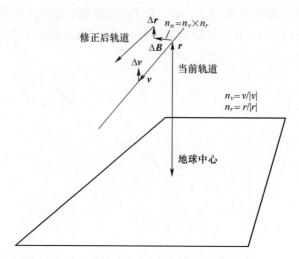

图 12-16 轨道的坐标系统(右边的实线表示跟踪中心提供的当前状态矢量,左边的细实线是修正后的状态矢量)

$$R_s(t \mid \boldsymbol{x}) = |\boldsymbol{r}_s(t \mid \boldsymbol{x}) - \boldsymbol{r}_{\text{GCP}}| \tag{12.90}$$

$$R_m(t \mid \boldsymbol{x}) = |\boldsymbol{r}_m(t \mid \boldsymbol{x}) - \boldsymbol{r}_{\text{GCP}}| \tag{12.91}$$

式中:$\boldsymbol{r}_m(t \mid \boldsymbol{x})$ 和 $\boldsymbol{r}_s(t \mid \boldsymbol{x})$ 分别是主、副轨道的表达式,它们都是包含误差的未知数;$\boldsymbol{r}_{\text{GCP}}$ 是 GCP 的位置矢量。GCP 则是从成功解缠的图像区域中选择得到。

12.10.3 轨道误差及参数精度确定

干涉 SAR 相位(ϕ)的标准差为 $\sqrt{(1-\gamma^2)/2N}/\gamma$,其中 γ 为相干度,N 为样本数量(Rodriguez 和 Martin,1992),AEPD 校正后的相位($\phi - \phi_3$)也以前面提到的标准差偏离 $\hat{\phi}$。因此,合适的轨道误差应使得 $\phi - \phi_3$ 期望最小:

$$E = \frac{1}{M} \sum_k \left\{ \frac{\phi_k - \hat{\phi}_k(x)}{\sigma_k} \right\}^2 \to \min \tag{12.92}$$

式中:M 为 GCP 的个数;σ_k 为第 k 个测量相位的标准差。这个方程等价于

$$\frac{\partial}{\partial x_m} E = 0 \, (m = 0, 1, 2) \tag{12.93}$$

将式(12.93)泰勒展开,其未知量可确定为

$$x_m = (a_{mn})^{-1} \cdot b_n \tag{12.94}$$

$$a_{mn} = \sum_k \frac{1}{\sigma_k^2} \left\{ \frac{\partial^2 \hat{\phi}_k}{\partial x_m \partial x_n} (\phi_k - \hat{\phi}_k) - \frac{\partial \hat{\phi}_k}{\partial x_m} \frac{\partial \hat{\phi}_k}{\partial x_n} \right\} \tag{12.95}$$

$$b_n = -\sum_k \frac{1}{\sigma_k^2} \frac{\partial \hat{\phi}_k}{\partial x_n}(\phi_k - \hat{\phi}_k) \qquad (12.96)$$

副图像矢量的差分系数为

$$\frac{\lambda_0}{4\pi}\frac{\partial \hat{\phi}}{\partial x_m} = \left(\frac{\partial R_s}{\partial \Delta B'} \quad \frac{\partial R_s}{\partial \Delta r'} \quad \frac{\partial R_s}{\partial \Delta v}\right)^t$$

$$= \begin{pmatrix} R_s^{-1}(1 - C_n^2\hat{r}_s^{-2}) & C_n R_s^{-3}(r_s - C_r) & C_n R_s^{-3}(r_s - C_r)t \\ C_n R_s^{-3}(r_s - C_r) & (1 - (r_s - C_r)^2 R_s^{-2}) R_s^{-1} & (1 - (r_s - C_r)^2 R_s^{-2}) R_s^{-1} t \\ C_n R_s^{-3}(r_s - C_r)t & (1 - (r_s - C_r)^2 R_s^{-2}) R_s^{-1} t & (1 - (r_s - C_r)^2 R_s^{-2}) R_s^{-1} t^2 \end{pmatrix}$$

$$\begin{pmatrix} \Delta B \\ \Delta r \\ \Delta v \end{pmatrix} + \begin{pmatrix} -R_s^{-1} C_n \\ R_s^{-1}(r_s - C_r) \\ R_s^{-1}(r_s - C_r)t \end{pmatrix} \qquad (12.97)$$

$$C_n \equiv \boldsymbol{r}_{\text{GCP}} \cdot \boldsymbol{n}_r \qquad (12.98)$$

$$C_r \equiv \boldsymbol{r}_{\text{GCP}} \cdot \boldsymbol{n}_n \qquad (12.99)$$

估计参数的误差(标准差)为

$$\sigma_{\Delta B}^2 = \frac{a_{22}a_{33} - a_{23}^2}{\det(a_{mn})}$$

$$\sigma_{\Delta r}^2 = \frac{a_{11}a_{33} - a_{13}^2}{\det(a_{mn})} \qquad (12.100)$$

$$\sigma_{\Delta v}^2 = \frac{a_{11}a_{22} - a_{12}^2}{\det(a_{mn})}$$

式中：$\det(\boldsymbol{a}_{mn})$ 表示矩阵 $\boldsymbol{a}_{mn}$ 的行列式。由于干涉 SAR 相位由主天线和副天线到目标之间的距离差产生，因此未知量应该从主天线或副天线或主天线减去副天线确定。这里，我们假设副轨道有误差而主轨道没有。当起伏除以收敛值的绝对值小于 1.0e-5 时,迭代终止。

12.10.4　高阶校正

经过上述的 AEPD 校正和轨道校正,可以发现相位变化是斜距和方位向坐标的二阶函数。其原因有两点。第一,山区的干涉相干性往往低于平地。平地的相位可以有效解缠,但山区有时不行。具有较大基线的岩手山数据就是一个很好的例子,而位于盛冈市的平坦平原,仅从图像中心选取了 GCP(不均匀)便成功进行了相位解缠。第二,折射值是基于日本气象厅对大范围实际值的全球分析数据

(GANAL)得出的。针对第一种情况,可以通过在图像上均匀选择 GCP 来解决,这需要对图像进行成功解缠。针对第二种情况,GANAL 必须得到改善。这里,我们采用的方法是从数据中确定相位差关于方位向和距离向的二阶函数,然后再从数据中将其减去。

12.10.5 验证

本节用提出的方法评估表面形变。选取富士山及其邻近地区作为非形变样本,选取岩手山地区作为形变样本。所有的图像评估结果如表 12-5 所列。经 AEPD 校正的结果如表 12-6(a) 所列,未经 AEPD 校正的结果如表 12-6(b) 所列。这些表格展示了在 GCP(σ_1)处残余相位的标准差,3 个未知数(轨道修正)及其标准差,整幅图像残余量的标准差(σ_2),山顶处 10km×10km 区域内的相位误差(σ_3)以及基线长度(B_{perp})。

表 12-5 用于分析的 SAR 图像对列表

序号	主图像	副图像	B_p/m	结果	目标	条件	季节
1	8/20/1993	7/7/1993	502	△	富士山	NSD	夏季
2	5/15/1997	4/1/1997	154	△	富士山	NSD	春季
3	8/11/1997	6/28/1997	157	△	富士山	NSD	夏季
4	10/21/1995	9/7/1995	350	○	富士山	NSD	秋季
5	3/19/1998	2/3/1998	1300	○	富士山	NSD	冬季
6	9/11/1998	3/19/1998	790	△	富士山	NSD	S-W
7	9/9/1998	11/5/1997	120	○	富士山	SD	
8	9/9/1998	6/13/1998	1191	○	岩手山	SD	
9	7/27/1998	6/13/1998	1440	○	岩手山	SD	
10	6/13/1998	4/30/1998	800	○	岩手山	SD	

注:○表示完全校正;△表示几乎校正;NSD 表示无表面形变;SD 表示在一段时间内发生了表面形变;B_p 表示垂直基线长度(m)

表 12-6(a) 利用全球分析数据(GANAL)进行大气过剩路径延迟校正后的结果

序号	σ_1 /cm	ΔB /m	(mm)	Δr /m	(mm)	Δv /cm/s	(mm/s)	σ_2 /cm	σ_3 /cm	B_p/m
1	1.19	7.40	(1.9)	5.79	(2.9)	-4.3	(0.027)	1.96	1.70	-508.51
2	1.73	21.6	(5.9)	15.5	(4.2)	-2.8	(0.049)	1.05	1.47	-151.20
3	1.33	-1.3	(6.4)	-1.2	(4.6)	0.99	(0.055)	1.60	1.92	-157.22

(续)

序号	σ_1 /cm	ΔB /m	(mm)	Δr /m	(mm)	Δv /cm/s	(mm/s)	σ_2 /cm	σ_3 /cm	B_p /m
4	0.39	50.0	(3.8)	38.0	(2.8)	-7.9	(0.039)	1.21	2.41	-347.24
5	0.75	27.6	(5.2)	19.4	(3.7)	-2.5	(0.043)	1.28	2.25	-168.96
6	1.34	50.1	(3.4)	38.1	(2.5)	-6.9	(0.046)	2.16	2.48	-788.22
7	1.19	55.1	(6.2)	38.1	(4.4)	-8.1	(0.087)	2.23	-	-145.48
8	0.42	20.0	(10.1)	14.6	(7.0)	-7.27	(0.051)	2.74	-	-1178.64
9	4.43	-12.4	(1.8)	-8.39	(3.7)	-3.9	(0.025)	2.59	2.42	1436.56
10	1.36	-10.2	(7.1)	-6.87	(4.9)	3.9	(0.046)	2.28	1.68	-571.22
均值	1.41							1.91	2.04	

表 12-6(b)　没有进行大气过剩路径延迟校正的结果

序号	σ_1 /cm	ΔB /m	(mm)	Δr /m	(mm)	Δv /(cm/s)	(mm/s)	σ_2 /cm	σ_3 /cm	B_p /m
1	1.50	7.42	(4.0)	5.86	(2.9)	-4.69	(0.027)	2.10	4.44	-508.57
2	2.09	21.3	(5.9)	15.1	(4.2)	-3.4	(0.049)	1.96	6.80	-150.77
3	0.62	-1.4	(6.4)	-1.2	(4.6)	0.67	(0.055)	1.63	3.20	-157.22
4	1.08	52.0	(3.8)	37.1	(2.8)	-7.2	(0.039)	1.38	5.04	-347.75
5	0.71	27.6	(5.2)	19.5	(3.7)	-2.5	(0.044)	1.25	1.60	-169.00
6	0.72	50.0	(3.4)	37.9	(2.5)	-8.4	(0.046)	2.25	2.58	-788.10
7	0.92	55.0	(6.2)	38.1	(4.4)	-8.5	(0.087)	2.32	-	-145.55
8	0.42	19.7	(10.1)	14.3	(7.0)	-7.3	(0.051)	2.72	-	-1178.20
9	4.42	-6.57	(5.4)	-13.5	(3.7)	-4.9	(0.026)	2.25	5.73	1436.23
10	1.44	-13.61	(7.1)	-4.5	(4.9)	3.8	(0.046)	2.45	4.38	-571.39
均值	1.39							2.03	4.22	

注：B_p 代表最近距离。括号内的值是前面量的标准差。ΔB、Δr 和 Δv 的单位分别是 mm, mm 和 mm/s。σ_1 是观测的相位-相位模型的标准差，σ_2 是图像中所有相位差的标准差，σ_3 是山顶为中心的 10km×10km 区域内相位差的标准差

以日本气象厅为代表的几个机构对富士山地区形变的可能原因进行了深入研究。他们的研究表明，除了 1996 年发生过一次中等规模的地震(5.3 级)(Sourifu, 1997)以及火山活动非常低(Takahashi 和 Kobayashi, 1998)，这个地区一直非常稳定。因此，可以认为该区域没有地震，该区域可视为非形变区。

12.10.5.1 校正步骤

第一,从 JERS-1 SAR 原始信号数据生成两幅 SLC 图像,并且对干涉 SAR 相位进行解缠(Shimada,1999)。第二,利用 DEM 和主/副状态矢量生成仿真幅度 SAR 图像,并得到仿真幅度 SAR 图像与实际幅度 SAR 图像的几何关系。通过对比实际图像和仿真图像,轨道得到了大致的修正。第三,利用 GANAL 数据,计算主副图像数据的 AEPD(ϕ_3)。第四,从成功解缠区域中选取 10 多个 GCP,并利用第二步得到的几何关系计算这些 GCP 的高度。第五,使用选择的 GCP 估计副天线矢量的误差。第六,重构了副轨道并通过修正 AEPD 计算出表面形变。图 12-17 给出了 4 种图像组合:(a)未校正的 DTM;(b)解缠而未校正的 DTM;(c)轨道误差校正后的最终形变;(d)轨道误差校正后的 DTM。

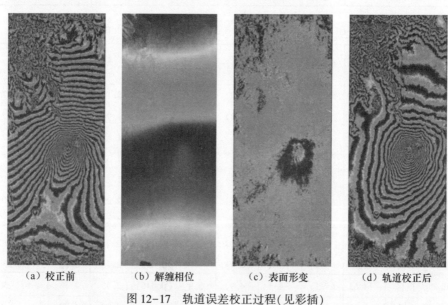

(a) 校正前　　(b) 解缠相位　　(c) 表面形变　　(d) 轨道校正后

图 12-17　轨道误差校正过程(见彩插)

(a)轨道校正后的干涉条纹;(b)轨道校正后的解缠相位;(c)轨道-地形校正后的干涉条纹;
(d)轨道校正后的最终干涉条纹,此时,轨道误差被完全消除。

12.10.5.2 水汽

本节根据 GANAL 数据计算了水汽的分压、总压和温度的垂直结构。来自滨松 9 时的无线电探空数据(JMA,1997)被用于验证富士山的 GANAL 数据。这些数据集包含了 17 个位势(高度)、风向以及风速来覆盖从地面到 30000m 高度(气压,1000Pa)的大气,以及从地面到 10000m(气压,30000Pa)高度的 9 个相对湿度信息。这些数据是在某一纬度,经度跨度 1.25°,时间跨度为 6h 的情况下得到的。

这些数据在时间和水平空间上做了双线性插值(如果转换到对数空间,数据则需要被垂直插值)。由于评估区域宽度为100km,我们假设场景的大气是一致的。GANAL是对100km×100km的地表地形进行平均生成的。因此,它无法表示由顶峰风扰引起的水汽分压的局部不均匀变化。因此,空间平均大小为20km的区域目标分析数据(RANAL)将用于这种类型的校正。

12.10.5.3 测试场地(无变形情况)

富士山顶海拔3776m,水汽分压可能会因地形和季节变化而发生变化,并且该地区未发生重大地表形变(图12-18(a)),因此富士山及其邻近地区适合于验证所提出的方法。我们从数据档案中选取了6对JERS-1 SAR数据(夏季,春季,夏季,秋季,冬季和秋季,春季和秋季,即表12-6中情形1-6)。

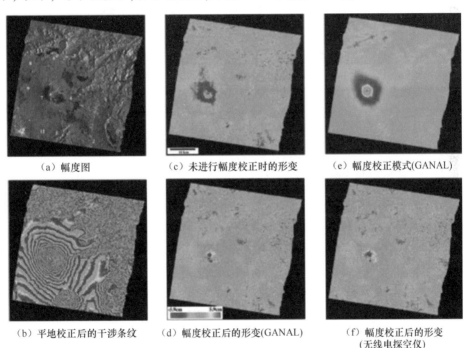

(a)幅度图　　(c)未进行幅度校正时的形变　　(e)幅度校正模式(GANAL)

(b)平地校正后的干涉条纹　(d)幅度校正后的形变(GANAL)　(f)幅度校正后的形变(无线电探空仪)

图12-18　基于1997年10月21日和1997年9月7日获得的富士山图像对进行的分析
(图像的大小为水平向45km、垂直向47km)(见彩插)
(a)幅度图像;(b)平地校正后的干涉条纹;(c)地形校正后的干涉条纹;
(d)地形和大气过剩路径延时校正(GANAL)后的干涉条纹;(e)用GANAL得到的大气过剩路径延时校正模式;
(f)地形和大气过剩路径延时校正后的(无线电探空仪)干涉条纹。

1) 秋季和其他季节对

在表12-5中情形4下,最终得到的平地校正后干涉条纹(即地形,相位在$-\pi$

和 π 之间缠绕)如图 12-18(b)所示;未经过 AEPD($\phi-\hat{\phi}$)处理的表面形变如图 12-18(c)所示;使用 GANAL 对 AEPD 校正后的最终表面形变($\phi-\phi_3-\hat{\phi}$)如图 12-18(d)所示;AEPD 样式(ϕ_3)如图 12-18(e)所示;根据无线电探空仪数据($\phi-\phi_3-\hat{\phi}$) AEPD 校正后的地表形变样式如图 12-18(f)所示。此处,数据被表示为从-5.9cm 到 5.9cm 单程距离的变化。其他地表未发生形变的例子如图 12-19(a)~12-19(e)所示。

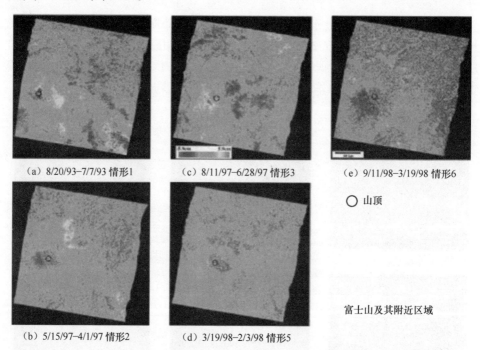

(a) 8/20/93-7/7/93 情形1
(c) 8/11/97-6/28/97 情形3
(e) 9/11/98-3/19/98 情形6
(b) 5/15/97-4/1/97 情形2
(d) 3/19/98-2/3/98 情形5

○ 山顶

富士山及其附近区域

图 12-19 其他富士山数据分析(见彩插)
(a) 1993 年 7 月 7 日—1993 年 8 月 20 日(情形 1);(b) 1997 年 4 月 1 日—1997 年 5 月 15 日(情形 2);
(c) 1997 年 6 月 28 日—1997 年 8 月 11 日(情形 3);(d)1998 年 2 月 3 日—1998 年 3 月 19 日(情形 5);
(e) 1998 年 3 月 19 日—1998 年 9 月 11 日(情形 6)。

2) 大气过剩路径延时(AEPD)的垂直结构(GANAL 和探空仪)

情形 1、情形 4、情形 7、情形 8 的 AEPD(ϕ_3)值如图 12-20(a)所示。图 12-20(b)比较了情形 3 两天内的 GANAL 和无线电探空仪相关参数,AEPD(ϕ_3)以及水汽垂直分布变化。

3) 表面形变情形

岩手山数据被用于对地表形变情况进行验证。岩手山峰高为 2038m,在 1995 年和 1998 年 4 月比较活跃。1998 年 7 月火山活动达到高峰,1998 年 9 月 3 日发

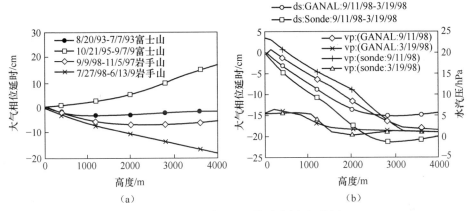

图 12-20 （a）大气过剩路径延迟的垂直剖面（使用 GANAL）；
（b）大气过剩路径延迟和水汽压的垂直剖面与利用 GANAL 和无线
电探空仪的垂直剖面进行比较（案例 3）

生 6.1 级地震,之后岩手山恢复平静。表 12-5 给出了提出方法处理后的数据对结果。地表形变的时间变化如图 12-21（a）~（d）所示,未经过 AEPD 校正的结果如图 12-21（e）~（h）所示。这些结果验证了所提方法的有效性。

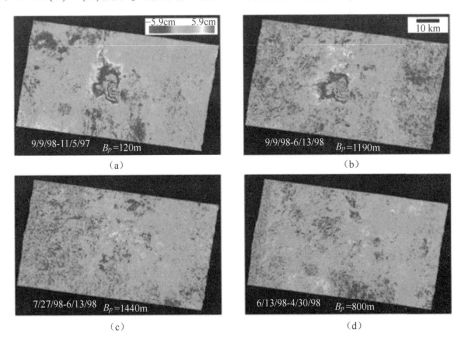

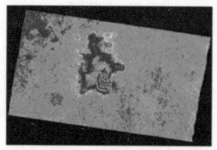

(e) 9/9/98-11/5/97 B_p=120m   (f) 9/9/98-6/13/98 B_p=1190m

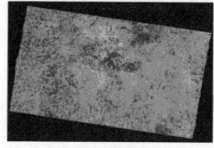
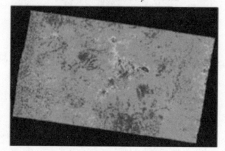

(g) 7/27/98-6/13/98 B_p=1440m   (h) 6/13/98-4/30/98 B_p=800m

图 12-21　利用 GANAL 对大气过量路径延迟校正后基于干涉 SAR 所估算的岩手山及其邻近地区在火山和同震活动期间的地表形变样式。(见彩插)

图像(a)～(d)为经过大气过剩路径延迟校正的结果,

图像(e)～(h)为未经过大气过剩路径延迟校正的结果。这些图像对为:

(a) 9/9/1998-11/5/1997(情形 7);(b) 9/9/1998-6/13/1998(情形 8);

(c) 7/27/1998-6/13/1998(情形 9);(d) 6/13/1998-4/30/1998(情形 10);

(e) 9/9/1998-11/5/1997(情形 7);(f) 9/9/1998-6/13/1998(情形 8);

(g) 7/27/1998-6/13/1998(情形 9);(h) 6/13/1998-4/30/1998(情形 10)。

所有的图像都已经过地理编码,所以纵轴对应指北方向。

每张图片的垂直距离为 60km,水平距离为 90km。显然可见,

(g)和(h)中出现的大气过剩路径延迟被(c)和(d)所提出的校正方法消除了。

(c)和(d)图像对是在地表形变不太活跃的时期获得的。因此,

(c)和(d)中的结果可能是一致的。由此可知,结果(a)和(b)是准确的。

12.10.6　讨论

12.10.6.1　AEPD 校正

如图 12-18 和图 12-19 所示,使用 GANAL 进行 AEPD 校正对于检测表面形

变非常有效。图12-18(c)和(e)表明了AEPD模型与观测结果一致。除非山体具有形变,否则图12-18(d)中山顶的颜色变化可能会有不正确的结果。AEPD随每个像素倾角的变化而变化。式(12.83)及其修正进一步证明了该结果。前述的被错误解读为北侧接近卫星而南侧被移除的颜色变化,可能是由于山周围的风扰动造成的水汽分布不均匀所致。场景的平均剩余相位误差为1.2cm,可满足20°~30°的相位测量要求(对应的单程距离为1.5cm)。山顶小的下沉(0.5cm)是在误差允许范围内的,它可以被视为系统误差。GANAL的精度需要被提高。

所提出的方法对其他不同季节的数据对也有较好的效果(图12-19)。其中山峰用圆圈表示。除了图12-19(a)之外,其他图像中的山顶与图12-18中的山顶类似,没有其他颜色。1995年以后的GANAL数据时间跨度为6h,空间跨度为1.25°,1993年的数据时间跨度为12h,空间跨度为2°。更大的跨度可能导致了颜色的变化。图12-19中其他情形的垂直基线为154~1300m。更大的基线可以提供更好的高度分辨率。然而,山顶不会出现残余颜色,这可能是由于水汽的分布是小而均匀导致的。

从前面的分析中可以看到,使用GANAL进行AEPD校正对于消除表面形变估算的误差非常有效。此外,图12-18(e)所示的富士山山麓的颜色变化可能表明了这是来自GANAL的残留水汽分布,并提供了一种可能改善GANAL的途径。GANAL是通过对一个100km×100km,具有中等地形的区域进行平均生成的。这可能会在山顶产生轻微的相位误差。使用GANAL和无线电探空仪数据的AEPD是不同的,使用无线电探空仪数据的AEPD会产生更多的错误。这可能是由于富士山和滨松(无线电探空数据)的位置不同,以及它们之间有较大的山区导致的。无论如何,GANAL都是校正干涉SAR数据AEPD的可靠方法。

12.10.6.2 大气过剩路径延时的垂直分布

从图12-20(a)可以看到,两天内的AEPD随时间和空间变化显著。岩手山(1997年11月5日—1998年9月9日)的AEPD将随海拔升高而降低,直至2000m高度,后又随着海拔升高而升高。富士山的AEPD(1993年8月20日和1993年7月7日)随海拔升高而升高,直至1000m高度,后又随着海拔升高而升高。AEPD(1995年10月21日和9月7日)随高度的增加而增加,并且在2776m高度差处为12cm(从海拔3776m的富士山顶到海拔1000m的Yamanaka湖)。这相当于L波段信号的一个周期并且会在形变估计中产生很大的误差。这里的两个例子是针对完全不同的两座山峰。由于山顶附近的山区会产生上升气流和下降气流,而GANAL没有考虑到这一点,因此它可以接近准确地表达相位延迟。

如图12-20(b)所示,无线电探空仪的数据相比较GANAL可以捕捉到的水汽分压垂直特性的更多细节。尽管1998年3月19日的水汽压基本相同,但在1998

年9月11日3000m以下的水汽压却有很大的不同。这使得使用GANAL和无线电探空仪得到最终结果之间存在更大的相位差(以0m为参考,4000m海拔处基于无线电探空仪数据获得的AEPD为-20cm,而基于GANAL的AEPD为-15cm)。应该指出的是,无线电探空仪和GANAL数据是在相隔100km的山区之间收集的。在同一表格中没有讨论AEPD的差异。

12.10.6.3 轨道校正和大气校正的结合

当误差比小于1.0e-5时,轨道估计将在3~4次迭代内收敛。所有的例子都显示出了相似的收敛性,表明所提出的方法是有效的。第六列(右起第二列)展示了一幅场景上相位差残余量(图像标准差)。经AEPD校正后的标准差均值为1.91cm,未经AEPD校正的相位残余量为2.00cm。我们计算了8种情形下富士山和岩手山山峰10km×10km范围内的相位残余量(不包括情形7和8,这两种为地壳运动情况)。结果发现相位残余量从未校正情形的平均值4.22cm(最大为6.8cm,最小为1.6cm)优化为2.04cm(最大为2.4cm,最小为1.7cm)。估计出的轨道元素和基线距离的变化大约是几十厘米的量级。误差矢量的估计精度对于ΔB和Δr为几毫米,对于Δv为几百毫米每秒。这意味着,大气校正会改变轨道误差,但不会对B_p估计产生太大影响。此外,最终的地表形变取决于大气校正的精度。Delacourt(1998)以对埃特纳火山数据进行校正得到了(6±3)cm的精度,但在本研究中,我们将校正精度提高到了2.04cm。

12.10.6.4 轨道修正的杂项

在这个估计过程中应该讨论几个参数,包括估计参数的数量及其本身。在本研究中,我们对副轨道估计了3个参数。通过参数化主轨道,可以将参数数目从3个增加到6个或8个。由于干涉测量是基于两个轨道的相对位置进行的,因此,参数化应该固定到其中一个轨道。从稳定性的角度来看,推荐参数为ΔB、Δr和Δv。

平均而言,实际的SAR图像难以和由DEM和轨道数据在斜距方向上生成的仿真图像进行配准。由于这个误差的存在,相位差通常为斜距的平方幂。校正这一误差的方法之一为通过应用一个适当选择的相位函数来抵消额外的相位。

对整幅图像进行成功的相位解缠是非常必要的,这是因为在图像中均匀且广泛选取的GCP只能准确地估计ΔB和Δr以及其他参数。如果只对图像部分区域进行相位解缠,则必须增加数据的样本数量,然后增加相干性来尽可能增大解缠的区域。未来的工作应该考虑如何基于解缠和未解缠混合的相位进行参数估计。

12.10.6.5 地表变形监测的应用

图 12-21(a)展示了 1997 年 11 月 5 日至 1998 年 9 月 9 日期间地表形变的全局视图。其中可见 1998 年 9 月 3 日的地震造成的形变位于图像中心区域。在岩手山西北部区域可见其他由火山活动引起的形变。火山活动在 1998 年 4 月 30 日达到顶峰。在图 12-21(c)(1998 年 7 月 27 日和 1998 年 6 月 13 日)和图 12-21(d)(1998 年 4 月 30 日-1998 年 6 月 13 日)中,可以看到岩手山西部区域有一片呈苔藓绿色的区域。这可能表明,由于岩浆的上升,山体发生了轻微的膨胀。作为一个更大的基线情形,图 12-21(b)是由 1998 年 9 月 9 日和 1998 年 6 月 13 日的这组数据生成的,它对应着较大基线的情况。除了沿着山脊部分发生变化之外,其结果与图 12-21(a)相似。这可能与 1998 年 4 月 30 日之前的形变有关,也可能与水蒸气的局部变化有关。

12.10.7 总结

首先,我们利用日本气象厅的全球目标分析(GANAL)数据对大气过剩路径延迟进行了校正。接下来,基于最小二乘方法并利用地面控制点(GCP)和解缠相位信息,我们估计了轨道矢量(ΔB、Δr 和 Δv)的误差。基于此,我们可以以 2.04cm 的精度估计出地表形变。相比之下,未进行大气校正时的精度是 4.04cm。从这个角度,也证实了 GANAL 数据在这方面的有效性。

值得注意的是,作为类似于理论和验证数据的大气行为再分析数据,GANAL 是由日本气象研究所在 20 世纪 90 年代提供的,该机构目前已不存在。新一代再分析数据称为全球频谱模型(GSM),它于 2018 年开始定期发布,具有每间隔 25km,持续 6h,17 层采集的特点(10hPa~1000hPa,为世界气象组织 GRIB 格式定义的网格二进制格式)。

12.11 扫描 SAR-扫描 SAR 干涉

12.11.1 引言

原则上,扫描 SAR-扫描 SAR 干涉(扫描-干涉 SAR)比条带干涉 SAR 更适合于探测大范围的形变。然而,对所有条带建立精确的配准框架十分困难。在两种成像算法中,相较于全孔径 SAR(FA)算法,SPECAN 的优势在于它的速度更快(Shimada,2009;Cumming 和 Wong,2005),但其劣势在于在整个条带上难以实现相位连续性(Shimada,2008)。在本节中,我们引入了一种改进的全孔径扫描雷达(MFA),它可以将所有单个的 FA-SLC 集成到一个大的 SLC 中来提高互配准精度。

12.11.2 处理

由于 FA 保留了干涉 SAR 相位,因此经常用于扫描式干涉 SAR(Bamler 等,1999)。如果目标区域纹理足够丰富,那么所有波束都可以进行良好的互配准;否则,某些波束的相位可能会不稳定,并在测绘带中可能出现不连续。FA 虽然操作简单,但方位向长度的差异是其存在的一个问题。对于建立稳健统一的互配准框架的需求而言,等距方位 SLC 是比较理想的。

这种 SLC 的生成是为了在距离相关之后,方位相关之前,对所有条带以参考 PRF 进行插值。由于每个脉冲和 PRF 的开始时间是严格制定的,以参考 PRF 和方位压缩条件下对距离压缩数据进行重采样可以生成全长度 SLC 数据。参考 PRF 的值可以从数据中选择或者直接指定为理想值。此处,我们选择扫描 1 号的数据。时间偏移量则从 ALOS/PALSAR 样本的时间控制表(表 12-7)中选择。

表 12-7 扫描中的脉冲数及时间偏差

序号	脉冲数	脉冲重复频率	持续时间/s	长度/km
1	247	1692.0	0.146	0.993
2	356	2369.7	0.150	1.02
3	274	1715.2	0.160	1.09
4	355	2159.8	0.164	1.12
5	327	1915.7	0.171	1.16
总计			0.791	5.413

注:PALSAR 有 5 种模式:3 扫描,4 扫描,5 扫描,短突发以及长突发。本表只展示了短突发和 5 扫描的情况。其中的 PRF 只是举例

12.11.3 处理参数

12.11.3.1 多普勒参数

多普勒频率总是小于 100Hz,在处理过程中它被设为零。

12.11.3.2 方位插值和缩放

在参考 PRF 处对距离压缩数据进行方位插值是关键。一般而言,主副轨道

(和SAR)并不会被集中操作以同步突发位置和间隔,相比之下,ALOS-2只具有均衡突发开始时间的能力。因此,PALSAR无法调节这两个参数,而ALOS-2也无法调节间距参数。为了获得相同的方位向间距,副轨道的参考PRF必须满足下述条件:

$$f_s = \frac{v_s}{v_m} \frac{T_s}{T_m} f_m \tag{12.101}$$

式中:f_s是修正后的副图像的脉冲重复频率;f_m是主图像的脉冲重复频率;v是地面速度;T是一次扫描周期;后缀m和s分别代表主副图像。

12.11.3.3 波束同步

波束同步是这样实现的:两幅图像中只有在时间上共存的脉冲被提取,并且其余在方位向相关的置零。ALOS-2/PALSAR-2的处理已经考虑了波束同步,可能不会有太大的影响,但PALSAR可以提高相干性。

12.11.3.4 配准

ScanSAR拥有数百千米的成像条带,且B_{perp}的方位向和距离向变化很大。两个轨道分离越大,与目标的斜距向和方位向距离差就越具有非线性特点。这些非线性不能用那些在常规互配准框架之内(建立连接点,寻找有效连接点,并采用伪仿射模型或包含高阶项的方法对互配准框架进行建模)的经验模型来处理,但两步建模处理(利用基于主副轨道和目标的理论互配准模型对一阶模型进行修正,并利用伪仿射法对距离和方位向上的剩余偏移量进行建模)更加可靠和鲁棒。

因此,互配准框架可以设计如下:

$$\begin{aligned} X &= ax + by + cxy + d + \Delta X(x) \\ Y &= a'x + b'y + c'xy + d' + \Delta Y(x) \end{aligned} \tag{12.102}$$

式中:$x(y)$为主图像上的斜距(方位向)像素地址;X和Y对应于副图像,$\Delta X(X)$($\Delta Y(X)$)是由实际轨道数据和位置确定模型给出的预先确定的斜距(方位向距离)差值。因此,互配准框架是x的函数,a、b、c、d、a'、b'、c'和d'是伪仿射系数。

12.11.4 结果

12.11.4.1 场景列表

对3种PALSAR扫描式干涉SAR进行了评估。评估区域为坦桑尼亚(无形变)、海地和中国汶川(有形变)。表12-8总结了一些结果。

表 12-8 用于评价的图像及结果

区域	互配准	主图像时间	副图像时间	B_{perp}/m
坦桑尼亚	0.10 (x) 0.44 (y)	20080417	20080302	158
海地 M 7.0 级地震	0.30 (x) 0.31 (y)	20100211	20090926	241
汶川 M. 7.8 级地震	—	20080520	20080103	781

注：-表示测量数据无法获取

12.11.4.2 干涉结果

坦桑尼亚图像数据如图 12-22 所示：(a)平底校正后的条纹，(b)地形校正图像以及具有高相干性的符合标准的条纹，(c)所提方法的相干性，(d)标准方法的相干性。

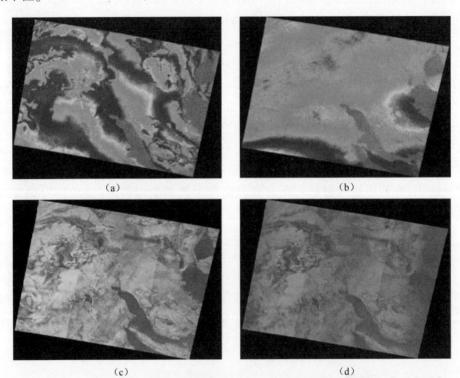

图 12-22 坦桑尼亚的扫描干涉 SAR 数据结果(见彩插)
(a)平地校正后的条纹；(b)地形校正后的条纹；(c)所提方法的相干性；
(d) 正常互配准且无波束同步的相干性。

图 12-23 所示为地表形变示例：(a)海地地震；(b) 2008 年 5 月 12 日汶川 8.9 级地震。

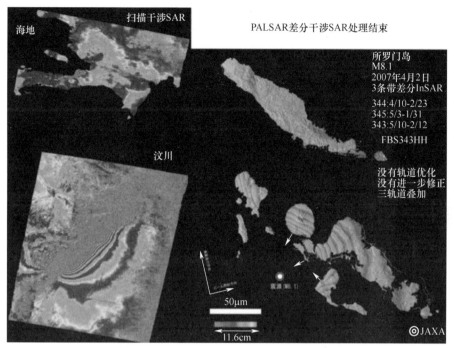

图 12-23　PALSAR 差分干涉 SAR 处理结果(见彩插)
(a)2010 年 1 月 12 日海地地震;(b)扫描干涉 SAR 观测到的 2008 年 5 月 12 日汶川地震;
(c) 三个条带结合的 PALSAR 差分干涉 SAR 结果。

12.11.5　评价及讨论

12.11.5.1　多余距离及校准残余

利用轨道数据,我们可以在互配准处理前准备与距离向相关的 ΔX 和 ΔY 数据库。根据基线不同,ΔX 和 ΔY 在 200km 距离向范围内应有几个到几十个像素左右的非线性变化。对于坦桑尼亚数据,ΔX 和 ΔY 的像素变化分别为 7 和 10,并且在整个条带范围内这两者都是非线性的。通过在互配准前将这些预先确定的多余数据替换掉,则剩余成分的互配准框架将变成线性且可完全由伪仿射表示。图 12-24(a)给出了 ΔX 和 ΔY 结果,图 12-24(b)则展示了随距离向方位线性变化的剩余位移(坦桑尼亚数据)。

12.11.5.2　相干性改善

采用所提方法对坦桑尼亚、海地和汶川三组数据进行处理,其轨道校正后的条

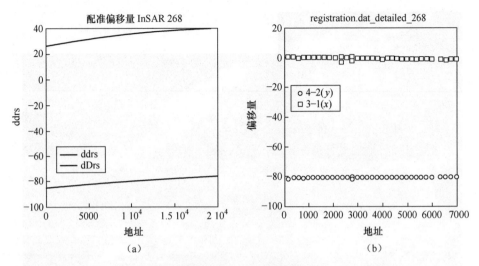

图 12-24 （a）坦桑尼亚数据中 ΔX 和 ΔY 的距离向的依赖性；
（b）减去 ΔX 和 ΔY 后的残余量的分布，其中 x 轴代表像素范围，y 轴代表像素编号

纹、DEM 进一步校正后的条纹以及干涉相干性分别如图 12-22（a）~（c）所示。作为对比，采用了标准互配准方法，并且未进行波束同步的坦桑尼亚数据相干性结果如图 12-22（d）所示。结果表明，新的互配准方法和波束同步方法不仅能将相干性提高 20%，还能够提高相位质量。在图 12-22（b）中，大尺度相位渐变可能是由下降轨道上的电离层变化导致的。海地和汶川数据结果如图 12-23 所示，二者干涉相位清晰可见。但在山区区域（图像的上半部分），汶川数据看起来噪点比较多。这可能是由于时间基线超过 92 天，从而在初夏时具有植被覆盖的地表条件相较于积雪覆盖的地表条件之间存在显著差异（Shimada，2012）。

12.12 时序干涉 SAR 堆积

12.12.1 介绍

时序干涉 SAR 分析已成为监测区域地面沉降和速度的一种重要手段。其中恒定散射体干涉 SAR（PSInSAR）和 SBAS 较为典型。基于图像对的差分干涉 SAR 提供了沉降的标志，但是由于卷积了外部噪声，因此校正比较困难。本节介绍了一种时序差分干涉 SAR 堆积方法，其基本思想简单易懂，应用简单。该方法的核心思想是利用 GCP 对每对图像进行校正，并选择不受电离层扰动影响的图像对。

12.12.2 用滑动窗实现堆积差分干涉 SAR

在校正参考地形高度和其他偏移量后，差分干涉 SAR 可以检测两次采集之间任何像素沿观测视线的距离变化 (Δr)：

$$\phi = -\frac{4\pi}{\lambda}\left(\frac{B_{\text{perp}} \cdot z}{R \cdot \sin\theta} + B_{\text{para}} + \Delta r\right) - \Delta\phi_{\text{atm}} - \phi_{\text{offset}} \quad (12.103)$$

需要注意的是，信号传播介质中的不均匀折射率会降低测量的精度，轨道测定误差也是如此。

假设沉降为垂直运动，沉降速度 (V) 可以通过对距离变化的时间微分得到：

$$V = \frac{\Delta r}{T\cos\theta} \quad (12.104)$$

修正轨道和大气误差，然后对相位进行解缠，可以得到

$$\phi_{US} = -\frac{4\pi}{\lambda}(V \cdot \cos\theta \cdot T) - \phi_{\text{offset}} \quad (12.105)$$

相位堆积的时空加权平均可以估计沉降速度及其分布（即式(12.106)）和标准差（即式(12.107)）：

$$\overline{V}_I = \frac{1}{G_I}\sum_i \frac{\lambda}{4\pi}(\phi_{US,i} + \phi_{\text{offset},i})\frac{1}{\cos\theta \cdot T_{,i}}\gamma_i$$
$$G_I = \sum_i \gamma_i \quad (12.106)$$

$$\sigma_{V_I} = \sqrt{\frac{1}{G_{I2}}\sum_i \left\{\frac{\lambda}{4\pi}(\phi_{US,i} + \phi_{\text{offset},i})\frac{1}{\cos\theta \cdot T_{,i}} - \overline{V}_I\right\}^2 \gamma_i^2}$$
$$G_{I2} = \sum_i \gamma_i^2 \quad (12.107)$$

式中：G_I 为相干性的总和；G_{I2} 为 γ 的平方和；$\overline{V}$ 为平均沉降速度；γ 为相干性。处理流程图如图 12-25 所示。

在这种情况下，需要考虑以下几点。

（1）所有关联相位是否都已准确互配准？
（2）时序相位是否都经过筛查（即适当的校正或排除）？
（3）权重函数（即窗口的时间跨度）是否已恰当选择？

12.12.3 数据分析

印度尼西亚加里曼丹中部地区由泥炭地、泥炭地森林和农业区组成，据报道，

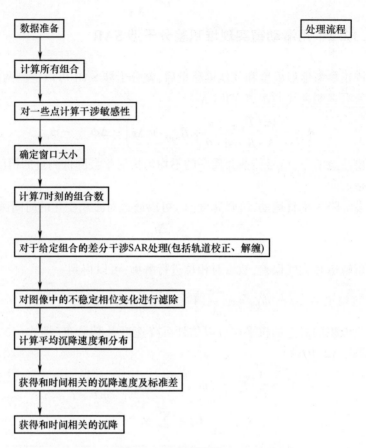

图 12-25 处理流程

由于全球变暖,该地区正发生沉降。从 2007 年 1 月 6 日到 2011 年 3 月 4 日期间,该区域被 PALSAR 观测了 26 次,条带宽度为 200km。PALSAR 轨道保持良好,平均垂直基线(B_{perp})为 -0.109km(节点),其标准偏差为 0.632km,相关信息如表 12-9 所列(Shimada 等,2010)。

表 12-9 PALSAR 轨道 RSP422 的相关统计

持续时间	2007 年 1 月 6 日—2011 年 3 月 4 日
轨道数量	26
组合	378
B_{perp} 的节点	-0.109km
标准差	0.632km
平均时间基线	534 天

12.12.3.1 相干性分析

这种方法依赖于相干性的时间变化。来自图 12-26 的例子表明,在高相干情况下,3 个典型地点的相干时间依赖减少到大约 600 天,甚至在最坏的情况下也减少到 400 天,并且这种时间衰减是以线性方式发生的。由此,我们设定时间的最大延长 B_t 为 365 天,也就是在 365 天内,我们可以选择一个图像对用于时间序列分析。式(12.106)和式(12.107)均采用相干性作为加权参数,在忽略异常值点后,可对干涉相位进行平均处理。

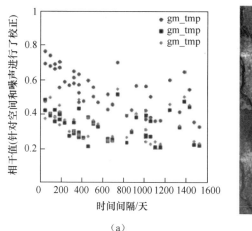
(a)

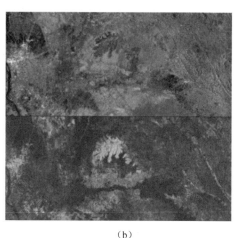
(b)

图 12-26 (a)加里曼丹 3 个典型地点的时间相关
(b)用于计算幅度(上部)和相干性(下部)的加里曼丹中部图像样本

12.12.3.2 预处理

在前面对于 B_t 和 B_{perp} 研究的基础上,差分干涉 SAR 处理矩阵被用于图像对的选择。在该选择方案下,从人工目标(河流上的大型桥梁)中选择的校准点被用于对图像进行校准。其中轨道估计通过展平操作实施。

12.12.3.3 结果

图 12-27(a)展示了在桥梁处设置校准点的目标区域幅值图,图 12-27(b)为相应的沉降结果。由窗口函数定义的平均数随时间变化,从而使得数据组合可以从 365 天内选择(最大时限)。图 12-28 展示了目标区域 A、B、C、D 沉降随时间的变化。可以看到,沉降结果呈线性变化,平均沉降速度为 -2.02cm/年。

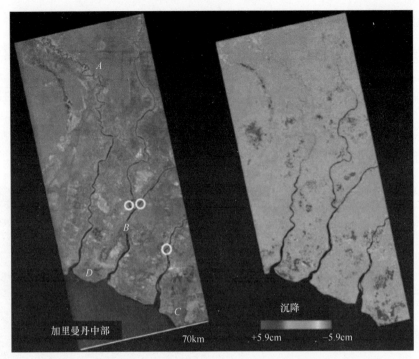

图 12-27 测试地的 PALSAR 图像(左)和典型形变图像(右)(见彩插)

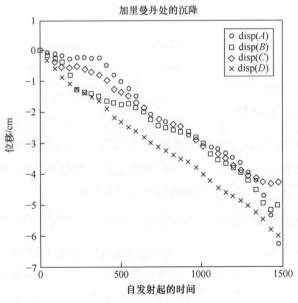

图 12-28 图 12-26 中的 A、B、C、D 4 个点的下沉历史

12.12.4 总结

本节描述了如何利用差分干涉 SAR 时序叠加方法来估计时空沉降分布。利用印度尼西亚加里曼丹中部的 PALSAR 数据,对包括 Palangkaraya 在内的 70km×200km 区域进行了实验分析,发现估计的 3 年平均沉降速度为 2.09cm/年(Shimada 等,2013)。

12.13 机载 SAR 干涉

12.13.1 介绍

由于机载 SAR 的轨迹由 INS 测量支持,导致其飞行轨迹往往是非线性的。因此,通过重复航过干涉 SAR 来反演干涉相位和地球物理参数是有挑战性的。

12.13.2 相位差

由于机载 SAR 的斜距比星载 SAR 短,主从图像差的泰勒级数扩展不再有效。因此,干涉相位由下式给出:

$$\phi = \frac{2\pi}{\lambda}r\left(1 - \sqrt{1 + \frac{2\boldsymbol{b}\cdot(\boldsymbol{r}_t - \boldsymbol{r}_m)}{r} + \frac{|\boldsymbol{b}|^2}{r^2}}\right)$$

$$\boldsymbol{b} = \boldsymbol{r}_m - \boldsymbol{r}$$
(12.108)

式中:ϕ 为干涉相位;r 为主轨道与目标之间的斜距;$\boldsymbol{r}_t$、$\boldsymbol{r}_m$、$\boldsymbol{r}_s$ 分别为目标轨道、主轨道、副轨道的位置矢量;$\boldsymbol{b}$ 表示 $\boldsymbol{r}_m$ 和 $\boldsymbol{r}_s$ 的差分位置矢量;$R(\boldsymbol{r}_t)$ 为地球在目标位置的半径,则有

$$2\boldsymbol{b}\cdot(\boldsymbol{r}_t - \boldsymbol{r}_m) = r\left\{\left(1 - \frac{\lambda}{2\pi r}\phi\right)^2 - 1 - \frac{|\boldsymbol{b}|^2}{r^2}\right\}$$
(12.109)

从而可通过求解目标位置 $\boldsymbol{r}_t$,得到高度(z):

$$z = |\boldsymbol{r}_t| - R(\boldsymbol{r}_t)$$
(12.110)

地表形变的计算方法与标准处理类似:

$$\phi = \frac{2\pi}{\lambda}r\left(1 - \sqrt{1 + \frac{2\boldsymbol{b}\cdot(\boldsymbol{r}_t - \boldsymbol{r}_m)}{r} + \frac{|\boldsymbol{b}|^2}{r^2}}\right) + \frac{2\pi}{\lambda}\Delta r$$
(12.111)

随后,在视线内观测的形变由下式给出:

$$\Delta r = \frac{\lambda}{2\pi}\phi - r\left(1 - \sqrt{1 + \frac{2\boldsymbol{b} \cdot (\boldsymbol{r}_t - \boldsymbol{r}_m)}{r} + \frac{|\boldsymbol{b}|^2}{r^2}}\right) \quad (12,112)$$

图 12-29 给出了 Pi-SAR-L2 干涉 SAR 北海道 Tomakomai 地区的测量结果,其中(a)HH 极化幅度图,(b)为形变结果,(c)为 HH 极化干涉 SAR 相干结果,(d)为轨道校正后的干涉条纹(对应缠绕的 DEM 结果)。

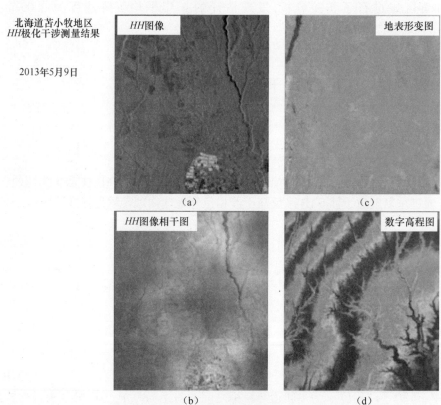

图 12-29 P-SAR-L2 干涉测量结果(见彩插)
(a)北海道苫小牧地区幅度图;(b)干涉相干图;(c)地表形变图;(d)数字高程图。

12.14 分析结果

在本节中,我们将进一步展示 3 种星载平台数据的干涉测量结果。

(1) JERS-1 差分干涉 SAR 展示了 1995 年 1 月 16 日阪神地震及其相关地表形变的两张图像(图 12-30):(a) 1995 年在早期阶段取得的第一批成果,结合了 1995 年 2 月 6 日和 1992 年 9 月 8 日的图像;(b)经过轨道校正、DEM 校正、相位增强平均以及对孤立岛屿上的不连续相位解缠后的再分析数据;(c) JERS-1 SAR 干涉测量得到的富士山 DEM 结果。

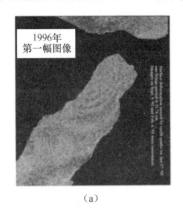

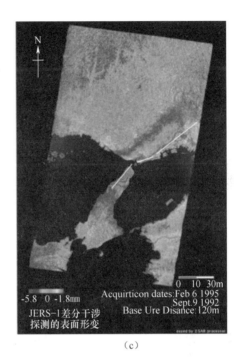

图 12-30 (a,b) JERS-1 差分干涉 SAR 观测到的 1995 年 1 月 17 日阪神地震和 (c)正交图被 JERS-1 干涉 SAR DEM 校正后得到的 JERS-1 SAR 三维视图(见彩插)

(2) PALSAR 差分干涉 SAR(图 12-23):(a)展示了扫描干涉 SAR 测量的 2010 年海地地震结果,用改进的差分干涉 SAR 方法描绘了大面积的形变;(b)降轨模式下两组扫描 SAR 数据观测到的汶川地震及其相应地表形变,相较于升轨差分干涉 SAR 大大减少了电离层扰动;(c)展示了岛屿地区大面积形变的三次航过条带干涉测量的拼接结。

(3) PALSAR-2 差分干涉 SAR:结果来自于 2016 年日本熊本地区地震。PALSAR-2 从各个观测方向对熊本地区进行了密集的观测,有些还拆分了三维的位移结果(图 12-31)。(a)展示了利用 2016 年 3 月 7 日-2016 年 4 月 18 日差分干涉 SAR 测量得到的熊本地区形变结果。(b)为(a)中矩形区域的放大结果,其中幅度图像和斜距方向上的形变叠加在一起。

(4) PALSAR-2 ATI 结果如图 12-32 所示。PALSAR-2 已在几个带宽上实验运行了 ATI 模式。我们使用了 UBS 模式下获取的加州汉密尔顿市数据。图像右

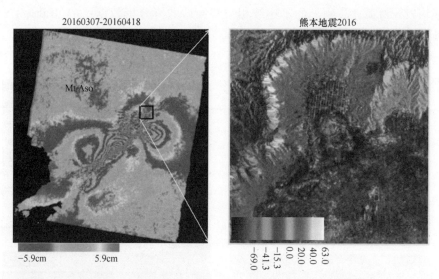

图 12-31　利用 2016 年 3 月 7 日和 2016 年 4 月 18 日采集的
降轨模式下 84MHz *HH* 极化 PALSAR-2 差分干涉 SAR 数据得到的形变测量
(a)视线 50km 范围内的形变图像；(b) Uchinomaki 地区的放大图像，展示了几个小区域的非均匀形变。(见彩插)

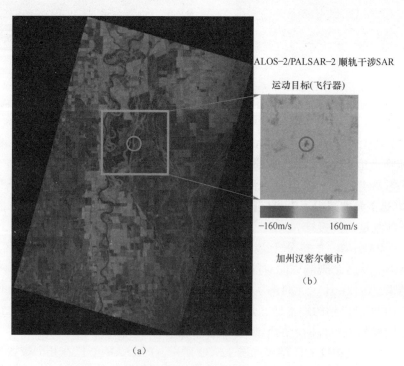

图 12-32　加州汉密尔顿市的 PALSAR-2 顺轨干涉图像
(a)ALOS-2 在降轨节点的幅度图；(b)干涉 SAR 相位图，展示了该相位变化可能由大尺度目标飞行器引起。(见彩插)

侧中心的干涉 SAR 相位展示了其具有 93°的相位变化。令 λ 为 24cm,基线为 5m,地面速度为 6700m/s,可以测得视线速度为 83m/s。在 35°的入射角情况下,目标速度为 144m/s 或 520km/h。因此,目标可能是一架大型飞机,多普勒频移引起的图像位错约为 7700m($\Delta f_D / f_{DD} * v_g$ = 7700m,其中 Δf_D 为 691Hz,f_{DD} 为 -600Hz/s,v_g 为 6700m)。

12.15 总结

本章主要介绍了 SAR 干涉测量和差分干涉测量这两种能够精确测量地形和表面形变的方法。首先,讨论了测量原理,推导了将 SAR 测量相位、地表测量量(DEM 和地表形变)和误差来源联系在一起的一般方程。然后,对误差源进行了定量评价,并讨论了误差源与大地测量精度之间的定量关系。最后,我们评估了由 JERS-1 SAR、ALOS/PALSAR、ALOS-2/PALSAR-2 和 Pi-SAR-L2 获得的地表测量量结果。

附录 12A-1 大气过剩路径延时

我们假设目标 A 和卫星 S 之间的大气由 N 个子层组成,每个子层平行于地球表面,并且湿度、温度和压力恒定(图 12A-1)。相邻两个子层的几何关系为

$$n_{i-1} r_{i-1} \sin \theta_{i-1} = n_i r_i \sin \theta_i \tag{12A-1.1}$$

$$\frac{r_i}{\sin \theta_{i-1}} = \frac{r_{i-1}}{\sin \theta_i} \tag{12A-1.2}$$

式中:入射角 θ_i 和通过一个边界交点的折射角 θ'_{i-1} 可确定,从而固定点 A 和 S 可以在前述条件下连接。由于这两个角度在场景中变化不大,可以得到

$$\theta_i = \theta_{i-1} + \frac{1}{\cos \theta_{i-1}} \left(\frac{n_{i-1} r_{i-1}}{n_i r_i} - 1 \right)$$

$$\theta'_{i-1} = \theta_{i-1} + \frac{1}{\cos \theta_{i-1}} \left(\frac{n_{i-1}}{n_i} - 1 \right) \tag{12A-1.3}$$

两层之间的传播长度(r_{mi})为

$$r_{mi} = r_{i-1} \frac{\sin \Delta \phi_i}{\sin \theta_i} = \frac{1}{\cos \theta_{i-1}} \frac{n_{i-1}}{n_i} \left(1 - \frac{r_{i-1}}{r_i} \right) \frac{r_{i-1}}{\sin \theta_i} \tag{12A-1.4}$$

对应的传播时间为

$$t_{mi} = \frac{1}{\cos\theta_{i-1}} \frac{n_{i-1}}{n_i} \left(1 - \frac{r_{i-1}}{r_i}\right) \frac{r_{i-1}}{\sin\theta_i} \frac{n_i}{c} \approx \frac{2}{c\sin\theta_{i-1}} \frac{r_{i-1}}{r_i} n_{i-1} \left(1 - \frac{r_{i-1}}{r_i}\right)$$

(12A-1.5)

最后,两个观测之间的时间差为

$$\phi_3 = -4\pi \frac{1}{\lambda_0 \cos\Theta_0} \sum_i (n_{m,i} - n_{s,i}) \Delta r_i \qquad (12A-1.6)$$

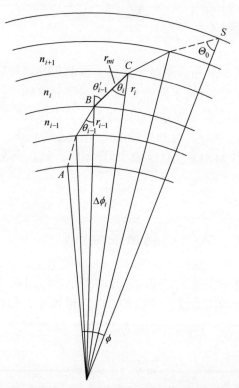

图 12A-1　卫星(S)与目标(A)之间的信号传播路径(本文计算了超过 3000 个 10m 厚的大气子层数据,为便于说明,此处大气近似为 5 层)

第13章
非理想因素(射频干扰及电离层影响)

13.1 引言

在L或者C波段的SAR图像中,甚至是在InSAR(干涉合成孔径雷达)的相位中,经常会出现与SAR系统噪声完全不同的奇异的噪声模式或者人造类型的噪声。在时间和空间的分布上,这些噪声模式的类别、形状、大小、面积密度、出现的频率大不相同。然而,自20世纪90年代以来,SAR实验的准备进一步完善,以致在2000年之后,当各类不同频段的SAR开始运行时,噪声模式的类别也在不断增加。这些奇异的噪声模式或者人造类型的噪声出现的最主要原因是:SAR信号受到电离层/对流层和外部信号的干扰(图13-1)。这里有4种有代表性的现象。第一种现象是射频干扰(RFI),由于电器的广泛使用,具有不同目的的外部无线电信

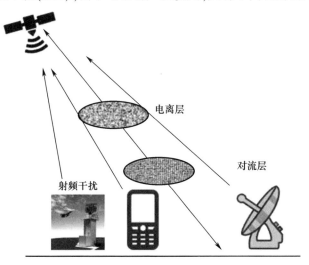

图13-1 SAR图像中的射频干扰和电离层非理想性

号的相互作用导致电平和频率带宽的增加。第二种现象是由电离层的不均匀性造成的成像伪图,该不均匀性导致了 SAR 图像中的条纹产生和干涉测量中的相位变化。第三种现象是由法拉第旋转引起的极化旋转。第四种现象是对流层相位延迟,它通常出现在 InSAR 分析中,围绕着水汽-山地相互作用区域表现为鬼影状的相位变化。在图 13-2 中给出了以上 4 个典型的例子。由于对流层干扰已经在第 12 章中进行了讨论,我们在本章中将重点放在前 3 种类型的干扰上。

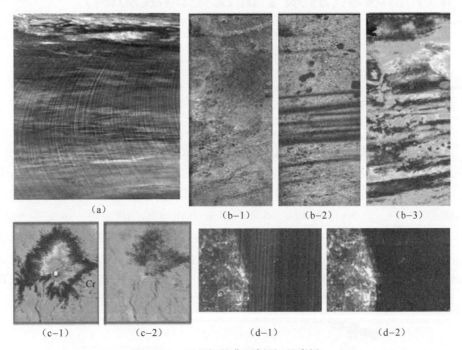

图 13-2　不理想的典型例子(见彩插)

(a)亚马孙上空 PALSAR 观测到的条纹;(b)西伯利亚观测的 PALSAR DinSAR,(b-1)振幅图像,
(b-2)包含方位向条纹相干性的图像,(b-3)干涉相位图像;
(c)ALOS-2/PALSAR-2 观测的 OnTake 山顶上大气扰动,
(c-1)包含相位扰动区域的 DinSAR,(c-2)大气相位延迟之后的 DinSAR;
(d)JERS-1 SAR 观测的日本明石海峡的射频干扰污染,(d-1)校正前,(d-2)射频干扰消除之后。

13.2　射频干扰和陷波滤波

任何合成孔径雷达的频率和带宽分配都必须经过国际频率登记委员会的评估和批准。由于空间微波遥感的优先级低于用于地面基础设施监测的微波(如航空无线电管制、地面通信和全球定位系统),因此,SAR 很容易受到较强信号的影响。近年来,被定义为首选和非首选信号混合状态的射频干扰(RFI)已成为主要的噪声源之一。SAR 成像是一个从目标信号到参考信号相互关联的过程。因此,目标信号的成像过程增益应远比不相关信号(即外界噪声)大得多。当外部信号源具有极高的功率级时,SAR 图像会很容易被干扰,此时,外部信号源将成为一个问题(白噪声)。

13.2.1 不等关系

在这一小节,我们考虑 SAR 图像中射频干扰影响情况,将从原始数据开始考虑。

SAR 信号和射频干扰完全不相关,因为二者的信号源完全不同。因此,在 SAR 图像中出现的射频干扰正是由于不均匀的原始信号功率。

假设 p_s 为原始信号功率,p_{EX} 为外部噪声,p_{IN} 为内部噪声,则 SAR 图像功率(强度)表示为

$$p = G^2 \cdot p_s + G \cdot (p_{EX} + p_{IN}) \tag{13.1}$$

式中:p 为 SAR 强度;G 为成像相关增益。

当外部噪声电平增加远超 SAR 信号的能量时,式(13.2)中的不等式有效,此时,图像将被白噪声覆盖:

$$G \cdot p_s < (p_{EX} + p_{IN}) \tag{13.2}$$

式中:G 取决于 SAR 的性能。在 JERS-1 SAR 情况下,当 $G=1000000$ 时,距离和方位向压缩的分辨率为 1000;在 ALOS-2/PALSAR2 的情况下,$G=100000000$ 时,距离和方位压缩的分辨率为 10000。在这种情况下,外部噪声较大。

13.2.2 功率谱及射频干扰抑制算法

如果考虑原始数据在频域中的表现形式,则接收信号的功率谱可由下式给出:

$$f(\omega) = F(f(t)) \tag{13.3}$$

式中:$F(\cdot)$ 表示傅里叶变换;ω 为角频率;t 代表时间。图 13-3 给出了 3 颗卫星的例子:JERS-1、PALSAR 和 PALSAR-2,图中只显示了 HH 极化。一般来说,当射频干扰较小时(如在巴西地区),接收信号(频谱)看起来与传输信号相似。当射频干扰增加时,接收信号受到的影响也在变大。以上这些例子显示了复杂或者简易射频干扰环境对每一代卫星的影响。从 20 世纪 90 年代到 21 世纪 10 年代,射频干扰愈发严重,其频谱也往往受到扰动,从尖峰型(窄带宽)扩展为宽带型噪声。陷波滤波是抑制 RFI 噪声(线性高斯白噪声)的一种解决方案,其可将受射频干扰

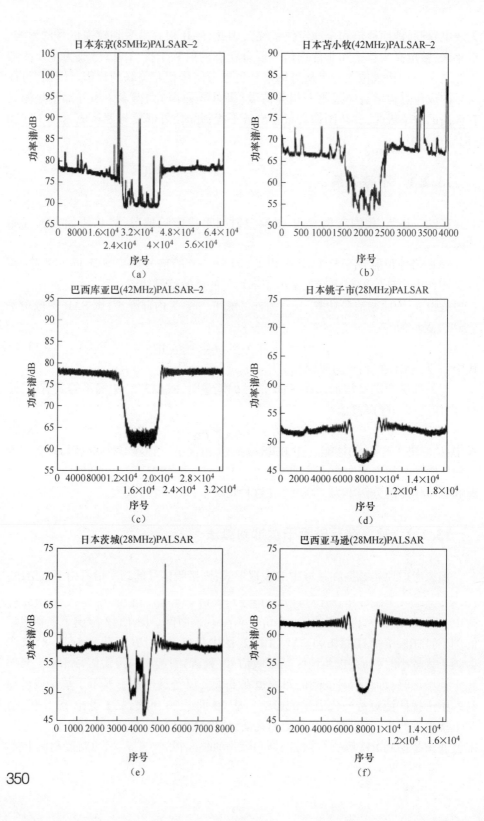

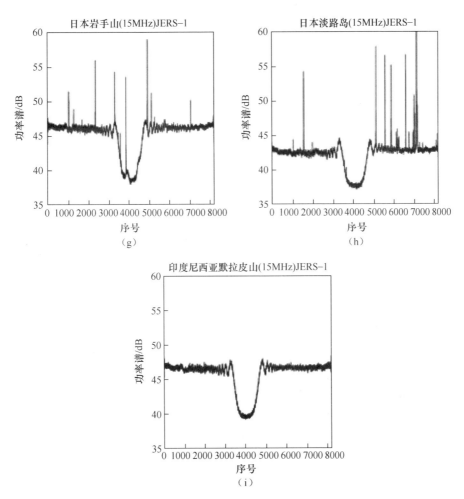

图 13-3 SAR 数据频谱图
(a)~(c)PALSAR-2;(d)~(f)ALOS PALSAR;(g)~(i)JERS-1 SAR。

影响的频段变为 0,并且能和距离压缩的一并实现:

$$F^{-1}\{F(S_r) \cdot A(\omega) \cdot F(f_r^*)\} \tag{13.4}$$

式中:$A(\omega)$ 是自适应滤波器。

然而,应该注意的是,陷波滤波只有在射频干扰带宽小于 3~5MHz 时才有效;更宽频带的射频干扰很难滤除。

陷波滤波流程示意图如图 13-4 所示,由以下 4 个步骤组成。

(1)测量传输信号的频谱(从复制的信号中)。

(2)每 512 个脉冲测量一次接收信号的频谱。

(3)如果条件(4)有效,根据式(13.5)创建陷波滤波器:

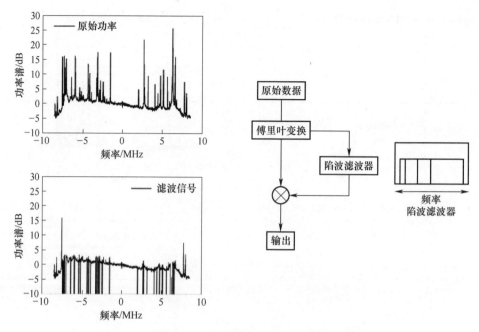

图 13-4 对 SAR 图像中受污染的射频干扰信号进行陷波的主要流程

$$A(\omega) = \begin{cases} 0, & \Delta \geqslant 2\mathrm{dB} \\ 1, & 其他 \end{cases} \quad (13.5)$$

$$\Delta = |F(S_r) - F(f_r)|$$

（4）测量受影响的射频干扰总带宽：

$$r_p = \frac{B_{N,P}}{B_w} \quad (13.6)$$

$$B_{N,P} = \Delta B \sum_{i \in J} I_i \quad (13.7)$$

式中：$A(\omega)$ 是频域中的陷波滤波器；Δ 是理想频谱和测量频谱之间的差值；$B_{N,P}$ 是射频干扰污染和零填充频带的总和；r_p 是 $B_{N,P}$ 和总带宽之比。

当 $A(\omega)$ 在很大程度上被零值支配时，无论其在波段中的分布如何，分辨率都会变得非常差。在监测 r_p 时，选择是否应用陷波滤波以交互地判断下一步的处理。如果分辨率恶化（图 13-5 和图 13-6），可以形成射频干扰抑制的 SAR 图像。

近些年以来，由于手机和电视通信的广泛使用，射频干扰愈加严重。前面提及的参数 r_p 表示 SAR 信号被外部信号干扰的程度。在 SAR 操作处理过程中，所有数据都进行遍历处理，并对 r_p 进行监测。利用 r_p，可以了解到射频干扰污染在全球范围内的分布情况。图 13-7 给出了射频干扰的全球分布，其中用颜色表示一个频段的零点填充的百分位数。

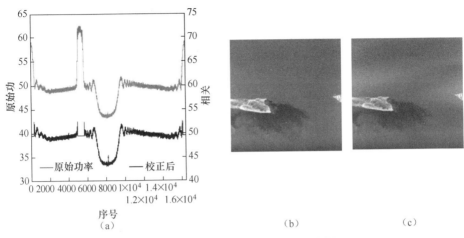

图 13-5 校正处理过程中的案例(见彩插)
(a)两次频谱(前后);(b)陷波校正后;(c)陷波校正前。

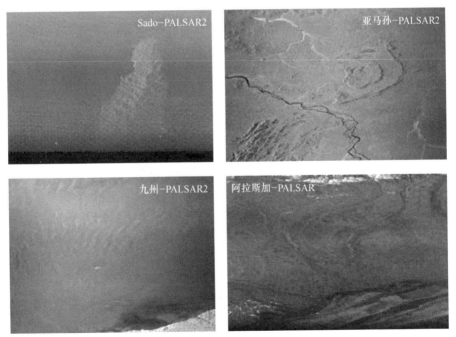

图 13-6 射频干扰恢复后的 SAR 图像(每幅图对应图 13-3 所示的频谱数据)

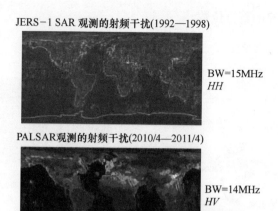

图 13-7 JERS-1SAR(1992—1998)、PALSAR(2010)和 PALSAR-2(2014—2015)SAR 图像中出现的射频干扰污染在全球的分布(见彩插)

15MHz 带宽的 JERS-1 SAR 代表 20 世纪 90 年代的射频干扰;14MHz 带宽的 ALOS/PALSAR 代表 2010 年的射频干扰;28MHz 带宽的 ALOS-2/PALSAR-2 代表 2015 年射频干扰的全球分布。可以看出,20 世纪 90 年代主要分布在日本、韩国和黄海等地的射频干扰已扩散到更多的全球区域(如波斯湾、美国和中欧)。L 波段 SAR 主要受到各种外部信号干扰,并且受到的干扰带宽正在扩大(Shimada 等, 2010;Shimada 等,2014)。

13.3 电离层的非理想性

13.3.1 引言

电离层(又称为 F 层)位于海拔 300km 以上,在太阳活动较少时,其等离子体密度在白天的 $5.1\times1011/m^3$ 到夜间的 $8.9\times1011/m^3$ 范围中变化;但在太阳活动频繁时,该值比上述范围高一个数量级。这些变化每天都在发生,并且以 11 年为一个周期。它们可以用总电子含量单位(TECU)表示,范围从 5 TECU 到 60 TECU。

夜幕降临后,电离的大气在陆地表面开始中和,并向更高海拔非均匀扩散,有时可以在南美洲亚马孙地区观察到(奈特等,2000)。GPS 对电离层特性的测量中通常会出现闪烁现象,即在同一邻域内传播的不同电离层特性的两条路径信号一起跳动。更严重时,GPS 直接被锁死(Matsunaga 等,2004;Aarons 等,1996;Basu 等,1978;Beach 和 Kintner,1999)。

关于 L 波段 SAR 与电离层特性之间的关系,对 L 波段的 JERS-1SAR 研究表明,由于电离层的不均匀分布,这种条纹表现为方位向上的相移(Gray 等,2000)。当发射的无线电波通过电离层的干扰区域时,L 波段 SAR 与其他电离层属性之间的相互作用是另一个要讨论的话题(Otsuka 等,2002)。在这篇文章中,我们将提供证据,以证明雷达信号通过不同的电离层路径时可能产生了安装在 ALOS 上的 PALSAR 观测到的条纹。

电离层可以在幅度和相位上使 SAR 图像失真,但在 JERS-1 SAR 的任务寿命期间,并没有直接提供与电离层相关的图像作为证据,尽管可能观察到了两种现象:亚马孙地区的干涉相位变化和俄罗斯地区的幅度变化。2006 年初,当 ALOS/PALSAR 发射并被送入极地轨道时,可能主要是在夜间进行观测;从那时起,观测发生了巨大的变化。在夜间的 SAR 图像中有着许多被捕捉到的不规则的斑块,而所有这些都被认为是由闪烁、等离子体气泡和行进电离层扰动(TID)引起的电离层扰动(TID)造成的,如图 13-2 所介绍的(http://www.geocities.jp/hiroyuki0620785/intercomp/wireless/ionosphere.htm)。这是因为当地电子密度的变化是一种日常的对角化现象,通过 TEC 的瑞利-泰勒不稳定变化,在早上到中午时增加,在黎明到午夜后减少。所有的电离层扰动都是由夜间发生的 TEC 的不稳定衰减引起的。在本节,我们将描述 SAR 成像与电离层的非理想性之间的基本相互作用。另外,我们还将介绍一些与非理想性相关的现象。

13.3.2 折射率

这种非理想性仅取决于微波传播在折射率为 $n = c/c_0$ 的介质中之间的相互作用,它被定义为光速 c 与自由空间中的光速 c_0 的比值。电离层有

$$n = \sqrt{1 - \frac{Ne^2}{\varepsilon_0 4\pi^2 f^2 m}} \tag{13.8}$$

式中:N 是电子的总数密度(number/m^3);e 是电荷常数($1.602e^{-19}$C);ε_0 是空间的介电常数($8.854e^{-12}$ F·m^{-1});m 是电子的质量($9.109e^{-31}$ kg);f 是载频;c_0 是 299792458m^{-1}·s^{-1}(Kelley,1989)。

13.3.3 电离层路径时延

在给定的传播时间内,电离层相位延迟是指在有无电离层情况下传播长度的相位差。这可以通过对无电离层的往返时间经历的总相位进行微分并从电离层中减去它来得出:

$$\begin{aligned}\phi_{\text{IONO}} &= \frac{4\pi f}{c_0}(r_0 - r_{\text{iono}}) = \frac{4\pi f}{c_0}\int_0^{t/2}\frac{c_0}{n}\mathrm{d}t' = \frac{4\pi f}{c_0}\int_0^{t/2}c_0\frac{Ne^2}{2\varepsilon_0\omega^2 m}\mathrm{d}t' \\ &= \frac{4\pi}{c_0 f}\frac{e^2}{\varepsilon_0 8\pi^2 m}\int_0^{t/2}c_0 N \mathrm{d}t' = \frac{4\pi k}{c_0 f}\cdot\text{TEC}\end{aligned} \tag{13.9}$$

$$k = \frac{1}{2}\frac{e^2}{\varepsilon_0(2\pi)^2 m} = 40.28 \tag{13.10}$$

式中:t 是往返时间;n 是 TEC 密度的折射率;r_0 是无电离层条件下 SAR 与目标之间的距离;r_{iono} 是非零电离层条件下 SAR 与目标之间的距离。式(13.9)是通过无线电波传播的 TEC 视线。相位延迟的另一种表述是电离层路径延迟增加了波的群延迟,但电离层的色散传播会使波的相位以与群延迟相同的幅度前进。

13.3.4 TEC 变化引起的距离漂移

另一个现象是图像在距离向上的偏移。SAR 和目标之间的距离可由下式

表示：

$$r = \int_0^{t/2} c_0 \cdot n^{-1} \mathrm{d}t' \qquad (13.11)$$

差值为

$$\Delta r = -\int_0^{t/2} c_0 \cdot \Delta n \cdot n^{-2} \mathrm{d}t'$$

$$\approx \frac{1}{2} \frac{e^2}{\varepsilon_0 (2\pi)^2 f^2 m} \int_0^{t/2} c_0 \Delta n \mathrm{d}t' \qquad (13.12)$$

$$= \frac{k}{f^2} \Delta \mathrm{TEC}$$

图 13-8 显示了部署在亚马孙地区的 CR 测量到的 SAR 图像的位置偏移；每个图像都显示了东西方向（圆形）和南北方向（正方形）的分量，以及总长度（+）。东西向分布大于南北向分布。所有的数据都是在夜间获得的。在测量时，东西方向的负分布似乎是较小的 TEC 分布。3 个案例研究：500000TEC（$10^9 \times 500000 \times 40.28/1.27\mathrm{e}9^2 = 12.4\mathrm{m}$）对应于 12.4m；100000 TEC 对应于 2.48m；-500000 对应于-12.4m，这可以解释 CR 在 10m 量级上距离方向产生偏离的原因是因为 TEC 的射程减少。在此处，因为距离没有偏移，使用上/下路径作为全局的 CR 来校准 PALSAR 几何图形。因此，前面的解释是定性的。在第 850 天的一个大转变取决于大的 TEC，即使在夜间也是如此，并导致方位向和距离向的偏移。

距离偏移降低了 InSAR 图像对的配准精度和 InSAR 的相干性。

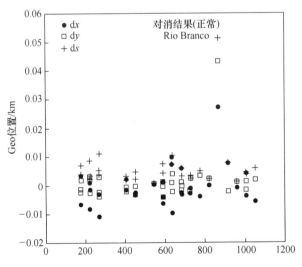

图 13-8 部署在亚马孙上空的 ALOS PALSAR 中的 CR 测量的位置偏移

13.3.5　多普勒波动引起的方位偏移

第 3 章中描述的多普勒频率参数来自于电离层不存在的情况。通过电离层传播的电磁波的多普勒频率推导如下:SAR 接收信号由 $f(-2r/c)$ 表示,其中 $f(\ )$ 是发射信号,r 随着慢时间 T 而变化。其时间导数变为

$$\frac{\mathrm{d}f}{\mathrm{d}T} = \mathrm{j}\omega f\left(-\frac{2}{c_0/n}\frac{\mathrm{d}r}{\mathrm{d}T} + \frac{2r}{(c_0/n)^2}n^2\frac{\mathrm{d}n}{\mathrm{d}T}\right) \quad (13.13)$$

式中:第一项是通过具有恒定厚度传播介质的信号多普勒频率;第二项是多普勒频率变化,这是由于介质的厚度随卫星通过的时间变化造成的。这一项引起地面目标在方位向发生偏移,则有

$$\begin{aligned}
\frac{\mathrm{d}f}{\mathrm{d}T} &= \frac{\mathrm{d}f}{\mathrm{d}(-2r/c)} \frac{\mathrm{d}(-2r/c)}{\mathrm{d}T} \\
&= \dot{f} \cdot \left(-\frac{2\dot{r}}{c} + \frac{2r}{c^2}\frac{\mathrm{d}c}{\mathrm{d}T}\right) \\
&= \mathrm{j}\omega f \cdot \left(-\frac{2\dot{r}}{nc_0} + \frac{2r}{n^2 c}\frac{\mathrm{d}n}{\mathrm{d}T}\right) \\
&= \mathrm{j}\omega f \cdot \left(-\frac{2\dot{r}}{nc_0} + \frac{2r}{n^2 c}\frac{-e^2}{2\varepsilon_0 \omega^2 m}\frac{\mathrm{d}n}{\mathrm{d}T}\right)
\end{aligned} \quad (13.14)$$

随后,由于电离层的变化引起多普勒频率由下式给出:

$$f_{\mathrm{de}} = f_0 \cdot \left(\frac{2r}{n^2 c}\frac{-e^2}{2\varepsilon_0 \omega^2 m}\frac{\mathrm{d}N}{\mathrm{d}T}\right) \quad (13.15)$$

方位位置偏移由下式给出:

$$\Delta y = \frac{\Delta f_{\mathrm{D}}}{-f_{\mathrm{DD}}} v_{\mathrm{g}} \quad (13.16)$$

式中:f_{DD} 是多普勒脉冲频率;v_{g} 是地面速度。一般 PALSAR 的 f_{DD} 为 500 Hz/s,v_{g} 为 7.0 km/s。

在图 13-8 中,可以看到两种信号模式:在 dx 中的负偏移与在 dy 中小的正偏移,以及 dx 和 dy 中某个点较大的正偏移,其中+dx 被定义为东偏移(斜距扩展),而+dy 被定义为北偏移(方位向偏移)。这些偏移可以用 TEC 在位置和高度上的分布情形来解释(图 13-9)。如果我们假设 $N = 500000$ e9/m³,dN/dT 约为 1.0 e9/(m³·S^{-1}),如电离层底下的山谷或山脉,则正斜率下的 f_{de} 约为-0.2Hz,负斜率下的 f_{de} 约为+0.2Hz。相应的方位向偏移为±2.6m(0.2Hz)。如果我们进一步假设 $N = 500000$ e9/m³,则距离偏移可以达到 12m。这种移动的迹象取决于 CR 的相对

位置,在山峰之前或之后,或者在山谷中。

方位向+30m 至约 40m 的偏移和+30m 距离上的大错位,很可能是因为 TEC 上的大的偏差导致的,如峰值前的(b)情景。

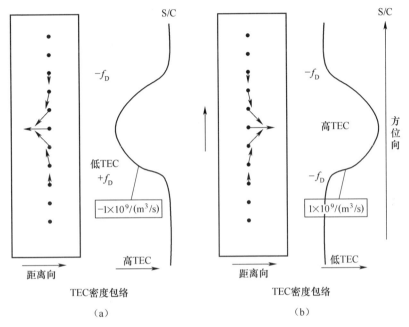

图 13-9 亚马孙河夜间观测中距离和方位变化的现象解释
(a)场景 a;(b)场景 b。

13.3.6 闪烁

图 13-10(a)是 2006 年 4 月 12 日,03:24:29 时在亚马孙河上空获得的扫描 SAR 图像,投影在墨卡托地图上的中心位置处的纬度为 $-9.338°$、经度为 $-71.556°$,其距离宽度为 350km,方位宽度为 800km,ALOS 从南向北移动,以 18°~42°的入射角观察右侧。在这个图中,灰色区域表示完全被森林覆盖的区域,黑线表示河流,而白色区域表示河流周围有少量被淹没的区域。被淹没的区域和森林之间的雷达信号的双重反射使雷达后向散射更明显。

为了突出条纹,增强了图像显示。条纹是略微弯曲的,几乎沿卫星轨道分布且距离间隔为 3km,并且几乎平行于地磁线-赤道线。

其他观察到的条纹案例如图 13-10 所示。图 13-10(b)和(c)清晰地显示了国际时间 2006 年 11 月 9 日 03:43:49 的双波束(FBD)图像,在接收时为水平(H)和垂直(V)极化,在传输时为 H 极化。这些条纹表现出类似沿着轨迹条纹的

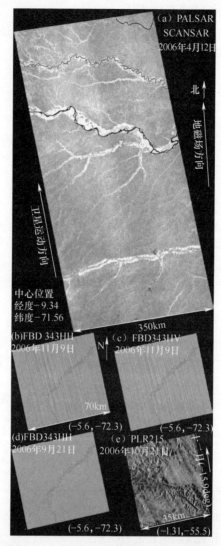

图 13-10 PALSAR 图像中出现的条纹样本

(a)2006 年 4 月 12 日夜间拍摄的亚马孙中部的扫描 SAR 图像。成像区域宽 350km,长 800km。沿着卫星轨道可以看到条纹。灰色区域表示森林,黑线表示河流,白色区域表示洪水泛滥区域;
(b)2006 年 11 月 9 日 FBD 的 HH 极化图像;(c)2006 年 11 月 9 日 FBD 的 HV 极化图像;
(d)2006 年 9 月 24 日 FBD 的 HH 极化图像,作为无条纹的例子;(e)2006 年 10 月 21 日的 PLR,一种低频情况,HH+VV 被指定为红色,HH-VV 被指定为绿色,2HV 被指定为蓝色。
括号中显示了场景中心的纬度和经度。(见彩插)

干扰,条纹宽度在距离向上为 600~900m。此张 180km 长的子图像是从母图像中提取出来的,其中条纹延伸超过了 1200km。图 13-10(d)描绘了与图 13-10(b)在相同的位置、不同日期的归一化（非闪烁）图像。条纹背景图像是亚马孙的雨林和河流。图13-10(e)是用旋光法观察到的低频条纹的一个案例。条纹可以表示法拉第旋转角的变化,从而表示磁道上的TEC变化。

雷达对地面的散射特性和电离层的敏感性都很高。条纹的出现是由于SAR信号通过位于F层的电离层立方体的涡流折射产生的(在发射和接收过程中)(图13-11)。

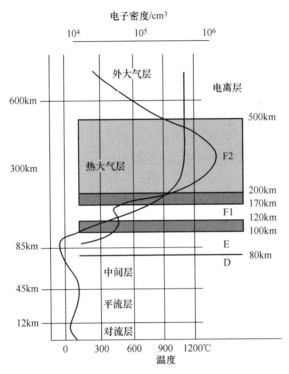

图13-11 不同高度的电子密度(见彩插)

完全理解与电离层变化层(特别是与赤道地区的夜间变化,即所谓的等离子体气泡)相互作用的图像非理想性(振幅和相位)是相当困难的。但是,我们可以介绍一下基本概念,即条纹如何出现在图像中。

此处,我们考虑一种夜间观测场景,其中电子密度通过等离子体气泡的生成和适应过程逐渐降低,而等离子体气泡的电子密度比外面的要低。一根半径为r的长细管,定位在高度H处,里面充满了N_1的电子密度,这是r上的常数或渐变分布,而外面的电子密度是N_2。

SAR沿着轨道在更高的高度飞行,这样,地球上空的时间序列IFOV,即黑线覆盖的区域是由级联脉冲产生的;红色曲线也随之产生(距离压缩线);并且SAR成像会产生一个聚焦点(图 13-12(a))。从合成孔径雷达发出的信号通过 3 种介质(介质 a、介质 b 和介质 c)传播,然后以信号折射的侧视图接近地球表面,如图 13-12(b)所示。我们考虑一条信号轨迹(S-A-B-C),其中膨胀条件在 A 和 B 上均有效,分别为

$$n_{i-1}r_{i-1}\sin\theta_{i-1} = n_i r_i \sin\theta_i \tag{13.17}$$

$$n_{i-1}r_{i-1}\sin\theta_{i-1} = n_i r_i \sin\theta_i \tag{13.18}$$

则总时延为

$$T_1 = \frac{r_0 n_0}{c} + \frac{r_1 n_1}{c} + \frac{r_2 n_0}{c} \tag{13.19}$$

相反,没有等离子体气泡的正常通道($n_1 = n_0$)为

$$T_2 = \frac{r_0 n_0}{c} + \frac{r_1 n_0}{c} + \frac{r_3 n_0}{c} \tag{13.20}$$

尽管 $n_1 > n_0$,但条件 $T_1 = T_2$ 要求

$$r_2 < r_3 \tag{13.21}$$

$$\Delta r = \frac{2(r_3 - r_2)}{\lambda} \tag{13.22}$$

式中:Δr 是以周期为单位通过气泡的最短距离。

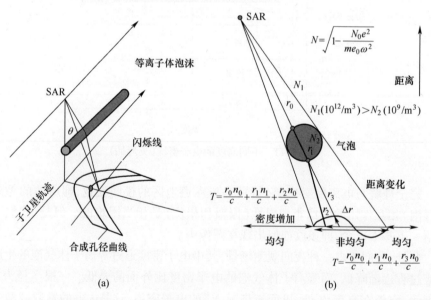

图 13-12 (a)等离子体气泡上 SAR 成像的概貌 (b)波在等离子体气泡中传播的侧视图(见彩插)

因此,在没有等离子体气泡的情况下,通过管道的路径总是比正常路径短,而且图像聚焦的距离更近。这一过程类似于 SAR 成像中的投影缩短效应。透视的缩

短程度取决于 TEC 条件,即电子密度分布、管的高度和管的数量。通过两个圆柱形模型研究了两种模型的折射路径:内部密度恒定、外层空间不连续的圆形气泡(M1)和与外层空间连续连接的径向斜坡分布(M2)。进行了两次模拟:7~10km 规模的两种密度的气泡(情况 1)和 1.5km 规模的气泡(情况 2),两者都代表了典型的 TEC 夜间密度(图 13-13)。蓝线表示在 M1 处的相位延迟,是式(13.22)的缩短距离,红线表示 M2。M2 的效果总是比 M1 差,因为 TEC 在边界的大密度梯度使从 M1 看到的强度和相位变化很大。在较大的气泡中,M1 的不规则面积比 M2 大。

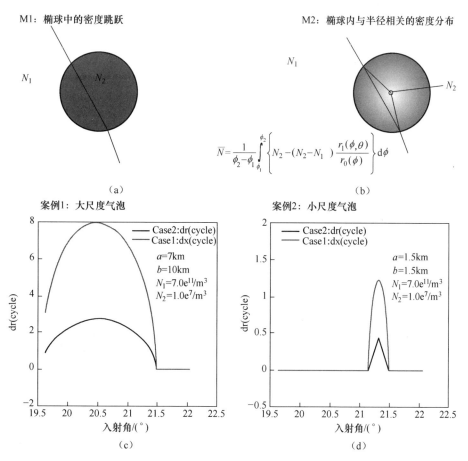

图 13-13 对小尺度气泡和大尺度气泡进行了模拟,并对其行程不足进行了实例分析(见彩插)
(a) M1 的密度分布;(b) M2 的密度分布;(c) 情况 1 大尺度气泡的模拟;(d) 情形 2 小尺度气泡的模拟。

2006 年 9 月 20 日 PALSAR 在亚马孙上空的一幅图像受到严重的条纹干扰,如图 13-14 所示,其与在 2006 年 11 月 5 日电离层平稳状况下获得的相关的干涉相位差显示出类似的相位条纹。对假设位于100km高度的5个(1个大的和4个小的)管道的模拟研究可以解释这一现象起源,其中在 $N_2 \sim 10^9$ 和 $N_1 \sim 10^{11}$ 或更多的地方可以看到条纹。

13.3.7 闪烁频率

对所有受闪烁干扰的条纹进行人工检测,并进行空时域评估。图13-15描绘了2006年4月至2009年4月期间出现的所有条纹的地理分布。图13-16(a)和表13-1将数据重新排列为日历时间依赖性,图13-16(b)为年度依赖性。图13-17将这些现象排列成季节-经度依赖性,并在0.47μm到大约0.95μm的测量下显示出与国防气象卫星计划有着很好的相关性(Gentile等,2006)。

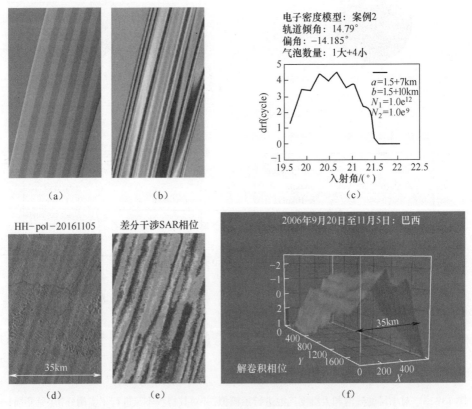

图13-14 (a)具有1个大气泡和4个较小气泡的模拟振幅,TEC为 10^{12} 外层空间和 10^9 个气泡内部;(b)模拟相位;(c)5个气泡下的InSAR相位横截面;(d)2006年11月5日巴西的PALSAR图像;(e)2006年9月20日至11月5日的InSAR相位;(f)展开的InSAR相位的三维视图。(见彩插)

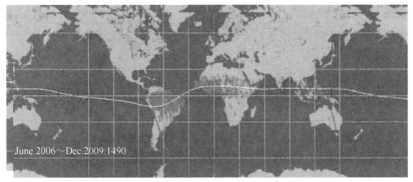

出现的总数量：1490；2006.06—2009.12

图 13-15　2006 年 6 月至 2009 年 12 月的 1490 条条纹的分布(见彩插)

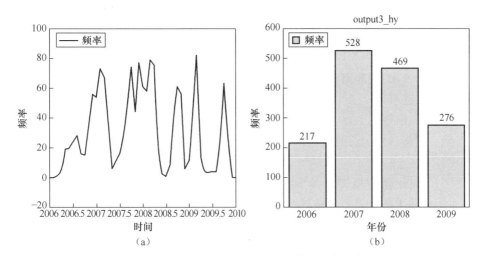

图 13-16　(a)条纹的季节依赖性；(b)条纹的年份依赖性

表 13-1　PALSAR 闪烁事件的年度频率

月份	数量	日期
2006	217	2006 年 6 月—2006 年 12 月
2007	528	2007 年 1 月—2006 年 12 月
2008	469	2008 年 6 月—2008 年 12 月
2009	276	2009 年 6 月—2009 年 12 月
总计	1490(64500；2.5%)	2006 年 6 月—2009 年 12 月

从这些方面,我们可以观察到以下几点。

(1) 从总共 64500 条路径中的 1490 条路径观测,4 年中看到了条纹。事件的

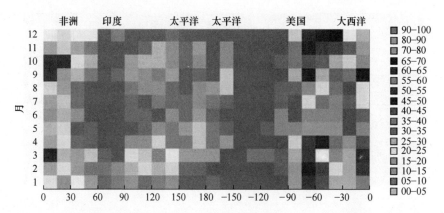

图 13-17　ALOS/PALSAR 测量的电离层不规则事件的季节-经度关系(2006—2009)(见彩插)

总数占所有图像的 2.5%。

(2) 大多数异常事件位于亚马孙地区的地磁赤道附近,另外一些事件出现在西非、东南亚、新几内亚以东和夏威夷。少数出现在非洲和东南亚的案例只是反映了一种观测效果;在非洲和东南亚当地冬季观测时间是有限的。

(3) 这些事件似乎与季节有关,因为它们在冬季发生次数最多,在夏季次数最小,而小高峰出现在 2009 年。

(4) 这些事件随着时间递减,并与 11 年的太阳周期(太阳黑子数)有很强的相关性。

(5) DMSP 和 PALSAR 光学传感器的测量有很好的一致性。DMSP(光学传感器)对闪烁体上的光发射的敏感性已经被验证。这种密切的关系表明 PALSAR 探测到了闪烁事件。

13.3.8　法拉第旋转

当电磁波通过地磁场传播时,其极化面会通过法拉第旋转绕雷达视线旋转。从理论上讲,这个旋转角可以表示为

$$\Omega = \frac{K}{f^2} \overline{B \cdot \cos\psi \cdot \sec\theta_0 \cdot \text{TEC}} \tag{13.23}$$

式中:$K = 2.365 \times 10^4$(SI);f 是发射频率(Hz);TEC 是总电子含量(E/m²);B 是地磁通量密度(Telsa);ψ 是地磁场矢量与雷达视线之间的夹角(rad);θ_0 是入射角;上划线是平均值。一个 TECU 相当于 1×10^{16}(E/m²)。

因此,法拉第旋转角与 TEC 和 $\cos\psi$ 成正比。ALOS 轨道平面的倾角是 98.16°,在亚马孙地区的测试地点,上升和下降的 $\cos\psi$ 超过 0.96。这里,里约布兰

科(S9.76,W68.07)的地磁线倾角为-7.188°(Shimada 等,2010),卫星上升时的倾角为-8.19°,在上升时 $\cos\psi$ 约为 1.0。地磁线与卫星运动方向之间的角差约为 15°, $\cos\psi$ 约为 0.96。因此,当讨论上升和下降的可能变化时,ω 主要取决于 TEC。

根据校准后的极化数据,我们可以用本文给出的一种方法和参考方法来估计 Ω。当我们为一个分布式目标(即亚马孙雨林)设置两个交叉极化功率的条件时,它们应该是相同的,即

$$\langle S_{hv} \cdot S_{hv}^* \rangle = \langle S_{vh} \cdot S_{vh}^* \rangle \tag{13.24}$$

同时,我们有

$$\alpha \cdot \tan\Omega(1 + \tan^2\Omega) - \beta(1 - \tan^4\Omega) = 0 \tag{13.25}$$

另外

$$\begin{aligned} \alpha &= \langle (Z_{hv} + Z_{vh}) \cdot (Z_{hh} + Z_{vv})^* \rangle + \langle (Z_{hv} + Z_{vh})^* \cdot (Z_{hh} + Z_{vv}) \rangle \\ \beta &= \langle Z_{hv} \cdot Z_{hv}^* - Z_{vh} \cdot Z_{vh}^* \rangle \end{aligned} \tag{13.26}$$

式中:Z 是极化校正的 SAR 数据。

第二个迭代 Ω_1 可以按如下方式求解:

$$\begin{aligned} \Omega_1 &= \arctan\left\{ \frac{\beta}{\alpha}(1 - \tan^4\Omega_0) - \tan^3\Omega_0 \right\} \\ \Omega_0 &= \arctan^{-1}\left(\frac{\beta}{\alpha}\right) \end{aligned} \tag{13.27}$$

另一个参考方法是简单地从 LR 和 RL 的互相关求得(Bickel 和 Bates,1965)

$$\Omega = \frac{1}{4}\mathrm{Arg}(Z_{LR} \cdot Z_{RL}^*) \tag{13.28}$$

在图 13-18 中我们用瑞士伯尔尼大学网站给出的 GPS-TEC 值显示这两个法拉第旋转。

试验场的这些测量表明:①上升(ASD)轨道上的 GPS-TEC 有 10 个 TECU,而下降轨道(DSD)上的 GPS-TEC 恒定有 20 个 TECU;②测得的法拉第旋转角几乎与 ASD 和 DSD 无关;③Bickel 和 Bates(BB)(1965)和式(13.27)(S)这两种方法表明,ASD 和 DSD 的数值相同,为 0.25°,标准偏差为 0.099°。根据这些测量,可以说,里约布兰科试验场的雷达视线中的地磁通量密度在 ASD 和 DSD(2006 年至 2008 年的 3 年间)没有显著变化。当我们选择法拉第旋转角的平均值为 0.177°,cos(0.177)约为 0.99999,sin(0.177)约为 0.00309 时,法拉第旋转不是极化校准的问题。由于太阳活动从 2002 年的峰值下降到接近 2009 年底的估计最小值,因此我们认为试验场是一个无法拉第旋转的目标。然而,在 2009 年底观察到增加的太阳活动可能会影响未来的结果。

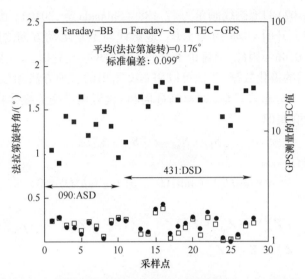

图 13-18 数据点的法拉第旋转角,黑色圆圈表示用 Bickel 和 Bates(1965)方法测量的法拉第旋转角。空心方框则显示了式(13.27)测量的法拉第旋转角。填充的方块为 GPS 测量的 TEC 值

13.4 用干涉 SAR 和旋光法估算 TECU

利用 PALSAR InSAR 和旋光仪获取的两种不同数据对这一现象进行研究。对于空间非理想性,两次测量都给出相同的配置。

由于上述所有现象都与 SAR 信号通过变化的电离层传播时被修改的事实有关,因此,我们可以从 SAR 数据中估计 TEC 的变化和绝对值。我们提出了以下两种方法:一种是由式(13.28)测量法拉第旋转角,并用式(13.23)换算成 TEC;另一种是用 SAR 干涉测量斜距变化,用式(13.12)换算成 TEC,以下简称 InSAR。前一种方法需要对发射和接收的两种极化的 4 个散射分量进行校准。

校准后的公式如下:

$$\text{TEC} = \Omega \frac{f^2}{K \cdot B \cdot \cos\psi \cdot \sec\theta_0} \tag{13.29}$$

$$\Delta\text{TEC} = \frac{\lambda}{2} \frac{f^2}{k} \phi_{\text{UW}} \tag{13.30}$$

式中:ϕ_{UW} 是展开的 InSAR 相位。

我们使用 PALSAR PLR 演示了上述方法,该图像来自世界标准时间 2006 年 10 月 21 日 02:21:09 获取的亚马孙夜景(图 13-10(e))。这片区域位于马瑙斯

以东500km处,图像覆盖范围为35km×35km,中心位置纬度为-1.31°,经度为-55.52°。在彩色编码图像中平坦的绿色区域是森林,红色区域是水。深色条纹在330°方位向上是可见的,而地磁线的磁偏角是345°。

图13-19显示了平均的法拉第入射角在2°左右时的相关性。与以前的研究相比,式(13.27)是一个中小值(Wright 等,2003)。TEC变化约为15TECU。CODE制作的全球电离层地图的TEC值为9.1TECU。

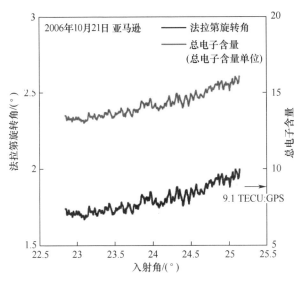

图13-19 用PALSAR极化测量的法拉第旋转角(红色)和TECU测量的法拉第旋转角(蓝色)(见彩插)

将InSAR技术应用于2006年10月21日和2006年9月5日的图像,得到了两幅图像的电磁相似性和随距离变化的相位,分别如图13-20(a)和(b)所示。两幅图像的方位向均为330°,与幅值图像相同(图13-10(e))。图13-20(a)包含了高度匹配的白色区域和低匹配的黑色区域的混合体。这意味着,在图像中空间TEC的变化会导致星地距离的不均匀伸展。图13-20(b)描述了两幅图像之间的相位差,其中颜色周期代表一半的波长。轨道上有两种颜色模式,其中一种变化是绿-红-紫,另一个是绿-红-绿。前者是相位简单增加或减少,后者是相位变化。图13-20(c)是使用式(13.9)得到的差分TEC图。

如图13-20(c)所示,我们得出了亚马孙部分地区的差分TEC图。对比2006年9月24日无条纹数据(图13-10(d))可以发现,其在2006年11月9日主要受到条纹影响(图13-10(b))。这表明,随着我们移动到有3个TECU的北部,TEC的值不断增加,并且沿着轨道不断变化。图13-20(c)浏览的图像显示,条纹从南方逐渐增加,在靠近赤道附近地观测中段达到最大值。这种TEC模式也描绘了TEC逐渐增加,与浏览图像相吻合。InSAR提供了TEC扰动的结构。

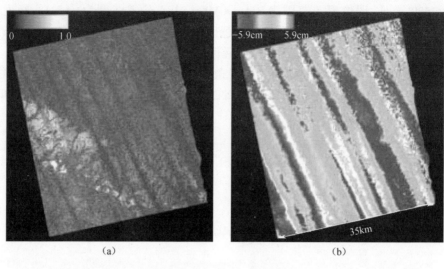

(a) (b)

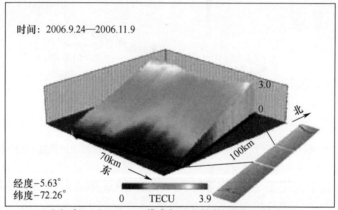

(c) 由PALSAR InSAR模式在亚马逊测量到的TEC变化量

图13-20 利用2006年10月21日和2006年9月5日的两幅图像对亚马孙带状区域进行了InSAR分析,这两幅图像的时间间隔为46天,空间间隔为20m(见彩插)
(a)左侧图表示相干性;(b)右图表示电离层造成的相位差干扰,经过轨道和地形校正后的相位值显示出空间失真可能是由于电离层的不均匀性造成的;(c) 2006年11月9日和9月24日三角洲TEC的空间变化,TEC在距离向和方位向上均有变化,其在100km中最大变化量为3 TECU。

参考文献

Aarons, J., Mendillo, M., Yantosca, R., and Kudeki, E., 1996, "GPS Phase Fluctuations in the Equatorial Region During the MISETA 1994 Campaign," J. Geophys. Res., Vol. 101, No. A12, pp. 26851–26862.

Basu, S., Basu, S., Aarons, J., McClure, J. P., and Cousins, M. D., 1978, "On the Coexistence of Kilometer- and Meter-Scale Irregularities in the Nighttime Equatorial F Region," J. Geophys. Res., Vol. 83, No. A9, pp. 4219–4226.

Beach, T. L. and Kintner, P. M., 1999, "Simultaneous Global Positioning System Observations of Equatorial Scintillations and Total Electron Content Fluctuations," J. Geophys. Res., Vol. 104, No. A10, pp. 22553–22565.

Bickel, S. H. and Bates, R. H. T., 1965, "Effects of Magneto-Ionic Propagation on the Polarization Scattering Matrix," Proc. IEEE, Vol. 53, No. 8, pp. 1089–1091.

Code web: http://aiuws.unibe.ch/ionosphere/

Gentile, L. C., Burke, W. J., and Rich, F. J., 2006, "A Global Climatology for Equatorial Plasma Bubbles in the Topside Ionosphere," Ann. Geophys., Vol. 24, No. 1, pp. 163–172.

Gray, L. A., Mattar, K., and Sofko, G., 2000, "Influence of Ionospheric Electron Density Fluctuations on Satellite Radar Interferometry," Geophys. Res. Lett., Vol. 27, No. 10, pp. 1451–1454.

Kelley, M. C., 1989, The Earth's Ionosphere, Plasma Physics and Electrodynamics, Academic, San Diego, CA.

Knight, K., Cervera, M., and Finn, A., 2000, "A Comparison of Measured GPS Performance with Model Based Prediction in an Equatorial Scintillation Environment," Proc. 56th Annual Meeting of the U. S. Institute of Navigation, San Diego, CA, June 26–28, 2000, pp. 588–601.

Matsunaga, K., Hoshino, K., and Igarashi, K., 2004, "Observation and Analysis of Ionospheric Scintillation on GPS Signals in Japan," ENRI Papers, Issue No. 111.

Meyer, F., Bamler, R., Jakowski, N., and Fritz, T., 2006, "The Potential of Low-Frequency SAR Systems for Mapping Ionospheric TEC Distribution," IEEE T. Geosci. Remote S., Vol. 3, No. 4, pp. 560–565.

Otsuka, Y., Shiokawa, K., Ogawa, T., and Wilkinson, P., 2002, "Geomagnetic Conjugate Observations of Equatorial Airglow Depletions," Geophys. Res. Lett., Vol. 29, No. 15, pp. 43-1–43-4, http://dx.doi.org/10.1029/2002GL015347

Shimada, M., Tadono, T., and Rosenqvist, A., 2010, "Advanced Land Observing Satellite (ALOS) and Monitoring Global Environmental Change," Proc. IEEE, Vol. 98, No. 5, pp. 780–799.

Shimada, M., Watanabe, M., Motooka, T., and Ohki, M., 2014, "Calibration and Validation of Pi-SAR-L2 and Cross-Calibration with ALOS-2/PALSAR-2," Proc. GARSS-2014, Quebec, Canada, July 13–17, 2014.

Wright, P. A., Quegan, S., Wheadon, N. S., and Hall, C. D., 2003, "Faraday Rotation Effects on L-Band Spaceborne SAR Data," IEEE T. Geosci. Remote, Vol. 41, No. 12, pp. 2735–2744.

第14章 应用

14.1 引言

自 JERS-1 SAR 时代以来,在 L 波段 SAR 的敏感性研究中已检验并调查了如何将 SAR 数据应用于科学研究和实践领域。现已存在大量文献资料专门介绍关于使用 L 波段 SAR 的各种试验和成功/失败的故事(Rosenqvist 等,2000;Rosenqvist 等,2007;Lucas 等,2010;Shimada 等,2010;Shimada,2010;Buono 等,2014)。

所有这些研究都采用时间序列上 L 波段数据的幅度和相位信息得到了成功的结果,并同时凸显了较长波长的 L 波段 SAR 和地球目标间相互作用的敏感性。L 波段 SAR 对植被有着相对较高的信号穿透能力。由于陆地表面主要被植被覆盖,因此较高的信号穿透力以及与植被间的相互作用是有利于探测的。电离层和对流层也会与雷达信号产生相互作用,故更加有必要进行矫正。

L 波段 SAR 的主要贡献体现在两个应用领域:基于 SAR 干涉的形变检测和基于时间序列后向散射数据的森林监视。鉴于在第 12 章中已经介绍了一些有关形变的知识,本章将概述其主要的应用,如使用方法的具体例子。本章也将通过校准后伽玛零的严格例子来描述 FNF(Forest-Non-Forest)映射(更加详细的细节将在第 15 章进行介绍)。

空间技术取得的最新进展可对几百米内的轨道走廊进行维护。传感器灵敏度使得相同观察条件下的 SLC 时间序列 SAR 数据(包括幅度数据)比以前更好。即使可通过辐射变化差异来对一次事件进行检测,但考虑到延迟的影响,应使用更多数据来提高检测概率。虽然双重数据的使用简单,但却缺乏准确性,因此,如今多重 SAR 数据的使用变得越来越普遍。本书中的例子尽管有限,但却非常具备代表性。表 14-1 概括了数据的应用,并引入了相关研究。

表 14-1　SAR 应用列表

分类	数据或数量	主要参数
滑坡——表面坍塌 滑坡检测	1 或 2-极化	非相干分解 HH-VV 相干,α-熵 HH/HV 比
滑坡——缓慢移动或沉降速度	≥2	差分干涉 SAR-相位和时间分析
地震形变和分解	≥2 在相同方向 ≥3 对在不同方向	(干涉 SAR-相位或/和相干斑跟踪)和分解
火山喷发 表面隆起/沉降 熔岩流沟渠 生长的火山岛	≥2 采样	干涉 SAR-相位和相干变化 时间序列幅度
河流洪水	≥2 采样	幅度改变或着色
稻田估计	≥2 或更多采样	基于模型的分类
石油泄漏	1 采样	监督分类
森林监测 (1)快速砍伐（非法砍伐监测） (2)森林分类 (3)FNF (4)生物量估算 (5)湿地+红树林 (6)MRV 系统+ REDD (7)火伤疤痕	 ≥2 1 1 1 或 2 	幅度变化 监督分类 监督分类 基于模型的估计 监督分类 监督分类
海冰监测 -海冰密度 -移动相量 -冰川运动	 ≥1 ≥2 ≥2	 幅度分析 相干斑跟踪 干涉 SAR 或相干斑跟踪
海岸侵蚀	≥2 或全年数据	幅度变化检测
海洋风速	≥1 且风向由风场给定	给定风向下基于模型的计算
数字高程图(数字表面模型)	1 或 2	单航过干涉 SAR 或重复航过干涉 SAR 校正对流层延迟和电离层前向建模
电离层干扰	1 或 2	干涉:相干和相位 极化:法拉第旋转 幅度分析
射频干扰	尽可能多	幅度:空间分布

(续)

分类	数据或数量	主要参数
使用影像正射化的地图	1	幅度
舰船检测	1	幅度和空间偏差

注:MRV=测量,报道和验证;REDD=减少毁林和森林退化造成的排放;DSM=数字表面模型;RFI=射频干扰;DInSAR=差分干涉 SAR

14.2 应用参数

在 SAR 数据的使用中,存在以下几种使用组合:γ-0、干涉和极化的 SAR 图像数据;差异分析;采用两组数据的时序分析;基于模型的地理参数转化。尽管实际中有着很多的参数,但是表 14-2 列举出了便于应用分析的典型例子。因为单/双极化 SAR 数据是首先可用的,而偏振观测大概为其次可用(受限于实际操作),故大多数的应用实例是以干涉相位的检测和 γ-0 变化作为主要目的。在接下来的部分中,我们将例子限制于森林和自然灾害。

表 14-2 用于应用的参数

参数	内容	应用
γ-0	数值及空间变化	
干涉 SAR 或差分干涉 SAR 或幅度检测	干涉相位和/或干涉相干值,(相干斑跟踪)	滑坡和沉降速度 火山喷发和地震造成的表面形变
幅度变化	幅度变化	
极化变化	极化相干性(HH-VV)和特征值分析	区分表面散射和体散射

14.3 形变

实际中有着很多由各种各样 SAR 型号产生的形变例子,而这里讨论的例子均是从 JERS-1 到 ALOS-2 的 L 波段 SAR 中选择的。利用 JERS-1,我们分别于 1992 年 9 月 5 日和 1995 年 2 月 6 日对阪神进行拍摄,得到了 1995 年 1 月 17 日发生 7.0 级地震前后的首张差分干涉 SAR 图像。

这些 SAR 图像和其他变形分析(Massonnet 等,1993)为利用星载 SAR 干涉技术监视因地球表面和内部运动引起的地表形变打开了一扇大门。尽管 JERS-1 不是专门为干涉地球观测而设计的,特别是在轨道走廊的维护方面,但由此产生的图像清楚地描绘了地表变形。尽管 JERS-1 的 SAR 图像质量和轨道精度不如现在 SAR 设备的图像质量和轨道精度,但当对其作必要的数据矫正后依然能成功描述形变模式。

14.4 森林

在森林观测方面,主要存在三种应用:①毁林检测;②森林分类;③生物量估算。除此之外,还有更复杂的应用正在调查研究中,如森林高度估计和散射密度观测。后两者对于更加定量地测量森林生物量非常重要,并且它们是通过极化 SAR 干涉测量和层析成像来实现的(Cloude 和 Papathanassiou,1998)。我们将在下面的小节中描述前 3 个应用原理。

14.4.1 毁林检测

典型的森林损失是毁林和退化的结果。前者表现为森林的大面积空中采伐和点状疏伐,后者的损失范围从森林的自然衰退到树木的疏伐。探测这些现象的能力取决于它们的雷达响应,并且存在各种可能性,如雷达后向散射、极化参数和干涉参数的变化。理论上,森林砍伐可以解释为雷达后向散射机制从体积散射到表面散射的变化。因此,以下参数可用于森林砍伐监测:

(1) 极化分解变化;
(2) 干涉相干变化;
(3) γ-0 点变化。

尽管所有这些都只能通过时间序列的极化来实现,但由于资源限制,极化观测仍然是可实验性的。第二个参数利用干涉合成孔径雷达(InSAR)操作和 γ-0 点变化。图 14-1 展示了 HH 极化成像结果:(a)为 HV 图像;(b)为 HH-HH InSAR 的相干图像;(c)为 HH-HH InSAR 相位;(d)为位于印度尼西亚廖内省的位置,该位置描绘了相思人工林、泥炭林和采伐区的混合。这张图片展示了森林的代表性特征;采伐区的 HV 后向散射比其他区域低得多,而 HH 的相干性只比其他区域稍高。相思人工林显示 HH 和 HV 的雷达后向散射较暗,InSAR 相干区较高;泥炭林具有稳定的 HH 和 HV 雷达后向散射和较低的相干性,并且干涉相位表示了散射点的高度。根据这些数据,可以说相干性比 γ-0 点更敏感。然而,SAR 对振幅的处理比 InSAR 更容易,主要是因为效率,而且基于 γ-0 点的森林砍伐监测正在进行。第 15 章讨论 JAXA 的 FNF 度量。

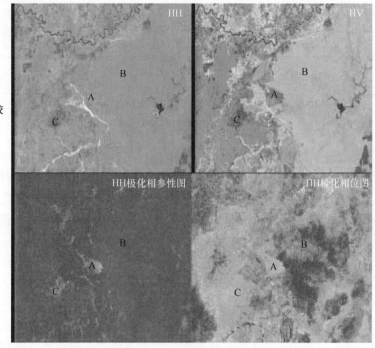

图 14-1 三类林区的 SAR 图像比较:(左上)HH 极化图像;
(右上)HV 极化图像;(左下)InSAR 的 HH-HH 极化相参性图;(右下)HH-HH 极化相位图;
该图像是位于印度尼西亚廖内省的阿拉伯树胶、泥炭林和采伐区的混合成像结果(见彩插)

图 14-2 显示了 15 年来的 FNF γ-0 变化足迹和来自亚马孙的数据分类,其中左栏是 JERS-1 SAR HH 数据,右栏是来自 HV 的 ALOS/PALSAR 数据。在左图中,森林砍伐是垂直的,用灰度值表示,灰度值由亮变暗。森林砍伐的时间过程可以描述为天然森林经历的一系列时代——包括树木的砍伐、木材分布在地面上的短暂混合状态木材的燃烧或移除木材以及地表的清理以供二次使用。根据时间段的不同,雷达后向散射会随着过程的变化而变化。

14.4.2 分类

分类器是在许多已发表的例子基础上发展起来的(Longepe 等,2011; Preesan 等,2010; Hoekman,2007)。随着类数的增加,分类的准确性会降低。另外,FNF 分类是年度全球 PALSAR 的代表性应用之一。

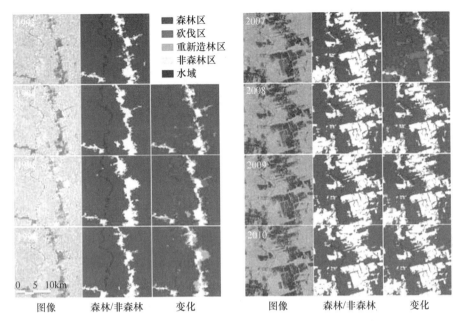

图 14-2 该图是巴西毁林地区的时间序列 SAR 图像,其中左栏是来自 20 世纪 90 年代的 JERS-1 SAR HH 极化图像,右栏是来自 21 世纪的 ALOS/PALSAR HV 极化图像(见彩插)

14.4.3 预警探测

扫描 SAR 的特点是短时间内覆盖范围广。PALSAR2/ScanSAR 是一种基于斜率正射校正 $\gamma-0$ 点的两次或多时差分快速寻找森林砍伐区域的实用方法(Watanabe 等,2018;JICA)。日本国际合作机构-日本宇航研究开发机构(JICA-JAXA)已开发出了一种快速探测系统来定位森林砍伐区域。该系统为长时间观测设定了一个规则,即 HH 极化和 HV 极化会随着森林砍伐过程而降低。该系统还发现,在森林砍伐发生后不久,当被砍伐的木材还停留在地面时,HH 极化会迅速增加。图 14-3 显示了在巴西马托格罗索雨季时的一个检测示例。

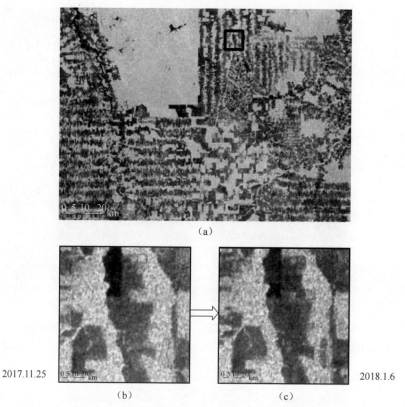

图 14-3 来自 JICA-JAXA 热带森林预警系统(JJ-FAST)的例子(见彩插)

(a)PALSAR-2 ScanSAR HV 极化图像,其中黑色多边形的覆盖地区表示使用下面两幅图像检测到的毁林区域;(b)2017 年 11 月 25 日在事件发生前的图像;(c)2018 年 1 月 6 日在事件发生后的图像,Courtesy:M. Watanabe。

14.5 滑坡监测

14.5.1 介绍和户川村灾难

在 2011 年 9 月,日本遭受了塔拉斯(维基百科,2011)和第 12 号台风的袭击,在全国范围内的严重破坏造成了 82 人死亡和 16 人失踪(http://www.fdma.go.jp/bn/Disaster status by Typhoon no. 12_台風 12 号による被害状況について(Report No. 20、20 卷).pdf)。这场风暴在日本中部缓慢移动,带来了超过 1800mm 的降水量(http://www.jma.go.jp/jma/menu/h23t12-portal.html)。山体滑坡发生在一片有着大量高达20m~30m树木的广袤山区,仅留下了裸露的土壤(Landslide.dpri. kyoto-u.ac.jp/Typhoon-12-RCL-Report-1.pdf)。此外,滑坡运动还造成了一座堰塞湖,并由此可能引发二次灾害。

滑坡有两种类型:腐蚀性的大规模滑坡(如前一个例子)和缓慢运动的小规模滑坡。在本章中,我们仅讨论第一类滑坡。这类滑坡正处于从森林区域(或立体散射区域)到粗糙表面区域(表面散射区域)的过渡中,并可以通过对齐后的极化通道辐射差异进行判别。但是,这类滑坡的特征分类只能在事件发生后使用图像进行。

14.5.2 极化参数

探测森林中山体滑坡时可能用到的参数如表14-3所列。

表14-3 比较的参数

参　数	内　容
色彩构成	HH-HV-VV 分别对应红色-绿色-蓝色
相关量	HH-VV 相关,HH-HV 相关,HV-VH 相关
非相干分解	分解为表面、二次和体散射
熵 α	散射目标的随机性和相位
功率比	HH/HV,HH/VV,VV/HV

14.5.2.1 色彩构成

有两种极化颜色可被使用:一种是将HH-HV-VV指定给红绿蓝(R-G-B)的HV基;另一种将HH+VV、HH-VV和2HV分别指定给R-G-B的PAULI基。图14-4展示了位于日本Wakayama、面积为20km×20km的户川试验场,其中图14-4(a)采用了HV基,图14-4(f)为谷歌地球图像以及长崎滑坡区域的航空照片(aeroasahi.co.jp)。虽然HH极化和VV极化要比HV极化高出了约6dB,但由于所有波段强度相似,图像会被调整。因此,图14-4(a)中的森林区域大部分为绿色,而只在有限区域为紫色。鉴于裸露表面的HH极化和VV极化具有几乎相同的高后向散射,而HV极化较低,故表现为紫色。因此,紫色表示滑坡区域。

14.5.2.2 两极化的相关性

两个相似分量的相关性可以通过式(14.1)进行计算:

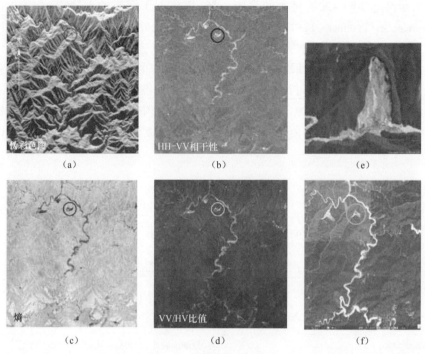

图 14-4 户川的滑坡图片。
(a)基于 Pi-SAR-L2 HV 极化的户川图像,其中颜色分配如下:HH 极化(红色)、HV 极化(绿色)和 VV 极化(蓝色);(b)HH-VV 的极化相参性;(c)极化熵;(d)HH/VV 的极化比;(e)航拍图像;(f)谷歌地球图片,其中红色圆圈标注的表示长野大滑坡。在(a)中,在 20km×20km 内分布了几个红色至浅紫色区域,似乎代表了 2012 年 6 月 18 日的滑坡区域。在(f)中,好几个泥土色的区域被确认为滑坡区(见彩插)

$$\gamma = \frac{\langle a \cdot b^* \rangle}{\sqrt{\langle a \cdot a^* \rangle \langle b \cdot b^* \rangle}}$$
$$c = |\gamma|$$
$$\varphi = \arg(\gamma)$$
(14.1)

式中:γ 是复相干度;c 是相干振幅;ϕ 是相干相位,a 和 b 是复后向散射系数;*表示复共轭操作;$\langle \rangle$ 表示整体平均值。对于敏感性分析,我们计算了 3 种情况:a=HH,b=VV;a=HV,b=VH;a=HH,b=HV。在滑坡和光滑表面处 c 显示为高值,而在森林处显示为低值。其他参数则具有低值或零值。因此,HH-VV 的相干性是山林地区对滑坡的有效指标。

14.5.2.3 熵

极化熵作为随机性的度量,由下式给出:

$$H = \sum_{i=1}^{3} - P_i \log_n P_i, P_i = \frac{\lambda_i}{\sum_{j=1}^{n} \lambda_j} \quad (14.2)$$

式中：n 为 3；λ_i 为协方差矩阵的特征值。极化熵（Cloude 和 Pottier,1996）用于测量雷达后向散射机制的频谱。

14.5.2.4 两极化比

下一个参数是 HH/HV 或 VV/VH 的功率比。无论是对 HH 极化分量还是 VV 极化分量，森林的后向散射都比陆地大，而交叉极化分量 HV 或 VH 则表现出相似特征，但其幅度较小。然而，森林和陆地表面间的交叉成分显示出比同类成分更大的差异。因此，滑坡区能比森林区显示出更大的 HV/HH 或 VV/VH 比值。在这里的评估中，我们选择了 VV/VH：

$$R = P_{pp}/P_{pq} \quad (14.3)$$

式中：R 是两个后向散射的比值；p 和 q 表示极化态（即正交极化或垂直极化）。

图 14-4 表明所有参数（a，具有 HH-VV 相参性的 b，c 和 d）能有效区分出滑坡区和森林山。为了评估这些参数的敏感性，选择了图 14-4(f) 中红色圆圈所示的长崎地区放大图。

14.6 极化数据

我们准备了几份观测到的滑坡区数据，见表 14-4。

表 14-4 用于日本歌山县 Nagatono 滑坡区域的 SAR

	2011	2012	2014
Pi-SAR-L（机载）	9/30(QP：30.5)：EW 9/30(QP：45)：AL		
Pi-SAR-L2（机载）		6/18（QP：30.5；EW） 6/18（QP：45；AL）	
TerraSAR-X（星载）		7/31(HH+VV：39.34；AR)	
COSMO-SkyMed（星载）	9/28（HH：30.85；AR） 9/25（HH：29.55；AR）	6/16（HH+VV：25.8；AL） 6/18（HH+HV：30.85；AR）	
PALSAR-2（星载）			8/26(QP：DL)-39.00
注：QP：4极化，HH-HV-VH-VV；EW：从东向西飞行；AR：上升飞行时的右侧观察；AL：上升飞行时的左侧观察；其中 HV 代表发射 H 极化，接收 V 极化			

14.6.1 Pi-SAR-L2 数据

为进行评估,我们从两种飞行航线中获取到了 Pi-SAR-L2 图像:一种是向南部方向观测的西行(W)航线,且该航线几乎垂直于滑坡表面;另一种是北-东北(NNE)航线,该航线几乎从西部方向观测目标区域,与 2012 年 6 月 18 日的星载 SAR 航线相似。其中,第二种航线的方位角为 11.1°。

14.6.2 PALSAR-2

在灾害发生 3 年后,于 2014 年 8 月 26 日,PALSAR-2 被使用于对户川村地区进行观测,以研究在类似观测几何条件下,星载 L 波段 SAR 如何实现对滑坡区域的探测。

14.6.3 X 波段 SAR

X 波段 SAR(XSAR)、TerraSAR-X 和 COSMO-SkyMed 由于能分配出较高带宽而具有了优于 L 波段 SAR 的分辨率。它们并不是以全极化方式运行,但却以双类极化或交叉极化方式运行。

14.7 对比研究

图 14-4(a)~(d)显示了在使用 Pi-SAR-L2 从垂直方向观察滑坡区域后的 4 个参数比较结果。我们可以发现熵和 HH-VV 极化的相干性是具备高度敏感度的,但却能互补,而 HH/HV 极化却是次要的。

图 14-5(a)~(d)显示了从 W 航向观测到的极化参数,图 14-5(e)~(h)显示了 NNW 航向观测到的极化参数。虽然后 4 个并没有提供比前 4 个更清晰的滑坡信号,但却仍然能提供某些敏感信息。这意味着无论雷达波束的照射角度如何,L 波段全极化都能有效地分辨出物体的立体和表面散射。

图 14-6 显示了使用星载 SAR 的类似灵敏度:PALSAR-2(图 14-6(a)~(d))、TSX(图 14-6(e)、(f))和 CSK(图 14-6(g)~(h))。PALSAR-2 的雷达观测视线从左下角的 EES 方向到达地面。从这些图像可以看出,通过极化分析能清楚地检测到长崎(和赤田)的滑坡。

XSAR 不具备全极化能力。对两个通道间的相干性作了类似评估,并只评估了HH-VV相关性。

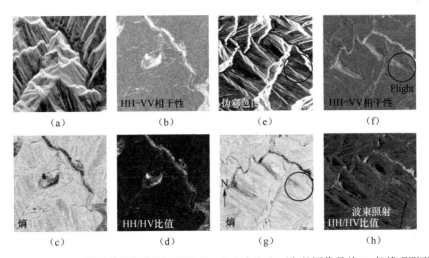

图14-5 Pi-SAR-L2观测到的长崎滑坡区近景。左上方和左下方的图像是从W航线观测到的S,数据是在2012年6月18日获取到的
(a)彩色合成图;(b)HH-VV相干性图;(c)熵;(d)HH/HV极化比。右上侧和右下侧的图像是从NNE航线 观测到的WNW;(e)彩色合成图;(f)HH-VV相干性图;(g)熵;(h)HH/HV极化比。(见彩插)

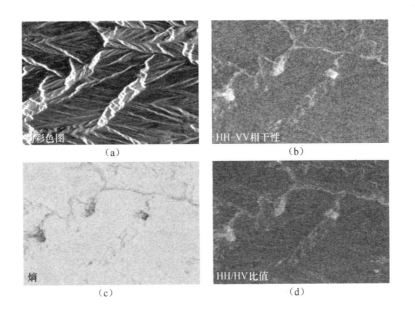

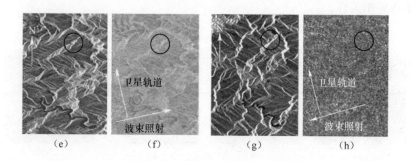

图 14-6　星载 SAR 实例。
黑色圆圈的区域表示 Nagatono 地区,PALSAR-2、TSX 和 CSK 的数据获取日期分别是
2014 年 8 月 24 日、2012 年 7 月 31 日和 2012 年 6 月 16 日
(a)~(d)PALSAR-2 L 波段极化,TSX-X 波段 SAR;(e)HH 极化;(f)HH-VV 相参性,
CSK-X 波段 SAR;(g)VV 极化;(h)HH-VV 相参性。(见彩插)

从这些观察中,可得到以下明显结论。

(1) L 波段极化能通过 HH-VV 相关性、熵和 HH/HV 振幅比等参数,为判别滑坡区提供了有价值的信息。然而,有必要进一步区分光滑、平坦的表面和平坦、倾斜的表面。

(2) 虽然 X 波段极化对滑坡不敏感,但其高分辨率却能支持滑坡区域图像的人工解译(发现)。

14.8　评估与讨论

14.8.1　评估

我们使用以下公式来评估所提参数的性能:

$$R = \frac{|\mu_1 - \mu_2|}{\sqrt{\sigma_1^2 + \sigma_2^2}} \quad (14.4)$$

式中:R 是分离参数;μ_1 是森林区域内所提参数的均值;μ_2 是滑坡区域内所提参数的均值;σ_1 和 σ_2 分别是森林和滑坡区的标准差。

评估结果概括在了表 14-5 中。对于 XSAR,参数 R 在熵域有最大值,而在 HH-VV 的相干性却存在最小值。总体而言,在滑坡识别方面 L 波段 SAR 优于 X 波段 SAR。由于波长的不同,这个结论是明显的。

表 14-5 敏感性评估

参数	森林	滑坡	R
熵(PSL)	190.3(8.2)	86.9(22)	3.4
相干性(HH-VV):PSL	102.0(13.9)	195.6(22)	2.6
相干性(HV-VH):PSL	102(13.5)	102(13.5)	0.0
比值(HH/HV):PSL	63.0(13.6)	189.1(38.8)	2.4
分解(体散射):PSL	91(9)	44(14.5)	2.0
熵(PS2)	190.98(8.8)	104.1(28.9)	2.3
相干性(HH-VV):PS2	106.5(16.5)	193.9(28.8)	2.0
比值(HH/HV):PS2	80.3(33.2)	33.9(16.3)	0.93
相干性(HH-VV):TSX	142(18)	174(20)	0.84
相干性(HH-VV):CSX	81(37)	81.8(37)	0.01

注:PSL = Pi-SAR-L2;PS2 = PALSAR-2

14.8.2 讨论

14.8.2.1 相干性对频率的依赖

结果表明,L 波段比 X 波段对林区中的滑坡识别更为敏感。基于非相干分解方法(Freeman 和 Durden,1998),我们对 HH-VV 的相干性用以下模型进行表达:

$$C = a \cdot f_v + b \cdot f_d + c \cdot f_s \tag{14.5}$$

式中:f_v、f_d 和 f_s 分别是体散射、二次散射以及表面散射分量;a、b 和 c 分别是各分量的系数。由于 L 波段可以穿透森林冠层,因此森林面积具有参数 $a \sim 0.3$、$b \sim 0.1$ 和 $c \sim 0.0$,而这些表面具有参数 $a \sim 0$、$b \sim 0$ 和 $c \sim 1$(Shimada,2011)。因此,滑坡区域的相干性是森林区域的 3 倍。在 X 波段的 SAR 数据中,滑坡和林区的系数为 $a \sim 0$、$b \sim 0$ 和 $c \sim 1$。因此,在 X 波段的数据中,滑坡与林区间的系数没有显示出明显差异。在这方面,L 波段 SAR 更适合探测滑坡地区。

14.8.2.2 对入射角的依赖

灵敏度取决于观测几何:局部入射角,定义为局部表面的法线和雷达视线的夹角。图 14-5(a)~(d)比图 14-5(e)~(h)显示了更加清晰的信息。这是因为图 14-5(a)~(d)的局部入射角很小(20°~30°),而图 14-5(e)~(h)的角度很大(可能为 80°~90°)。局部入射角和雷达波束对探测灵敏度(式(14.4)中的 R)的依赖性尚未得到深入研究,今后需要为这项任务展开专门研究。

14.8.2.3 星载对机载

从表 14-5 中可以看出,在 R 值方面,Pi-SAR-L2 超过了 PALSAR-2。这显然是由于信噪比的原因。正如第 9 章(校正)所述,这两个结果中等效于 a-0 的噪声不同,并且 Pi-SAR-L2 报告结果优于 PALSAR-2。基于此,可以对结果进行区分。

14.9 检测性能的提升

为了抑制错误估计,地表坡度数据是必需的。该算法包括了 3 个步骤:首先,在阈值筛选或概率计算中,利用 HH-VV 相关性筛选出候选滑坡体,其中"真"数据可能被"假"数据(即平地)污染。其次,利用数字高程模型(DEM)和 SAR 视线信息提供的几何信息来计算地表坡度角。然后,选择坡度超过 5°的区域作为可能的滑坡区。最后,将筛选出的区域标识为红色并覆盖在 HV 基色合成的 SAR 图像,如图 14-7 所示。

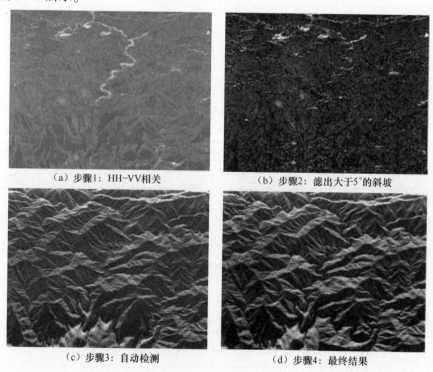

(a)步骤1:HH-VV相关 (b)步骤2:滤出大于5°的斜坡

(c)步骤3:自动检测 (d)步骤4:最终结果

图 14-7 利用 HH-VV 的极化相参性和从 GSI 的 10m DEM 得到的坡度信息提升对滑坡区域的探测性能。右下角图像中的红色区域可能对应于目标区域。该数据获取于 2012 年 6 月 18 日

14.10 总结

在本章节中,我们研究了 L 波段的极化 SAR 参数对山区滑坡探测的有效性。从中我们发现,由于 L 波段的森林各种散射机制,L 波段的 3 个极化参数(HH-VV 相干性、极化熵和 HH/HV 功率比)都能有效地工作。相比于 L 波段,可能因为散射机制变化较小的原因,X 波段 SAR 的对比研究并没有显示出类似结果。结合 DEM 中的地表坡度信息,能对滑坡区域进行更为稳健的检测。其他的例子可很容易地在期刊或互联网上找到。

参考文献

Buono, A., Lemos Paes, R., Nunziata, F., and Migliaccio, M., 2015, "Synthetic Aperture Radar for Oil Spill Monitoring: A Brief Review," presented at Anais XVII Simpósio Brasileiro de Sensoriamento Remoto—SBSR, João Pessoa-PB, Brazil, April 25-29, 2015.

Cloude, S. R. and Papathanassiou, K. P., 1998, "Polarimetric SAR interferometry," IEEE Trans. Geosci. Remote Sensing, vol. 36, pp. 1551-1565, Sept.

Cloude, S. R. and Pottier, E., 1996, "A Review of Target Decomposition Theorems in Radar Polarimetry,"IEEE T. Geosci. Remote, Vol. 34, No. 2, pp. 498-518.

Freeman, A. and Durden, S. L., 1998, "A Three-Component Scattering Model for Polarimetric SAR Data,"IEEE T. Geosci. Remote, Vol. 36, No. 3, pp. 963-973.

Hoekman, D., 2007, "Radar Backscattering of Forest Stands," Int. J. Remote Sens., Vol. 6, No. 2, pp. 325-343. Japan International Cooperation Agency (JICA), "Watching on Deforestation," JICA-JAXA Forest Early Warning System in the Tropics (JJ-FAST), http://www.eorc.jaxa.jp/jjfast (October 31, 2017).

Longepe N., Preesan, R., Isoguchi, O., Shimada, M., Uryu, Y., and Yulianto, K., 2011, "Assessment of ALOS PALSAR 50m Orthorectified FBD Data for Regional Land Cover Classification by Using Support Vector Machines," IEEE T. Geosci. Remote, Vol. 49, No. 6, pp. 2135-2150.

Lucas, R., Armston, J., Fairfax, R., Fensham, R., Accad, A., Carreiras, J., Kelly, J., et al., 2010 "An Evaluation of the ALOS PALSAR L-Band Backscatter—Above Ground Biomass Relationship, Queensland, Australia: Impacts of Surface Moisture Condition and Vegetation Structure," IEEE J-STARS Special Issue on Kyoto and Carbon Initiative, Vol. 3, No. 4, pp. 576-593.

Massonnet, D., Rossi, M., Carmona, C., Adragna, F., Peltzer, G., Feigl, K., and Rabaute, T., 1993, "The Displacement Field of the Landers Earthquake Mapped by Radar Interferometry," Nature, Vol. 364, pp. 138-142.

Preesan, R., Longepe, N., Isoguchi, O., and Shimada, M., 2010, "Mapping Tropical Forest Using ALOS PALSAR 50m Resolution Data with Multiscale GLCM Analysis," Proc. IGARSS 2010, Honolulu, HI, July 25-30, 2010, pp. 1234-1237.

Rosenqvist, A., Shimada, M., Chapman, B., Freeman, A., De Grandi, G., Sacchi, S., and Rauste, Y., 2000, "The Global Rainforest Mapping Project—A Review," Int. J. Remote Sensing, Vol. 21, Nos. 6 &, pp. 1375-1387.

Rosenqvist, A., Shimada, M., Itoh, N., and Watanabe, M., 2007, "ALOS PALSAR: A Pathfinder Mission for Global-Scale Monitoring of Environment," IEEE T. Geosci. Remote, Vol. 45, No. 11, pp. 3307-3316.

Shimada, M., 2010, "On the ALOS/PALSAR Operational and Interferometric Aspects (in Japanese)," J. Geodet. Soc. Japan, Vol. 56, No. 1, pp. 13-39.

Shimada, M., 2011, "Model-Based Polarimetric SAR Calibration Method Using Forest and Surface Scattering Targets," IEEE T. Geosci. Remote, Vol. 49, No. 5, pp. 1712-1733.

Shimada, M., Tadono, T., and Rosenqvist, A., 2010, "Advanced Land Observing Satellite (ALOS) and Monitoring Global Environmental Change," Proc. IEEE, Vol. 98, No. 5, pp. 780-799.

Watanabe, M., Koyama, C., Hayashi, M., Nagatani, I., and Shimada, M., 2018, "Early-Stage Deforestation Detection in the Tropics with L-Band SAR," IEEE J. Sel. Top. Appl., Vol. 11, No. 6, pp. 2127-2133.

Wikipedia, "Tropical Storm Talas," 2011, http://en.wikipedia.org/wiki/Tropical_Storm_Talas. http://www.jma.go.jp/jma/menu/h23t12-portal.html

Landslide. dpri. kyoto-u. ac. jp/Typhoon-12-RCL-Report-1. pdf

(http://www.fdma.go.jp/bn/Disaster status by Typhoon no. 12_台風12号による被害状況について (Report No. 20、20巻). Pdf

第15章
森林图生成

15.1 引言

15.1.1 森林的重要性

在过去的8000年中,由于对于食物、产品和能源的需求,世界上超过50%的森林已经流失。这些需求或来自森林本身,如木材,抑或是由于其他的使用需求占用了森林,如农业、水产养殖、水库、更好的通信、道路以及不断增长的人口对居住空间的需求(Bryant等,1997)。直到现在,这些森林仍为人类提供资源(如木材,水),维持着生态系统健康功能所需的生物相互作用(即生物多样性),并缓解着大气中温室气体的浓度(如 CO_2、CH_4)和气候。但是,这些森林的丧失和退化导致这些生态系统服务的中断(Solomon等,2007),如动植物栖息地的永久丧失、土壤侵蚀加速以及森林碳储量减少。因此,评估森林资源的范围和状态、森林资源在未来如何变化以及可能的变化变得越来越重要。

15.1.2 获取森林/非森林图的需求

在全球范围内,通常使用国家海洋和大气管理局(NOAA)的先进超高分辨率辐射计(AVHRR;Loveland等,2000;Hansen等,2000;Hansen等,2004)、点植被仪器(Bartholome和Belward,2005)、Terra-1中分辨率成像光谱仪(MODIS)(Friedl等,2002;Hansen等,2003),或来自 Envisat MERIS(GlobCover;300 m;Arino等,2007)的数据来生成分辨率较粗糙的(250m~1km)森林和非森林(FNF)区域地图。其他测绘工作集中在特定的森林类型(如红树林;Spalding等,2010;Giri等,2010)或结构(Lefsky,2010)、纬度(如热带;Achard等,2004)、大洲(如南美;Eva等,

2004)或国家(如巴西;Shimabukuro 等,2013),其空间分辨率取决于所使用的传感器可以是粗略的或更精细的(通常为 30m)(Hansen 等。2008)。在所有全球制图工作中以及大多数其他工作中,都使用了来自光学传感器的数据,并且需要一年或一段时间内生成地图,这在很大程度上是因为必须进行多次采集才能获得无云图像。通常,在国家级别(如巴西、澳大利亚)进行重复映射,以支持国家和国际对森林监测和森林碳核算的报告要求。唯一的例外是联合国粮食及农业组织(UN FAO),该组织自 1946 年以来每隔 5~10 年提供全球森林覆盖率的估算,主要基于国家报告,但越来越多地使用卫星传感器数据(FAO,2012a、2012b)。同时,Landsat 传感器于 1975 年、1990 年、2000 年、2005 年和 2010 年获取了全球镶嵌图(Hansen 等,2009),并在 2013 年基于所有国家的年度森林得失无云 Landsat 数据绘制了第一张 2000 年至 2012 年的森林覆盖变化图(Hansen 等,2013)。

基于这些测绘工作,估计全球森林应该在 35 亿公顷(公顷)到 40 亿公顷出头(占土地面积的 31%)。但是,根据不同国家和机构之间定义的不同以及遥感数据的解释不同,映射的区域也不同。例如,粮农组织将植被覆盖率大于 10% 的小于 0.5 公顷的所有连续区域定义为森林(FAO,2000)。其他国家在定义中还包括通常介于 2~5m 的最低高度。尽管仅基于覆盖的定义有利于使用光学传感器,但将木质植物与草本植物区分开来可能会出现问题。因此,关于三维结构(包括高度)的信息是可取的,既可以根据光学数据推断出来,也可以通过星载(Lefsky,2010)和/或低频(如 L 波段)SAR(Cloude 和 Papathanassiou,2003)来获得。再次是因为难以区分木质和草本植物,高频 X 波段和 C 波段 SAR(如 Envisat ASAR、RADAR-SAT、COSMO-SkyMed 和 TerraSAR / TanDEM-X)用于 FNF 映射的使用受到限制。

15.1.3 使用 L 波段 SAR 进行森林测绘和特征分析

海星和航天飞机成像雷达(SIR-C)SAR 分别于 1978 年和 1994 年首次提供了从太空对森林的无云 L 波段观测。尽管这些任务为以后的任务提供了重要的概念证明,但它们的任务期限很短(Way 和 Smith,1992),JERS-1 SAR(从 1992 年至 1998 年)提供了首个系统的全球星载观测,并在了解使用 L 波段 SAR 进行森林表征以及制图和监测方面取得了重大进展(Rosenqvist 等,2000;Shimada 和 Isoguchi,2002)。这些研究和其他研究表明,与森林相比,非森林地区通常表现出较低的 L 波段反向散射,从而有助于绘制某些地区的森林砍伐地区。但是,继任特派团 ALOS PALSAR(从 2006 年至 2011 年)的观察结果强调了这样一个事实,即由于初次砍伐事件发生后,砍伐树桩和木本植物的散射增强,来自砍伐后的碎片特别是降雨后的碎片(Dos Santos 等,2007)后向散射(尤其是在 HH 极化时)通常会增加到森林典型值以上。但是,此后的值下降,使得砍伐森林区域的后向散射在短时间内变得类似于原始的森林,然后,由于木屑的清理以及土地的积极农业利用,二次散射过渡到表面散射,使得数值进一步下降。在这一点上,总体上实现了森林与非森林的最大分离。然而,由于 L 波段 HH 和 HV 后向散射的相似性,树木作物、废弃土地上的森林再生或完整土地上的森林退化将被破坏,这两者都与森林地上生物量(AGB)的结构发展和积累有关。Luckman 等(1998)使用 JERS-1 SAR 将该极限定义为大约 60 Mg ha-1,之后会发生饱和。L 波段微波穿透遮盖并与较大的木质树枝和树干相互作用的能力解释了对高达饱和水平的 AGB 的敏感性。除此之外,林冠层中较高的生物量使信号衰减,因此反向散射保持相似。人们进行了其他有关生物量检索的研究(Watanabe 等,2006;Lucas 等,2010;Mitchard 等,2011),更多地关注了 JAXA 机载 L 波段 SAR HV 或 ALOS PALSAR L 波段 HV 数据的使用,因为该通道对 AGB 电平的灵敏度更高。然而,尽管形式相似,但由于植被结构以及地表水分条件的差异,区域内和区域之间关系的一致性受到损害。例如,卢卡斯(Lucas)等(2010)确定了在澳大利亚饱和度水平可以提高到 200 Mg ha-1 以上,但前提是要在相对干燥的条件下采集数据。同样,使用检索到的 AGB 阈值区分森林和非森林,森林生长阶段受到了削减。但是,这些研究和其他研究为改进从 ALOS PALSAR 数据中单独或与其他数据(如光学,LiDAR)组合检索 AGB 的方法和算法铺平了道路,并有可能为诸如 REDD +计划提供输入(Asner 等,2010;Englhart 等,2011;Saatchi 等,2011)。

15.1.4　ALOS 极化 SAR:全球观测和校准

ALOS 任务于 2006 年 1 月 24 日开始执行,一直运行到 2011 年 4 月 22 日。携带了 3 个传感器,包括 PALSAR,该传感器在 5 年多的观测中获得了 210 万个场景(尺寸为 70km×70km),每个场景位置的平均值为 16(Shimada,2010a;Shimada 等,2010)。观测是通过所谓的基本观测方案(BOS)系统地获得的(Rosenqvist 等,2007),在 6 月至 9 月期间进行了两次观测,每年 11 月至 1 月进行了一次观测。BOS 的主要推动力是获取时间和空间上一致的数据,这些数据可用于森林和变形监测(Rosenqvist 等,2007)。在整个过程中,对数据进行了稳健的校准,并分别保持了 0.6dB 和 7.8mdB 的辐射度及几何精度(Shimada 等,2009)。

15.1.5　FNF 映射的潜力

使用 JERS-1 SAR 和欧洲遥感卫星(ERS-1)/RADARSAT-1 SAR 进行的观测(Hawkins 等,2000;Shimada,2005)证实,茂密森林的雷达反向散射通常非常稳定。在此基础上,地球观测委员会(CEOS)SAR 工作组建议使用亚马孙雨林校准这些

SAR 数据,但适用于随后进行的大多数任务(Shimada 等,2009;Shimada 和 Freeman,1995;Zink 和 Rosich,2002;Lukowski 等,2003)。但是,由于没有在全球范围内或这么多年未获得 SAR 数据,因此未对反向散射系数的区域和时间变化进行调查。然而,一些研究(Hoekman 和 Quiriones,2000;Longepe 等,2011;Rakwatin 等,2012)开始将这些数据用于对不同土地覆盖类型的范围进行分类,其中许多证据表明区分森林和非森林的精度可以高达 90%(Shiraishi 等,2014;Motohka 等,2013;Thapa 等,2013)。但是,还没有一致点从这些数据生成 FNF 图。

考虑到 2006 年至 2011 年间 ALOS PALSAR 数据的全球档案的可用性,本研究力求建立区分区域内和区域之间森林与非森林的反向散射阈值的一致性。一旦建立,主要目的就是生成这些数据的年度镶嵌图,并从中得出 FNF 图和森林变化图。尽管研究的目的不是获取 AGB,但 L 波段反向散射对较低水平的敏感性为使用阈值进行映射提供了基础。该研究还试图评估与森林变化有关的观察期内 L 波段反向散射的变化。

本文的结构如下:在 15.2 节中,介绍了用于生成 4 年的 L 波段 HH 和 HV 数据的单独全局镶嵌图的方法,以及空间 L 波段后向散射系数(γ^0)的变化(全局和描述区域内)和时间。概述了推导和验证 FNF 图的方法。在 15.3 节中说明了 FNF 的图,以及所选区域的 FNF 变化图。传达了分类准确性的估计。15.4 节提供了对生成的镶嵌图和导出的分类的批判性概述,强调了其好处(如无云观测的可用性)以及所使用方法的局限性。还讨论了本研究与其他研究中获得的森林和森林变化面积的差异(粮农组织,2000、2012a、2012b;Hansen 等,2013)。

15.2 镶嵌生成和 FNF 分类算法

15.2.1 可用的数据,数据预处理和镶嵌算法

在 2007 年、2008 年、2009 年和 2010 年 6 月至 10 月之间获取的 ALOS PALSAR HH 和 HV 数据用于生成 25m 的全球镶嵌图(Shimada 和 Ohtaki,2010;Shimada,2010b)。处理步骤如下。

(1) 准备原始数据时,要考虑到轨道倾角和通过重叠部分,它们覆盖了 500km×500km 的单个处理单元。对于每年和每个位置,通过目视检查这段时间内可用的浏览镶嵌图来选择带状数据,其中优先显示出对表面水分反应最小的产品。在可用性有限的情况下(如由于在特定紧急情况下需要观察),必须从前一年或之后的一年中选择数据,包括 2006 年。

(2) 使用公开的系数对每个原始图像进行校准(Shimada 和 Ohtaki,2010),并

输出16种效果以减少斑点。所有数据均使用90-m SRTM DEM进行了正射校正，并使用这些相同的数据进行了斜率校正，以说明地形对后向散射系数的影响。应用了去斑处理(Shimada和Isoguchi,2002;Shimada和Ohtaki,2010)来均衡相邻条带之间的强度差异,这主要归因于地表湿度条件的季节性和每日差异,并且每条都被预测为一个地理区域(纬度和经度)坐标系。除了HH和HV极化数据的镶嵌图之外,还生成了中断的遮盖区域、阴影和海洋区域,来限制认为对FNF映射有效的图像区域,还包括有关当地入射角和发射以来天数的信息。

据称,ALOS任务的轨道信息精确到30cm以内;因此,PALSAR数据的几何精度达到±8m。但是,由于SRTM DEM的相对较粗的空间分辨率,正射产物的几何精度降低了,估计为12m(Shimada和Ohtaki,2010)。由于使用SRTM DEM进行了正向矫正,因此获得了与此标高数据集的紧密对应关系,无需进行后期处理调整。与先前的SAR任务一样,PALSAR L波段数据在茂密森林地区(如亚马孙河)上被认为是非常稳定的(Shimada,2005),湿和干季反向散射的变化在两个极化方向上均小于0.2 dB;因此,无需基于代表茂密森林的几何地面控制点(GCP)对信号进行相互校准。

镶嵌数据以归一化雷达横截面的形式表示,以伽马零(γ^0)表示,而不是将西格玛零(σ^0)或贝塔零(β^0)用作表示单位(Small,2011),因为在假设散射均匀性(即朗伯)的情况下,后向散射是通过实际照明区域归一化的,其中

$$\gamma_0 = \frac{\sigma^0}{\cos\theta_{\text{local}}} \frac{\cos\Psi}{\sin\theta_{\text{inci}}} \tag{15.1}$$

此处,γ^0是伽马零,σ^0西格玛零,θ_{local}为局部入射角,θ_{inci}为GRS80的入射角,Ψ为局部法向矢量与目标点处雷达线的切向矢量。

然后,将镶嵌图平铺到1°×1°的区域(4500×4500像素)中,这些区域由西北角的整数纬度和经度坐标引用(表15-1)。

BOS确保在6月~9月期间每年至少完成一次获取。表15-2总结了用于生成全局镶嵌图的ALOS PALSAR数据,包括每年用于构建镶嵌图的每年数据采集次数。

图15-1(a)~(d)说明了2007年、2008年、2009年和2010年的全局镶嵌图,其中L波段的HH和HV以及HH:HV比率分别以RGB显示。森林和非森林区域分别以绿色和紫色表示。每年,在西伯利亚和阿拉斯加观察到较暗的条纹,这归因于冻融条件的差异。由于信号衰减,大雪覆盖的表面通常具有较低的反向散射。但是,在全球大部分地区,森林(如亚马孙河、非洲中部和东南亚岛屿)和非森林地区(如阿根廷南部、蒙古、巴基斯坦、澳大利亚、撒哈拉沙漠、塔克拉玛干和内富德沙漠)。在格陵兰岛,观测到的反向散射差异显著,沿海地区呈现黄色(表明类似极化和交叉极化的响应很强,HH/HV比很小),而中央冰盖更暗。

表 15-1 用于生成全局 ALOS PALSAR HH 和 HV γ^0 镶嵌图的数据块特征

特 征	描 述
参考位置	西北角的经纬度
坐标系统	经纬坐标
间距	0.8 角秒等价于 25m 间距
SAR 图像分辨率	36m(方位角)×20m(距离)
像素数量	4500 列×4500 行
数据量	40.5MB(每个数据块)
内容	归一化雷达截面,HH 和 HV 中的伽玛零,掩码信息(海洋旗、有效区域、空白区域、停留点、阴影),局部入射角,ALOS 发射的总日期(2006 年 1 月 24 日 1:30:UTC)
每年的数据块数量	2007:27,062;2008:27,163;2009:27,703;2010:27,923

表 15-2 2007 年、2008 年、2009 年和 2010 年每年用于生成最终 ALOS PALSAR 马赛克的数据块数量与比例

生产年份		观测年份				
		2007	2008	2009	2010	总数
2007	数据块百分比	91.04	6.26	2.603	0.098	100
	路径	3918	434	165	100	4617
	区域百分比	84.86	9.40	3.57	2.17	100
2008	数据块百分比	4.545	93.06	2.219	0.179	100
	路径	243	4159	157	88	4647
	区域百分比	5.23	89.50	3.38	1.89	100
2009	数据块百分比	0.148	6.153	91.19	2.511	100
	路径	9	371	4044	303	4727
	区域百分比	0.19	7.85	85.55	1.86	100
2010	数据块百分比	0.252	1.734	3.695	94.32	100
	路径	15	116	153	4517	4801
	区域百分比	0.31	2.42	3.19	94.08	100

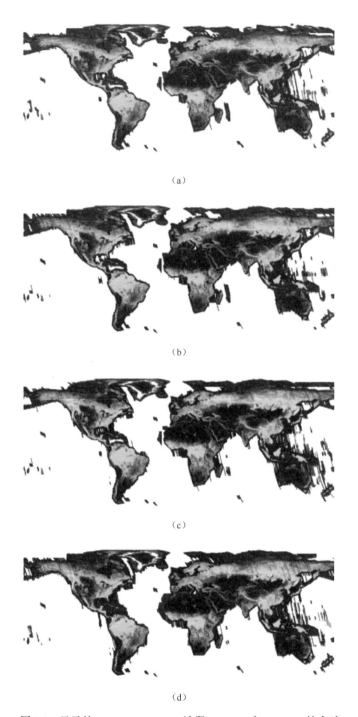

图 15-1 用 RGB 显示的 ALOS PALSAR L 波段 HH、HV 和 HH/HV 的全球 25m 镶嵌
(a)2007;(b)2008;(c)2009;(d)2010。(见彩插)

15.2.2 导致 FNF 分类的方法

通常,来自森林的 γ^0 的变异性将取决于雷达的观测配置(如入射角)和表面特征,即植被和下层表面的水分含量(介电常数)以及植被的大小和结构元素几何布置。在 L 波段,这些主要是树干和树枝,其排列方式取决于作为物种和生长形式功能的树木结构。由于森林/非森林估计的关键参数是 γ^0,因此有必要在全球和本地地理范围内对森林和非森林表面的特征进行详细研究,以开发 FNF 映射算法。

15.2.2.1 γ^0 与森林和非森林(FNF)的导入特性

在准备生成 FNF 图时,首先使用 eCognition 软件对 ALOS PALSAR HH 和 HV 镶嵌图进行多分辨率分割,然后应用 5×5 中值滤波。参考谷歌地球图像(GEI)识别已知为森林或非森林的对象,并从中生成 HH 和 HV 极化的频率分布。通常,全球 FNF 的早期版本中,如图 15-2(Shimada 等,2011)所示,森林表现出正态分布,在 HH 时 γ^0 总是超过 HV。与在 -34 dB 噪声阈值以上的非森林地区观察到的宽范围相比,森林的 γ^0 范围也相对狭窄。在此基础上,森林和非森林两极化之间的交叉点被认为是这些广泛的土地覆盖类型之间的适当阈值。在全球范围内,对于 HH 和 HV 极化,这些阈值分别确定为 -7.5dB 和 -14.0dB。

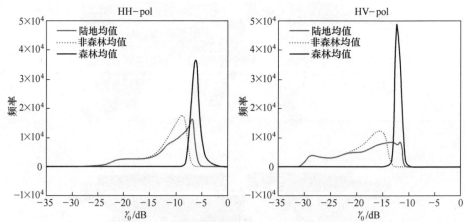

图 15-2 源自先前 FNF 的 HH 和 HV 极化的森林与非森林的雷达背向散射分布
(Shimada 等,2011)(见彩插)

15.2.2.2 γ^0 的时空变异

1) PALSAR 稳定性评估

使用单个阈值进行 FNF 映射的能力取决于 HH 和 HV,γ^0 在空间上以及随着时间的推移的一致性,并假设变化不归因于传感器性能。PALSAR 由 80 个收发模块(TR)组成,每个模块产生 25W 的发射功率,总共产生 2000W。对于每个模块,每 46 天 20min,监控一次传输功率,其中与 γ^0 相关的是:

$$\gamma_0 = \frac{\hat{\gamma}^0 P_t}{P_t(t)} \tag{15.2}$$

式中:$\hat{\gamma}^0$ 是 γ^0 实部;P_t 是标称(平均)传输功率;$P_t(t)$ 是实际传输功率随时间 t 的函数。SAR 处理假定 P_t 为常数。对于 ALOS PALSAR,在 5 年的观察期内,传输功率保持稳定(0.065 dB)。真实的(平均)传输功率为 33.527dBW(2252.7 W),大于 2000W 的规格(图 15-3)。

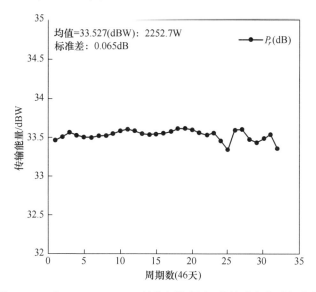

图 15-3 在 ALOS PALSAR 的使用期限内,传输功率的时间变化

2) 地理区域、兴趣区域(ROI)和林区的定义

通过了解 PALSAR 任务生命周期内的传输功率是相对稳定的,研究了 γ^0 在 3 个地理尺度和 4 个不同年份在森林和非森林上的时空变化。为此,定义了 3 个 ROI(即 ROI A、B 和 C)(图 15-4)。

(1) 在分布于 15 个不同区域的较小区域中建立了 ROI A:印度尼西亚(苏门答腊),巴布亚新几内亚,婆罗洲,马来西亚,菲律宾,东亚,日本,印度,欧洲-俄罗斯,澳大利亚,亚马孙,智利,非洲,北部美国和中美洲。这些 ROI 用于调查散射属性的局部森林类型依赖性并确定 FNF 映射的阈值。

(2) 建立 ROI B 是为了研究在选定的 15 个相同区域内的区域时空散射特性(而非局部)。

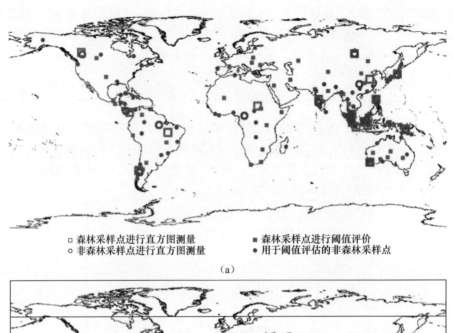

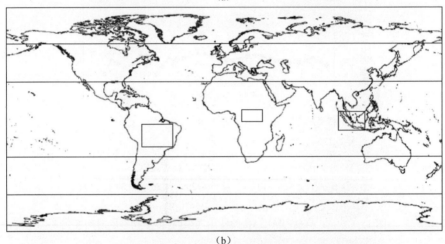

图 15-4 (a)用于确定 FNF 辨别阈值的 ROI A(实线符号)
和用于评估区域到全局水平上 HH 和 HV γ^0 变化的 ROI B(空心符号)的分布;
(b)分布在 ROI C 所在的印度尼西亚、亚马孙和中非的大片森林在全球的±30°和±15°区域

(3) 建立 ROI C 来研究近大陆水平的散射特性的时间变化。

根据 GEI 并参考森林资源评估(FRA)确定,木本植被覆盖率超过 10% 的区域被定义为森林(FAO,2012a、2012b)。图 15-5 是说明了森林稀疏和茂密的地区的例子。

3) γ^0 的区域尺度时空变异

对于每年的观察结果以及所有 15 个区域,从 ROI B 中分别提取出森林和非森

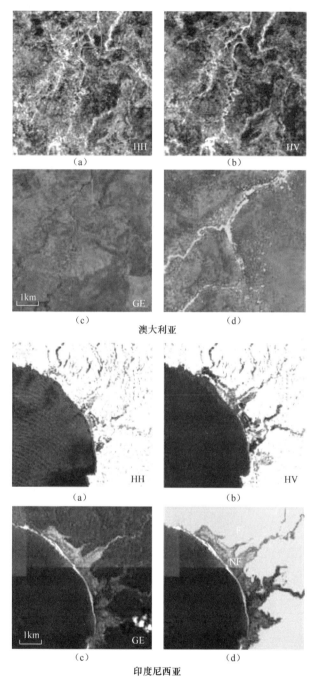

图 15-5 在澳大利亚(上)和印度尼西亚(下)森林中采集的 ALOS PALSAR 数据示例(见彩插)
(a)HH;(b)HV γ^0;(c)GEI;(d)映射的森林面积。

林的 γ^0 统计值(分别为图 15-6(a)和(b)),并汇总了所有年份(表 15-3)。最小面积为 200000 像素(约 125km²;图 15-4(a),附录 15A-1)。比较显示区域之间 HH 和 HV 的 γ^0 差异。例如,在亚马孙地区,HH 和 HV 的 γ^0 平均分别为 -6.84dB 和 -11.85dB(表 15-3),而在印度尼西亚(苏门答腊)则较低,分别为 -7.68dB 和 -12.54dB。与非林区相比,森林也表现出正态分布,标准差小约 30%。森林和非森林的 HH 和 HV 的 γ^0 的平均差异分别为 3.97dB 和 6.42dB。

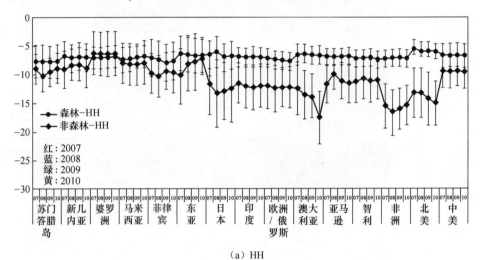

(a) HH

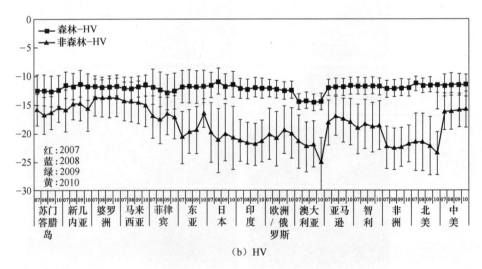

(b) HV

图 15-6 2007 年、2008 年、2009 年和 2010 年在 HH 和 HV 观察到的森林面积 γ^0 统计数据(见彩插)

随着时间的推移,所有森林地区的 γ^0 相对稳定,4 年中的 HH 和 HV 值分别平均为 (-6.89 ± 0.95)dB 和 (-12.07 ± 1.52)dB(表 15-3)。还遵循正态分布,在所有年份中标准偏差分别为 2.13dB 和 2.04dB(图 15-7),但当所有 4 年都考虑在内时,标准偏差的年平均值小至 (0.21 ± 0.18)dB 和 (0.21 ± 0.19)dB。对于非林区,γ^0 值较低且变化较大(图 15-8),在 HH 和 HV 极化时,分别为 (-10.86 ± 4.78)dB 和 (-18.49 ± 3.84)dB(表 15-3)。

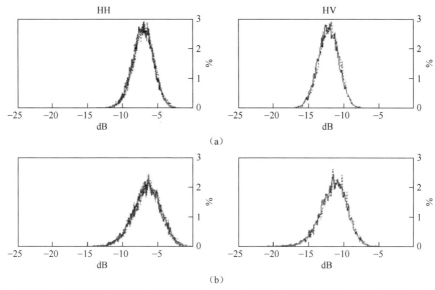

图 15-7 林区 2007 年、2008 年、2009 年和 2010 年 L 波段 HV 与 HH 森林数据的直方图
(a)非洲;(b)中美洲。

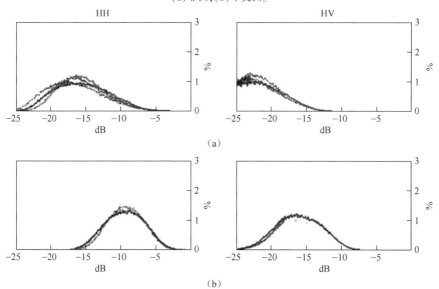

图 15-8 非林区 2007 年、2008 年、2009 年和 2010 年 L 波段 HV 与 HH 数据的直方图
(a)非洲;(b)中美洲。

表 15-3　15个代表性森林和非森林地区 ROI 的 4 年 L 波段 HH 和 HV 后向散射统计

序号	区域	森林地区		非森林地区	
		HH($\mu,\delta 1,\delta 2;dB$)	HV($\mu,\delta 1,\delta 2;dB$)	HH($\mu,\delta 1,\delta 2;dB$)	HV($\mu,\delta 1,\delta 2;dB$)
1	苏门答腊岛	-7.68,0.06,2.84	-12.54,0.08,2.71	-9.41,0.69,2.56	-16.11,0.66,2.87
2	新几内亚	-6.86,0.25,2.41	-11.62,0.28,2.32	-8.61,0.49,3.06	-15.32,0.68,3.34
3	婆罗洲	-6.96,0.13,1.90	-11.77,0.15,1.80	-6.34,0.06,3.81	-13.74,0.07,3.34
4	马来西亚	-7.09,0.28,2.04	-11.96,0.29,1.94	-8.06,0.20,3.61	-14.59,0.25,3.60
5	菲律宾	-7.47,0.37,3.25	-12.40,0.42,3.10	-9.76,0.41,3.48	-17.10,0.47,3.77
6	东亚	-6.48,0.18,3.03	-11.83,0.04,2.88	-8.27,143,4.48	-19.00,1.85,3.80
7	日本	-6.55,0.41,2.50	-11.41,0.40,2.23	-12.58,0.63,5.57	-20.38,0.73,5.32
8	印度	-6.89,0.13,1.66	-12.09,0.14,1.74	-11.97,0.40,3.70	-21.50,0.32,3.63
9	欧洲/俄罗斯	-7.36,0.24,1.49	-12.34,0.16,1.52	-12.25,0.16,3.75	-20.05,0.63,4.42
10	澳大利亚	-6.50,0.13,1.66	-14.45,0.16,1.43	-14.30,2.22,4.31	-22.73,1.81,4.40
11	亚马孙	-6.84,0.08,1.46	-11.85,0.13,1.45	-11.07,0.83,3.16	-17.64,0.51,3.80
12	智利	-7.16,0.14,1.49	-11.70,0.09,1.47	-10.97,0.42,3.62	-18.75,0.38,4.29
13	非洲	-7.11,0.09,1.52	-12.10,0.12,1.48	-15.90,0.60,3.71	-22.27,0.39,3.46
14	北美	-5.79,0.19,1.47	-11.51,0.20,1.58	-13.95,0.91,4.27	-22.12,0.92,4.73
15	中美	-6.64,0.09,2.05	-11.54,0.10,1.91	-9.42,0.13,2.87	-16.01,0.18,3.10
	均值(min-max)	-6.89(-5.79~-7.68)	-12.07(-11.41~14.45)	-10.86(-6.34~-15.90)	-18.49(-14.59~-22.27)
	4年SD均值(范围)	0.21(0.06~0.41)	0.21(0.04~0.42)	0.84(0.06~2.22)	0.83(0.07~1.85)
	SD(范围)	2.13(1.46~3.25)	2.04(1.43~3.10)	3.79(2.56~5.57)	3.90(2.87~5.32)

注：μ 是 2007-2010 年 γ^0 的均值；$\delta 1$ 是 γ^0 四年均值的标准差；$\delta 2$ 是 γ^0 四年的标准差；SD 是标准差

4) γ^0 的大陆尺度时间变化

为了确定 HH 和 HV 随时间的变化是否存在差异，γ^0 作为纬度区的函数，从全球分布的 900×900 像素的分块中提取了森林和非森林区域(ROI C)的 γ^0 处于 ±30°和±15°，并且来自印度尼西亚、亚马孙地区和中非的大片森林(图 15-4(b))。预期这些平均数据应以 95%和 99%的置信度正常分布，如下所示：

$$\Delta_{95\%} = 1.960 \frac{\sigma}{\sqrt{n}}$$

$$\Delta_{99\%} = 2.576 \frac{\sigma}{\sqrt{n}}$$

(15.3)

在此基础上，HH 和 HV 极化时森林的标准偏差为 2.25dB 和 2.15dB，在 95% 置信水平下为 0.0049dB 和 0.0047dB，在 99% 置信水平下为 0.0063dB 和 0.0061dB。

对于大部分地区，在整个观测期间（2007 年至 2010 年），在 HH 和 HV 极化下都观测到 γ^0 总体下降，(在全球范围内)为 −0.040dB 和 −0.028dB/年，对于森林和非森林结合地区，森林为 −0.106 和 −0.031，非森林为 −0.032 和 −0.016（表 15-4 和表 15-5）。东南亚，亚马孙地区和中非森林地区的 HH 和 HV 降低幅度为 −0.004~−0.045dB 和 −0.007~−0.038dB/年。这些差异大于 99% 的置信度（即在 HH 和 HV 极化时分别为 0.0063dB 和 0.0061dB）。在这两个极化的直方图中，总体下降也很明显（图 15-9）。

表 15-4 6 个区域在 HH(dB) 极化下每年 γ^0 变化

区域	全陆地				森林				非森林			
	2007-2008	2008-2009	2009-2010	均值	2007-2008	2008-2009	2009-2010	均值	2007-2008	2008-2009	2009-2010	均值
全球	−0.093	0.039	−0.066	−0.040	−0.106	−0.441	0.087	−0.106	−0.159	0.205	−0.143	−0.032
	0.828	0.848	0.917	0.867	0.847	1.082	0.993	1.008	0.875	0.904	1.057	1.002
<30°	−0.096	0.000	0.058	−0.012	0.003	−0.025	−0.020	−0.088	−0.19	0.026	0.063	−0.016
	0.739	0.742	0.827	0.773	0.819	0.889	0.820	0.851	0.831	0.938	0.954	0.907
<15°	−0.066	−0.019	0.002	−0.028	0.018	−0.100	−0.087	−0.057	−0.217	0.062	0.102	−0.030
	0.709	0.740	0.706	0.719	0.590	0.645	0.608	0.617	0.894	0.851	0.886	0.917
海	−0.033	−0.235	0.324	0.019	−0.011	−0.297	0.297	−0.004	−0.108	−0.055	0.089	0.014
	0.433	0.523	0.539	0.551	0440	0.550	0.565	0.575	0.514	0.890	0.832	0.753
巴西	0.139	0.010	−0.311	−0.053	0.085	−0.009	−0.212	−0.045	0.104	−0.042	−0.154	−0.035
	0.539	0.586	0.510	0.577	0427	0.434	0.365	0.428	0.896	0.713	0.796	0.869
非洲	−0.137	0.319	0.574	−0.016	−0.050	−0.016	−0.032	−0.031	−0.459	0.205	0.344	−0.052
	0.391	0.420	0.419	0.420	0.334	0.346	0.338	0.340	0.777	0.904	0.801	

表 15-5 6 个区域在 HV(dB) 极化下每年 γ^0 变化

区域	全陆地				森林				非森林			
	2007-2008	2008-2009	2009-2010	均值	2007-2008	2008-2009	2009-2010	均值	2007-2008	2008-2009	2009-2010	均值
全球	−0.104	0.061	−0.040	−0.028	0.027	−0.130	0.010	−0.031	−0.031	0.182	−0.087	−0.016
	0.789	0.823	0.906	0.844	0.512	0.611	0.602	0.581	0.581	0.937	0.980	0.927
<30°	−0.077	0.011	0.057	−0.003	0.017	−0.079	−0016	−0.026	−0.026	0.069	0.040	−0.007
	0.595	0582	0.657	0.614	0.457	0.545	0.488	0.500	0.500	0.741	0.783	0.746

（续）

区域	全陆地				森林				非森林			
	2007-2008	2008-2009	2009-2010	均值	2007-2008	2008-2009	2009-2010	均值	2007-2008	2008-2009	2009-2010	均值
<15°	-0.055	0.005	0.010	-0.014	-0.000	-0.022	-0.042	-0.021	-0.021	0.046	0.052	-0.018
	0.562	0.586	0.576	0.576	0.328	0.560	0.328	0.339	0.339	0.796	0.753	0.779
海	-0.049	-0.118	0.179	0.004	-0.016	-0.068	0.028	-0.019	-0.019	0.111	-0.093	-0.008
	0.389	0.399	0.468	0.439	0.248	0.256	0.269	0.261	0.261	0.696	0.732	0.643
巴西	0.040	0.016	-0.192	-0.045	-0.055	0.019	-0.077	-0.038	-0.038	-0.103	-0.013	-0.024
	0.393	0420	0.392	0.415	0.219	0.228	0.197	0.219	0.219	0.769	0.650	0.750
非洲	-0.134	0.096	0.091	0.018	-0.062	0.034	0.067	-0.007	-0.007	0.053	0.025	-0.009
	0.297	0.384	0.377	0.371	0.194	0.236	0.232	0.225	0.225	0.703	0.734	0.740

注：均值和标准差(dB)在每列中都有

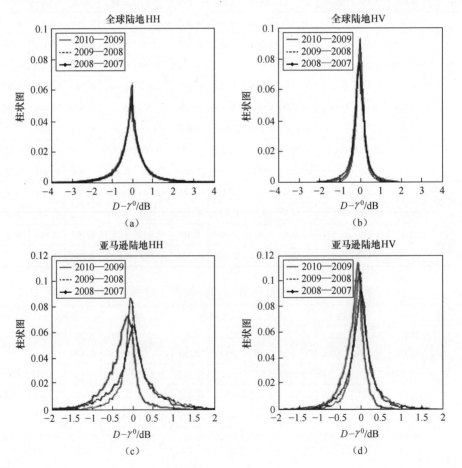

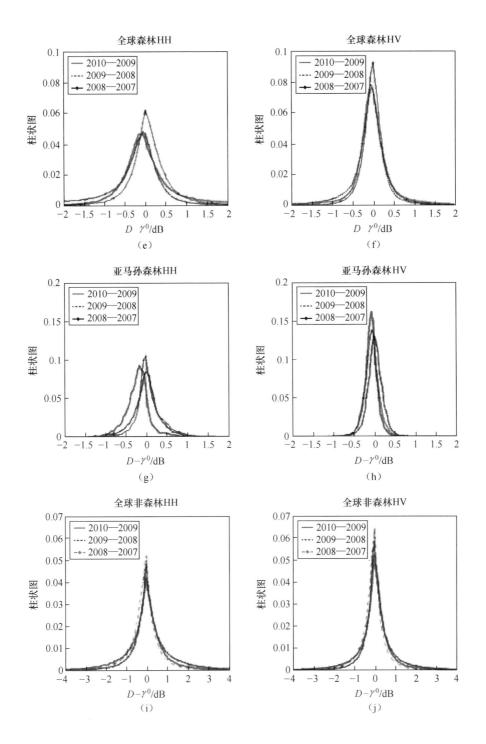

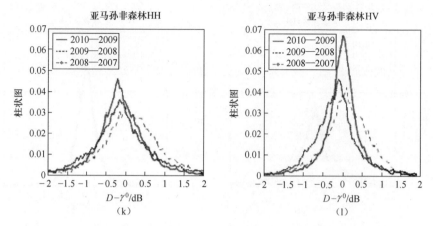

图 15-9 2007年、2008年、2009年和2010年的HH与HV γ^0 的比较直方图
(a)、(b)全球;(c)、(d)亚马孙陆地面积;(e)、(f)全球;
(g)、(h)亚马孙森林地区;(i)、(j)全球;(k)、(l)亚马孙非森林地区。(见彩插)

5) γ^0 的森林类型依赖性

在前面的部分中,我们了解到,森林 γ^0 在全球和大陆范围内在时间上都是稳定的,但是存在一定的区域依赖性。因此,特定区域的阈值被认为是分类所必需的。但是,在每个地区,森林都由许多不同的类型组成。因此,单个ROI(即B)的统计数据被认为不足以表示这种多样性(图15-4)。从15个区域中的每个区域的更多ROI(A)中提取了统计信息,以便可以更好地定义FNF分类的区域相关阈值。在每个区域,参考GEI(图15-5)选择了3~10个ROI(ROI A),它们代表了广泛的森林类型以及非森林类型。例如,在印度尼西亚的廖内省(图15-10),与天然(湿

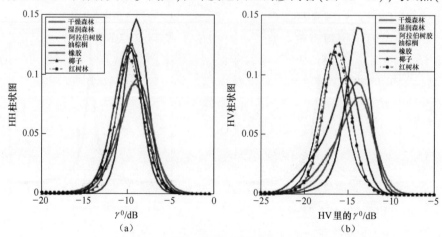

图 15-10 频率分布示例(a)HH极化下和(b)HV极化下印度
尼西亚廖内省对于一系列森林类型(包括人工林)的 γ^0 (见彩插)

润和干燥)森林相比,以椰树(椰子)和杜鹃花(油棕)为主的人工林通常具有较低的 $HV\gamma^0$。巴西橡胶树和金合欢树种占主导地位的人工林的反应变化不定,但表现出的响应更类似于天然林。红树林以较高生物量的物种(如根茎线虫)为主,并且具有较大的支持根系,它们的 $HV\gamma^0$ 也较低。然后将来自所有森林类型的数据合并以生成单个直方图。对于每个区域,根据 FRA(如果有)中的知识以及本地信息,从 ROI A 生成相似的直方图,并将其与不同的森林类型相关联。还从非植被和自然环境(如苔原、草原和农业)(包括人工(如城市基础设施)和自然(如水、雪、冰和沙漠)和非植被环境)中的非森林地区提取数据。在每种情况下,与森林相比,大多数非林区的 $HV\gamma^0$ 较低。

15.2.3 FNF 经典算法和验证

15.2.3.1 提取森林和非森林统计数据

由于在 HH 极化时森林和非森林区域之间的混淆更大,因此仅将 HV 阈值用于 FNF 映射。对于 15 个区域,使用 ROI A 的数据以及累积分布函数生成了针对森林类型和非森林区域的 $HV\gamma^0$ 直方图,从中确定了以 x 表示的将森林和非森林分开的阈值如下:

$$
\begin{gathered}
F_F(x) = 1 - F_{NF}(x) \\
F_F(x) = \int_x^\infty f_F(x')\,\mathrm{d}x' \\
F_{NF}(x) = \int_{-\infty}^x f_{NF}(x')\,\mathrm{d}x'
\end{gathered}
\tag{15.4}
$$

式中:F_F 是使用 x 阈值为每个区域定义的森林面积估算的准确度。F_{NF} 相同,但对于非森林,f_F 和 f_{NF} 是森林和非森林的 γ^0 的概率密度函数,且 x' 为 γ^0。为了确定 x,以 0.1 dB 的增量增加该值,直到获得在式(15.4)中提供最大精度的解。当森林和非森林地区具有相同的分布时,精度为 50%,而当它们完全不同时,则为 100%。因此,阈值根据发生的土地覆盖而变化。

15.2.3.2 FNF 分类算法

为了帮助对非森林区域进行分类,在电子认知中应用了基于规则的方法来首先识别城市和水域(图 15-11)。为了帮助分类,计算了对象的几何密度(GD)函数,该函数表示对象中的像素数除以对象的半径,并区分紧凑的(正方形或圆形)或更长的像素。还定义了其他"附近"的对象(WVO)。然后使用分别大于 −1dB

和-6.5dB 的 HH 和 HV γ^0 阈值将市区(居住区)分开,这些阈值互为 WVO(图 15-11)。水体与 HH 大于或等于-22 dB,相邻部分支持的 HH 小于-20dB 和标准 HH 大于或等于 60dB 的物体相关联(图 15-11)。标准 HH 定义为段内像素数与 HH γ^0 标准偏差(像素数/dB)之比,对于更均匀的目标,该值更大。还定义了水体,其中近端物体支撑 GD 在 1～1.2,并且 HH 背向散射分别小于或等于 15 dB 和小于或等于 13 dB。在阿拉斯加、西伯利亚和斯堪的那维亚获得的几张图像支持的 HH 和 HV γ^0 值非常低(如由于积雪),因此替换了其他年份的图像。然后使用可变阈值将森林和其余非森林区域分开。

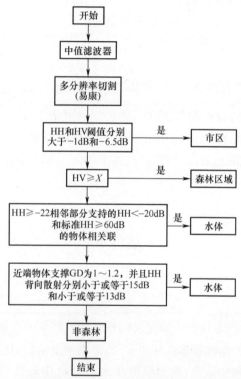

图 15-11 用于根据 ALOS PALSAR 镶嵌数据对森林和非森林区域
(包括城市和水域)进行分类的规则

对于这 15 个区域中的每个区域,HV γ^0 的直方图以及相关的森林和非森林的累积分布函数分别如图 15-12(a)和(b)所示。表 15-6 中给出了相关的统计数据,这些数据表明,对于森林,HV γ^0 的平均值在-11.34～-16.75dB 变化,而对于非森林,其平均值在-12.38～-24.84dB 变化。为了进行比较,对于森林和非森林,HH γ^0 的平均值分别从-6.35～-9.21dB 和-6.50～-11.85dB 变化。但是,在表 15-7 中列出了为每个区域定义的实际阈值(基于式(15.4))并在 FNF 映射中使用。

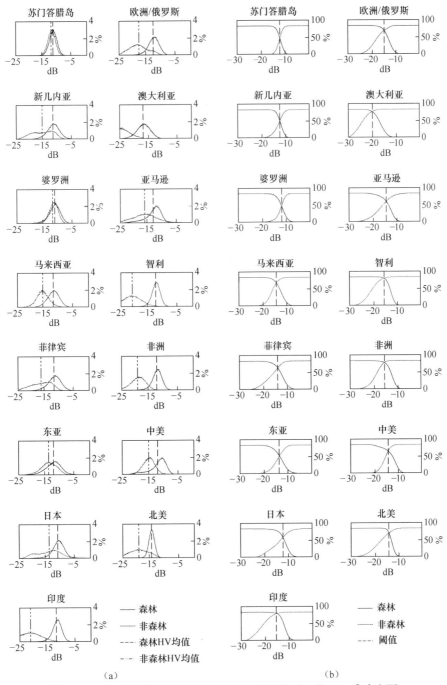

图15-12 15个区域中每个森林(左)和非森林(右)的HV γ^0 直方图，以及显示森林(左)和非森林(右)之间的交叉点的累积直方图

表 15-6 基于 ROI 的 15 个区域的森林和非森林区域的 HH 和 HV γ^0 统计

序号	区域	森林				RIO 序号	非森林				RIO 序号
		HH		HV			HH		HV		
		μ	δ	μ	δ		μ	δ	μ	δ	
1	苏门答腊	-7.19	1.46	-11.86	1.41	10	-7.35	1.36	-12.39	1.38	10
2	新几内亚	-6.90	1.46	-11.98	1.45	6	-6.70	1.84	-13.15	2.22	5
3	婆罗洲	-6.89	2.03	-11.69	1.92	8	-6.85	1.63	-12.38	1.92	7
4	马来西亚	-7.67	2.29	-12.46	2.17	3	-8.80	2.30	-16.16	2.34	3
5	菲律宾	-7.36	2.74	-12.32	2.61	3	-9.44	3.58	-16.88	3.67	2
6	东亚	-7.22	3.01	-12.69	2.98	9	-7.64	2.26	-14.40	2.75	8
7	日本	-6.35	2.37	-11.34	2.27	5	-6.50	4.42	-14.33	4.44	5
8	印度	-6.77	1.78	-12.00	1.83	5	-11.85	3.70	-21.21	3.60	4
9	欧洲/俄罗斯	-7.16	2.19	-13.07	2.09	4	-8.27	1.81	-18.10	3.30	4
10	澳大利亚	-9.21	2.08	-16.75	2.38	6	-10.47	1.74	-24.84	3.19	5
11	亚马孙	-7.40	1.50	-13.56	2.79	8	-8.21	2.91	-16.58	4.23	3
12	智利	-8.60	1.54	-12.85	1.58	4	-8.61	1.92	-21.00	3.19	2
13	非洲	-7.30	1.60	-12.76	2.01	7	-11.13	2.34	-19.38	2.70	6
14	北美	6.36	1.67	-12.62	3.03	6	-7.53	1.47	-15.72	2.08	3
15	中美	-7.82	1.25	-12.92	1.26	6	-8.58	3.27	-18.18	3.95	5

表 15-7 确定 15 个区域的 HV γ^0 阈值

序号	区域	阈值/dB	精度/(%)	
			森林	非森林
1	苏门答腊	-12.1	57.92	57.61
2	新几内亚	-12.3	59.51	61.31
3	婆罗洲	-11.9	56.35	56.02
4	马来西亚	-14.3	80.92	79.85
5	菲律宾	-13.9	76.01	76.24
6	东亚	-13.5	62.54	61.57
7	日本	-12.2	69.62	69.91
8	印度	-15.1	95.20	94.88
9	欧洲	-14.8	82.19	82.29
10	澳大利亚	-20.1	91.69	92.00
11	亚马孙	-14.4	70.28	70.46

(续)

序号	区域	阈值/dB	精度/(%)	
			森林	非森林
12	智利	−15.5	95.20	95.32
13	非洲	−15.6	92.80	93.23
14	北美	−14.2	76.92	76.96
15	中美	−14.1	83.20	82.73

注:精度由公式(15.4)通过图15-4中的ROI A计算

15.2.3.3 验证方式

为了提供FNF地图的验证,使用了谷歌地图图像(GEI)(http://www.google.co.jp/intl/ja/earth/)、经纬汇合工程(DCP；http://confluence.org/)和全球森林资源协会(FAO,2000、2012a、2012b)的数据,点的位置如图15-13所示,表15-8给出了编号。谷歌地球中的图像可用于2000年至2012年,并为每个点都提供了日期戳。总共选择了4114个点(森林和非森林分别为1456和2548)(图15-13(a)),表15-8中提供了分配年份。其中1529个是2007年至2010年的时间。DCP数据由志愿者收集,并在每个点拍摄照片(Iwao等,2006;图15-13(b))。然后,名古屋大学将每个点与森林或非森林课程相关联。全球FRA由粮食及农业组织(FAO)进行,涉及所有成员国,并产生了土地利用、土地覆盖和林业(LULCF)类别的数据库(FAO,2000;Shimada等,2011)。我们将2007年和2008年以及2009年和2010年的FNF映射分别与FRA2005和FRA2010进行了比较,并对非洲、亚洲、欧洲、北美和南美,南美以及总土地面积进行了单独比较。

(a)

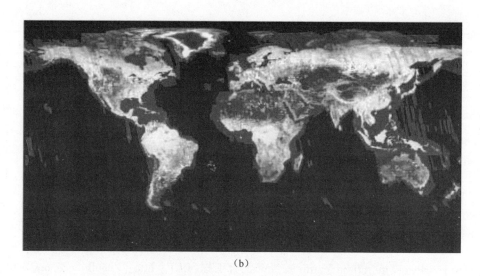

(b)

图 15-13 (a)由谷歌地球图像生成的 1456 个森林(绿色)和 2548 个非森林(红色)验证点空间位置;(b)基于经纬汇合工程确定的点 2007 年(红色)、2008 年(天蓝色)、2009 年(蓝色)、2010 年(黄色)(见彩插)

表 15-8 每年使用的用于验证森林和非森林地图的谷歌地球图像(GEI)和经纬汇合工程(DCP)点数量

增添年	GEI	DCP
2000	29	
2001	58	
2002	148	
2003	335	
2004	354	
2005	394	
2006	440	
2007	500	940
2008	140	742
2009	304	690
2010	585	280
2011	621	
2012	236	
总数	4,144(1,529)	2,652(2,652)

注:括号内的数字表示 2007—2010 年期间的可用数据

15.3 结果

15.3.1 森林和非森林地图

图 15-14 显示了 2007 年、2008 年、2009 年和 2010 年的森林和非森林地图,图 15-15 和图 15-16 则给出了东南亚、中非和南美的更详细的示例。2007 年、2008 年、2009 年和 2010 年的估计总面积分别为 3854.250、3822.337、3819.087 和 3852.630 百万公顷。

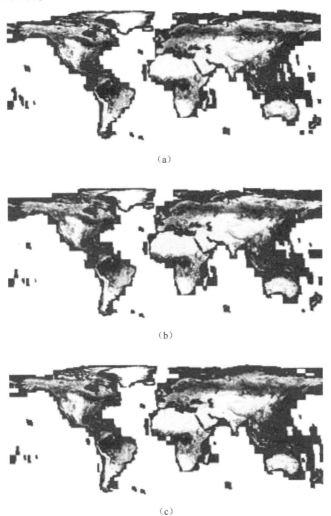

(a)

(b)

(c)

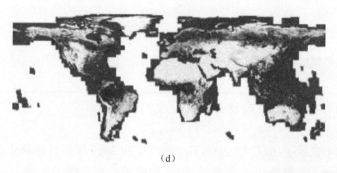

(d)

图 15-14 由图 15-1 中所示的 ALOS PALSAR 马赛克生成的全球森林和非森林马赛克
(a)2007;(b)2008;(c)2009;(d)2010。

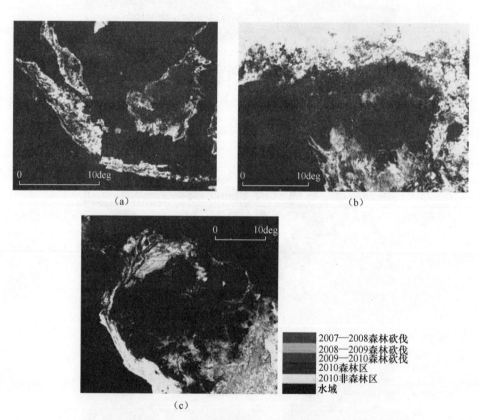

图 15-15 (a)印度尼西亚、(b)中非和(c)南美洲北部的森林砍伐情况。
2007 年至 2008 年(粉红色)、2008 年至 2009 年(黄褐色)、2009 年至 2010 年(红色)。
时间序列中观察到的残留在森林中的区域以绿色显示(见彩插)

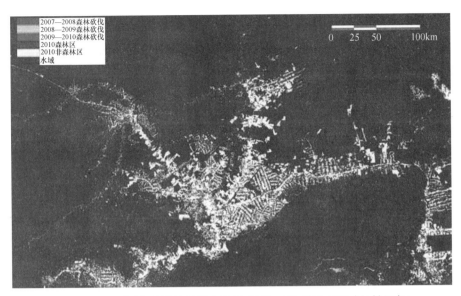

图15-16 巴西阿克里州的马赛克子集,可见2007年至2008年(粉红色)、
2008年至2009年(黄褐色)以及2009年至2010年(红色)之间的森林砍伐情况。
在时间序列中观察到保留在森林中的区域以绿色显示(见彩插)

与FRA的绘图比较(2007年、2008年和FRA2005比较:4060.966百万公顷;2009年、2010年和FRA2010比较:4033.063百万公顷),使用ALOS PALSAR数据会有4.5%~5.9%的低估(表15-9)。根据26%~100%的树木覆盖率,该面积也比Hansen等人(2013年,406565.7万公顷)估计的面积小(5.20%)。尽管存在差异,但在比较Hansen等人(2013年,基于26%~100%树木覆盖率)绘制的地图和本研究(表15-10)时,区域一级的森林分布存在广泛的相似性。根据2007年至2010年PALSAR FNF的变化(表15-9),森林净减少量估计为162000万公顷(-0.042%),而FRA2005年至FRA2010年为27903万公顷(-0.687%)。在区域一级,下降最多的地区是欧亚大陆、北美洲、中美洲以及大洋洲(表15-11)。

表15-9 与FRA森林面积比较(×1000公顷;2005年和2010年)

区域	Landsat[a] (2000)	PALSAR (2007)	FRA (2005)	Diff /%	PALSAR (2008)	FRA (2005)	Diff /%	PALSAR (2009)	FRA (2010)	Diff /%	PALSAR (2010)	FRA (2010)	Diff /%	PALSAR (2010-2007)	FRA (2010-2005)
非洲	664834	635460	691369	-8.09	630185	691369	-8.85	641822	674318	-4.82	653447	674318	-3.10	17987	-17051
亚洲	545418	580807	584049	-0.56	581074	584049	-0.51	573354	592513	-3.23	594370	592513	0.31	13563	8464
欧洲	992909	945540	1009462	-6.33	935662	1009462	-7.31	926121	1013297	-8.60	933957	1013297	-7.83	-11583	3835
北/中美	778456	697116	705183	-1.14	673179	705183	-4.54	686989	705281	-2.59	680659	705281	-3.49	-16457	98
大洋洲	132427	187538	196745	-4.68	177026	196745	-10.02	177597	191385	-7.20	179115	191385	-6.41	-8423	-5360

(续)

区域	Landsat[a] (2000)	PALSAR (2007)	FRA (2005)	Diff /%	PALSAR (2008)	FRA (2005)	Diff /%	PALSAR (2009)	FRA (2010)	Diff /%	PALSAR (2010)	FRA (2010)	Diff /%	PALSAR (2010-2007)	FRA (2010-2005)
南美	951614	807790	874158	-7.59	825212	874158	-5.60	813203	856269	-5.03	811082	856269	-5.28	3292	-17889
总数	4065657	3854250	4060966	-5.09	3822337	4060966	-5.88	3819087	4033063	-5.31	3852630	4033063	-4.47	-1620	-27903

注:来源于 Hansen 等(2013),树木覆盖率为 26%~100%。由 1-PALSAR 除以 FRA 得出

表 15-10 从 ALOS PALSAR 数据(2007)和陆地卫星传感器数据(2000)获得的森林覆盖估计(×1000 公顷)

区域	ALOS PALSAR	Landsat	比值/%
非洲	635460	664834	95.6%
亚洲	580807	545418	106.5%
欧亚大陆	945540	992909	95.2%
北/中美	697116	778456	89.6%
大洋洲	807790	951614	85%
南美	187538	132427	142.0%
总数	3854250	4065657	94.8%

表 15-11 从 ALOS PALSAR 数据估计的森林面积差异(×1000 公顷)

区域	2008—2007	2009—2008	2010—2009	2010—2007[①]
非洲	-5276 (-0.830)[②]	11637 (1.847)	11626 (1.811)	17987 (2.83)
亚洲	267 (0.046)	-7719 (-1.328)	21016 (3.665)	13563 (2.34)
欧亚大陆	-9877 (-1.045)	-9541 (-1.020)	7835 (0.846)	-11583 (-1.23)
北/中美	-23937 (-3.434)	13810 (2.051)	-6331 (-0.926)	-16457 (-2.36)
大洋洲	-10512 (-5.605)	571 (0.323)	1518 (0.855)	-8423 (-4.49)
南美	17422 (2.157)	-12009 (-1.455)	-2122 (-0.261)	3292 (0.407)
总数	-31913 (-0.828)	-3250 (-0.085)	33543 (0.878)	-1620 (-0.042)

①平均;
②面积比,第 2 年比第 1 年。
注:括号中的数字是百分位数

15.3.2 分类的准确性

根据 GEI 进行的验证表明,森林和非森林分类的总体准确性超过 91%(表 15-12),尽管与 DCP 相比降低了不少于 82%(表 15-13)。根据 GEI 和 DCP 评估,四年制图的平均准确度分别为 91.25% 和 84.86%。大洋洲的精度最低。根据 FRA 进行的验证表明,总体准确性为 94.81%。应当指出,用于培训和验证的区域是独立准备的。

表 15-12 基于谷歌地球图像(GEI)的 ALOS PALSAR 年森林与非森林分类精度

		森林	非森林	总数	PA/(%)
PALSAR FNF 2007					
谷歌地球图像点	森林	1300	274	1574	82.59
	非森林	64	2332	2396	97.33
	总数	1364	2606	3970	—
	UA/(%)	95.31	89.49	—	91.49
PALSAR FNF 2008					
谷歌地球图像点	森林	1277	297	1574	81.13
	非森林	77	2319	2396	96.79
	总数	1354	2616	3970	—
	UA/(%)	94.31	88.65	—	90.58
PALSAR FNF 2009					
谷歌地球图像点	森林	1283	291	1574	81.51
	非森林	67	2329	2396	97.20
	总数	1350	2620	3970	—
	UA/(%)	95.04	88.89	—	90.98
PALSAR FNF 2010					
谷歌地球图像点	森林	1285	289	1574	81.64
	非森林	63	2333	2396	97.37
	总数	1348	2622	3970	—
	UA/(%)	95.33	88.98	—	91.13

注:UA:用户精度;PA:制作方精度。

表 15-13 基于 DCP 的 ALOS PALSAR 年森林与非森林分类精度

		森林	非森林	其他	总数	PA/(%)
	PALSAR FNF 2007					
DCP 2007	森林	172	59	19	250	68.80
	非森林	27	616	32	675	91.26
	总数	199	675	51	925	—
	UA/(%)	86.43	91.26	0.00	—	85.19
	PALSAR FNF 2008					
DCP 2008	森林	127	39	19	185	68.65
	非森林	26	497	28	551	90.20
	总数	153	536	47	736	—
	UA/(%)	83.01	92.72	0.00	—	84.78
	PALSAR FNF 2009					
DCP 2009	森林	89	34	22	145	61.38
	非森林	30	434	26	490	88.57
	总数	119	468	48	635	—
	UA/(%)	74.79	92.74	0.00	—	82.36
	PALSAR FNF 2010					
DCP 2010	森林	44	14	8	66	66.67
	非森林	5	200	9	214	93.46
	总数	49	214	17	280	—
	UA/(%)	89.80	93.46	0.00	—	87.14

15.4 讨论

15.4.1 FNF 分类方法

与 Shimada 等(2011)提出的仅使用单一阈值的先前版本相比,使用可变阈值来区分森林和非森林提供了更可靠的森林面积估计。所使用的阈值基于根据 GEI 确定的一系列森林类型的 HV γ^0,这使得这些阈值可以包含在森林遮盖中。但是,某些森林类型(如再生森林、油棕、椰子种植园和高生物量红树林)被归类为非森林,因为它们支持的 HV γ^0 比大多数森林低。其他(如橡胶园)不可避免地与天然林合并。然而,在已知森林和非森林地区的歧视中,准确率超过了82%,经常超过90%。

粮农组织和 Hansen 等(2013)估计全球森林的差异归因于以下原因。

(1) 通过将233个国家/地区报告与1990年至2000年以及2005年至2010年全部或部分使用 Landsat 传感器的数据相结合,得出了 FRA2005 和 FRA2010。Hansen 等(2013)使用了2000年至2012年的 Landsat 传感器数据时间序列,而我们的研究使用了2007年、2008年、2009年和2010年的 ALOS PALSAR 数据。因此,森林范围的差异可能是由于所使用图像的日期不同所致。在 Hansen 等(2013)看来,在图像采集日期之间森林范围的变化也将发生。报告的损失和收益在2000年至2012年期间分别为2.3亿公顷和8000万公顷,其中该地区的2000万公顷既有损失,也有收益。由于云层覆盖,Landsat 传感器也可能未充分检测到某些森林或非森林区域。

(2) 用于生成某些 FRA 估计值的光学遥感数据,以及 Hansen 等(2013)的数据对植被的二维结构更敏感,尤其是叶被。因此,在某些情况下,由于与草本植被混淆,木本植被的程度可能被高估了。相反,一些具有落叶或半落叶特征的木本植被可能被 Landsat 传感器数据省略,特别是在热带草原或温带地区。

(3) PALSAR 分辨率(偏离垂直方向34°)可能太粗糙,以至于无法在分类中捕获稀疏的森林和林地(尤其是朝向10%的较低覆盖阈值),从而导致对总面积的低估。一些森林类型,包括生物量较低的稀疏林和林地,一些种植园,以及生物量较高的红树林,也被排除在外,因为 HV γ^0 的值低于所应用的阈值,如表15-14所列。

由于用于 FNF 映射的方法不同,因此出现了差异。特别是,粮农组织使用了基于样本的方法和国家报告,尽管在这项以及 Hansen 等(2013)的研究中使用了"墙到墙"映射。粮农组织、捐助国和欧洲委员会(EC)联合研究中心(JRC)合并国

表 15-14　2007 年—2008 年、2008 年—2009 年和 2009 年—2010 年平均 HH 和 HV γ^0 的差异

年		全球土地	全球森林	热带雨林	95%置信度	99%置信度
2007—2008	HH	-0.093	-0.106	0.008	0.0049	0.0064
	HV	-0.104	0.027	-0.044	0.0047	0.0061
2008—2009	HH	0.039	-0.441	-0.107	0.0049	0.0064
	HV	0.061	-0.130	-0.005	0.0047	0.0061
2009—2010	HH	-0.066	0.087	0.018	0.0049	0.0064
	HV	-0.040	0.010	0.006	0.0047	0.0061
均值	HH	-0.040	-0.106	-0.027	0.0049	0.0064
	HV	-0.028	-0.031	-0.02	0.0047	0.0061

注：热带森林的值是东南亚、亚马孙河流域和中非的平均值。所有单位都用 dB 描述。

家报告,同时参考了 1990 年、2000 年、2005 年和 2010 年的 Landsat 数据时间序列生成了 FRA2005 和 FRA2010。对于每个整数纬度和经度交叉点,我们都采集了 10km×10km 的 Landsat 图像样本,共获得 15779 个图像样本,每个样本都通过多光谱比较、监督方法或人工描绘进行了分类。这些分类是由捐助国通过参加讲习班制定的,考虑了四个主要的土地覆盖类别,使用了 73 个多光谱库(粮农组织,2012b)。森林面积被定义为超过 10% 的树冠覆盖并且面积超过 0.5 公顷。FRA 还将某些国家(例如中国)的森林定义为天然林和人工林(Christine 等,2007)。在这项研究中,利用一年内获得的 ALOS PALSAR 数据以及粮农组织对森林覆盖的定义,实现了 FNF 的"墙对墙"绘图。在全球范围内生成了四张 FNF 图,同时 FRA 根据三年的数据制作了一张 FNF 图。使用 ALOS PALSAR 数据生成的 FNF 地图的空间分辨率也要好得多(空间分辨率为 25m),从而可以分辨更多细节。仅在映射中使用 HV γ^0 时,可以更好地区分森林与非森林,因为在 HH 极化下,与粗糙地面的混淆更加明显。Hansen 等人(2013)使用分辨率为 30 米的 Landsat 7 个档案制作了一张新的反映 2000 年至 2012 年全球森林覆盖变化的高分辨率地图。在生成地图时,Hansen 等(2013)将所有无云像素转换为大气反射率最大值,并计算了 2000 年至 2012 年生长季节光谱指标的时间序列。然后应用时间序列决策算法来处理这些数据。这使用了基于 MODIS / Landsat 的树覆盖,并通过高分辨率光学(例如 GeoEye)数据进行人工解译来支持。在此基础上,获得了四个不同森林覆盖层(即低于 25%、26%~50%、51%~75% 和 76%~100%)在大陆、次区域和国家层面的森林覆盖得失的全貌图。为了解决测绘中的差异,应特别考虑整合各种数据集

(即国家报告,特别是 Landsat 和 ALOS PALSAR 数据),因为后者在提供的信息方面是互补的。最近公开发布的数据(尽管空间分辨率为 50 米)、FNF 地图以及 Hansen 等人的地图(2013 年)在实现这一目标方面已经取得了重大进展。

15.4.2 年度面积估算和趋势比较

粮农组织表示,2005 年至 2010 年期间,森林总面积减少了 2790.3 万公顷 (-0.69%)(粮农组织,2010)。根据 ALOS PALSAR 数据绘制的地图估计,在 2007 年至 2010 年之间损失了 160.2 万公顷,尽管在此期间损失和收益是可变的。这可能是由于环境影响造成 HV γ^0 产生变化,但也与森林的生长和损失直接相关。Hansen 等人(2013 年)报告说,2000 年至 2012 年间损失了 2.3 亿公顷,但也增加了 8000 万公顷,其中 2000 万公顷既有损失,也有收益。这些估计损失的差异反映了用于森林分类和检测变化的方法的差异,以及观测时间框架的变化,因此无法直接进行比较。但是,建议将 2007 年至 2010 年基于 Landsat 的估计值与使用 ALOS PALSAR 数据生成的估计值进行比较。

ALOS PALSAR 年间比较表明,与 2007 年相比,2010 年欧亚大陆(1.23%)、北美(2.36%)和大洋洲(4.49%)的森林面积更低,但南美洲(0.41%)、亚洲(2.34%)和非洲(2.83%)的森林面积更大。虽然 2007 年至 2010 年以及 FRA 2005 年至 2010 年间森林面积变化的总体平均估计值在全球范围内具有相同的趋势,但各区域之间仍存在一些分歧。绘制的森林面积的这些差异被认为是由于与森林地区相比,非森林地区的雷达后向散射的变化更大,这影响了 FNF 绘制,并且还由于环境(例如,表面水分)影响(Lucas 等人,2010 年),尽管已通过使用具有最小观测影响的数据来尽量减少这些影响。亚洲的增长部分归因于人工林的扩张,中国实施了大型造林项目(Christine 等,2007 年),导致自 20 世纪 70 年代末以来,森林面积年均增长 0.51%(Shi 等人,2011 年)。在森林地区,HH 和 HV γ^0 的下降归因于森林被非森林的替代,这些表面的平滑(例如,由于农业改善)以及植被成分中生物量的总体下降。这些差异与传感器性能随时间的下降无关。

FRA 和 PALSAR 在欧亚大陆以及北美和中美洲结果的差异可归因于以下情况。对于北美洲和中美洲,FRA 报告说,加拿大部分是从 FRA2000(FAO 2000)中复制而来的,因此减少不明显。然而,加拿大林业局(NRC 2012)报告了四年期间基于 ALOS PALSAR 数据得出的森林分析结果,表明森林受到干扰并减少。在俄罗斯(欧亚大陆),世界野生动物基金会(WWF)报告了数量的减少(WWF 2007),这与使用 ALOS PALSAR 数据所观察到的数量一致。而在欧洲,森林面积明显略有增加。

15.5 总结和结论

在全球范围内,以 25m 的空间分辨率生成了 2007 年、2008 年、2009 年和 2010 年的 ALOS PALSAR 数据的镶嵌图。使用随地区变化的 HV 极化数据阈值,生成了森林图和非森林图。根据 GEI,DCP 和 FRA 数据评估了映射的准确性。

该研究的主要结论是:

1. PALSAR 在其使用期限(从 2006 年到 2010 年)内保持稳定(0.065 dB 以内),因此 HV γ^0 随时间的变化可能归因于土地覆盖的变化。

2. 对于森林地区,γ^0 在 HH 和 HV 处均保持稳定,标准偏差的年平均值分别为 0.21±0.18 dB 和 0.21±0.19 dB。

3. 区分森林和非森林的 HH 和 HV γ^0 阈值是区域可变的,HH 为 -6.89±0.95 dB,HV 为 -12.07±1.52 dB。

4. 与 DCP,GEI 和 FRA 2005/2010 相比,在全球和区域差异的森林和非森林测绘中,获得的准确度为 84.86%、91.25% 和 94.81%。

5. 根据这些估计,2007 年至 2010 年之间的森林覆盖面积减少了 16.2 百万公顷(-0.042%),而 FRA 估计减少了 2790.3 万公顷(-0.687%;基于 FRA 2010 和 FRA 2005)。

6. γ^0 在全球和区域范围内,HH 降低了 0.040dB/年,HV 降低了 0.028dB/年,这可能与森林面积和 AGB 的减少以及非林区的平滑化有关(例如,由于农业管理导致清理区域的改善)。

当前,PALSAR FNF 映射是从 PALSAR FBD 模式获得的,该模式的分辨率为 10 m 倾斜范围。完善此处概述的方法并使用 JAXA 即将发布的 ALOS-2 PALSAR-2 中的数据可能会更好地定义森林的范围,而且还可以归因于自然和人为事件和过程而导致的森林变化。结合使用 ALOS PALSAR 数据和 Hansen 等人(2013 年)生成的森林覆盖图,还可以改善估算。因此,未来的工作应集中在理解这两个数据集之间的协同作用,以减少全球森林损失和收益的不确定性。应使用过去和将来的数据将此类评估与粮农组织的评估联系起来。

ALOS-2 于 2014 年发射,携带 PALSAR-2,并投入对全球森林的业务监测。FNF 年度数据库自 2014 年起制作,并从 JAXA/EORC(http://www.eorc.jaxa.jp/ALOS/en/palsar_fnf/fnf_index.htm)提供给公众。这些数据集应该是对全球地球及其环境变化进行元素监控的一部分。(Shimada 等,2014)

附录15A-1:样品数量的要求,N

假设数据集遵循 $n(\mu,\sigma)$ 的正态分布,其中 μ 是平均值,而 σ 是其标准偏差,则使用 N 个样本估算的平均值的可能误差为 $\Delta_{X\%} \cdot \sigma/\sqrt{N}$,其中 $\Delta_{X\%}$ 是 $X\%$ 置信度下的累积分布函数。

在给定的误差要求下, Δ_E , N 可以如下获得:

$$N \geqslant \left(\frac{\Delta_{X\%} \cdot \sigma}{\Delta_E}\right)^2 \quad (15.5)$$

例如, $\Delta_{X\%}$ 为1.960,即95%, σ 为2.15, Δ_E 为0.01。 N 应该大于178,000。

参考文献

Achard, F., Eva, H., Mayaux, P., Stibig, H., and Belward, A., 2004, "Improved Estimates of Net Carbon Emissions from Land Cover Change in the Tropics for the 1990s," Global Biogeochem. Cy., Vol. 18, No. 2, https://doi.org/10.1029/2003GB002142

Arino, O., Gross, D., Ranera, F., Bourg, L, Leroy, M., Bicheron, P., Brockman, C., et al., 2007, "GlobCover: ESA Service for Global Land Cover from MERIS," Proc. International Geoscience and Remote Sensing Symposium, IGARSS 2007, Barcelona, Spain, July 23-28, 2007, pp. 2412-2415.

Asner, G. P., Powell, G. V. N., Mascaro, J., Knapp, D. E., Clark, J. K., Jacobson, J., et al., 2010, "HighResolution Forest Carbon Stocks and Emissions in the Amazon," P. Natl. A. Sci USA, Vol. 107, No. 38, pp. 16738-16742.

Bartholomé, E. and Belward, A. S., 2005, "A New Approach to Global Land Cover Mapping from EarthObservation Data," Int. J. Remote Sens., Vol. 26, No. 9, pp. 1959-1977.

Bryant, D., Nielsen, D., andTangley, L., 1997, The Last Frontier Forests: Ecosystems and Economies on theEdge, World Resources Institute, Washington, DC, p. 1.

Christine, J. T., Harrell, S., Hinckley, T. M., andHenck, A. C., 2007, "Reforestation Programs in SouthwestChina: Reported Success, Observed Failure, and the Reasons Why," J. Mt. Sci., Vol. 4, No. 4, pp. 275-292.

Cloude, S. R. and Papathanassiou, K. P., 2003, "Three Stage Inversion Process for Polarimetric SAR Interferometry," IEE P. Radar Son. Nav., Vol. 150, No. 3, pp. 125-134.

Dos Santos, R. J., Gonçalves, F. G., Dutra, L. V., Mura, J. C., andParadella, W. R., 2007, "Analysis of Airborne SAR Data (L-Band) for Discrimination Land Use/Land Cover Types in the Brazilian Amazon Region," Proc. International Geoscience and Remote Sensing Symposium, IGARSS 2007, Barcelona, Spain, July 23-28, 2007, pp. 2342-2345.

Englhart, S., Keuck, V., and Siegert, F., 2011, "Aboveground Biomass Retrieval in Tropical Forests—The Potential of Combined X-and L-Band SAR Data Use," Remote Sens. Environ., Vol. 115, No. 5, pp. 1260-1271.

Eva, H. D., Belward, A. S., De Miranda, E. E., Di Bella, C. M., Gond, V., Huber, O., Jones, S., Sgrenzaroli, M., and Fritz, S., 2004, "A Land Cover Map of South America," Glob. Change Biol., Vol. 10, pp. 1-14.

Food and Agricultural Organization (FAO) of the UN, 2000, Forest Resource Assessment (FRA) 2000, Food and Agricultural Organization of the UN, Rome. Food and Agriculture Organization (FAO) of the UN, 2010, Global Forest Resources Assessment 2010, Country Report, CANADA, FRA2010/036.

Food and Agricultural Organization of the UN, Rome. Food and Agricultural Organization (FAO) 2012a, Global Forest Land-Use Change 1990-2005, Food and Agriculture Organization of the United Nations, Rome.

Food and Agricultural Organization (FAO) 2012b, Forest Resource Assessment (FRA) 2010, Food and Agricultural Organization of the United Nations, Rome.

Friedl., M. A., McIver, D. K., Hodges, J. C. F., Zhang, X. Y., Muchoney, D., Strahler, A. H., Woodcock, C. E., et al. 2002, "Global Land Cover Mapping from MODIS: Algorithms and Early Results," Remote Sens. Environ., Vol. 83, Nos. 1-2, pp. 287-302, 2002.

Giri, C., Ochieng, E. Tieszen, L. L., Zhu, Z., Singh, A., Loveland, T., Masek, J., and Duke, N., 2010, "Status and Distribution of Mangrove Forests of the World Using Earth Observation Satellite Data," Global Ecol. Biogeogr., Vol. 20, No. 1, pp. 154-159.

Hansen, M. C. and DeFries 2004, Detecting long term forest change using continuous fields of tree cover maps from 8km AVHRR data for the years 1982-1999. Ecosystems, 7, 695-716.

Hansen, M. C., DeFries, R. S., Townshend, J. R. G., Carroll, M., Dimiceli, C., and Sohlberg, R. A., 2003, "Global Percent Tree Cover at a Spatial Resolution of 500 Metre: First Results of the MODIS Vegetation Continuous Fields Algorithm," Earth Interact., Vol. 7, pp. 1-15.

Hansen, M. C., DeFries, R. S., Townshend, J. R. G., and Sohlberg, R., 2000, "Global Land Cover Classification at 1 km Spatial Resolution Using a Classification Tree Approach," Int. J. Remote Sens., Vol. 21, pp. 1331-1364.

Hansen, M. C., Potapov, P. V., Moore, R., Hancher, M., Turubanova, S. A., Tyukavina, A., Thau, D., et al., 2013, "High-Resolution Global Maps of 21st-Century Forest Cover Change," Science, Vol. 342, No. 6160, pp. 850-853.

Hansen, M. C., Shimabukuro, Y., Potapov, P., and Pitman, K., 2008, "Comparing Annual MODIS and PRODES Forest Cover Change for Advancing Monitoring of Brazilian Forest Cover," Remote Sens. Environ., Vol. 112, pp. 3784-3793.

Hansen, M. C., Stehman, S., Potapov, P., Arunarwati, B., Stolle, F., and Pittman, K., 2009, "Quantifying Changes in the Rates of Forest Clearing in Indonesia from 1990 to 2005 Using Remotely Sensed Data Sets," Environ. Res. Lett., Vol. 4, No. 3, 034001.

Hawkins, R., Attema, E., Crapolicchio, R., Lecomte, P., Closa, J., Meadows, P. J., 2000, "Stability of Amazon Backscatter at C-Band: Spaceborne Results from ERS-1/2 and RADARSAT-1," ESA SP-450, Proc. Of the CEOS SAR Workshop, Toulouse, France, October 26-29, 1999, pp.

Hoekman, D. H. and Quiriones, M. J. 2000, "Land Cover Type and Biomass Classification Using AirSAR Data for Evaluation of Monitoring Scenarios in the Colombian Amazon," IEEE T. Geo. Sci. Remote, Vol. 38, No. 2, pp. 685-696.

Iwao, K., Nishida, K., Kinoshita, T., and Yamagata, Y. 2006, "Validating Land Cover Maps with Degree Confluence Project Information," Geophys. Res. Lett., Vol. 33, L23404.

Lefsky, M. A., 2010, "A Global Forest Canopy Height Map from the Moderate Resolution Imaging Spectroradiometer and the Geoscience Laser Altimeter System," Geophys. Res. Lett., Vol. 37, L15401.

Longepe, N., Rakwatin, P., Isoguchi, O., Shimada, M., Uryu, Y., and Yulianto, K., 2011, "Assessment of ALOS PALSAR 50m Orthorectified FBD Data for Regional Land Cover Classification by using Support Vector Machines," IEEE T. Geo. Sci. Remote, Vol. 49, No. 6, pp. 2135-2150.

Loveland, T., Reed, B. C., Brown, J. F., Ohlen, D. O., Zhu, Z., Yang, L., and Merchant, J. W., 2000, "Development of a Global Land Cover Characteristics Database and IGBP DISCover from 1 km AVHRR Data," Int. J. Remote Sens., Vol. 21, pp. 1303-1330.

Lucas, R. M., Armston, J., Fairfax, R., Fensham, R., Accad, A., Carreiras, J., Kelley, J., et al., 2010, "An Evaluation of the ALOS PALSAR L-Band Backscatter—Above Ground Biomass Relationship Queensland, Australia: Impacts of Surface Moisture Condition and Vegetation Structure," IEEE J. Sel. Top. Appl., Vol. 3, pp. 576-593.

Luckman, A. J., Baker, J. R., Honzák, M. H., and Lucas, R. M., 1998, "Tropical Forest Biomass Density Estimation Using JERS-1 SAR: Seasonal Variation, Confidence Limits and Application to Image Mosaics," Remote Sens. Environ., Vol. 62, No. 2, pp. 126-139.

Lukowski, T. I., Hawkins, R. K., Cloutier, C., Wolfe, J., Teany, L. D., Srivastava, S. K., Banik, B., Jha, R., and Adamovic, M., 2003, "RADARSAT Elevation Antenna Pattern Determination," Proc. IGARSS 1997, Singapore, August 3-8, 1997, pp. 1382-1384.

Mitchard, E. T. A., Saatchi, S. S., Lewis, S. L., Feldpausch, T. R., Woodhouse, I. H., Sonké, B., Rowland, C., and Meir, P., 2011, "Measuring Biomass Changes Due to Woody Encroachment and Deforestation/ Degradation in a Forest-Savanna Boundary Region of Central Africa Using Multi-Temporal L-Band Radar Backscatter," Remote Sens. Environ., Vol. 115, pp. 2861-2873.

Motohka, T., Shimada, M., Uryu, Y., and Setiabudi, B., 2013, "Using Time Series PALSAR Gamma Naught Mosaics for Automatic Detection of Tropical Deforestation: A Test Study in Riau, Indonesia," Remote Sens. Environ., Vol. 155, pp. 79-88.

Natural Resources Canada, 2012, The State of Canada's Forests - Annual Report, http://

cfs. nrcan. gc. ca/pubwarehouse/pdfs/34055. pdf

Rakwatin, P. , Longepe, N. , Isoguchi, O. , Shimada, M. , Uryu, Y. , and Takeuchi, W. , 2012, "Using Multiscale Texture Information from ALOS PALSAR to Map Tropical Forest," Int. J. Remote Sens. , Vol. 33, No. 24, pp. 7727-7746.

Rosenqvist, A. , Shimada, M. , Chapman, B. , Freeman, B. , De Grandi, G. , Saatchi, S. , and Rauste, Y. , 2000, "The Global Rain Forest Mapping Project: A Review," Int. J. Remote Sens. , Vol. 21, No. 6/7, pp. 1375-1387.

Rosenqvist, A. , Shimada, M. , Itoh, N. , Shimada, M. , and Watanabe, M. , 2007, "ALOS PALSAR: A Pathfinder Mission for Global-Scale Monitoring of Environment," IEEE T. Geo. Sci. Remote, Vol. 45, No. 11, pp. 3307-3316.

Saatchi, S. S. , Harris, N. L. , Brown, S. , Lefsky, M. , Mitchard, E. T. A. , Salas, W. , Zutta, B. , et al. , 2011, "Benchmark Map of Forest Carbon Stocks in Tropical Regions across Three Continents," P. Natl. A. Sci USA, Vol. 108, No. 24, pp. 9899-9904.

Shi, L. , Zhao, S. , Tang, Z. , and Fang, J. , 2011, "The Changes in China's Forests: An Analysis Using the Forest Identity,"PLoS ONE, Vol. 6, No. 6, e20778.

Shimabukuro, Y. , dos Santos, J. R. , Formaggion, A. R. , Duarte, V. , and Rudorff, B. F. T. , 2013, "The Brazilian Amazon Monitoring Program: PRODES and DETER Projects," Global Forest Monitoring from Earth Observation, F. Archard and M. C. Hansen, Eds. , CRC Press, Boca Raton, FL, pp. 167-184.

Shimada, M. , 2005, "Long-Term Stability of L-Band Normalized Radar Cross Section of Amazon Rainforest Using the JERS-1 SAR,"Can. J. Remote Sensing, Vol. 31, No. 1, pp. 132-137.

Shimada, M. , 2010a, "On the ALOS/PALSAR Operational and Interferometric Aspects (in Japanese),"J. Geodetic Society of Japan, Vol. 56, No. 1, pp. 13-39.

Shimada, M. , 2010b, "Ortho-Rectification and Slope Correction of SAR Data Using DEM and Its Accuracy Evaluation,"IEEE J-STARS Special Issue on Kyoto and Carbon Initiative, Vol. 3, No. 4, pp. 657-671.

Shimada, M. and Freeman, A. , 1995, "A Technique for Measurement of Spaceborne SAR Antenna Patterns Using Distributed Targets,"IEEE T. Geo. Sci. Remote, 33, No. 1, pp. 100-114.

Shimada, M. and Isoguchi, O. , 2002, "JERS-1 SAR Mosaics of Southeast Asia Using Calibrated Path Images," Int. J. Remote Sens. , Vol. 23, No. 7, pp. 1507-1526.

Shimada, M. , Isoguchi, O. , Longepe, N. , Preesan, R. , Motooka, T. , Okumura, T. , et al. 2011, "Generation of the 10 m Resolution L-Band SAR Global Mosaic and Forest/Non-Forest Map," Proc. ISRSE, Sydney, Australia, April 14, 2011.

Shimada, M. , Isoguchi, O. , Tadono, T. , and Isono, K. , 2009, "PALSAR Radiometric and Geometric Calibration," IEEE T. Geo. Sci. Remote, Vol. 47, No. 2, pp. 3915-3932.

Shimada, M. , Itoh, T. , Motooka, T. , Watanabe, M. , Shiraishi, T. , Thapa, R. , and Lucas, R. , 2014, "New Global Forest/Non-forest Maps from ALOS PALSAR Data (2007-2010)," Remote

Sensing of Environment, Vol. 155, pp. 13-31.

Shimada, M. and Ohtaki, T., 2010, "Generating Continent-scale High-quality SAR Mosaic Datasets: Application to PALSAR Data for Global Monitoring," IEEE JSTARS Special Issue on Kyoto and Carbon Initiative, Vol. 3, No. 4, pp. 637-656.

Shimada, M., Tadono, T., and Rosenqvist, A., 2010, "Advanced Land Observing Satellite (ALOS) and Monitoring Global Environmental Change," Proc. IEEE, Vol. 98, No. 5, pp. 780-799.

Shiraishi, T., Motooka, T., Thapa, R. B., Watanabe, M., and Shimada, M., 2014, "Comparative Assessment of Supervised Classifiers for Land Use-Land Cover Classification in a Tropical Region Using Time-Series PALSAR Mosaic Data," IEEE JSATRS, 2014, Vol. 7, No. 4, pp. 1186-1199.

Small, D., 2011, Flattening Gamma: Radiometric Terrain Correction for SAR Imagery, Transaction on Geoscience and Remote Sensing, Vol. 49, No. 8, pp. 3081.

Solomon, S., Qin, D., Manning, M., Chen, Z., Marquis, M., Averyt, K. B., Tignor, M., and Miller, H. L., 2007, Contribution of Working Group I to the Fourth Assessment Report of the Intergovernmental Panel on Climate Change, Cambridge University Press, Cambridge and New York.

Spalding, M., Blasco, F., and Field, C., 1997, World Mangrove Atlas, International Society for Mangrove Ecosystems, Okinawa, Japan.

Spalding, M., Kainuma, M. and Collins, L. 2010, World Atlas of Mangroves, Earthscan, London.

Thapa, R. B., Itoh, T., Shimada, M., Watanabe, M., Motohka T., and Shiraishi, T., 2013, "Evaluation of ALOS PALSAR Sensitivity for Characterizing Natural Forest Cover in Wider Tropics, Remote Sens. Environ., Vol. 155, pp. 32-41.

Watanabe, M., Shimada, M., Rosenqvist, A., Tadono, T., Matsuoka, M., Romshoo, S. A., Ohta, K., Furuta, R., Nakamura, K., and Moriyama, T., 2006, "Forest Structure Dependency of the Relation Between L-Band sigma0 and Biophysical Parameters," IEEE T. Geo. Sci. Remote, Vol. 44, pp. 3154-3165.

Way, J. and Smith, E. A., 1992, "The Evolution of Synthetic Aperture Radar Systems and Their Progression to the EOS SAR," IEEE T. Geo. Sci. Remote, Vol. 29, No. 6, pp. 962-985.

World Wildlife Fund (WWF) 2007, "Russia's Boreal Forests," WWF, Washington, DC.

Zink, M. andRosich, B., 2002, "Antenna Elevation Pattern Estimation from Rain Forest Acquisitions," ENVISAT/ASAR Calibration Review (ECR) of ESTEC, European Space Agency (ESA), Noordwijk, Netherlands.

网站参考

WWW1: http://www.eorc.jaxa.jp/ALOS/en/palsar_fnf/fnf_index.htm

WWW2: http://www.google.co.jp/intl/ja/earth/

WWW3: http://confluence.org/

WWW4: JAXA/EORC (http://www.eorc.jaxa.jp/ALOS/en/p

后记

当我在 20 世纪 80 年代初开始在 JAXA 工作时，对 SAR 的研究并不是我的第一个专业领域。然而，自 20 世纪 80 年代末以来，我在 JAXA 的第二个职业——SAR 研究，除了给我学习的乐趣外，还从工程学和科学的角度吸引了我并带给我挑战。与我大学主修的空气动力学和流体动力学不同，遥感动态地将电磁工程、信息论、采样理论和随机过程结合在一起，以牛顿方程为基础，但它也很好地平衡了我原来的研究领域。SAR 系统目前已经十分发达，被用于监测我们不断变化的地球。卫星遥感的所有挑战都与了解地球的自然系统有关。从工程角度来看，位于卫星上的合成孔径雷达是最精确的系统之一，而自然地球是一种不同类型的系统，它将人类活动与生物物理以及固体地球元素保持平衡。适应 SAR 对动态地球的监测是 20 世纪 70 年代对地观测系统建立时的目标之一。借助这本书，我通过理论和应用的描述回顾了 SAR 的一些基本要点。我已经详细介绍了 SAR 的基础知识，以便更年轻的学生或研究人员能够更好地理解它们，并或许可以考虑成为未来的 SAR 科学家。

图2-1 日本研发的3种星载SAR系统和1种机载SAR系统
（左上：JERS-1；右上：ALOS/PALSAR；左下：ALOS-2/PALSAR-2；
右下：机载L波段极化干涉SAR(Pi-SAR-L)）

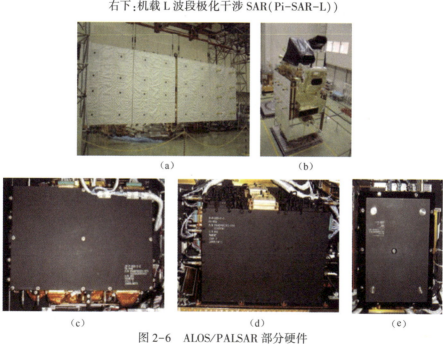

图2-6 ALOS/PALSAR部分硬件
(a)天线；(b)卫星；(c)发射机；(d)接收机；(e)信号处理器。

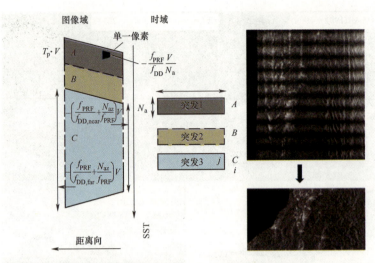

图 3-18 ScanSAR 成像处理原理图

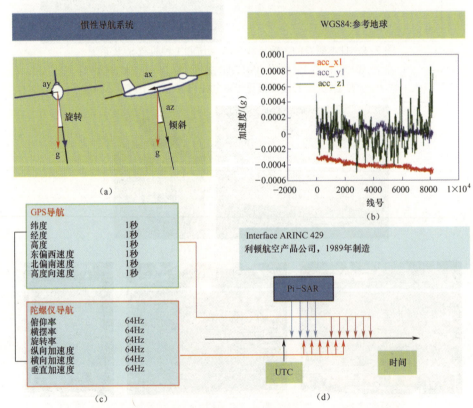

图 3-25 湾流Ⅱ(GⅡ)加速度计安装在带有样品加速度的三个轴上。
结合 GPS 系统和 INS 系统的惯性测量单元(IMU)的时序框图
(a)安装在飞机上的三个加速度计可以检测与俯仰和横滚有关的重力;(b)原始加速度;
(c)使用时间(即协调世界时(UTC))连接 GPS、INS 和 SAR 数据。

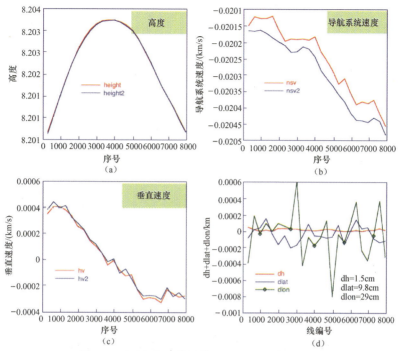

图3-26 重新生成模型值和GPS测量值的比较

(a)高度;(b)导航系统速度;(c)z速度;(d)位置总误差。

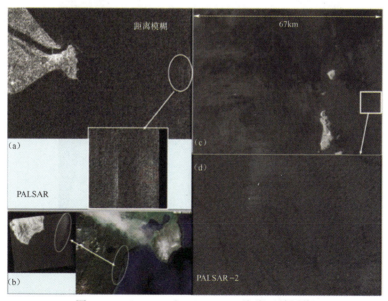

图3-37 PALSAR和PALSAR-2海岸区域图像

(a)具有距离模糊的PALSAR远距图像;(b)俄罗斯堪察加半岛的PALSAR严重模糊图像;
(c)日本东京新岛的PALSAR-2全幅图像;(d)无模糊远距放大图像。

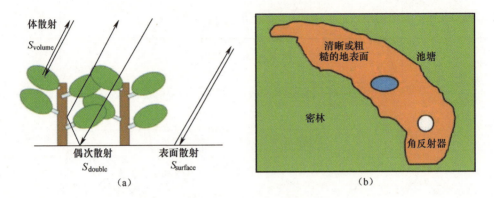

图 6-2 散射成分(a)和简化森林分布(b)示意图

图 6-6 Freeman-Durden 分解结果

(绿色:体散射分量。红色:偶次散射分量。蓝色:表面散射分量)

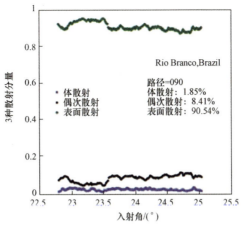

图6-8 用Freeman-Durden方法得出的3个分量与入射角的相关性
(其中蓝色圆点是表面散射分量,黑色圆点是偶次散射分量,绿色菱形是体散射分量)

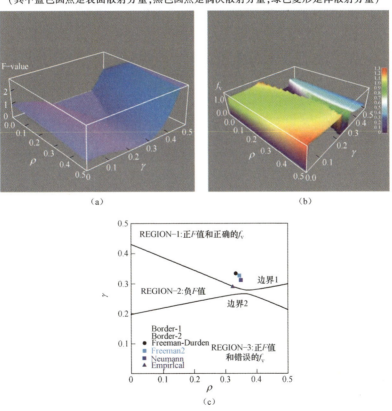

图6-9 (a) F值的透视图、(b)森林参数f_v的透视图和(c) 3个区域的描述
(这些区域取决于F的正负性和f_v的取值范围。REGION-1内可以取得
正确的森林参数。在这个区域,包括Freeman-Durden、Freeman-2、Neumann和经验参数)

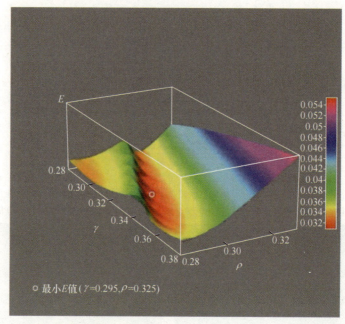

图 6A-1　在 γ 和 ρ 上的 E 值透视图。E 在 $\gamma = 0.295$ 和 $\rho = 0.325$ 处取得最小值

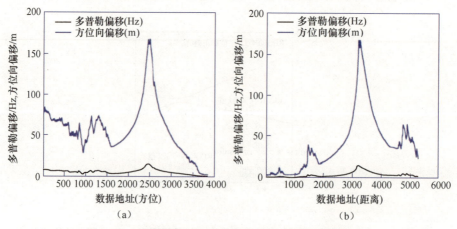

图 8-7　(a) 多普勒频率和方位向偏移的距离向截面以及
(b) 多普勒频率的方位向截面和相应的方位向偏移

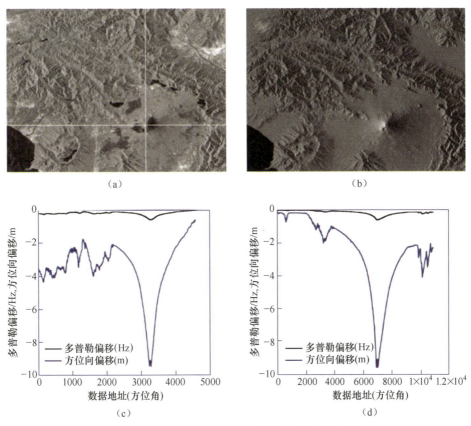

图 8-8 (a)富士山上获得的 PALSAR 图像校正了方位角偏移,(b) DSSI,
(c)峰顶方位地址上的多普勒偏移和方位偏移,以及(d)峰顶距离地址上的
多普勒偏移和方位偏移。PALSAR 图像的方位角和距离像素大小分别为 18m 和 4.68m

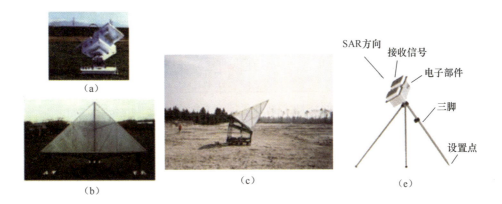

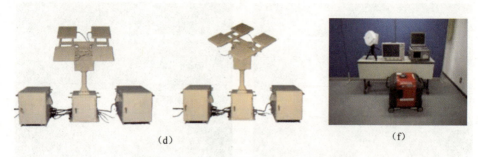

图 9-5　用于 L 波段 SAR 的所有校准仪器

(a)用于 JERS-1 SAR 的 ARC;(b)用于 JERS-1 的 2.4-m CR;(c)用于 PALSAR 的 3.0-m CR;(d)用于 PALSAR 的极化 ARC;(e)用于 PALSAR-2 的紧凑型 ARC;(f)用于 PALSAR-2 和 Pi-SAR-L2 的接收机。

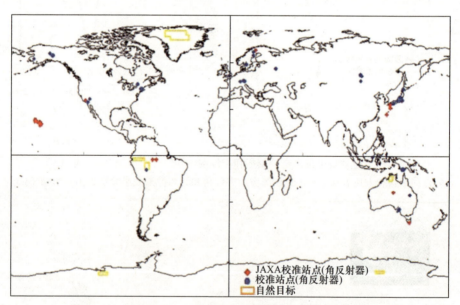

图 9-10　全球 PALSAR 校准站点(蓝色和红色点表示角反射器,黄色矩形区域表示自然目标(即亚马孙、南极洲和格陵兰岛的区域))

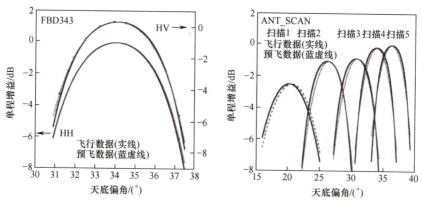

图 9-11　发射前后天线方向图的比较(粗线代表飞行中的
测量值；蓝色细线描绘了飞行前的地面测量结果)

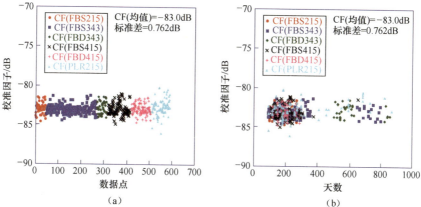

图 9-13　校准因子的分布(x 轴上的数字表示包含了 PALSAR 观察 CR 反应的数据集)
(a)所有模式；(b) CF 的长期变化。

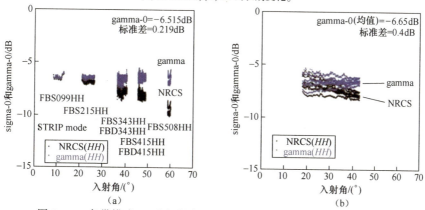

图 9-14　条带模式(a)和扫描合成孔径雷达数据(b)的 γ-0 和 σ-0 与
入射角的关系(这两个数据集都是从亚马孙雨林收集的)

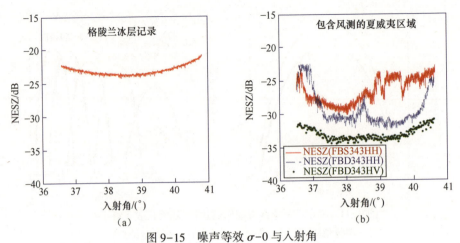

图 9-15 噪声等效 σ-0 与入射角

(a) FBS343HH 观测到的格陵兰岛;(b) FBS343HH 和 FBD343HV 观测到的夏威夷。

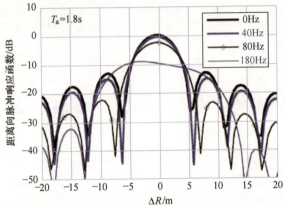

图 10-9 以每个位置偏移为中心的脉冲响应函数的方位截面
(垂直轴被 $f_s=0$Hz 的峰值归一化)

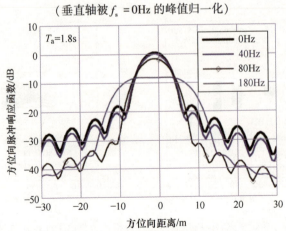

图 10-10 IRF 距离截面垂直轴由参考 IRF 的峰值归一化（$\Delta R = f_s = 0$）

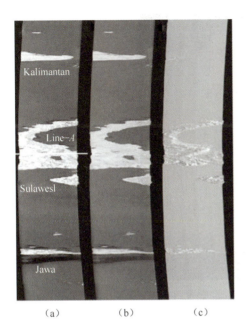
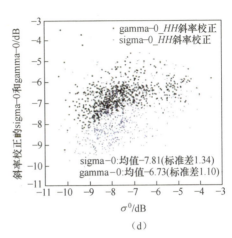

图 11-10 (a)正交校正的地理参考图像。(b)斜率校正和正交校正的 γ^0 图像。(c)使用 SRTM DEM 获得的局部入射角图像(印度尼西亚的加里曼丹岛、苏拉威西岛和爪哇群岛)。(d)沿着图(a)中线 A 的 σ^0 (dB)和斜率校正的 γ^0 (dB)(黑色表示)以及斜率校正的 σ^0 (dB)(蓝色表示)比较

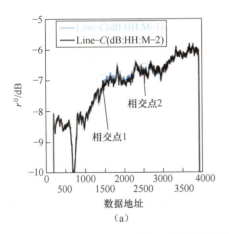
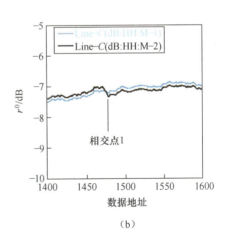

图 11-13 (a)沿线 C 附近地区通过 M-1 方法和 M-2 方法处理得到的 γ^0 距离依赖性;(b)地址为 1400~1600 的数据特写

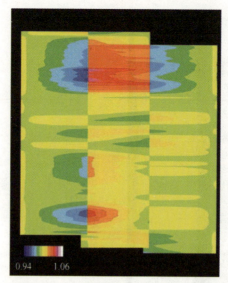

图 11-14　添加增益校正的区域分布图

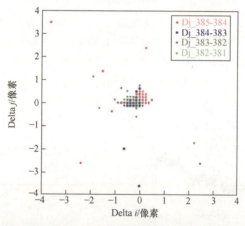

图 11-15　在澳大利亚镶嵌图像中观察到的 5 个连续路径的几何位置误差

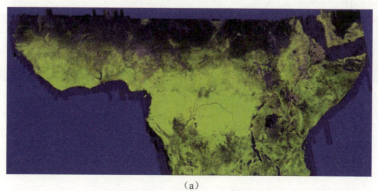

(a)

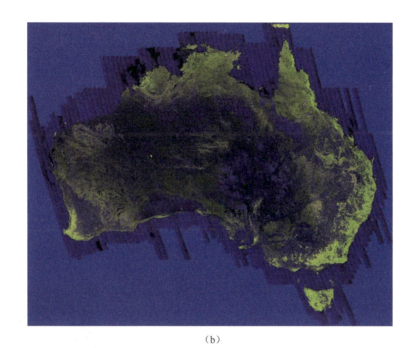

（b）

图 11-18　PALSAR 的镶嵌图像

（a）2008 年的非洲地区；（b）2009 年的澳大利亚。

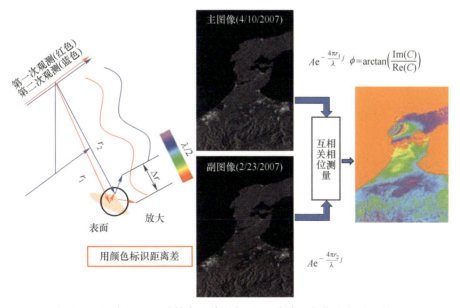

图 12-1　差分 SAR 干涉技术及其形变（和差分陆地变化速度）探测原理

013

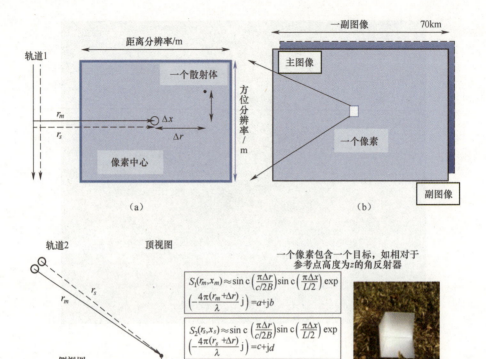

图 12-2　在顶部和水平维度上的协同 SAR 图像示意图

(a)两个已配准像素的顶视图；(b)两图像位置示意图；(c)侧视图；(d)一个代表性的散射体；角反射器。

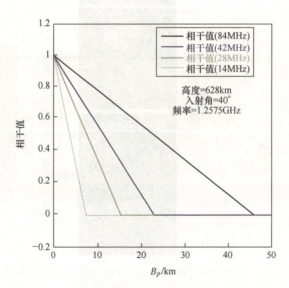

图 12-8　γ 及临界基线和垂直基线 B_{perp} 之间的关系

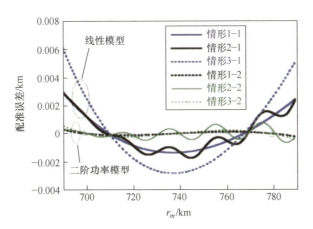

图 12-11　3 种情形下两个模型的配准误差比较:情形 1:高度为 4km，B_{perp} 为 0.5km;情形 2:正弦山峰，B_{perp} 为 0.5km; 情形 3:高度为 4km，B_{perp} 为 1km

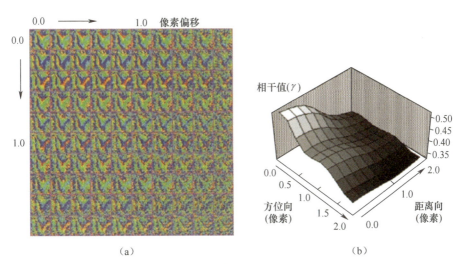

图 12-12　(a)在方位和距离向上每次给互配准框架添加 0.2 个像素偏移量(0~2 像素)产生的 100 种干涉条纹;(b)相应的相干分布

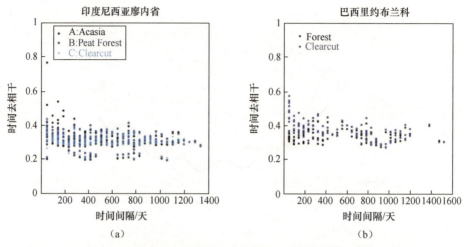

图 12-14 自然森林区域和伐林区域相干性随时间变化的情况
(a)印度尼西亚的廖内省;(b)巴西的里约布兰科地区。

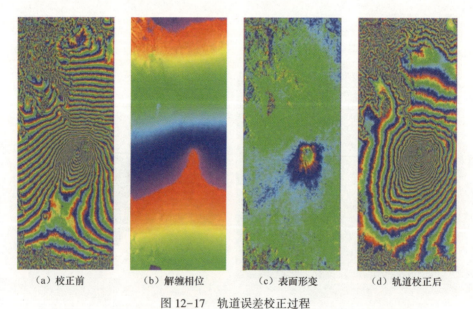

(a) 校正前　　(b) 解缠相位　　(c) 表面形变　　(d) 轨道校正后

图 12-17 轨道误差校正过程
(a)轨道校正后的干涉条纹;(b)轨道校正后的解缠相位;(c)轨道-地形校正后的干涉条纹;
(d)轨道校正后的最终干涉条纹,此时,轨道误差被完全消除。

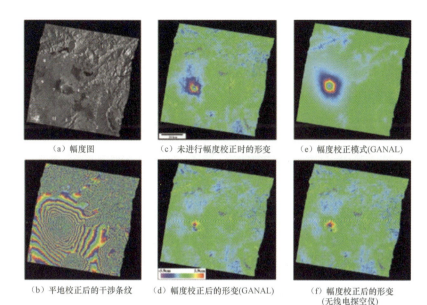

图 12-18 基于 1997 年 10 月 21 日和 1997 年 9 月 7 日获得的富士山图像对进行的分析
(图像的大小为水平向 45km、垂直向 47km)
(a)幅度图像;(b)平地校正后的干涉条纹;(c)地形校正后的干涉条纹;
(d)地形和大气过剩路径延时校正(GANAL)后的干涉条纹;(e)用 GANAL 得到的大气过剩路径延时校正模式;
(f)地形和大气过剩路径延时校正后的(无线电探空仪)干涉条纹。

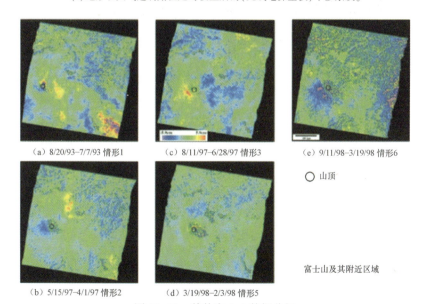

图 12-19 其他富士山数据分析
(a) 1993 年 7 月 7 日—1993 年 8 月 20 日(情形 1);(b) 1997 年 4 月 1 日—1997 年 5 月 15 日(情形 2);
(c) 1997 年 6 月 28 日—1997 年 8 月 11 日(情形 3);(d) 1998 年 2 月 3 日—1998 年 3 月 19 日(情形 5);
(e) 1998 年 3 月 19 日—1998 年 9 月 11 日(情形 6)。

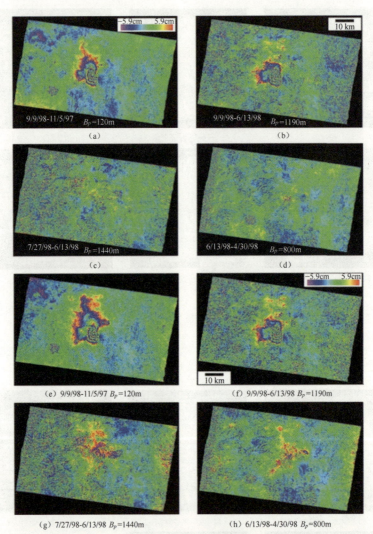

图 12-21 利用 GANAL 对大气过量路径延迟校正后基于干涉 SAR 所估算的岩手山及其邻近地区在火山和同震活动期间的地表形变样式。
图像(a)~(d)为经过大气过剩路径延迟校正的结果，
图像(e)~(h)为未经过大气过剩路径延迟校正的结果。这些图像对为：
(a) 9/9/1998-11/5/1997(情形 7)；(b) 9/9/1998-6/13/1998(情形 8)；
(c) 7/27/1998-6/13/1998(情形 9)；(d) 6/13/1998-4/30/1998(情形 10)；
(e) 9/9/1998-11/5/1997 (情形 7)；(f) 9/9/1998-6/13/1998 (情形 8)；
(g) 7/27/1998-6/13/1998(情形 9)；(h) 6/13/1998-4/30/1998(情形 10)。
所有的图像都已经过地理编码，所以纵轴对应指北方向。
每张图片的垂直距离为 60km，水平距离为 90km。显然可见，
(g)和(h)中出现的大气过剩路径延迟被(c)和(d)所提出的校正方法消除了。
(c)和(d)图像对是在地表形变不太活跃的时期获得的。因此，
(c)和(d)中的结果可能是一致的。由此可知，结果(a)和(b)是准确的。

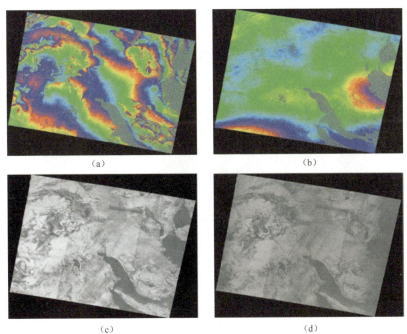

图 12-22 坦桑尼亚的扫描干涉 SAR 数据结果
(a)平地校正后的条纹;(b)地形校正后的条纹;(c) 所提方法的相干性;
(d) 正常互配准且无波束同步的相干性。

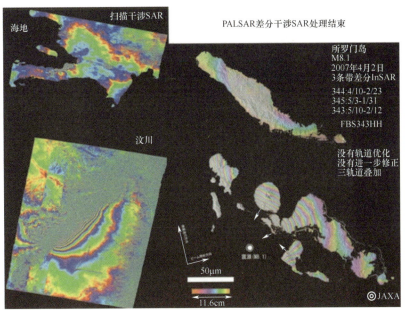

图 12-23 PALSAR 差分干涉 SAR 处理结果
(a)2010 年 1 月 12 日海地地震;(b)扫描干涉 SAR 观测到的 2008 年 5 月 12 日汶川地震;
(c) 三个条带结合的 PALSAR 差分干涉 SAR 结果。

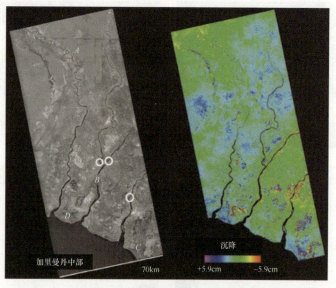

图 12-27 测试地的 PALSAR 图像(左)和典型形变图像(右)

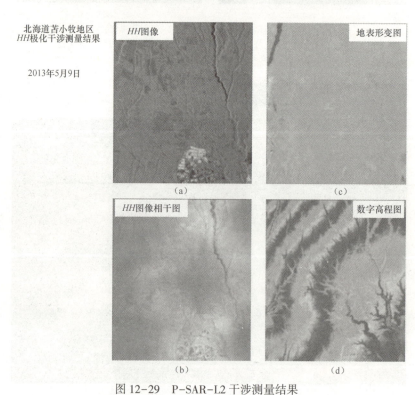

图 12-29 P-SAR-L2 干涉测量结果

(a)北海道苫小牧地区幅度图;(b)干涉相干图;(c)地表形变图;(d) 数字高程图。

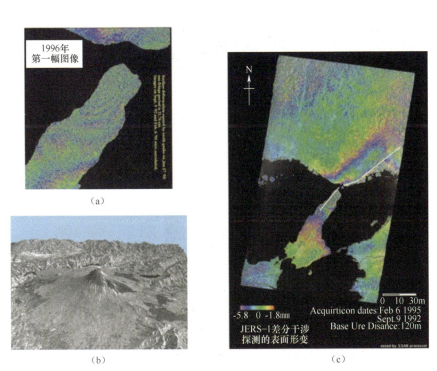

图 12-30 （a，b）JERS-1 差分干涉 SAR 观测到的 1995 年 1 月 17 日阪神地震和
（c）正交图被 JERS-1 干涉 SAR DEM 校正后得到的 JERS-1 SAR 三维视图

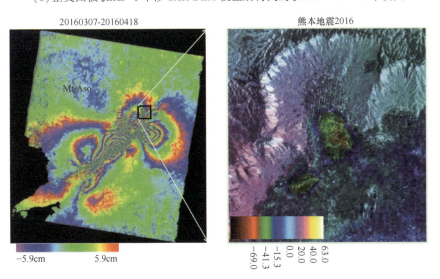

图 12-31 利用 2016 年 3 月 7 日和 2016 年 4 月 18 日采集的
降轨模式下 84MHz HH 极化 PALSAR-2 差分干涉 SAR 数据得到的形变测量

（a）视线 50km 范围内的形变图像；（b）Uchinomaki 地区的放大图像,展示了几个小区域的非均匀形变。

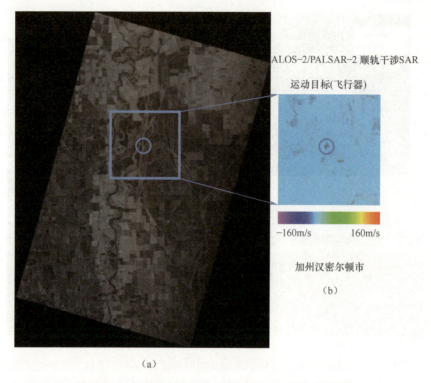

图 12-32　加州汉密尔顿市的 PALSAR-2 顺轨干涉图像

(a) ALOS-2 在降轨节点的幅度图；(b) 干涉 SAR 相位图,展示了该相位变化可能由大尺度目标飞行器引起。

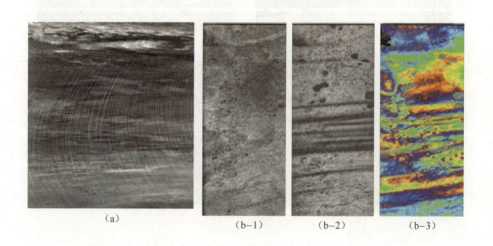

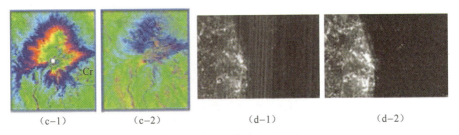

图 13-2 不理想的典型例子

(a) 亚马孙上空 PALSAR 观测到的条纹;(b) 西伯利亚观测的 PALSAR DinSAR,(b-1) 振幅图像,
(b-2) 包含方位向条纹相干性的图像,(b-3) 干涉相位图像;
(c) ALOS-2/PALSAR-2 观测的 OnTake 山顶上大气扰动,
(c-1) 包含相位扰动区域的 DinSAR,(c-2) 大气相位延迟之后的 DinSAR;
(d) JERS-1 SAR 观测的日本明石海峡的射频干扰污染,(d-1) 校正前,(d-2) 射频干扰消除之后。

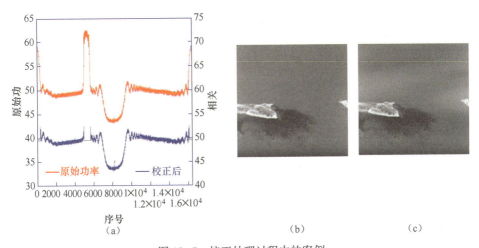

图 13-5 校正处理过程中的案例

(a) 两次频谱(前后);(b) 陷波校正后;(c) 陷波校正前。

JERS-1 SAR 观测的射频干扰(1992—1998)

BW=15MHz
HH

PALSAR观测的射频干扰(2010/4—2011/4)

BW=14MHz
HV

归一化零填充带宽/%   0 37 100

PALSAR观测的射频干扰(2014/8—2014/12)

对应的
BW=14MHz
HV

归一化零填充带宽/%   0 38 100

PALSAR观测的射频干扰(2010/4—2011/4)

BW=14MHz
HV

PALSAR观测的射频干扰(2014/8—2014/12)

使用FBD
FB没有观测日本

对应的
BW=14MHz
HV

归一化零填充带宽/%   0 39 100

图 13-7　JERS-1SAR(1992—1998)、PALSAR(2010)和
PALSAR-2(2014—2015)SAR 图像中出现的射频干扰污染在全球的分布

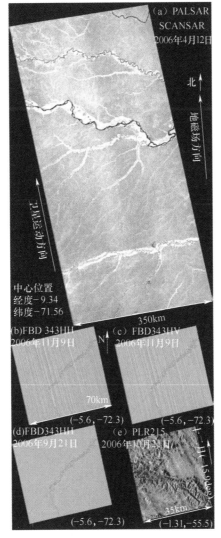

图 13-10 PALSAR 图像中出现的条纹样本

(a) 2006 年 4 月 12 日夜间拍摄的亚马孙中部的扫描 SAR 图像。成像区域宽 350km,长 800km。沿着卫星轨道可以看到条纹。灰色区域表示森林,黑线表示河流,白色区域表示洪水泛滥区域;

(b) 2006 年 11 月 9 日 FBD 的 HH 极化图像; (c) 2006 年 11 月 9 日 FBD 的 HV 极化图像;

(d) 2006 年 9 月 24 日 FBD 的 HH 极化图像,作为无条纹的例子; (e) 2006 年 10 月 21 日的 PLR,一种低频情况,HH+VV 被指定为红色,HH-VV 被指定为绿色,2HV 被指定为蓝色。

括号中显示了场景中心的纬度和经度。

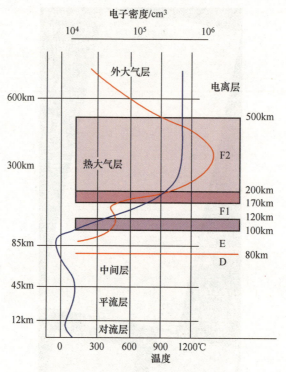

图 13-11　不同高度的电子密度

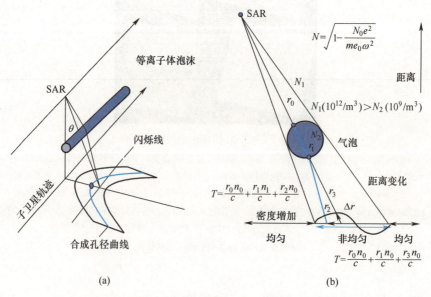

图 13-12　(a)等离子体气泡上 SAR 成像的概貌　(b)波在等离子体气泡中传播的侧视图

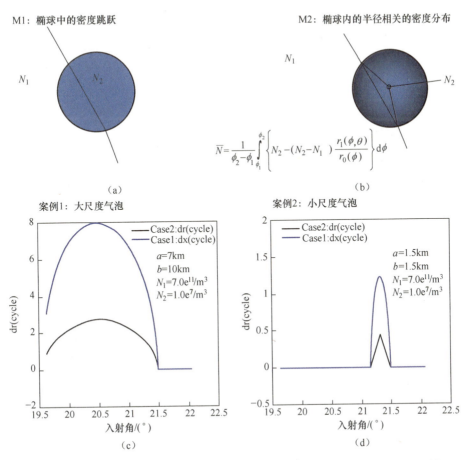

图 13-13 对小尺度气泡和大尺度气泡进行了模拟,并对其行程不足进行了实例分析
(a) M1 的密度分布;(b) M2 的密度分布;(c) 情况 1 大尺度气泡的模拟;(d) 情形 2 小尺度气泡的模拟。

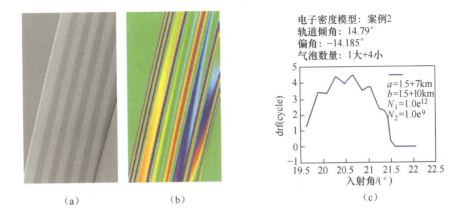

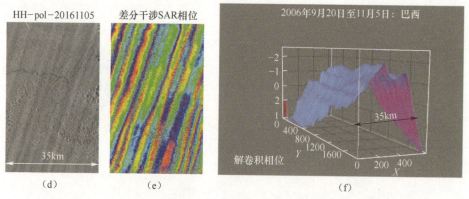

图 13-14 （a）具有 1 个大气泡和 4 个较小气泡的模拟振幅，TEC 为 10^{12} 外层空间和 10^9 个气泡内部；（b）模拟相位；（c）5 个气泡下的 InSAR 相位横截面；（d）2006 年 11 月 5 日巴西的 PALSAR 图像；（e）2006 年 9 月 20 日至 11 月 5 日的 InSAR 相位；（f）展开的 InSAR 相位的三维视图

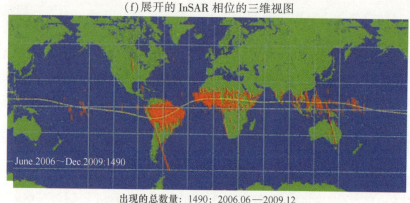

出现的总数量：1490；2006.06—2009.12

图 13-15　2006 年 6 月至 2009 年 12 月的 1490 条条纹的分布

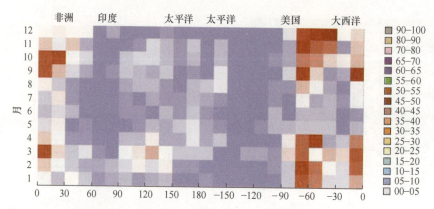

图 13-17　ALOS/PALSAR 测量的电离层不规则事件的季节-经度关系（2006—2009）

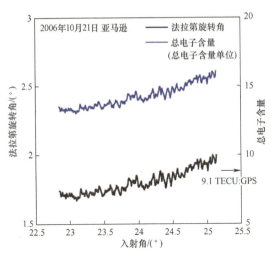

图 13-19 用 PALSAR 极化测量的法拉第旋转角(红色)和 TECU 测量的法拉第旋转角(蓝色)

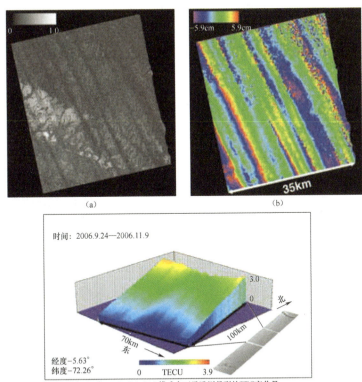

图 13-20 利用 2006 年 10 月 21 日和 2006 年 9 月 5 日的两幅图像对
亚马孙带状区域进行了 InSAR 分析,这两幅图像的时间间隔为 46 天,空间间隔为 20m
(a)左侧图表示相干性;(b)右图表示电离层造成的相位差干扰,经过轨道和地形校
正后的相位值显示出空间失真可能是由于电离层的不均匀性造成的;(c) 2006 年 11 月 9 日和
9 月 24 日三角洲 TEC 的空间变化,TEC 在距离向和方位向上均有变化,其在 100km 中最大变化量为 3 TECU。

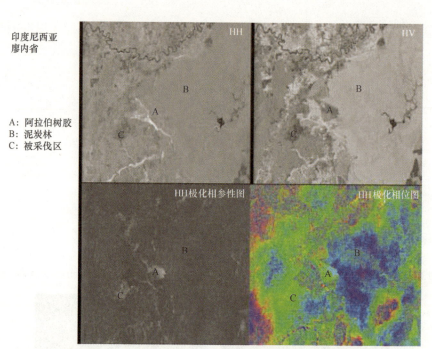

图 14-1 三类林区的 SAR 图像比较：(左上)HH 极化图像；
(右上)HV 极化图像；(左下)InSAR 的 HH-HH 极化相参性图；(右下)HH-HH 极化相位图；
该图像是位于印度尼西亚廖内省的阿拉伯树胶、泥炭林和采伐区的混合成像结果

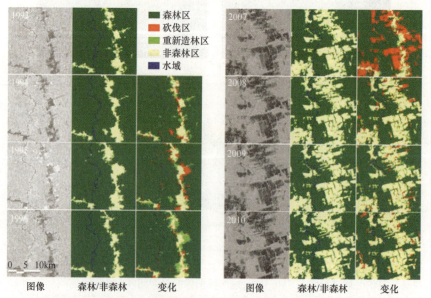

图 14-2 该图是巴西毁林地区的时间序列 SAR 图像，其中左栏是来自
20 世纪 90 年代的 JERS-1 SAR HH 极化图像，右栏是来自 21 世纪的 ALOS/PALSAR HV 极化图像

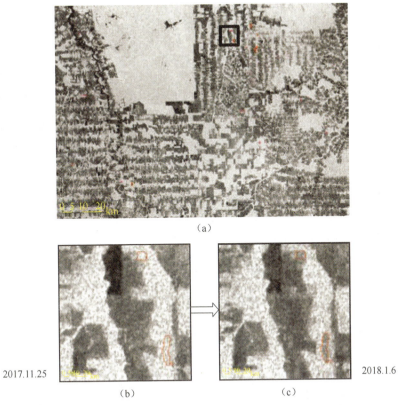

图14-3 来自JICA-JAXA热带森林预警系统(JJ-FAST)的例子

(a) PALSAR-2 ScanSAR HV极化图像,其中黑色多边形的覆盖地区表示使用下面两幅图像检测到的毁林区域;(b) 2017年11月25日在事件发生前的图像;(c) 2018年1月6日在事件发生后的图像,Courtesy: M. Watanabe。

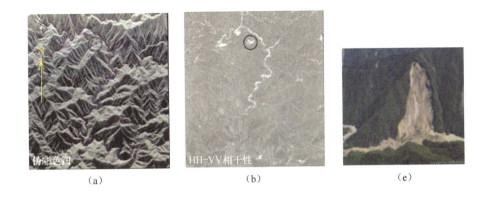

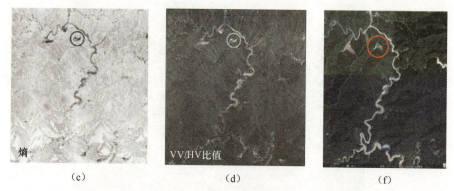

图 14-4 户川的滑坡图片。

在(a)中,在 20km×20km 内分布了几个红色至浅紫色区域,似乎代表了 2012 年 6 月 18 日的滑坡区域。在(f)中,好几个泥土色的区域被确认为滑坡区(a)基于 Pi-SAR-L2 HV 极化的户川图像,其中颜色分配如下:HH 极化(红色)、HV 极化(绿色)和 VV 极化(蓝色);(b)HH-VV 的极化相参性;(c)极化熵;(d)HH/VV 的极化比;(e)航拍图像;(f)谷歌地球图片,其中红色圆圈标注的表示长野大滑坡。

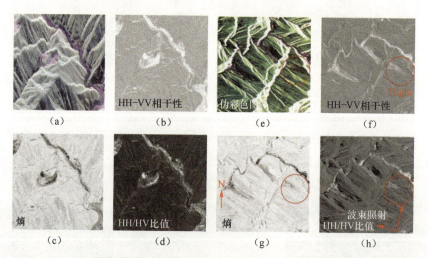

图 14-5 Pi-SAR-L2 观测到的长崎滑坡区近景。左上方和左下方的图像是从 W 航线观测到的 S,数据是在 2012 年 6 月 18 日获取到的

(a)彩色合成图;(b)HH-VV 相干性图;(c)熵;(d)HH/HV 极化比。右上侧和右下侧的图像是从 NNE 航线 观测到的 WNW;(e)彩色合成图;(f)HH-VV 相干性图;(g)熵;(h)HH/HV 极化比。

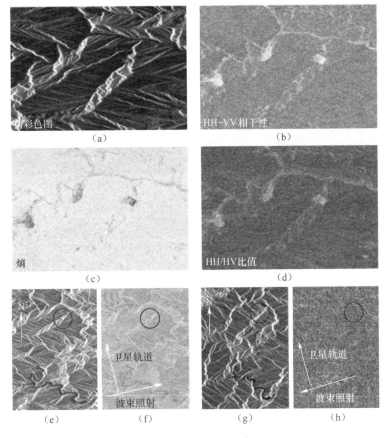

图 14-6 星载 SAR 实例。

黑色圆圈的区域表示 Nagatono 地区,PALSAR-2、TSX 和 CSK 的数据获取日期分别是 2014 年 8 月 24 日、2012 年 7 月 31 日和 2012 年 6 月 16 日

(a)~(d)PALSAR-2 L 波段极化,TSX-X 波段 SAR;(e)HH 极化;(f)HH-VV 相参性, CSK-X 波段 SAR;(g)VV 极化;(h)HH-VV 相参性。

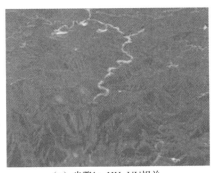

(a)步骤1:HH-VV相关

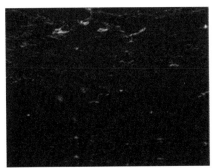

(b)步骤2:滤出大于5°的斜坡

（c）步骤3：自动检测　　　　　　　　（d）步骤4：最终结果

图 14-7　利用 HH-VV 的极化相参性和从 GSI 的 10m DEM 得到的坡度信息提升对滑坡区域的探测性能。右下角图像中的红色区域可能对应于目标区域。该数据获取于 2012 年 6 月 18 日

（a）

（b）

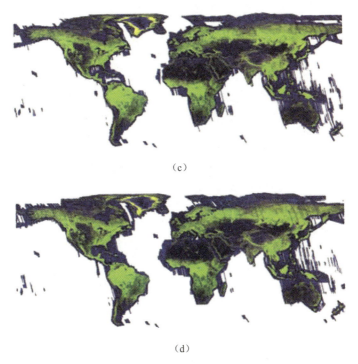

(c)

(d)

图 15-1 用 RGB 显示的 ALOS PALSAR L 波段 HH、HV 和 HH/HV 的全球 25m 镶嵌
(a)2007;(b)2008;(c)2009;(d)2010。

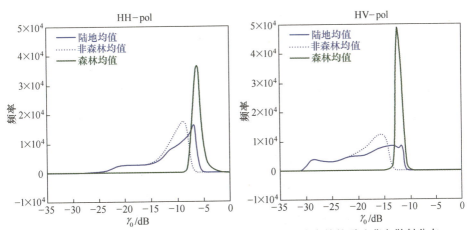

图 15-2 源自先前 FNF 的 HH 和 HV 极化的森林与非森林的雷达背向散射分布
(Shimada 等,2011)

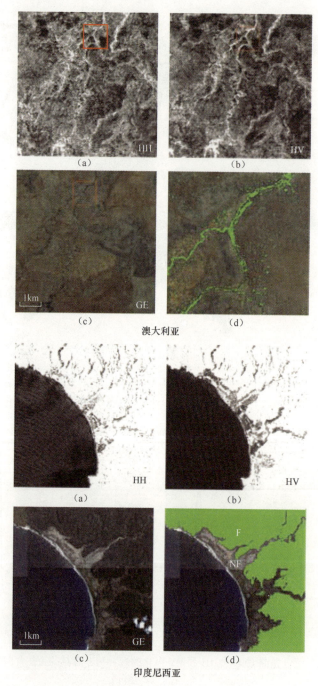

图 15-5 在澳大利亚(上)和印度尼西亚(下)森林中采集的 ALOS PALSAR 数据示例
(a)HH;(b)HV γ^0;(c)GEI;(d)映射的森林面积。

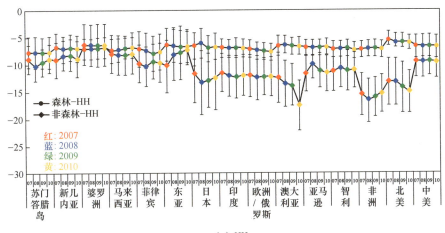

(a) HH

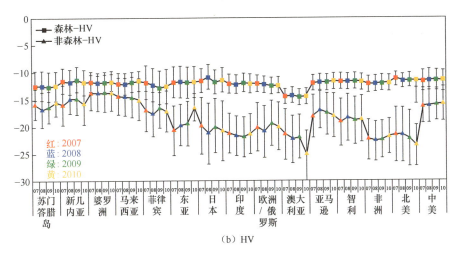

(b) HV

图 15-6 2007年、2008年、2009年和2010年在HH和HV观察到的森林面积 γ^0 统计数据

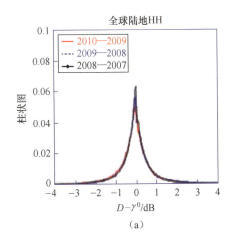

(a)

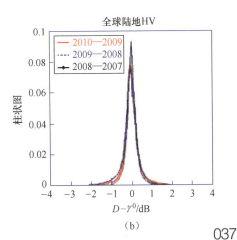

(b)

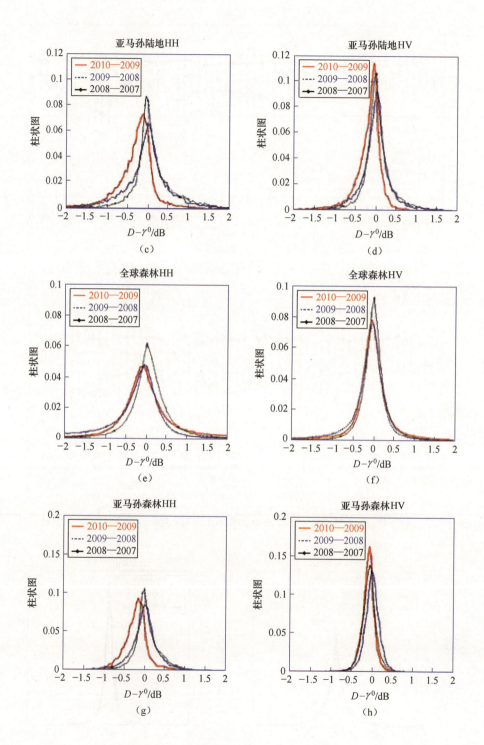

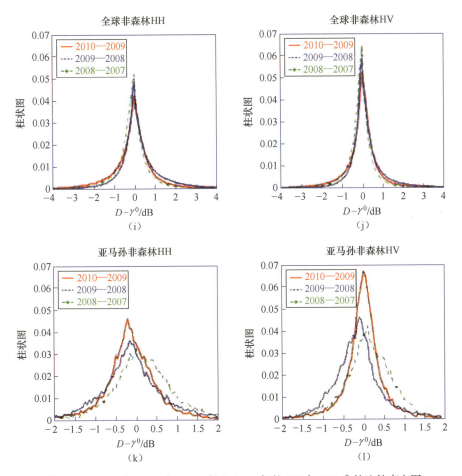

图 15-9 2007年、2008年、2009年和2010年的 HH 与 HV γ^0 的比较直方图
(a)、(b) 全球;(c)、(d) 亚马孙陆地面积;(e)、(f) 全球;
(g)、(h) 亚马孙森林地区;(i)、(j) 全球;(k)、(l) 亚马孙非森林地区。

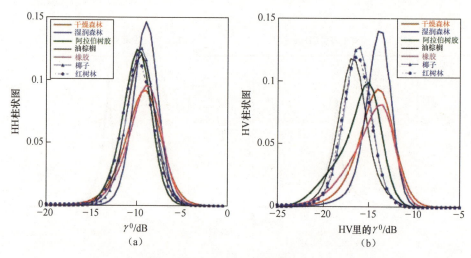

图 15-10 频率分布示例(a)HH 极化下和(b)HV 极化下印度尼西亚廖内省对于一系列森林类型(包括人工林)的 γ^0

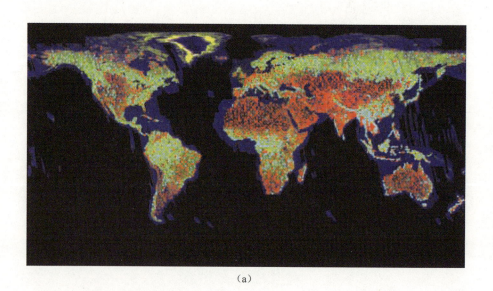

(a)

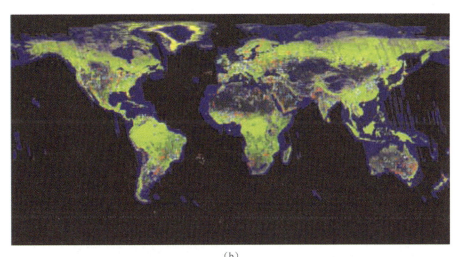

(b)

图15- 13 （a）由谷歌地球图像生成的1456个森林（绿色）和2548个非森林（红色）验证点空间位置；（b）基于经纬汇合工程确定的点2007年（红色）、2008年（天蓝色）、2009年（蓝色）、2010年（黄色）

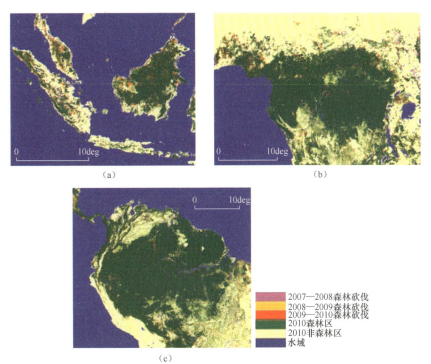

图15-15 （a）印度尼西亚、（b）中非和（c）南美洲北部的森林砍伐情况。2007年至2008年（粉红色）、2008年至2009年（黄褐色）、2009年至2010年（红色）。时间序列中观察到的残留在森林中的区域以绿色显示。

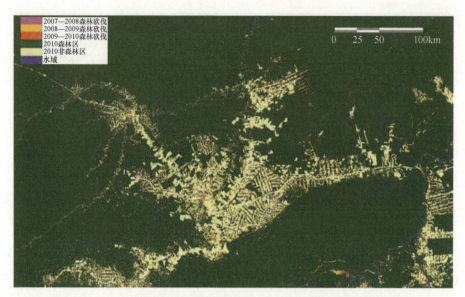

图15-16 巴西阿克里州的马赛克子集,可见2007年至2008年(粉红色)、2008年至2009年(黄褐色)以及2009年至2010年(红色)之间的森林砍伐情况。在时间序列中观察到保留在森林中的区域以绿色显示